U0204619

北京高等教育精品教材

BEIJING GAODENG JIAOYU JINGPIN JIAOCAI

内 容 简 介

本书是为大学非基础数学专业"实变函数与泛函分析"课程编写的教材。它的先修课程是数学分析或物理类的高等数学。全书共分 6 章，内容包括：集合，欧氏空间，Lebesgue 测度，Lebesgue 可测函数，Lebesgue 积分，测度空间，测度空间上的可测函数和积分，L^p 空间，L^2 空间，卷积与 Fourier 变换，Hilbert 空间理论，Hilbert 空间上的有界线性算子，Banach 空间，Banach 空间上的有界线算子，Banach 空间上的连续线性泛函、共轭空间与共轭算子，Banach 空间的收敛性与紧致性。

本书在选材上注重了少而精，突出重点，并充分地反映了实变函数论与泛函分析中的核心内容；在内容的处理上，体现了由浅入深，循序渐进的原则；在介绍新理论的同时，既阐明它的背景，又介绍它与前面的的理论间的联系；在叙述表达上，严谨精练，清晰易读，便于教学与自学。为便于读者复习、巩固、理解和拓广所学知识，每节后配置了丰富的习题。为了使书中的内容成为自封闭的，特编了四节附录附在正文之后，这样本书中所有的定理都给出严格的数学证明。书末附有部分习题的参考解答或提示。

本书可作为综合大学、理工科大学、高等师范院校应用数学、计算数学、统计学、物理学等专业，以及与金融数学相关学科的本科生教材或教学参考书，也可供从事数学或物理研究的科技人员参考。

作 者 简 介

郭懋正 北京大学数学科学学院教授、博士生导师。1984 年在美国纽约大学柯朗研究所获博士学位。主要研究方向是数学物理、随机过程和算子代数。已出版著作：与张恭庆合著《泛函分析讲义》(下册)，并于 1992 年获第二届普通高等学校优秀教材全国优秀奖。

北京高等教育精品教材

北京大学数学教学系列丛书

实变函数与泛函分析

郭懋正　编著

北京大学出版社
PEKING UNIVERSITY PRESS

图书在版编目(CIP)数据

实变函数与泛函分析/郭懋正编著.—北京:北京大学出版社,
2005.2

(北京大学数学教学系列丛书)

ISBN 978-7-301-07857-0

Ⅰ.实… Ⅱ.郭… Ⅲ.①实变函数-高等学校-教材 ②泛函分析-
高等学校-教材 Ⅳ.O17

中国版本图书馆 CIP 数据核字(2005)第 002759 号

书　　　名:实变函数与泛函分析
著作责任者:郭懋正　编著
责 任 编 辑:邱淑清
标 准 书 号:ISBN 978-7-301-07857-0/O·0612
出 版 发 行:北京大学出版社
地　　　址:北京市海淀区成府路 205 号　100871
网　　　址:http://www.pup.cn　电子邮箱:zpup@pup.pku.edu.cn
电　　　话:邮购部 62752015　发行部 62750672　理科编辑部 62752021
　　　　　　出版部 62754962
印　　　刷:河北滦县鑫华书刊印刷厂
经 　销 　者:新华书店
　　　　　　890 mm×1240 mm　A5　13.375 印张　337 千字
　　　　　　2005 年 2 月第 1 版　 2020 年 5 月第 10 次印刷
定　　　价:35.00 元

序　言

　　自 1995 年以来,在姜伯驹院士的主持下,北京大学数学科学学院根据国际数学发展的要求和北京大学数学教育的实际,创造性地贯彻教育部"加强基础,淡化专业,因材施教,分流培养"的办学方针,全面发挥我院学科门类齐全和师资力量雄厚的综合优势,在培养模式的转变、教学计划的修订、教学内容与方法的革新,以及教材建设等方面进行了全方位、大力度的改革,取得了显著的成效。2001 年,北京大学数学科学学院的这项改革成果荣获全国教学成果特等奖,在国内外产生很大反响。

　　在本科教育改革方面,我们按照加强基础、淡化专业的要求,对教学各主要环节进行了调整,使数学科学学院的全体学生在数学分析、高等代数、几何学、计算机等主干基础课程上,接受学时充分、强度足够的严格训练;在对学生分流培养阶段,我们在课程内容上坚决贯彻"少而精"的原则,大力压缩后续课程中多年逐步形成的过窄、过深和过繁的教学内容,为新的培养方向、实践性教学环节,以及为培养学生的创新能力所进行的基础科研训练争取到了必要的学时和空间。这样既使学生打下宽广、坚实的基础,又充分照顾到每个人的不同特长、爱好和发展取向。与上述改革相适应,积极而慎重地进行教学计划的修订,适当压缩常微、复变、偏微、实变、微分几何、抽象代数、泛函分析等后续课程的周学时。并增加了数学模型和计算机的相关课程,使学生有更大的选课余地。

　　在研究生教育中,在注重专题课程的同时,我们制定了 30 多门研究生普选基础课程(其中数学系 18 门),重点拓宽学生的专业基础和加强学生对数学整体发展及最新进展的了解。

教材建设是教学成果的一个重要体现。与修订的教学计划相配合，我们进行了有组织的教材建设，计划自 1999 年起用 8 年的时间修订、编写和出版 40 余种教材，这就是将陆续呈现在大家面前的《北京大学数学教学系列丛书》。这套丛书凝聚了我们近十年在人才培养方面的思考，记录了我们教学实践的足迹，体现了我们教学改革的成果，反映了我们对新世纪人才培养的理念，代表了我们新时期的数学教学水平。

经过 20 世纪的空前发展，数学的基本理论更加深入和完善，而计算机技术的发展使得数学的应用更加直接和广泛，而且活跃于生产第一线，促进着技术和经济的发展，所有这些都正在改变着人们对数学的传统认识。同时也促使数学研究的方式发生巨大变化。作为整个科学技术基础的数学，正突破传统的范围而向人类一切知识领域渗透。作为一种文化，数学科学已成为推动人类文明进化、知识创新的重要因素，将更深刻地改变着客观现实的面貌和人们对世界的认识。数学素质已成为今天培养高层次创新人才的重要基础。数学的理论和应用的巨大发展必然引起数学教育的深刻变革。我们现在的改革还是初步的。教学改革无禁区，但要十分稳重和积极；人才培养无止境，既要遵循基本规律，更要不断创新。我们现在推出这套丛书，目的是向大家学习。让我们大家携起手来，为提高中国数学教育水平和建设世界一流数学强国而共同努力。

张 继 平

2002 年 5 月 18 日

于北京大学蓝旗营

前　言

　　实变函数与泛函分析这两门课程是进入现代数学的门槛. 我在 20 世纪 60 年代上大学时, 实变函数已是数学系本科生高年级的必修课, 但是泛函分析只是函数论专业学生的专业必修课. 当时的教材相当缺乏, 主要的参考书是翻译的俄文教材或专著.

　　1978 年恢复高考以来, 泛函分析课开始成为北京大学数学系本科生的一门必修课. 这一方面因为这门课程的重要性, 另一方面是因为在北京大学数学系这门课程已经十分成熟, 完全有能力开好, 而且相关教材的建设也取得很大成绩. 周民强先生编著的《实变函数》, 张恭庆与林源渠先生编著的《泛函分析讲义》上册分别于 1985 年和 1987 年出版. 这两本教材编得非常成功, 获得很高的评价. 此外, 许多好的英文教材相继影印出版; 国内许多大学也出版了不少实变函数教材与泛函分析教材, 有些是非常优秀的, 有很大的影响. 总之实变函数与泛函分析这两门课程的建设相当成熟. 那么为什么还要在北京大学开设称之为 "实变函数与泛函分析" 的一学期的课程呢?

　　事实上教育事业一直处于不断的改革之中, 北京大学数学系教学工作也在不断的改革中前进, 关心和发展应用数学始终是改革的一个重要议题. 早在 20 世纪 80 年代北京大学数学系就增设了信息专业; 1995 年成立数学学院时又增设了金融数学专业. 根据 "加强基础, 淡化专业, 因材施教, 分流培养" 的方针, 本科生教育增加了计算机方面的课程, 还添设了数学模型课等. 由于学制是四年, 尽管泛函分析课仍是基础数学、计算数学和概率论的专业必修课, 但是一些应用学科的专业已经不可能再安排一学期的泛函分析课. 然而无论是金融数学还是信息学科, 乃至物理学科各专业的本科生应当有一些泛函分析的训练, 这是大家的共识. 于是就提出开设一学期的实变函数与泛函分析课的要求. 应领导的安排我在两年前开始考虑设计这门课.

实变函数与泛函分析已经是相当成熟的课程, 其内容已经高度浓缩, 它们所涵盖的理论和内容都是十分基本的或者是十分重要的. 现在有许多优秀的中文教材和外文教材, 要编写有新意的教材无疑是一桩难题, 更何况要将一学年的课程压缩成一学期的课程, 这样的教材就更难编写了. 于是我考察对比了十多种优秀教材, 反复思考应当保留什么? 也就是应当舍去什么? 结果发现这样根本无法进行下去, 因为许多精彩的理论同时也是重要的理论都很难将其砍掉. 于是我决定改变思路, 先确定这门课的主线. 这门课程的一条线是: 欧氏空间—Lebesgue 平方可积函数空间—Hilbert 空间; 与此同时还有平行的另一条线: 欧氏空间—p 次 Lebesgue 可积函数空间—Banach 空间, 前者是后者的特例. 这两条线可以有合有分, 有机地揉在一起而组成这门课的主线. 以主线为纲, 纲举目张, 就可以添枝加叶了.

作者编写这本教材, 力求通过一学期课程的讲授, 使学生了解 Banach 空间中拓扑现象的描述和它代表的内涵, 了解无穷维 Banach 空间与有穷维欧氏空间的对比及其异同, 并使学生了解 p 次 Lebesgue 可积函数空间的理论即是理解以上思想的纽结和穴位. 作者在组织内容方面力求做到由浅入深, 由点到面, 循序渐进的原则; 在叙述表达上力求清晰易读, 便于教学和阅读. 为了使得教材精练, 还将一些重要定理的证明放在书末的附录里以便读者自学. 尽管做了许多努力正文部分仍有 300 余页, 内容似乎还是多了一些, 建议教员在讲授时不要每个定理都证明, 应当选取适当材料留给学生阅读, 比如抽象测度空间理论, 包括测度空间上的可测函数、可积函数等, 以培养学生的自学能力. 对于教学而言, 这是建设一门新课程; 对于作者而言, 这是编写新讲义，是初次的尝试，疏漏与不足之处在所难免，热诚欢迎读者批评指正.

本书的写作得到北京大学数学科学学院和北京大学出版社的大力支持，作者对他们表示衷心的感谢. 本书的写作还得到北京市高等教育精品教材建设项目的资助，作者对此表示衷心的感谢. 本书的责任编辑邱淑清女士是我的师长，她为本书的出版倾注了很多心血，做了大量辛勤的工作，作者对她表示衷心的感谢.

郭懋正

2003 年 12 月于燕园

目　　录

第一章 集合与运算

　　集合论产生于 19 世纪 70 年代, 它是由德国数学家康托尔 (Cantor) 创立的, 如今已发展成为一个独立的数学分支. 它是整个现代数学的逻辑基础, 其基本概念与方法已渗入到现代数学各个领域, 而就其发展历史而言, 则与近代分析的发展密切相关. 实变函数论与泛函分析将运用大量集合论知识, 本章将对集合论知识作一必要介绍. 在本课程中集合论只是一个辅助工具, 因此本章仅介绍那些必不可少的集合论知识, 并不深入它的专门课题, 不涉及任何有关集合论公理的讨论.

§1.1 集合及其运算

§1.1.1 集合及其运算

　　我们在高等数学等前期课程中已经接触过集合的概念. 集合是一种最基本的数学概念, 对它难以严格定义, 只能给以一种描述. 所谓集合, 指的是具有一定性质的对象的全体, 我们通常用大写斜体英文字母 A, B, X, Y 等表示集合. 集合中的对象称为该集合中的元素, 通常用小写斜体英文字母 a, b, x, y 等表示集合中的元素. 对于集合 A, 如果对象 x 是集合 A 的元素, 则说 x 属于 A, 记作 $a \in A$; 如果 x 不是集合 A 的元素, 则称 x 不属于 A, 记作 $x \bar{\in} A$. 不含任何元素的集合称为空集, 记作 $\emptyset$. 只含一个元素 a 的集合记作 $\{a\}$, 称之为单元素集. 通常约定以专用字母来表示一些最常用的集合. 例如, 字母 $\mathbb{N}, \mathbb{Z}, \mathbb{Q}, \mathbb{R}, \mathbb{C}$ 等分别表示自然数集、整数集、有理数集、实数集和复数集.

通常采用的集合表示法有两种：其一是列举法，例如 10 以内的偶数构成的集合是 $\{2,4,6,8,10\}$，在花括号 $\{\cdot\}$ 内将其元素一一列举出来；其二是描述法，用元素所满足的条件来描述它，例如 A 是由具有性质 $\wp$ 的元素全体组成时，记为： $A=\{a\,|\,a$ 具有性质 $\wp\}$，其中 $\wp$ 可以是一段文字，也可以是某个数学式子．例如

$$N=\{k\,|\,k\in\mathbb{Z}\text{且}k>0\},$$

上式也可简写成 $N=\{k\in\mathbb{Z}\,|\,k>0\}$．类似地 $[a,\infty)=\{x\in\mathbb{R}\,|\,x\geq a\}$，$(x_0-\delta,x_0+\delta)=\{x\in\mathbb{R}\,|\,|x-x_0|<\delta\}$，其中 $x_0\in\mathbb{R}$，$\delta>0$．

假设 A,B 是两个集合，如果 A 中的元素都是 B 中的元素，则称 A 是 B 的子集合，记作 $A\subset B$ 或记作 $B\supset A$，前者读作" A 包含于 B 中"，后者读作" B 包含 A "．例如对于任意的 $a,b\in\mathbb{R}$，区间 $[a,b]\subset\mathbb{R}$．空集 $\varnothing$ 是任何集合的子集，任何集合都是其自身的子集．若同时有 $A\supset B$ 且 $B\supset A$，则称 A 与 B 相等，记作 $A=B$．若 $A\subset B$，并且存在 $b\in B$，满足 $b\overline{\in}A$，则称 A 是 B 的真子集，记作

$$A\subsetneqq B.$$

例 1 设 $A=\{a\},B=\{2,-2\},C=\{x\in\mathbb{R}\,|\,x^2-4=0\}$，则 A 有两个子集，即 A 与 $\varnothing$；$B=C$ 且有四个子集，即 B，$\varnothing$，$\{2\}$ 与 $\{-2\}$．

通常在讨论一个问题时，问题中所涉及的集合总是某个最大集合 X 的子集，此时称 X 是全集；当 $A\subset X$ 时，称由 X 中不属于 A 的元素的全体组成的集合为 A 的补集或余集，并记为 A^{c}．于是 $A^{\mathrm{c}}=\{x\,|\,x\in X,x\overline{\in}A\}$．显然有 $X^{\mathrm{c}}=\varnothing$，$\varnothing^{\mathrm{c}}=X$．当全集 X 已知时，不一定明显标出它，于是可简记为 $A^{\mathrm{c}}=\{x\,|\,x\overline{\in}A\}$．例如在实数集 $\mathbb{R}$ 中，

$$[a,\infty)^{\mathrm{c}}=\{x\in\mathbb{R}\,|\,x\overline{\in}[a,\infty)\}=\{x\in\mathbb{R}\,|\,x<a\}=(-\infty,a).$$

定义 1.1.1　设 A,B 是两个集合，称集合 $\{x\,|\,x\in A$ 或 $x\in B\}$ 为 A 与 B 的并集，记为 $A\cup B$；称集合 $\{x\,|\,x\in A$ 且 $x\in B\}$ 为 A 与 B 的交集，记为 $A\cap B$，若 $A\cap B=\varnothing$，称 A 与 B 互不相交；称集合 $\{x\,|\,x\in A,\ x\overline{\in}B\}$ 为 A 与 B 的差，记为 $A\setminus B$.

$A\cup B$ 是由 A 与 B 的全部元素构成的集合；$A\cap B$ 是由 A 与 B 的公共元素构成的集合；而 $A\setminus B$ 是由在集合 A 中而不在集合 B 中的全部元素构成的集合. 例如

$$[n,n+1)\cup[n+1,n+2)=[n,n+2),$$

$$[n,n+2)\cap[n+1,n+3)=[n+1,n+2),$$

$$[n,n+2)\setminus[n+1,n+3)=[n,n+1).$$

图 1.1 为集合 A 和 B 经并、交与差运算后所构成的新集合，图中有阴影部分即为新集合.

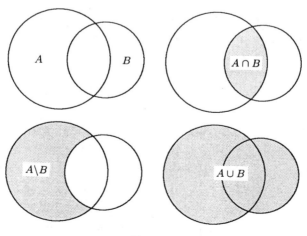

图　1.1

关于集合作并、交与差及其联合运算，有下列重要规律.

定理 1.1.2 设有集合 A, B 与 C ，则有

(1) 交换律： $A \cup B = B \cup A$，$A \cap B = B \cap A$；

(2) 结合律：

$$A \cup (B \cup C) = (A \cup B) \cup C,\ A \cap (B \cap C) = (A \cap B) \cap C;$$

(3) 分配律：

$$A \cap (B \cup C) = (A \cap B) \cup (A \cap C),$$
$$A \cup (B \cap C) = (A \cup B) \cap (A \cup C);$$

(4) 对偶律： $(A \cup B)^c = A^c \cap B^c$，$(A \cap B)^c = A^c \cup B^c$；

(5) $A \setminus B = A \cap B^c$；

(6) 若 $A \supset B$，则 $A^c \subset B^c$.

证明 以 (4) 的第一式为例，其他各式的证明是类似的. 若 $x \in (A \cup B)^c$，则 $x \bar{\in} A \cup B$，于是 $x \bar{\in} A$ 且 $x \bar{\in} B$，这表明 $x \in A^c$ 且 $x \in B^c$，所以 $x \in A^c \cap B^c$，因此 $(A \cup B)^c \subset A^c \cap B^c$. 反之，若 $x \in A^c \cap B^c$，则 $x \in A^c$ 且 $x \in B^c$，于是 $x \bar{\in} A$ 且 $x \bar{\in} B$，显然有 $x \bar{\in} A \cup B$，这表明 $x \in (A \cup B)^c$，因此 $A^c \cap B^c \subset (A \cup B)^c$，故得

$$(A \cup B)^c = A^c \cap B^c.$$

类似地，可定义多个集合的并集与交集. 设有集合族 $\{A_\lambda\}_{\lambda \in I}$，其中 I 是指标集，规定其并集与交集如下：

$$\bigcup_{\lambda \in I} A_\lambda = \{ x \mid \exists \lambda \in I, x \in A_\lambda \}; \tag{1.1.1}$$

$$\bigcap_{\lambda \in I} A_\lambda = \{ x \mid \forall \lambda \in I, x \in A_\lambda \}. \tag{1.1.2}$$

交换律与结合律仍适用于多个集合的并集与交集运算. 分配律与对偶律，可以写成

(1) 分配律:

$$A \cap \left(\bigcup_{\lambda \in I} B_\lambda \right) = \bigcup_{\lambda \in I} (A \cap B_\lambda),$$

$$A \cup \left(\bigcap_{\lambda \in I} B_\lambda \right) = \bigcap_{\lambda \in I} (A \cup B_\lambda);$$

(2) 对偶律 (德摩根 (De Morgan) 法则):

$$\left(\bigcap_{\lambda \in I} A_\lambda \right)^c = \bigcup_{\lambda \in I} A_\lambda^c;$$

$$\left(\bigcup_{\lambda \in I} A_\lambda \right)^c = \bigcap_{\lambda \in I} A_\lambda^c.$$

一般地, 若 A 是含有 n 个元素的有限集合, 则 A 恰有 2^n 个子集. 这启示出如下的记号: 任给集合 X, 它的子集之全体构成的集合, 称为 X 的幂集, 记作 2^X.

给定集合 X, 考虑它的幂集 2^X, 即为由 X 的所有子集构成的集合族. 幂集 2^X 关于由定义 1.1.1 中给出的集合的并运算、交运算、补运算, 以及差运算均是封闭的. 集合的并、交、补与差运算应当看作是 2^X 中的代数结构. 利用集运算分解一些复杂的集合, 是必须掌握的基本技巧.

例 2　若 $f(x)$ 是 $\mathbb{R}$ 上的实值函数, $A = \{ x \in \mathbb{R} \mid f(x) > 0 \}, A_n = \{ x \in \mathbb{R} \mid f(x) > 1/n \}, n \in \mathbb{N}$. 用 A_n 表示集合 A. 因

$$f(x) > 0 \Longleftrightarrow \exists n \in \mathbb{N}: f(x) > \frac{1}{n},$$

故

$$x \in A \Longleftrightarrow \exists n \in \mathbb{N}: x \in A_n,$$

这表明 $A = \bigcup_{n=1}^{\infty} A_n$.

例 3 用对偶性质, 由例 2 即得

$$\{x \in \mathbb{R} \mid f(x) \leq 0\} = A^c = \left(\bigcup_{n=1}^{\infty} A_n\right)^c = \bigcap_{n=1}^{\infty} A_n^c$$

$$= \bigcap_{n=1}^{\infty} \left\{x \in \mathbb{R} \mid f(x) \leq \frac{1}{n}\right\}.$$

设 I 是一非空集. 若对每个 $\lambda \in I$, 指定了一个集合 A_λ, 则称 $\{A_\lambda \mid \lambda \in I\}$ 为一个集合族. 称集合族 $\{A_n \mid n \in \mathbb{N}\}$ 为集合列, 通常简记作 $\{A_n\}$. 若 $A_1 \subset A_2 \subset \cdots \subset A_n \subset \cdots$ (或 $A_1 \supset A_2 \supset \cdots \supset A_n \supset \cdots$), 则称集合列 A_n 是升列 (或降列). 升列和降列合称为单调列.

例 4 设 $f(x), f_n(x)\,(n \in \mathbb{N})$ 是 $\mathbb{R}$ 上实值函数, 令

$$A = \{x \in \mathbb{R} \mid \lim_{n \to \infty} f_n(x) = f(x)\},$$

$$A_{mn} = \left\{x \in \mathbb{R} \mid |f_n(x) - f(x)| < \frac{1}{m}\right\}.$$

用集 $A_{mn}\,(m, n \in \mathbb{N})$ 来表示 A. 由极限定义

$$f_n(x) \longrightarrow f(x)$$

$$\iff \forall m \in \mathbb{N}, \exists n \in \mathbb{N}, \forall k \geq n : |f_k(x) - f(x)| < 1/m$$

$$\iff \forall m \in \mathbb{N}, \exists n \in \mathbb{N}, \forall k \geq n : x \in A_{mk}.$$

由交与并的定义得出

$$A = \bigcap_{m=1}^{\infty} \bigcup_{n=1}^{\infty} \bigcap_{k=n}^{\infty} A_{mk}. \tag{1.1.3}$$

定义 1.1.3 设 $\{A_n\}$ 是一集合列, 记

$$\overline{\lim_{n \to \infty}} A_n = \bigcap_{n=1}^{\infty} \bigcup_{k=n}^{\infty} A_k; \tag{1.1.4}$$

$$\underline{\lim_{n \to \infty}} A_n = \bigcup_{n=1}^{\infty} \bigcap_{k=n}^{\infty} A_k. \tag{1.1.5}$$

它们分别称为集合列 $\{A_n\}$ 的上极限与下极限; 若它们相等, 则称之为集合列 $\{A_n\}$ 的极限, 记作 $\lim_{n \to \infty} A_n$. 此时称集合列 $\{A_n\}$ 收敛.

由定义 1.1.3 可直接看出，x 属于上极限 $\varlimsup\limits_{n\to\infty} A_n$ 的充分必要条件是：有任意大的 n，使 $x \in A_n$；x 属于下极限 $\varliminf\limits_{n\to\infty} A_n$ 的充分必要条件是：当 n 充分大时，$x \in A_n$. 此外，若 $\{A_n\}$ 是升列，则它必收敛且 $\lim\limits_{n\to\infty} A_n = \bigcup\limits_{n=1}^{\infty} A_n$；若 $\{A_n\}$ 是降列，则 $\lim\limits_{n\to\infty} A_n = \bigcap\limits_{n=1}^{\infty} A_n$. 显然集合列 $\bigcup\limits_{k=n}^{\infty} A_k$ 是降列，集合列 $\bigcap\limits_{k=n}^{\infty} A_k$ 是升列. 因此上极限与下极限可改写成

$$\varlimsup_{n\to\infty} A_n = \lim_{n\to\infty} \bigcup_{k=n}^{\infty} A_k\,; \tag{1.1.6}$$

$$\varliminf_{n\to\infty} A_n = \lim_{n\to\infty} \bigcap_{k=n}^{\infty} A_k\,. \tag{1.1.7}$$

利用集合列极限，我们就可以将例 2 的结论写成 $A = \lim\limits_{n\to\infty} A_n$，将例 3 的结论写成 $A^c = \lim\limits_{n\to\infty} A_n^c$. 同样地，也可将例 4 的结论写成

$$A = \bigcap_{m=1}^{\infty} \lim_{n\to\infty} A_{mn}.$$

定义 1.1.4（直积） 设有集合 $X_1, X_2, \cdots, X_n$. 考虑由所有有序元素 $x = (x_1, x_2, \cdots, x_n)$（其中 $x_i \in X_i$, $i = 1, 2, \cdots$）构成的集合，称此集合为 $X_1, X_2, \cdots, X_n$ 的直积，也称为笛卡儿乘积，记作 $\prod\limits_{i=1}^{n} X_i$ 或 $X_1 \times X_2 \times \cdots \times X_n$. 若 $X_i = X$, $i = 1, 2, \cdots, n$，则将 $\prod\limits_{i=1}^{n} X$ 记成 X^n，称为 X 的 n 次幂.

直积被广泛使用，如 n 维欧氏空间 $\mathbb{R}^n = \{(x_1, x_2, \cdots, x_n) \mid x_i \in \mathbb{R}, 1 \leq i \leq n\}$ 是 $\mathbb{R}$ 的 n 次幂，$\mathbb{Z}^n = \{(z_1, z_2, \cdots, z_n) \mid z_i \in \mathbb{Z}, 1 \leq i \leq n\}$ 是 $\mathbb{R}^n$ 中整数格点的全体. 对于 $[a,b], [c,d] \subset \mathbb{R}$，则

$$[a,b] \times [c,d] = \{(x,y) \mid a \leq x \leq b, c \leq x \leq d\}$$

是 $\mathbb{R}^2$ 中一矩形. 通常将直积 $A \times B$ 形象地看成以 A, B 为边的矩形.

§1.1.2　上极限与下极限

首先引进一维点集的上确界与下确界的概念. 考虑一维欧氏空间 $\mathbb{R}$ 中的一个集合 E. 若存在 $h \in \mathbb{R}$, 使得对于 $\forall x \in E$, 都有 $x \leq h$, 则称 h 是集合 E 的一个上界.

定义 1.1.5　设 $E \subset \mathbb{R}$, 若数 h 满足

(1) h 是 E 的一个上界;

(2) 如果 h' 是 E 的一个上界, 则必有 $h \leq h'$,

就称 h 是集合 E 的上确界, 记作 $h = \sup E$ 或 $h = \sup\limits_{x \in E} x$.

上确界是最小上界. 同样可以定义集合的下界以及下确界.

定义 1.1.6　设 $E \subset \mathbb{R}$. $m \in \mathbb{R}$, 若 $\forall x \in E$, 均有 $x \geq m$, 则 m 称为 E 的一个下界. 若 m 满足

(1) m 是 E 的一个下界;

(2) 如果 m' 是 E 的一个下界, 则必有 $m' \leq m$,

就称 m 是集合 E 的下确界, 它是最大下界, 记作 $m = \inf E$ 或 $m = \inf\limits_{x \in E} x$.

在 §1.3 中将讨论欧氏空间的点集理论, 其中 §1.3.4 讨论点集的连续性理论. 实数的连续性理论中一个重要的结果是下述确界存在定理.

定理 1.1.7　$\mathbb{R}$ 中一个非空的, 有上 (下) 界的集合, 必有上 (下) 确界.

易见若序列 x_n 单调上升有上界, 则 $\lim\limits_{n \to \infty} x_n = \sup\limits_{n} x_n$; 同样若序列 x_n 单调下降有下界, 则 $\lim\limits_{n \to \infty} x_n = \inf\limits_{n} x_n$. 应当注意集合 E 的上确界及下确界可能是 E 中的元, 也可能不是 E 中的元. 此外若记

$-E = \{-x \mid x \in E\}$, 则易见 $\sup(-E) = -\inf E$; $\inf(-E) = -\sup E$. 下面的定理给出上 (下) 确界的一个等价描述.

定理 1.1.8 设 $E \subset \mathbb{R}$, 则

(1) $h = \sup E$ 的充要条件是 :

(i) h 是 E 的一个上界,

(ii) $\forall \varepsilon > 0, \exists x' \in E$, 使得 $x' > h - \varepsilon$;

(2) $m = \inf E$ 的充要条件是 :

(i) m 是 E 的一个下界;

(ii) $\forall \varepsilon > 0, \exists x' \in E$, 使得 $x' < m + \varepsilon$.

证明 只证明命题第一部分关于上确界的充要条件.

必要性. 用反证法. 设 (ii) 不成立, 则 $\exists \varepsilon_0 > 0$, 使得 $\forall x \in E$, 均有 $x \leq h - \varepsilon_0$. $h - \varepsilon_0$ 是比 h 还小的上界. 这与 h 是上确界矛盾.

充分性. 也用反证法. 设 h 不是 E 的上确界, 即 $\exists h'$ 是上界, 但是 $h > h'$. 令 $\varepsilon = h - h' > 0$. 由条件 (ii), $\exists x' \in E$, 使得 $x' > h - \varepsilon = h'$, 这与 h' 是 E 的上界矛盾.

注 1 为方便起见, 若 E 无上界, 则记 $\sup E = +\infty$; 若 E 无下界, 则记 $\inf E = -\infty$.

对于 $\mathbb{R}$ 中的点列 $\{x_n\}$, 若定义

$$h_n = \sup_{k \geq n} x_k; \quad m_n = \inf_{k \geq n} x_k.$$

则显然有 $m_n \leq x_n \leq h_n$, $\{h_n\}$ 是非升列, 而 $\{m_n\}$ 是非降列.

定义 1.1.9 给定 $\{x_n\} \subset \mathbb{R}$, 定义点列 $\{x_n\}$ 的上极限为

$$\varlimsup_{n \to \infty} x_n = \lim_{n \to \infty} h_n; \tag{1.1.8}$$

点列 $\{x_n\}$ 的下极限为

$$\varliminf_{n\to\infty} x_n = \lim_{n\to\infty} m_n. \tag{1.1.9}$$

注 2 对于任何点列, $\varlimsup\limits_{n\to\infty} x_n$ 和 $\varliminf\limits_{n\to\infty} x_n$ 可以是有限, 也可以是 $\pm\infty$. 而且显然有

$$\varlimsup_{n\to\infty} x_n = \inf_{n\geq 1} \sup_{k\geq n} x_k;$$

$$\varliminf_{n\to\infty} x_n = \sup_{n\geq 1} \inf_{k\geq n} x_k;$$

$$\varliminf_{n\to\infty} x_n \leq \varlimsup_{n\to\infty} x_n.$$

上极限与下极限的记号也经常记成

$$\varlimsup_{n\to\infty} x_n = \limsup_{n\to\infty} x_n;$$

$$\varliminf_{n\to\infty} x_n = \liminf_{n\to\infty} x_n.$$

注 3 上极限与下极限的一些性质:

(1) 点列 $\{x_n\}$ 存在极限的充要条件是

$$\varliminf_{n\to\infty} x_n = \varlimsup_{n\to\infty} x_n.$$

(2) $\varliminf\limits_{n\to\infty} (-x_n) = -\varlimsup\limits_{n\to\infty} x_n$; $\varlimsup\limits_{n\to\infty} (-x_n) = -\varliminf\limits_{n\to\infty} x_n$.

(3) 若 $x_n \leq y_n$, 则 $\varlimsup\limits_{n\to\infty} x_n \leq \varlimsup\limits_{n\to\infty} y_n$, $\varliminf\limits_{n\to\infty} x_n \leq \varliminf\limits_{n\to\infty} y_n$.

(4) 设 $x_n > 0$, 则 $\varlimsup\limits_{n\to\infty} \dfrac{1}{x_n} = \dfrac{1}{\varliminf\limits_{n\to\infty} x_n}$.

(5) 设 $\{x_{n_k}\}$ 是收敛子序列, 因为 $m_{n_k} \leq x_{n_k} \leq h_{n_k}$, 所以

$$\varliminf_{n\to\infty} x_n \leq \lim_{k\to\infty} x_{n_k} \leq \varlimsup_{n\to\infty} x_n.$$

下面给出上极限等价描述, 仿此可得下极限的等价描述.

定理 1.1.10 设 $\{x_n\} \subset \mathbb{R}$, 则 $a = \varlimsup\limits_{n\to\infty} x_n$ $(-\infty \leq a \leq \infty)$ 的充

要条件是:

(1) ∃ 子列 $\{x_{n_k}\}$, 使得 $\lim\limits_{n\to\infty} x_{n_k} = a$,

(2) 对于任意有广义极限的子列 $\{x_{l_j}\}$, 有 $\lim\limits_{j\to\infty} x_{l_j} = a' \leq a$.

证明 必要性. 由注 3 (5) 得 (2). 只要证 (1) 成立. 由 $a = \overline{\lim\limits_{n\to\infty}} x_n$, 知 $a = \lim\limits_{n\to\infty} h_n$. 现分三种情况证明.

(i) a 有限. 因为 $h_n \to a$, $\exists l_1$, 使得

$$a - 1 < h_{l_1} = \sup_{n \geq l_1} x_n < a + 1,$$

于是 $\exists n_1 \geq l_1$, 使得 $a - 1 < x_{n_1} < a + 1$. 仍由 $h_n \to a$, $\exists l_2 \geq n_1$, 使得

$$a - \frac{1}{2} < h_{l_2} = \sup_{n \geq l_2} x_n < a + \frac{1}{2},$$

于是 $\exists n_2 \geq l_2$, 使得 $a - 1/2 < x_{n_2} < a + 1/2$. 依次下去, 得到一子序列 $\{x_{n_k}\}$, 满足 $a - 1/k < x_{n_k} < a + 1/k$. 令 $k \to \infty$, 即得 (1):

$$\lim_{k\to\infty} x_{n_k} = a.$$

(ii) $a = +\infty$. 因为 $h_n \to +\infty$, $\exists l_1$, 使得

$$h_{l_1} = \sup_{n \geq l_1} x_n > 1,$$

于是 $\exists n_1 \geq l_1$, 使得 $x_{n_1} > 1$. 仍由 $h_n \to +\infty$, $\exists l_2 > n_1$, 使得

$$h_{l_2} = \sup_{n \geq l_2} x_n > 2,$$

于是 $\exists n_2 \geq l_2$, 使得 $x_{n_2} > 2$. 依次下去, 得到一子序列 $\{x_{n_k}\}$, 满足 $x_{n_k} > k$. 令 $k \to \infty$, 即得 (1): $\lim\limits_{k\to\infty} x_{n_k} = +\infty = a$.

(iii) $a = -\infty$, 显然成立.

充分性. 设 a 满足定理中条件 (1) 和 (2). 由注 3 (5),

$$a \leq \overline{\lim_{n\to\infty}} x_n.$$

如果等号不成立, 有

$$\overline{\lim_{n\to\infty}} x_n = a' > a.$$

由必要性证明可以看出, 存在子列 x_{n_k}, 使得

$$\lim_{k\to\infty} x_{n_k} = a' > a,$$

这与条件 (2) 矛盾. 所以 $\varlimsup\limits_{n\to\infty} x_n = a$ 成立. 定理得证.

设 $f_n(x)$ 是定义在 $D \subset \mathbb{R}^n$ 上的函数序列, 则可以定义上极限函数 $\varlimsup\limits_{n\to\infty} f_n$, 和下极限函数 $\varliminf\limits_{n\to\infty} f_n$, 它们的定义域是 D. 对于 $\forall x_0 \in D$, 规定

$$\varlimsup_{n\to\infty} f_n(x_0) = \varlimsup_{n\to\infty} (f_n(x_0)), \quad \varliminf_{n\to\infty} f_n(x_0) = \varliminf_{n\to\infty} (f_n(x_0)).$$

对于每个集合 A, 都可以定义函数

$$\chi_A(x) = \begin{cases} 1, & x \in A, \\ 0, & x \,\overline{\in}\, A. \end{cases} \tag{1.1.10}$$

它是取值于 $\{0, 1\}$ 的函数, 称为集合 A 的特征函数. 给定集合列 $\{A_n\}$, 考虑上极限 $\varlimsup\limits_{n\to\infty} A_n$ 与下极限 $\varliminf\limits_{n\to\infty} A_n$ 的特征函数, 它们可以用集合 A_n 的特征函数来表示. 容易证明

$$\varliminf_{n\to\infty} \chi_{A_n}(x) = \chi_{\varliminf\limits_{n\to\infty} A_n}(x); \tag{1.1.11}$$

$$\varlimsup_{n\to\infty} \chi_{A_n}(x) = \chi_{\varlimsup\limits_{n\to\infty} A_n}(x). \tag{1.1.12}$$

设 $\lambda > 0$, 函数 $f(x)$ 在 $(a - \lambda, a + \lambda) \setminus \{a\}$ 上定义. 下面定义函数的上极限与下极限.

定义 1.1.11   函数 $f(x)$ 的上极限与下极限分别为:

$$\varlimsup_{x\to a} f(x) = \lim_{\delta\to 0} \sup_{0<|x-a|<\delta} f(x) = \inf_{\delta>0} \sup_{0<|x-a|<\delta} f(x); \tag{1.1.13}$$

$$\varliminf_{x\to a} f(x) = \lim_{\delta\to 0} \inf_{0<|x-a|<\delta} f(x) = \sup_{\delta>0} \inf_{0<|x-a|<\delta} f(x). \tag{1.1.14}$$

定理 1.1.12 $\varlimsup\limits_{x\to a} f(x) = L$, (有限或无限) 的充要条件是

(1) $\exists \{x_n\} \subset (a - \lambda, a + \lambda) \setminus \{a\}$, $x_n \to a$, 且 $f(x_n) \to L$;

(2) 对于任意 $(a-\lambda, a+\lambda) \setminus \{a\}$ 中趋于 a 的点列 $\{x'_n\}$，若 $f(x'_n) \to L'$，则 $L' \leq L$.

习　　题

1. 设有集合 A, B, C, D，满足 $A \cup B = C \cup D$，证明：

(1) 令 $A_1 = A \cap C$，$A_2 = A \cap D$，则 $A = A_1 \cup A_2$；

(2) 若 $A \cap C = \emptyset$，$B \cap D = \emptyset$，则 $A = D$，$B = C$.

2. 设 $A, B, D \subset X$，求证：
$$B = (D \cap A)^c \cap (D^c \cup A) \iff B^c = D.$$

3. 设 A, B 是集合，定义 $A \triangle B = (A \setminus B) \cup (B \setminus A)$ 称为 A 与 B 的对称差. 证明对称差具有以下性质：
$$A \triangle B = B \triangle A; \quad A^c \triangle B^c = A \triangle B; \quad A \triangle (B \triangle C) = (A \triangle B) \triangle C.$$
并证明对于给定的集合 A 与 B，存在唯一的集合 E，使得
$$E \triangle A = B.$$

4. 设 $\{A_n\}$ 与 $\{B_n\}$ 是升列，证明：
$$\left(\bigcup_{n=1}^{\infty} A_n \right) \cap \left(\bigcup_{n=1}^{\infty} B_n \right) = \bigcup_{n=1}^{\infty} (A_n \cap B_n).$$

5. 设 $\{A_n\}$ 是一集合列，令
$$B_1 = A_1, \quad B_i = A_i \setminus \bigcup_{j=1}^{i-1} A_j \quad (i > 1),$$
证明 $\{B_n\}$ 互不相交，且对任意的 n，有 $\bigcup_{i=1}^{n} A_i = \bigcup_{i=1}^{n} B_i$.

6. 设 $\{f_n(x)\}$ 是 $\mathbb{R}$ 上的函数列，
$$A = \left\{ x \,\middle|\, \varlimsup_{n \to \infty} f_n(x) > 0 \right\}, \quad A_{mn} = \{x \,|\, f_n(x) \geq 1/m\}, \quad m, n \in \mathbb{N},$$
试用 A_{mn} 表示 A.

7. 设 $\{f_n(x)\}$ 是区间 (a, b) 上单调递增实函数列，证明对于任意

实数 a, 有等式 $\{x \mid \lim\limits_{n\to\infty} f_n(x) > a\} = \bigcup\limits_{n=1}^{\infty} \{x \mid f_n(x) > a\}$.

8. 设 $f(x)$ 是 $\mathbb{R}$ 上实函数, a 是常数, 证明:

(1) $\{x \mid f(x) > a\} = \bigcup\limits_{n=1}^{\infty} \left\{x \,\middle|\, f(x) \geq a + \dfrac{1}{n}\right\}$;

(2) $\{x \mid f(x) \geq a\} = \bigcap\limits_{n=1}^{\infty} \left\{x \,\middle|\, f(x) > a - \dfrac{1}{n}\right\}$.

9. 记 $A_n = (-1 - 1/n, 1 + 1/n)$, 求 $\lim\limits_{n\to\infty} A_n$.

10. 设 $\{f_n(x)\}$ 是 $\mathbb{R}$ 上的函数列, 集合 $E \subset \mathbb{R}$. 已知
$$\lim_{n\to\infty} f_n(x) = \chi_E,$$
记 $E_n = \{x \mid f_n(x) \geq 1/2\}$, 试求集合 $\lim\limits_{n\to\infty} E_n$.

11. 设 $A_n = \{m/n \mid m \in \mathbb{Z}\}, n = 1, 2, \cdots$, 证明:
$$\varliminf_{n\to\infty} A_n = \mathbb{Z}; \quad \varlimsup_{n\to\infty} A_n = \mathbb{Q}.$$

12. 设 $0 < a_n < 1 < b_n, n = 1, 2, \cdots$, 已知 $\{a_n\}$ 与 $\{b_n\}$ 单调下降, 且 $\lim\limits_{n\to\infty} a_n = 0, \lim\limits_{n\to\infty} b_n = 1$, 证明: $\lim\limits_{n\to\infty} [a_n, b_n] = (0, 1]$.

13. 证明: $\varliminf\limits_{n\to\infty} \chi_{A_n}(x) = \chi_{\varliminf\limits_{n\to\infty} A_n}(x)$; $\varlimsup\limits_{n\to\infty} \chi_{A_n}(x) = \chi_{\varlimsup\limits_{n\to\infty} A_n}(x)$.

§1.2 映　射

§1.2.1 映射

在高等数学中, 我们已经熟悉了一个或多个自变量的实值函数. 现在要把这一函数概念对应地推广到一般情形, 建立集合之间的映射概念.

定义 1.2.1 设 X, Y 是两个非空的集合. 若对每个 $x \in X$, 存在

唯一的 $y \in Y$ 与之对应, 则称这个对应为映射. 若用 f 表示这一映射, 将与 x 对应的元素记作 $f(x)$, 于是 $y = f(x)$, 称 f 是从 X 到 Y 的映射, 记作 $f: X \to Y$, 或 $f: X \to Y, x \mapsto f(x)$. $y = f(x)$ 称为 x 在映射 f 下的像, x 称为 y 的一个原像.

下面是映射的一些具体例子:

(1) $\mathbb{R}^n$ 上函数 $f(x_1, x_2, \cdots, x_n) = \sqrt{x_1^2 + x_2^2 + \cdots + x_n^2}$ 是从 $\mathbb{R}^n$ 到 $\mathbb{R}$ 的一个映射, 即

$$f: \mathbb{R}^n \to \mathbb{R}, \quad (x_1, x_2, \cdots, x_n) \mapsto \sqrt{x_1^2 + x_2^2 + \cdots + x_n^2}.$$

(2) $\mathbb{R}$ 上向量值函数 $f(t) = (\cos t, \sin t)$, 是从 $\mathbb{R}$ 到平面上的单位圆周 $\mathbf{S}^1$ 的一个映射, 即 $f: \mathbb{R} \to \mathbf{S}^1 \subset \mathbb{R}^2, t \mapsto (\cos t, \sin t)$.

(3) 与每个数列 $\{x_n\}$ 可看成自然数集 $\mathbb{N}$ 上的函数一样, 每个集合列 $\{A_n\}$ 也可看成为一个映射 f, 即 $f: \mathbb{N} \to 2^X, n \mapsto A_n$, 其中 $X = \bigcup A_n$.

(4) 设 $\mathcal{D}$ 是 2^X 的非空子集 (称为 X 的子集族), 则任何映射 $f: \mathcal{D} \to \mathbb{R}$ 称为 $\mathcal{D}$ 上的集函数.

(5) 设 X 给定, 则 X 中子集的并运算 $A \cup B$ 可看成为一个映射, 即 $f: 2^X \times 2^X \to 2^X, (A, B) \mapsto A \cup B$.

映射如集合一样, 是一种非常一般性的基本概念. 它用于数学各个分支, 只不过在不同场合采用不同名称, 诸如变换、算子、泛函、函数、映照等. 函数这一名称主要用于 Y 为 $\mathbb{R}$ 或 $\mathbb{C}$ 的情形. 将抽象情况下的映射称为函数亦无不可. 关于函数概念中的许多术语和处理方法均可自然移用于映射情况. 例如, 给定定义于 X 上取值于 Y 中的映射 f, 则 X 称为定义域; 值域是 Y 的子集 $\{f(x) | x \in X\} \xlongequal{\text{def}} f(X), x$ 的像 $f(x)$ 称为 f 在 x 处的函数值; 集合 $X \times Y$ 的子集 $G_r(f) = \{(x, f(x)) | x \in X\}$ 称为映射 f 的图.

定义 1.2.2 若 $Y = f(X)$，映射 f 称为是满映射；若 $x_1 \neq x_2$ 时，恒有 $f(x_1) \neq f(x_2)$，f 称为是一一映射 (或单射). 当 f 是 X 到 Y 的一一满映射时，就称在 X 与 Y 之间存在一一对应，称 f 是 X 到 Y 的双射. 此时对于每个 $y \in Y$ 唯一地对应一个 $x \in X$，使得 $f(x) = y$，称这个从 Y 到 X 的映射为 f 的逆映射，记作 f^{-1}，即 $f^{-1} : Y \to X, f(x) \mapsto x$.

定义 1.2.3 设 $f : X \to Y, g : Y \to Z$ 是两个映射，任给 $x \in X$，令 $h(x) = g(f(x))$，则得到一个映射 $h : X \to Z$，称为 g 与 f 的复合映射，记作 $g \circ f$.

记 I_X 是 X 到自身的恒等映射，I_Y 是 Y 到自身的恒等映射，则 $f^{-1} \circ f = I_X, f \circ f^{-1} = I_Y$. 当 $f : X \to Y$ 是一一映射时，f 是 X 到 $f(X)$ 上的双射，于是存在逆映射 $f^{-1} : f(X) \to X$.

命题 1.2.4 设 f 和 g 都有逆映射，且复合映射 $g \circ f$ 有意义，则 $g \circ f$ 也有逆映射，且

$$(g \circ f)^{-1} = f^{-1} \circ g^{-1}. \tag{1.2.1}$$

证明 设 $f : X \to Y, g : Y \to Z, f$ 和 g 都是一一满映射. 记 $y = f(x), z = g(y)$，则 $x = f^{-1}(y), y = g^{-1}(z)$. 因为 $g \circ f$ 也是一一满映射，故 $(g \circ f)^{-1}$ 存在，且 $(g \circ f)^{-1}$ 与 $f^{-1} \circ g^{-1}$ 均是 $Z \to X$ 的映射. $\forall z \in Z$，由于

$$z = g(f(x)) = g \circ f(x),$$

$$(g \circ f)^{-1}(z) = x = f^{-1}(y) = f^{-1}(g^{-1}(z)) = f^{-1} \circ g^{-1}(z),$$

故 $(g \circ f)^{-1} = f^{-1} \circ g^{-1}$ 成立.

集合之间映射不仅其本身具有实际意义，而且是研究集合结构与性质的一种有效工具.

对于 X 中子集 A，考虑 A 上的特征函数

$$\chi_A(x) = \begin{cases} 1, & x \in A, \\ 0, & x \overline{\in} A. \end{cases} \qquad (1.2.2)$$

特征函数是 2^X 到 $\{0,1\}$ 上的一个映射，可以通过特征函数的研究来了解集合本身. 例如

$$A \subset B \Longleftrightarrow \chi_A(x) \leq \chi_B(x), \quad A \cap B = \emptyset \Longleftrightarrow \chi_A(x)\chi_B(x) = 0.$$

显然有下列简单事实:

$$\begin{aligned} &\chi_{A \cup B}(x) = \chi_A(x) + \chi_B(x) - \chi_{A \cap B}(x); \\ &\chi_{A \cap B}(x) = \chi_A(x) \cdot \chi_B(x); \\ &\chi_{A \setminus B}(x) = \chi_A(x)\big(1 - \chi_B(x)\big); \\ &\big|\chi_A(x) - \chi_B(x)\big| = \chi_{A \setminus B}(x) + \chi_{B \setminus A}(x). \end{aligned} \qquad (1.2.3)$$

对于映射 $f: X \to Y$，以及 $A \subset X, B \subset Y$, 记

$$f(A) = \{ f(x) \mid x \in A\}; \qquad (1.2.4)$$

$$f^{-1}(B) = \{ x \in X \mid f(x) \in B\}. \qquad (1.2.5)$$

称 $f(A)$ 为集合 A 在映射 f 下的像集，$f^{-1}(B)$ 为集合 B 关于映射 f 的原像集. 显然有以下简单事实

$$\begin{aligned} &f\left(\bigcup_{\lambda \in I} A_\lambda\right) = \bigcup_{\lambda \in I} f(A_\lambda); \\ &f\left(\bigcap_{\lambda \in I} A_\lambda\right) \subset \bigcap_{\lambda \in I} f(A_\lambda); \\ &f^{-1}\left(\bigcup_{\lambda \in I} A_\lambda\right) = \bigcup_{\lambda \in I} f^{-1}(A_\lambda); \\ &f^{-1}\left(\bigcap_{\lambda \in I} A_\lambda\right) = \bigcap_{\lambda \in I} f^{-1}(A_\lambda); \\ &\text{若} B_1 \subset B_2, \text{则} f^{-1}(B_1) \subset f^{-1}(B_2); \\ &f^{-1}(B^c) = \left(f^{-1}(B)\right)^c. \end{aligned} \qquad (1.2.6)$$

§1.2.2 势

给定一个集合 X 以及某个与 X 中元素相关的命题 $\wp$, 令 $A = \{x \in X \mid \wp(x)$ 成立$\}$, $B = A^c$. 一个有意义的问题是: $\wp$ 在 X 上成立与不成立的可能性那个更大? 这涉及集合 A 与 B 所含元素个数的比较. 对于有限集, 这个问题的解决是简单的, 只要比较集合 A 与 B 中所含元素个数就行了. 对于无穷集, 个数一词没有实际意义. 然而, 不同的无穷集, 它们是有明显的差别的. 比如自然数集与实数集显然不同. 自觉上, 实数当然比自然数多得多. 那么怎样表示集合所含元素的多少呢? 怎样比较两个无穷集所含元素的多少呢? 对于两个有限集合是否有相同的元素个数, 只需要看能否在两个集合之间建立一种一一对应关系. 这种方法可推广到无穷集.

定义 1.2.5 设 A, B 是两个集合, 如果存在一个从 A 到 B 的一一满映射, 称集合 A 与 B 对等 (也可称 A 与 B 之间有一一对应关系), 记作 $A \sim B$.

显然对等关系满足如下的性质:

(1) 自反性: $A \sim A$;

(2) 对称性: 若 $A \sim B$, 则 $B \sim A$;

(3) 传递性: 若 $A \sim B, B \sim C$, 则 $A \sim C$.

任何满足自反性、对称性和传递性的二元关系称为等价关系. 于是集合的对等关系是一种等价关系.

例 1 $\mathbb{N} \sim \mathbb{Z}$. 作对等关系如下:

$$f(n) = \begin{cases} k, & n = 2k, \\ -(k-1), & n = 2k-1, \end{cases}$$

$k = 1, 2, \cdots$. 则 $f : \mathbb{N} \to \mathbb{Z}$ 是一一满映射.

例 2 在对等关系 $x \mapsto \tan(\pi x/2)$ 下，有 $(-1,1) \sim \mathbb{R}$.

定义 1.2.6 设 A, B 是两个集合，如果 $A \sim B$，就称 A 与 B 有相同的势 (或基数). 记 $|A|$ 为集合 A 的基数. 若存在一个从 A 到 B 的一一映射 (相当于对等于的某个子集)，则约定 $|A| \leq |B|$. 如果 $|A| \leq |B| \neq |A|$，则约定 $|A| < |B|$ (读作 $|A|$ 小于 $|B|$).

由定义知，如 $A \subset B$，则 $|A| \leq |B|$；如存在满映射 $f: A \to B$，则 $|B| \leq |A|$. 若 A 是含 n 个元素的有限集，则记 $|A| = n$. 对于无限集 A，通常也用一个希腊字母如 α 记 $|A|$，且形象地说 "A 含有 α 个元素". 当 $|A| < |B|$ 时，可以说 "B 含有比 A 更多的元素". 另一方面，势可以看作是自然数的推广；而势不等式，则可以看作是自然数顺序关系的推广. 对于势的大小关系，如自然数一样，有如下重要结果.

定理 1.2.7 对于任意两个势 α, β，关系式 $\alpha < \beta, \alpha = \beta, \beta < \alpha$ 中有且仅有一式成立.

定理的证明需要一定的集合论公理. 在附录 A 中将给出证明.

推论 1.2.8 若 $\alpha \leq \beta, \beta \leq \alpha,$，则 $\alpha = \beta$.

有两种势是最常见的. 一种是自然数集的势，记为 $\aleph_0$ (读成阿列夫 (Aleph) 零)，即 $|\mathbb{N}| = \aleph_0$. 另一个是实数集 $\mathbb{R}$ 的势，记成 c，即 $|\mathbb{R}| = c$. 凡是与自然数集对等的集称为可列集或可数集，凡是与 $\mathbb{R}$ 对等的集称为具有连续势.

所谓一个集合 A 为可列集，是指与自然数集对等，即有一一对应关系 $f: \mathbb{N} \to A, n \mapsto x_n$，于是 $A = \{x_1, x_2, \cdots, x_n, \cdots\}$，即 A 可按顺序排成一序列. 反过来一个集合可以排成一序列，它便是可列集. 可列集的势是 $\aleph_0$. 由下面定理可知，可列集是势最小的无穷集合，因此可列集是最简单的无穷集.

定理 1.2.9 任何无穷集合都包含一个可列子集.

证明 设 A 是无穷集合. 任取一个元素 $x_1 \in A$, 则 $A \setminus \{x_1\}$ 仍是无穷集合. 再任取一个元素 $x_2 \in A \setminus \{x_1\}$, 显然 $x_1 \neq x_2$. 假如在 A 中已取出 n 个元素 $\{x_1, x_2, \cdots, x_n\}$, 则 $A \setminus \{x_1, x_2, \cdots, x_n\}$ 仍是一个无穷集合, 从而可取一个与 $x_1, x_2, \cdots, x_n$ 均不相同的元素 x_{n+1}. 由归纳法, 可以从 A 中取出互不相同的元素排成一无穷序列 $\{x_1, x_2, \cdots, x_n, \cdots\}$. 显然序列 $\{x_1, x_2, \cdots, x_n, \cdots\}$ 是 A 的可列子集.

定理 1.2.10 可列集合的无穷子集仍是可列的.

证明 假设 A 是可列子集, A_1 是 A 的无穷子集. 由定理 1.2.9, A_1 含有可列子集 A_2, 于是 $A_2 \sim A$, 但 $A_2 \subset A_1 \subset A$, 故 $|A_2| \leq |A_1| \leq |A|$. 由 $|A_2| = |A|$, 得 $|A_1| = |A| = \aleph_0$.

定理 1.2.11 设 A 是可列集, B 是有限集或可列集, 则 $A \cup B$ 是可列集.

证明 设 $A = \{x_1, x_2, \cdots, x_n, \cdots\}$. 若 $B \cap A = \emptyset$, 当 $B = \{y_1, y_2, \cdots, y_m\}$ 时, 由

$$A \cup B = \{y_1, y_2, \cdots, y_m, x_1, x_2, \cdots, x_n, \cdots\},$$

可知 $A \cup B$ 是可列集. 当 $B = \{y_1, y_2, \cdots, y_n, \cdots\}$ 时, 由

$$A \cup B = \{x_1, y_1, x_2, y_2, \cdots, x_n, y_n, \cdots\},$$

可知 $A \cup B$ 是可列集. 若 $B \cap A \neq \emptyset$, 则 $A \cup B = A \cup (B \setminus A)$, 易知 $A \cup B$ 仍为可列集.

定理 1.2.12 可数个有限集或可列集的并仍是可列集.

证明 假设 $A_1, A_2, \cdots, A_n, \cdots$ 是一列有限集或可列集. 将 A_n 中元素排列成 $A_n = \{x_{n1}, x_{n2}, \cdots, x_{nm}, \cdots\}$ (如果 A_n 是有限集, 则排

列成 $A_n = \{x_{n1}, x_{n2}, \cdots, x_{nm}\}$). $A = \bigcup\limits_{n=1}^{\infty} A_n$ 中的元素可以用多种不同方式排列成一个序列，例如

$$A = \{x_{11}, x_{21}, x_{12}, x_{31}, x_{22}, x_{13}, x_{41}, \cdots, x_{ij}, \cdots\},$$

其规则是 x_{11} 排第一位，当 $i + j > 2$ 时，x_{ij} 排在第 n 位:

$$n = j + \sum_{k=1}^{i+j-2} k.$$

定理 1.2.13 有限个可列集的直积仍为可列集.

证明 设 A, B 是可列集，今证明 $A \times B$ 是可列集 (然后用归纳法可推出任意有限个可列集的直积仍为可列集). 任给 $x \in A$，令 $C_x = \{(x, y) \big| y \in B\}$，则 $C_x \sim B$，即 C_x 是可列集. 显然 $A \times B = \bigcup\limits_{x \in A} C_x$，由定理 1.2.12 即得 $A \times B$ 是可列集.

于是上述几个定理可描述成下列势的运算规律:

$$\aleph_0 + \aleph_0 = \aleph_0; \quad \sum_{i=1}^{\infty} \aleph_0 = \aleph_0;$$

$$n + \aleph_0 = \aleph_0; \qquad\qquad (1.2.7)$$

$$\aleph_0 \times \aleph_0 = \aleph_0; \quad \prod_{i=1}^{n} \aleph_0 = \aleph_0.$$

对任意无穷集合 A，$\aleph_0 \le |A|$.

例 3 有理数集 $\mathbb{Q}$ 是可列集.

事实上，由满映射

$$f : \mathbb{N} \times \mathbb{N} \to \mathbb{Q}, \quad (p, q) \mapsto \frac{p}{q},$$

知 $|\mathbb{Q}| \le |\mathbb{N} \times \mathbb{N}| = \aleph_0$，又 $\mathbb{N} \subset \mathbb{Q}, \aleph_0 \le |\mathbb{Q}|$，所以 $|\mathbb{Q}| = \aleph_0$.

例 4 由有限个自然数构成的有序数组的全体构成的集合是可列集.

事实上，记这个集合为 A，

$$A = \{(n_1, n_2, \cdots, n_k) \mid n_i \in \mathbb{N}, i = 1, 2, \cdots, k, k \in \mathbb{N}\} = \bigcup_{k=1}^{\infty} \mathbb{N}^k,$$

其中 $\mathbb{N}^k = \{(n_1, n_2, \cdots, n_k) \mid n_i \in \mathbb{N}, i = 1, 2, \cdots, k\}$. 由定理 1.2.13 知 $|\mathbb{N}^k| = \aleph_0$，由定理 1.2.12 知 A 是可列集.

例 5 有理系数多项式之全体是可列集.

事实上，每个有理系数多项式 $p(x) = \sum_{i=0}^{n} a_i x^i$ 由 $n+1$ 个有理系数 $a_1, a_2, \cdots, a_n$ 唯一决定，于是有理系数多项式之全体与由有限个有理数构成的有序数组全体构成的集合对等，后者是 $\bigcup_{n=1}^{\infty} \mathbb{Q}^n$，与例 4 一样，它是可列集.

我们引入势的一般运算规律，它可使我们对集合势的判定更加迅速，其大小的比较更加清晰.

定义 1.2.14 设有势 α, β. 任取集合 A 与 B，满足 $|A| = \alpha$，$|B| = \beta$ 时，称直积集 $A \times B$ 的势为 α 与 β 的乘积 $\alpha \cdot \beta$. 记 n 个相同势 α 的乘积为 $\alpha \cdot \alpha \cdots \cdot \alpha = \alpha^n$. 全体 A 到 B 的映射构成的集合记作 B^A，称 $|B^A|$ 为 β 的 α 次幂，记作 β^α. 如果还设 $A \cap B = \emptyset$，则称 $A \cup B$ 的势为 α 与 β 的和 $\alpha + \beta$.

例 6 $\mathbb{R}$ 中任意互不相交的开区间族是有限集或可列集.

例 7 $\mathbb{R}$ 上任一单调函数的不连续点为有限集或可列集.

以单调上升函数 $f(x)$ 为例：若 x_0 是 $f(x)$ 的不连续点，则有：

$$f(x_0 - 0) = \lim_{x \to x_0-} f(x) < \lim_{x \to x_0+} = f(x_0 + 0).$$

因此 x_0 对应着一个开区间 $(f(x_0 - 0), f(x_0 + 0))$. 显然，对应于两个不同的不连续点 x_1 及 x_2，区间 $(f(x_1 - 0), f(x_1 + 0))$ 与 $(f(x_2 - 0), f(x_2 + 0))$ 互不相交. 故只需考虑 $\mathbb{R}$ 上互不相交的开区间族. 由例 6 知它是有限

集或可列集.

例 8 设集合 A 的势为 α, 则 $|2^A| = 2^\alpha$.

事实上, 2^α 是集合 $\{0,1\}^A$ 的势. 而 $\{0,1\}^A$ 是由定义在 A 上的一切特征函数所构成的集合. 而相应于 A 中每一个子集 E, 唯一的对应一个特征函数 χ_E; 反之亦然. 这说明 $2^A \sim \{0,1\}^A$.

这些例子表明, 通过集合的势概念可获得集合的数量属性.

定理 1.2.15 设 A 是无限集, $|A| = \alpha$. 若 B 是可数集, 则
$$|A \cup B| = \alpha.$$

证明 不妨设 $A \cap B = \emptyset$. 记 $B = \{y_1, y_2, \cdots\}$, 而 A 是无限集. 设 $A_1 = \{x_1, x_2, \cdots\}$ 为 A 的可数无限子集. 记 $A_2 = A \setminus A_1$, 则 $A = A_1 \cup A_2$. 作映射 $f: A \cup B \to A$ 下:
$$f(x_n) = x_{2n}, \quad f(y_n) = x_{2n-1}, \quad n = 1, 2, \cdots,$$
$$f(x) = x, \qquad x \in A_2.$$
则 f 是一一满映射. 故 $|A \cup B| = \alpha$.

定理 1.2.16 集合 A 是无限集的充分必要条件是: A 与其自身的一个真子集对等.

证明 因为有限集与其真子集不对等, 所以充分性成立.

兹证明必要性. 当 A 是无限集, 任取一个非空有限子集 B, 则由定理 1.2.15, 有 $A \sim A \setminus B$.

由例 2 知势 $|(-1,1)| = |\mathbb{R}| = c$, 通过一一映射 $f(x) = \frac{x+1}{2}$ 可知, $(-1,1) \sim (0,1)$. 因此要研究连续势 c, 只要讨论区间 $(0,1)$ 的势即可.

定理 1.2.17 区间 $(0,1) = \{x \mid 0 < x < 1\}$ 不是可列集.

证明 不妨考虑区间 $(0,1]$. 若 $|(0,1]| = \aleph_0$, 则存在一一满映射

$f : \mathbb{N} \to (0,1]$. 每个 $f(n)$ 可唯一地表示成为十进位小数:

$$f(n) = 0.a_{n_1} a_{n_2} \cdots a_{n_k} \cdots, \quad n = 1, 2, \cdots.$$

上式可能从某位开始全为 9, 但不允许从某位开始全为 0. 若 $a_{n_n} = 1$, 取 $b_n = 2$, 若 $a_{n_n} \neq 1$, 取 $b_n = 1$ $(n = 1, 2, \cdots)$. 记 $x = 0.b_1 b_2 \cdots b_n \cdots$, 则 $x \in (0,1]$, 于是存在 $n \in \mathbb{N}$, 使得 $x = f(n)$. 即

$$0.b_1 b_2 \cdots b_n \cdots = 0.a_{n_1} a_{n_2} \cdots a_{n_k} \cdots.$$

由此推出 $b_n = a_{n_n}$, 得出矛盾. 因此区间 $(0,1]$ 不是可列集.

定理 1.2.18 $2^{\mathbb{N}} \sim \mathbb{R}$, 即 $2^{\aleph_0} = c$.

证明 对于任意的 $\varphi \in \{0,1\}^{\mathbb{N}}$, 作映射

$$f : \varphi \mapsto \sum_{n=1}^{\infty} \frac{\varphi(n)}{3^n},$$

f 是从 $\{0,1\}^{\mathbb{N}}$ 到 $(0,1]$ 的一个一一映射, 故得 $2^{\aleph_0} \leq c$. 另一方面, 对每一个 $x \in (0,1]$, 用二进位制小数表示 (必需出现无穷多个数码为 1)

$$x = \sum_{n=1}^{\infty} \frac{a_n}{2^n}, \quad a_n \in \{0,1\}.$$

定义映射 $g : x \mapsto \varphi \in \{0,1\}^{\mathbb{N}}$, $\varphi(n) = a_n, n = 1, 2, \cdots$. 则 g 是从 $(0,1]$ 到 $\{0,1\}^{\mathbb{N}}$ 的一个一一映射, 故又得 $c \leq 2^{\aleph_0}$. 根据定理 1.2.7, 有 $c = 2^{\aleph_0}$.

定理 1.2.19 (无最大基数定理) 若 A 是非空集合, 则集合 A 与其幂集 2^A 不对等.

证明 假定 $A \sim 2^A$, 即存在一一满映射 $f : A \to 2^A$. 构造集合 $B = \{x \in A \mid x \overline{\in} f(x)\}$, 于是有 $y \in A$, 使 $f(y) = B$. 考虑 y 与 B 的关系: 若 $y \in B$, 则由 B 的定义可知, $y \overline{\in} f(y) = B$; 若 $y \overline{\in} B = f(y)$, 仍由 B 的定义可知, $y \in B$. 所得矛盾说明 A 与 2^A 之间并不存在一一满映射, 从而集合 A 与它的幂集 2^A 不对等.

集合论创立者康托尔 (Cantor) 于 1878 年提出如下猜想: 不存在

一个集合 A, 它的势满足 $\aleph_0 < |A| < c$. 于是记 $c = \aleph_1$. 康托尔猜想是一个著名的数学难题, 称为连续统假设. 它的一般提法是: 用归纳法定义 $\aleph_{k+1} = 2^{\aleph_k}$, 于是不存在集合 A, 它的势满足 $\aleph_k < |A| < \aleph_{k+1}$, $k = 0, 1, 2, \cdots$. 按照连续统假设, 可将集合的势, 按递增顺序排列如下:

$$0 < 1 < 2 < \cdots < n < \cdots < \aleph_0 < \aleph_1 = c < \cdots < \aleph_k < \aleph_{k+1} < \cdots,$$

其中 $\aleph_{k+1} = 2^{\aleph_k} = 2^{\aleph_k^2} = (2^{\aleph_k})^{\aleph_k} = (\aleph_{k+1})^{\aleph_k}$. 1900 年 8 月, 希尔伯特 (Hilbert) 在巴黎国际数学家大会上作的题为《数学问题》的著名演说中, 提出了 20 世纪数学所面临的, 待解决的 23 个重大问题. 其中第一个就是连续统假设. 此难题直到 1963 年, 才由科恩 (Korn) 以及早于他的哥德尔 (Godel) 共同解决. 他们证明了在已有集合论公理系统中, 既不能证明连续统假设成立, 也不能证明它不成立. 因此, 连续统假设成立或不成立, 都可以认为公理与集合论其他公理相容.

习　题

1. 设映射 $f : X \to Y$, $A \subset X$, $E \subset Y$, 试问下列等式成立吗?

(1) $f^{-1}(Y \setminus E) = f^{-1}(Y) \setminus f^{-1}(E)$;

(2) $f(X \setminus A) = f(X) \setminus f(A)$.

2. 设有集合 A, B, C, 证明: (1) 若 $A \setminus B \sim B \setminus A$, 则 $A \sim B$;

(2) 若 $A \subset B, A \sim A \cup C$, 则 $B \sim B \cup C$.

3. 证明: $\left(\overline{\lim_{n \to \infty}} A_n \right)^c = \underline{\lim_{n \to \infty}} A_n^c$; $\left(\underline{\lim_{n \to \infty}} A_n \right)^c = \overline{\lim_{n \to \infty}} A_n^c$.

4. 证明特征函数满足关系式 (1.2.3).

5. 证明: (1) $\lim_{n \to \infty} A_n$ 存在 $\Longleftrightarrow \lim_{n \to \infty} \chi_{A_n}$ 存在;

(2) $A = \lim_{n \to \infty} A_n \Longleftrightarrow \chi_A = \lim_{n \to \infty} \chi_{A_n}$.

6. 设 $A_{2n-1} = A, A_{2n} = B$, $n = 1, 2, \cdots$, 求 $\underline{\lim} A_n$ 与 $\overline{\lim} A_n$.

7. 证明: $f : A \to B$ 是满射 $\Longleftrightarrow \forall E \subset B, f(f^{-1}(E)) = E$.

8. 证明：$f : X \to Y$ 是一一对应的充分必要条件为 $f(X) = Y$, 且对任何 $A, B \subset X$, 有 $f(A \cap B) = f(A) \cap f(B)$.

9. 证明以有理点为端点的区间全体构成的集合是可列集.

10. 证明 $\mathbb{R}$ 中任意互不相交的开区间族是有限集或可列集.

11. 证明可列集的有限子集全体仍是可列集.

*12. 设 X 是无穷集合，$|X| = \alpha, B$ 是一一满映射 $f : X \to X$ 的全体，求 $|B|$.

13. 证明 $\mathbb{R}^2$ 中至少有一个圆周不含有理点.

*14. 设 E 是 $\mathbb{R}^2$ 中的点集，E 中任意两点的距离都是有理数，试证明 E 是可列集.

15. 给出 $\mathbb{R} \setminus \mathbb{Q}$ 到 $\mathbb{R}$ 之间的一一对应.

16. 设 $E \subset \mathbb{R}$ 是可列集. 证明存在 $x_0 \in \mathbb{R}$, 使得 E 与 $E + x_0$ 不相交，其中 $E + x_0 = \{x + x_0 \mid x \in E\}$.

17. 有理系数多项式的实零点称为代数数，不是代数数的实数称为超越数. 证明全体代数数集合的势为 $\aleph_0$, 而超越数的势是 c.

18. $\mathbb{R}$ 上全体开集记为 $\mathcal{T}$, 证明 $|\mathcal{T}| = c$.

19. 设 $E = A \cup B, |E| = c$, 则 A 与 B 中至少一个集合的势是 c.

20. 设 X 是无限集合，给定映射 $f : X \to X, f$ 不是恒同映射，证明存在 X 中的非空真子集 E, 使得 $f(E) \subset E$.

21. 设 A 是无限集合，则存在映射 $f : A \to A$, 使得 $f(x) \neq x$, 但 $f(f(x)) = x, \forall x \in A$.

22. 设 $E \subset \mathbb{R}, |E| = c$, 令 $A = \{x = (x_1, x_2, \cdots) \mid x_i \in E, i = 1, 2, \cdots\}$, 试证明 $|A| = c$.

23. 设 $A = \bigcup_{n=1}^{\infty} A_n$. 若 $|A| = c$, 试证明必有一个 n_0, 使得
$$|A_{n_0}| = c.$$

*24. 设 X 是给定集合, 记 $f : 2^X \to 2^X$. 若 f 是单调的, 即 $\forall A, B \subset X$, 只要 $A \subset B$, 就有 $f(A) \subset f(B)$. 证明存在 $E \in 2^X$, 使得 $f(E) = E$.

25. 记区间 $[0, 1]$ 上的连续函数全体为 $C[0, 1]$, 试证明 $|\, C[0, 1]\,| = c$.

26. 记 $\mathbb{R}$ 上一切实值函数的全体为 Ψ, 试证明 Ψ 与 $\mathbb{R}$ 不对等, 且 $|\,\Psi\,| = 2^c$.

§1.3　n 维欧氏空间 $\mathbb{R}^n$

§1.3.1　n 维欧氏空间 $\mathbb{R}^n$

本节讨论 $\mathbb{R}^n$ 中点集性质, 它是研究 $\mathbb{R}^n$ 上的实值函数的基础.

$\mathbb{R}^n = \mathbb{R} \times \mathbb{R} \times \cdots \times \mathbb{R}$ 是 n 个 $\mathbb{R}$ 的直集积. 它是有序实数组 $x = (x_1, x_2, \cdots, x_n)$ 的全体, 称 x_i 是 x 的第 i 个坐标. $\mathbb{R}^n$ 上定义运算如下: 对于 $x = (x_1, x_2, \cdots, x_n), y = (y_1, y_2, \cdots, y_n), \lambda \in \mathbb{R}$,

(1) 加法: $x + y = (x_1 + y_1, x_2 + y_2, \cdots, x_n + y_n)$;

(2) 数乘: $\lambda x = (\lambda x_1, \lambda x_2, \cdots, \lambda x_n)$.

$$(1.3.1)$$

在上述两种运算下 $\mathbb{R}^n$ 构成一个向量空间 (或称为线性空间). 对于 $i = 1, 2, \cdots, n$, 记

$$e_i = (0, \cdots, 0, 1, 0, \cdots, 0), \qquad (1.3.2)$$

其中除第 i 个坐标为 1 外其余坐标皆为零. 设 $e_1, e_2, \cdots, e_n$ 组成空间 $\mathbb{R}^n$ 的一组基底, 于是 $x = \sum\limits_{i=1}^{n} x_i e_i$. 故 $\mathbb{R}^n$ 是实数域上的 n 维向量空间, x 称为 $\mathbb{R}^n$ 中的向量或点.

定义 1.3.1　设 $x = (x_1, x_2, \cdots, x_n) \in \mathbb{R}^n$, 定义

$$\| x \| = (x_1^2 + x_2^2 + \cdots + x_n^2)^{\frac{1}{2}}, \qquad (1.3.3)$$

称 $\|x\|$ 为点 x 的模.

当 $n = 3$ 时, $\|x\|$ 恰是向量 x 的长度. 所以模是长度在高维空间的推广. 由 (1.3.3) 式定义的模具有以下性质: $\forall x, y \in \mathbb{R}^n, \lambda \in \mathbb{R}$,

(1) 正定性: $\|x\| \geq 0$, 且 $\|x\| = 0 \Longleftrightarrow x = (0, 0, \cdots, 0)$;

(2) 齐次性: $\|\lambda x\| = |\lambda| \|x\|$;

(3) 三角不等式: $\|x + y\| \leq \|x\| + \|y\|$.

(1),(2) 是显然的, (3) 则是下列引理的推论.

引理 1.3.2 (Cauchy-Schwarz 不等式) 设 $x, y \in \mathbb{R}^n$, 则有 $\emptyset$

$$(x_1 y_1 + x_2 y_2 + \cdots + x_n y_n)^2$$
$$\leq (x_1^2 + x_2^2 + \ldots + x_n^2)(y_1^2 + y_2^2 + \cdots + y_n^2). \tag{1.3.4}$$

证明 定义非负函数 $f(\lambda) = \sum\limits_{i=1}^{n} (x_i + \lambda y_i)^2$. 记 $x = (x_1, x_2, \cdots, x_n), y = (y_1, y_2, \cdots, y_n)$, 则 $f(\lambda) = A\lambda^2 + B\lambda + C$, 其中 $A = \|y\|^2, B = 2\sum\limits_{i=1}^{n} x_i y_i, C = \|x\|^2$. 由于 $f(\lambda) \geq 0$, 二次方程 $f(\lambda)$ 的判别式

$$\triangle = B^2 - 4AC \leq 0,$$

由此即得不等式 (1.3.7). 又

$$\|x + y\|^2 = \sum_{i=1}^{n} (x_i + y_i)^2 = \|x\|^2 + 2\sum_{i=1}^{n} x_i y_i + \|y\|^2$$

$$\leq \|x\|^2 + 2\|x\| \|y\| + \|y\|^2 = (\|x\| + \|y\|)^2,$$

将上式两边开方, 即得三角不等式.

定义 1.3.3 设 $x = (x_1, x_2, \cdots, x_n), y = (y_1, y_2, \cdots, y_n) \in \mathbb{R}^n$, 记

$$d(x, y) = ((x_1 - y_1)^2 + (x_2 - y_2)^2 + \cdots + (x_n - y_n)^2)^{1/2}, \tag{1.3.5}$$

称 $d(x, y)$ 为 $\mathbb{R}^n$ 中点 x 与 y 之间的距离.

根据定义，$d(x, y) = \|x - y\|$，因此距离可用模来表示. 于是由模的性质可知距离满足以下的性质：$\forall x, y, z \in \mathbb{R}^n$,

(1) 正定性：$d(x, y) \geq 0$，而且 $d(x, y) = 0 \Longleftrightarrow x = y$;

(2) 对称性：$d(x, y) = d(y, x)$;

(3) 三角不等式：$d(x, z) \leq d(x, y) + d(y, z)$.

定义 1.3.4 设 $x \in \mathbb{R}^n, r > 0$，称集合 $B(x, r) = \{y \in \mathbb{R}^n \,|\, d(x, y) < r\}$ 为以 x 为中心，以 r 为半径的球，也称作 x 的球邻域，有时也可记作 $B_r(x)$. 又设 $A \subset \mathbb{R}^n$，若 $\exists R > 0$，使得 $A \subset B_R(0)$，称 A 是有界点集.

于是 $y \in B_r(x) \Longleftrightarrow \|x - y\| < r$. 因此球邻域也可用模来刻画. 即 $B_r(x) = \{y \in \mathbb{R}^n | \|x - y\| < r\}$.

给定 $A \subset \mathbb{R}^n, x_0 \in \mathbb{R}^n$，则 x_0 与 A 有三种可能的关系：

(1) $\exists \varepsilon > 0$，使 $B_\varepsilon(x_0) \cap A = \emptyset$;

(2) $\exists \varepsilon > 0$，使 $B_\varepsilon(x_0) \subset A$;

(3) $\forall \varepsilon > 0$，使 $B_\varepsilon(x_0) \cap A \neq \emptyset$，并且 $B_\varepsilon(x_0) \cap A^c \neq \emptyset$.

由以上点与点集之间的位置关系，可给出如下定义.

定义 1.3.5 设 $A \subset \mathbb{R}^n, x_0 \in \mathbb{R}^n$,

(1) 若 $\exists \varepsilon > 0$，使 $B_\varepsilon(x_0) \subset A$，称 x_0 是 A 的内点. 记由 A 的内点的全体构成的集合为 A°;

(2) 若 $\forall \varepsilon > 0$，使得 $B_\varepsilon(x_0) \cap A \neq \emptyset$，$B_\varepsilon(x_0) \cap A^c \neq \emptyset$，称 x_0 是 A 的边界点，记由 A 的边界点组成的点集为 ∂A;

(3) 若 $\forall \varepsilon > 0, B_\varepsilon(x_0) \cap (A \setminus \{x_0\}) \neq \emptyset$，称 x_0 是 A 的聚点 (或极限点). 全体 A 的聚点记作 A'，称为 A 的导集.

(4) 称 $\overline{A} = A \cup A'$ 为 A 的闭包；而 $A \setminus A'$ 中的点称为 A 的孤立

点.

(5) 若 $\overline{A} = E$, 就称集合 A 在集合 E 中稠密.

显然 $A^{\circ} \subset A'$; $\partial A = \overline{A} \setminus A^{\circ}$; $(A^c)^{\circ} = \mathbb{R}^n \setminus \overline{A}$ (其中的点称为 A 的外点); 若 $A \subset B$, 则 $A' \subset B'$; 并且不难证明

$$(A \cup B)' = A' \cup B', \quad x \in A \setminus A' \iff \exists r > 0, B_r(x) \cap A = \{x\}.$$

例 设 $A = [-1, 0) \cup \{1/n \mid n \in \mathbb{N}\} \subset \mathbb{R}$, 则 $A^{\circ} = (-1, 0)$, $A' = [-1, 0]$, $\overline{A} = [-1, 0] \cup \{1/n \mid n \in \mathbb{N}\}$, $\partial A = \{-1, 0\} \cup \{1/n \mid n \in \mathbb{N}\}$, A 的孤立点集是 $\{1/n \mid n \in \mathbb{N}\}$. 考虑有理点集 $\mathbb{Q}$, 则

$$\mathbb{Q}^{\circ} = \emptyset, \quad \mathbb{Q}' = \overline{\mathbb{Q}} = \mathbb{R} \supset \mathbb{Q}, \quad \partial \mathbb{Q} = \mathbb{R}.$$

当 x_0 是 A 的聚点时, 下面的定理将证明, 在任意一个 x_0 的邻域 $B_\varepsilon(x_0)$ 中含有无穷多个 A 中的向量.

定义 1.3.6 设 $\{x_k\} \subset \mathbb{R}^n$. 若存在 $x \in \mathbb{R}^n$, 使得 $\lim\limits_{k \to \infty} d(x_n, x) = 0$, 称点列 $\{x_k\}$ 是收敛点列, x 是 $\{x_k\}$ 的极限, 并简记作

$$\lim_{k \to \infty} x_k = x \tag{1.3.6}$$

(或 $x_k \to x\,(k \to \infty)$).

显然, $\lim\limits_{k \to \infty} x_k = x \iff \lim\limits_{k \to \infty} \| x_k - x \| = 0$. 因此欧氏空间上点列的极限也可用模来刻画.

若记 $x_k = (x_{k,1}, x_{k,2}, \cdots, x_{k,n})$, $x = (x_1, x_2, \cdots, x_n)$, 则由不等式

$$\max_{1 \le i \le n} | x_{k,i} - x_i | \le \| x_k - x \| \le \sum_{i=1}^{n} | x_{k,i} - x_i | \tag{1.3.7}$$

可知, $\lim\limits_{k \to \infty} x_k = x \iff \lim\limits_{k \to \infty} x_{k,i} = x_i$, $i = 1, 2, \cdots, n$. 这意味着 $\mathbb{R}^n$ 中的点列收敛可归结成各坐标收敛.

定理 1.3.7 设 $A \subset \mathbb{R}^n$, $x \in \mathbb{R}^n$, 则 $x \in A'$ 的充分必要条件是, 存在点列 $\{x_k\} \subset A \setminus \{x\}$, 收敛到 x.

证明　设 $x \in A'$. 令 $\varepsilon_1 = 1$, 可取 $x_1 \in A \setminus \{x\}$, 且 $\| x_1 - x \| < 1$. 令 $\varepsilon_2 = \min(\| x_1 - x \|, 1/2)$, 可取 $x_2 \in A \setminus \{x\}$, 且 $\| x_2 - x \| < \varepsilon_2 \leq 1/2$. 继续这一过程, 可得点列 $\{x_k\} \subset A \setminus \{x\}$, 满足 $\| x_k - x \| < 1/k$. 这说明 $\lim\limits_{k \to \infty} x_k = x$.

反之, 存在点列 $\{x_k\} \subset A \setminus \{x\}$, 收敛到 x. 则 $\forall \varepsilon > 0, \exists k_0$, 当 $k \geq k_0$ 时, $\| x_k - x \| < \varepsilon$, 即 $x_k \in B_\varepsilon(x)$, 故 $B_\varepsilon(x) \cap A \setminus \{x\} \neq \emptyset$.

§1.3.2　闭集、开集和 Borel 集

定义 1.3.8　设 $F \subset \mathbb{R}$, 若 $F \supset F'$, 则称 F 是闭集. 规定空集是闭集.

例　$\mathbb{R}^n$ 是闭集; 闭球 $\{y \in \mathbb{R}^n \mid \| y - x \| \leq r\}$ 是闭集; 闭矩体 $[a_1, b_1] \times [a_2, b_2] \times \cdots \times [a_n, b_n]$ 是闭集.

由定义可知, F 是闭集当且仅当 $F = \overline{F}$.

下面是闭集的性质.

定理 1.3.9　有限多个闭集的并集是闭集; 任意多个闭集的交集还是闭集.

证明　考虑闭集 F_1, F_2, 由于 $F_i' \subset F_i, i = 1, 2$, 有
$$(F_1 \cup F_2)' = F_1' \cup F_2' \subset F_1 \cup F_2.$$
所以 $F_1 \cup F_2$ 是闭集. 用归纳法可得任意有限个闭集的并集还是闭集. 又设 $\{F_\alpha \mid \alpha \in I\}$ 是 $\mathbb{R}$ 中一个闭集族. 记 $F = \cap_{\alpha \in I} F_\alpha$, 不妨设 F 非空. 对 $\forall \alpha \in I, F \subset F_\alpha$, 有 $\overline{F} \subset \overline{F_\alpha} = F_\alpha$, 从而 $\overline{F} \subset \cap_{\alpha \in I} F_\alpha = F$. 但 $F \subset \overline{F}$, 故 $F = \overline{F}$, 这说明 F 是闭集.

注　无穷多个闭集的并不一定是闭集. 考虑集合列
$$F_k = \left[\frac{1}{k+1}, \frac{1}{k} \right], \quad k = 1, 2, \cdots,$$

则 $\bigcup\limits_{k=1}^{\infty} F_k = (0,1]$. 此例说明 $\overline{\cup F_k} \neq \cup \overline{F_k}$. 但一般地有下列包含关系

$$\bigcup_{\alpha \in I} \overline{A_\alpha} \subset \overline{\bigcup_{\alpha \in I} A_\alpha}, \quad \overline{\bigcap_{\alpha \in I} A_\alpha} \subset \bigcap_{\alpha \in I} \overline{A_\alpha}. \tag{1.3.8}$$

定义 1.3.10 设 $G \subset \mathbb{R}^n$, 若 G^c 是闭集, 则称 G 是开集.

由定义可知, $\mathbb{R}^n$ 本身及空集 $\emptyset$ 都是开集; 开集的余集是闭集; $\mathbb{R}^n$ 中球邻域 $B_r(x)$ 是开集; $\mathbb{R}^n$ 中开矩体 $(a_1, b_1) \times (a_2, b_2) \times \cdots \times (a_n, b_n)$ 是开集.

对于任意点集 A, 有如下 $\mathbb{R}^n$ 的不交并分解:

$$\mathbb{R}^n = A^\circ \cup \partial A \cup (A^c)^\circ, \tag{1.3.9}$$

而且 $\partial A = \partial(A^c)$. F 是闭集的充要条件是它有不交并分解:

$$F = F^\circ \cup \partial F.$$

由 (1.3.9) 式可得·$F \cup F^c = F^\circ \cup \partial F \cup (F^c)^\circ$, 所以

$$F^c = (F^c)^\circ.$$

记 $G = F^c$, 则 G 是开集的充分必要条件是 $G = G^\circ$.

由于在取余集运算下并运算变成交运算, 交运算变成并运算, 开集变成闭集, 闭集变成开集. 由定理 1.3.8 即得开集的性质.

定理 1.3.11 有限多个开集的交集是开集; 任意多个开集的并集是开集.

开集与闭集是 $\mathbb{R}^n$ 中最基本的集合类型. 在 $\mathbb{R}^n$ 中还有更多的点集既不是闭集又不是开集. 下面通过基本点集的运算来构造更复杂的 Borel 点集.

定义 1.3.12 (F_σ(型)集, G_δ(型)集) 若 $A \subset \mathbb{R}^n$ 是可数个闭集的并集, 称 A 是 F_σ(型) 集; 若 $A \subset \mathbb{R}^n$ 是可数个开集的交集, 称 A 是 G_δ(型) 集.

显然 F_σ 集的余集是 G_δ 集；G_δ 集的余集是 F_σ 集.

例 $[0,1) = \bigcup\limits_{k=1}^{\infty} [0, \frac{k}{k+1}]$, 和 $\mathbb{Q}$ 皆是 F_σ 型集.

定义 1.3.13 令 $\mathcal{F}$ 是由集合 X 中一些子集所构成的集合组. 如果满足：

(1) $\emptyset \in \mathcal{F}$;

(2) 若 $A \in \mathcal{F}$, 则 $A^c \in \mathcal{F}$;

(3) 若 $A_n \in \mathcal{F}$, $n = 1, 2, \cdots$, 则 $\bigcup\limits_{n=1}^{\infty} A_n \in \mathcal{F}$.

那么称 $\mathcal{F}$ 是 X 的一个 σ 代数.

X 的 σ 代数总是存在的. 例如 2^X 是一个 σ 代数, 它是最大的. 又如只有两个集合的子集族 $\{\emptyset, X\}$, 也是 X 的一个 σ 代数, 它是最小的. 2^X 和 $\{\emptyset, X\}$ 称为平凡 σ 代数.

当 $\mathcal{F}$ 是 X 的 σ 代数时, 有 $X \in \mathcal{F}$; 又若 $A_n \in \mathcal{F}$, $n = 1, 2, \cdots$, 则有

$$\bigcap\limits_{n=1}^{\infty} A_n \in \mathcal{F}, \quad \underline{\lim} A_n \in \mathcal{F}, \quad \overline{\lim} A_n \in \mathcal{F};$$

并且 $\mathcal{F}$ 关于有限并运算封闭.

定义 1.3.14 设 Σ 是由集合 X 中一些子集构成的集合族, 考虑包含 Σ 的 σ 代数 $\mathcal{F}$(即若 $A \in \Sigma$, 就有 $A \in \mathcal{F}$). 记包含 Σ 的最小 σ 代数为 $\mathcal{F}(\Sigma)$, 称 $\mathcal{F}(\Sigma)$ 是由 Σ 生成的 σ 代数.

定义 1.3.15 由 $\mathbb{R}^n$ 中一切开集构成的开集族所生成的 σ 代数称为 $\mathbb{R}^n$ 的 Borel σ 代数, 记为 $\mathcal{B}^n$. $\mathcal{B}^n$ 中的元素称为 Borel 集.

显然, 闭集、开集、F_σ 集与 G_δ 集皆是 $\mathbb{R}^n$ 中的 Borel 集, 任一 Borel 集的余集是 Borel 集. Borel 集合族的可列并、可列交、上极限与下极限构成的集合是 Borel 集.

§1.3.3　开集的结构, 连续性

定理 1.3.16 $\mathbb{R}$ 中任一非空开集 G 是至多可数个互不相交的开区间之并.

证明 任给 $x \in G$, 因 x 是 G 的内点, 必有 $(y, z) \subset G$, 使 $x \in (y, z)$. 令

$$a = \inf\{y \in \mathbb{R} \mid (y, x] \subset G\}, \quad b = \sup\{z \in \mathbb{R} \mid [x, z) \subset G\},$$

则 $-\infty \le a < x < b \le +\infty$. 令 $I_x = (a, b)$, 称 I_x 为 G 中的含 x 的构成空间. 任给 $c \in (a, x)$, 由 a 的定义知, 有 $y \in (a, c)$, 使 $(y, x] \subset G$, 因此 $(c, x] \subset G$, 可见 $(a, x] \subset G$; 同理 $[x, b) \subset G$, 故 $I_x \subset G$. 若 $a \in G$, 因 a 是内点, 必有 $y < a$, 使 $(y, a] \subset G$, 从而 $(y, x] \subset G$, 这与 a 的定义矛盾. 因此 $a \bar\in G$; 同理 $b \bar\in G$. 显然 $G = \bigcup_{x \in G} I_x$.

若 $I_x = (a, b), I_y = (c, d)$ 是 G 的两个不同的构成区间. 不妨设 $b < d$, 若 $b > c$, 则 $b \in I_y \subset G$, 这不可能, 故 $b \le c$. 因此

$$I_x \bigcap I_y = \emptyset.$$

因每个构成区间中可指定一有理点, 而有理点集可数, 故 G 有至多可数个互不相交的构成区间.

推论 1.3.17 若 $F \subsetneqq \mathbb{R}$ 是闭集, 则 F 是从 $\mathbb{R}$ 中挖去至多可数个互不相交的开区间后所得之集. 若 F 是有界闭集, 则 F 是从一闭区间挖去至多可数个互不相交的开区间后所得之集.

证明 只需证后一结论. 设 F 是有界闭集. 令 $a = \inf F, b = \sup F$, 则 $F \subset [a, b]$. 因 F 是闭集, $a, b \in F$, 故 $G = [a, b] \setminus F = (a, b) \cap F^c$ 是开集. 由定理 1.3.16 即得所要结论.

例 Cantor 集. 考虑闭区间 $[0, 1]$, 如图 1.2 所示. 将 $[0, 1]$ 三等分, 并移去中央那个开区间 $(1/3, 2/3)$, 记留存部分为 F_1, 即

$$F_1 = \left[0, \frac{1}{3}\right] \cup \left[\frac{2}{3}, 1\right];$$

再将 F_1 中的区间

$$\left[0, \frac{1}{3}\right] \quad \text{及} \quad \left[\frac{2}{3}, 1\right]$$

三等分，并移去中央那个三分之一的开区间 $(\frac{1}{9}, \frac{2}{9})$ 及 $(\frac{7}{9}, \frac{8}{9})$，再记 F_1 中留存的部分为 F_2，即

$$F_2 = \left[0, \frac{1}{9}\right] \cup \left[\frac{2}{9}, \frac{1}{3}\right] \cup \left[\frac{2}{3}, \frac{7}{9}\right] \cup \left[\frac{8}{9}, 1\right].$$

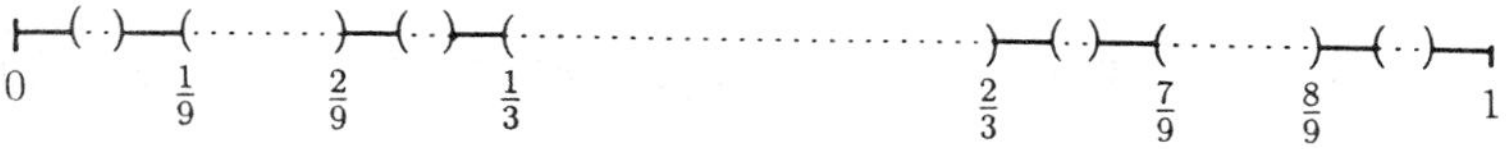

图   1.2

一般地说，设所得剩余部分为 F_n. F_n 是 2^n 个长为 $\frac{1}{3^n}$ 的互不相交的闭区间的并集. 将每个闭区间三等分，移去中央三分之一开区间，再记其留存部分为 F_{n+1}，如此等等，得到集合列 $\{F_n\}$. 作点集

$$C = \bigcap_{n=1}^{\infty} F_n, \tag{1.3.10}$$

称 C 是 Cantor 集.

Cantor 集有下述基本性质：

(1) Cantor 集 C 是非空有界闭集.

因为每个 F_n 是非空有界闭集，故 C 是有界闭集，而 F_n 中每个闭区间的端点都没有移去，它们是 C 中的点，故 C 为非空集.

(2) $C = C'$ ($E = E'$ 称为完全集).

设 $x \in C$，则 $\forall n, x \in F_n$，即对每个 n, x 属于长度为 $1/3^n$ 的某个闭区间中. $\forall \delta > 0, \exists n$，满足 $1/3^n < \delta$，使得 F_n 中包含 x 的闭区间含

于 $(x - \delta, x + \delta)$. 此闭区间的两个端点是 C 中的点, 且总有一个不是
x, 这说明 x 是 C 的极限点, 故得 $C' \supset C$. 由 (1) 知 $C' = C$.

(3) C 无内点.

设 $G = [0,1] \setminus C$, 容易看出, $\overline{G} = [0,1]$, 从而 $C^\circ = \emptyset$.

(4) $|C| = 2^{\aleph_0}$.

事实上, 将 $[0,1]$ 中实数按三进位制小数展开, 则 Cantor 集中的
点 x 与三进位小数中元素 $x = \sum\limits_{i=1}^{\infty} \dfrac{a_i}{3^i}$, $a_i \in \{0, 2\}$ 一一对应. 从而知 C
为连续势集.

一维开集的构造由定理 1.3.16 原则上已完全清楚了. 但是, 对于
具体给定的开集, 要明确写出具体构造区间并不总是容易的. 例如,
设 $\mathbb{Q} = \{r_n | n \in \mathbb{N}\}$ 是全体有理数. 令

$$G = \bigcup_{n=1}^{\infty} \left(r_n - \frac{1}{n}, r_n + \frac{1}{n} \right),$$

则 G 是一开集, 但它的构成区间就无法具体写出来. 可见一维开集仍
然可能呈现复杂面貌.

高维开集情况更为复杂. 我们将只给出下面的结论而略去证明.

定理 1.3.18 $\mathbb{R}^n$ 中任意非空开集 G 可表为至多可数个互不相交
的 n 维半开矩体之并. (半开矩体是指积集 $[a_1, b_1) \times [a_2, b_2) \times \cdots \times$
$[a_n, b_n)$, 称 $b_i - a_i$ 为矩体边长. 若各边长相等, 则称为方体.)

下面考虑连续性问题. $\mathbb{R}^n$ 中任意点集上的连续函数概念是高等
数学中熟悉的区间或区域上的连续函数概念的推广.

定义 1.3.19 设 f 是定义在 $\mathbb{R}^n$ 上的实值函数, $a \in \mathbb{R}^n$. 若对于
任意 $\varepsilon > 0$, 总存在 $\delta > 0$, 使得当 $x \in B_\delta(a)$, 有 $|f(x) - f(a)| < \varepsilon$, 则称
f 在点 a 连续, a 是函数 f 的连续点. 若 f 在 $\mathbb{R}^n$ 上每点连续, 则称
f 在 $\mathbb{R}^n$ 上连续.

连续性也可以用序列极限来刻画. 函数 f 在点 a 处连续的充要条件是, 对于 $\mathbb{R}^n$ 中任何收敛于 a 的点列 $\{x_k\}$, 有 $\lim f(x_k) = f(a)$.

定理 1.3.20 设 f 是 $\mathbb{R}^n$ 上实值函数, 则以下条件互相等价:

(1) f 在 $\mathbb{R}^n$ 上连续;

(2) $\forall \lambda \in \mathbb{R}$, $\{x \,|\, f(x) < \lambda\}$ 与 $\{x \,|\, f(x) > \lambda\}$ 是开集;

(3) $\forall \lambda \in \mathbb{R}$, $\{x \,|\, f(x) \leq \lambda)\}$ 与 $\{x \,|\, f(x) \geq \lambda\}$ 是闭集.

证明 显然有 (2) $\Longleftrightarrow$ (3). 只需证 (1) $\Longleftrightarrow$ (2). 设 f 在 $\mathbb{R}^n$ 上连续, $\lambda \in \mathbb{R}$. 任给 $x \in \mathbb{R}^n$, $f(x) < \lambda$. 由连续性, 存在 $\varepsilon > 0$, 使得当 $y \in B_\varepsilon(x)$, 有 $f(y) < \lambda$. 故 $\{x \,|\, f(x) < \lambda\}$ 的每一点是内点, 从而它是开集. 同理可得 $\{x \,|\, f(x) > \lambda\}$ 也是开集.

其次, 设 $\forall \lambda \in \mathbb{R}$, $\{x \,|\, f(x) < \lambda\}$ 和 $\{x \,|\, f(x) > \lambda\}$ 是开集. 任取 $a \in \mathbb{R}^n$, 今证 $f(x)$ 在 a 点处连续. 令 $f(a) = \beta$. $\forall \varepsilon > 0$, 因 $\{x \,|\, f(x) < \beta + \varepsilon\} \cap \{x \,|\, f(x) > \beta - \varepsilon\} = G$ 是开集, 显然 $a \in G$, 故有 $\delta > 0$, 使 $B_\delta(a) \subset G$. 这说明当 $y \in B_\delta(a)$ 时 $\beta - \varepsilon < f(y) < \beta + \varepsilon$, 即 $|f(y) - f(a)| < \varepsilon$. 可见 f 在 a 点处连续.

定理 1.3.20 是用点集论方法刻画函数性质的第一个重要定理. 与高等数学中分析方法相比, 点集论方法在风格上是很不相同的, 这可以从两方面应用定理 1.3.20. 首先, 由此定理可得大量开集和闭集的例子. 例如

$$\{(x, y) \in \mathbb{R}^2 \,|\, y < x^2\}$$

与

$$\{x \in \mathbb{R}^n \,|\, \| x - y \| < r, \forall y \in A\}$$

是开集, 当将 $<$ 改为 $\leq$ 时以上两集合都是闭集. 一般地, 若一点集 A 由一组关于连续函数的不等式定义, 则当使用不等号 " $<$ " 与 " $>$ " 时是开集, 当使用不等号 " $\leq$ " 与 " $\geq$ " 时是闭集. 例如 $\mathbb{R}^n$ 上连续函数 f

的 "下方图形": $\{(x,y) \in \mathbb{R}^{n+1} \mid y \le f(x)\}$ 是闭集. 另一方面, 此定理可应用来判定连续性. 例如, 设 $\mathbb{R}^n = \cup F_i$, 其中 $F_i\,(1 \le i \le k)$ 是闭集, $f: \mathbb{R}^n \to \mathbb{R}$. 若 $\forall \lambda \in \mathbb{R}, \forall i$, 集合 $F_i \cap \{f(x) \ge \lambda\}$ 与 $F_i \cap \{f(x) \le \lambda\}$ 是闭集, 则 f 是连续函数.

定义 1.3.21 设 $E \subset \mathbb{R}^n, f: E \to \mathbb{R}, a \in E$. 若对任意的 $\varepsilon > 0$, 总存在 $\delta > 0$, 使得当 $x \in E \cap B_\delta(a)$, 有 $|f(x) - f(a)| < \varepsilon$, 就称 f 在点 a 处连续, a 是 f 的连续点. 如果 f 在 E 上处处连续, 就称 f 在 E 上连续. 全体 E 上连续函数集合记为 $C(E)$.

定义 1.3.22 设 $A \subset E \subset \mathbb{R}^n$. 如果存在开集 (或闭集) $B \subset \mathbb{R}^n$, 使得 $A = E \cap B$, 则称 A 相对于 E 是开集 (或闭集).

例 在 $\mathbb{R}$ 上, $A = [0,1)$ 相对于 $[0,\infty)$ 是开集 ($A = [0,\infty) \cap (-1,1)$), 而相对于 $[-1,1)$ 是闭集 ($A = [0,1] \cap [-1,1)$), 但 A 在 $\mathbb{R}$ 中既非开集又非闭集. 注意, 若 E 本身是开集, 则 $A \subset E$ 相对于 E 是开集的充分必要条件是, A 本身是开集.

E 上函数的连续性也可用点集论方法来刻画. 下述结论是定理 1.3.20 的拓广:

$$f \in C(E)$$
$$\Longleftrightarrow \forall \lambda \in \mathbb{R}, E(f < \lambda) \text{ 和 } E(f > \lambda) \text{ 相对于 } E \text{ 为开集};$$
$$\Longleftrightarrow \forall \lambda \in \mathbb{R}, E(f \le \lambda) \text{ 和 } E(f \ge \lambda) \text{ 相对于 } E \text{ 为闭集}.$$

此处要用到记号 $E(f < \lambda) = \{x \in E \mid f(x) < \lambda\}$; 记号 $E(f > \lambda)$, $E(f \le \lambda), E(f \ge \lambda)$ 的意义与其类比.

§1.3.4 n 维点集连续性的基本定理

如所熟知, 微积分学的严格理论依赖于 $\mathbb{R}$ 的连续性. 刻画连续性有以下几条基本定理: 即柯西收敛原理、有限覆盖定理、区间套定理,以及波尔查诺-魏尔斯特拉斯 (Bolzano-Weierstrass) 极限点定理. 在 $\mathbb{R}^n$ 中将重建这些定理, 并指出它们实质上是互相等价的.

定理 1.3.23(柯西收敛原理)   序列 $\{x_k\} \subset \mathbb{R}^n$ 收敛的充要条件是

$$\lim_{k,l \to \infty} \| x_k - x_l \| = 0. \tag{1.3.11}$$

证明   若 $x_k \to x \, (k \to \infty)$, 则由三角不等式

$$\| x_k - x_l \| \leq \| x_k - x \| + \| x_l - x \|$$

看出条件 (1.3.11) 满足. 反之, 若条件 (1.3.11) 满足, 则

$$|x_{k,i} - x_{l,i}| \leq \| x_k - x_l \| \to 0 \quad (k, l \to \infty, 1 \leq i \leq n).$$

由一维情况下柯西收敛原理, 有 $x_{k,i} \to x_i \in \mathbb{R} \, (k \to \infty, 1 \leq i \leq n)$. 令 $x = (x_1, x_2, \cdots, x_n)$, 则

$$\| x_k - x \| \leq \sum_{i=1}^{n} | x_{k,i} - x_i | \to 0 \quad (k \to \infty),$$

可见 $\lim\limits_{k \to \infty} x_k = x$.

设 $A \subset \mathbb{R}^n, \mathcal{F}$ 是 $\mathbb{R}^n$ 的子集族. 若 $A \subset \cup_{B \in \mathcal{F}} B$, 则称 $\mathcal{F}$ 是集 A 的一个覆盖; 当 $\mathcal{F}$ 是开集族时, 称 $\mathcal{F}$ 是集 A 的开覆盖; 当 $\mathcal{F}$ 是有限族时, 称 $\mathcal{F}$ 是集 A 的有限覆盖. 若 $\mathcal{F}'$ 也是 $\mathbb{R}^n$ 的子集族, $\mathcal{F}' \subset \mathcal{F}$, 当 $\mathcal{F}'$ 是集 A 的覆盖时, 称 $\mathcal{F}'$ 是 $\mathcal{F}$ 的子覆盖.

定理 1.3.24(有限覆盖定理)   若 $\mathcal{F}$ 是有界闭集 F 的开覆盖, 则可以从 $\mathcal{F}$ 中取出有限子覆盖.

证明   运用反证法. 设不存在有限子覆盖. 可以取方体 $C_0 = \prod_i [a_i, b_i]$, 使 $F \subset C_0$. 将 C_0 等分成 2^n 个边长减半的 n 维方体, 其中必有一个, 记作 C_1, 满足 $F \cap C_1$ 不被 $\mathcal{F}$ 中有限个集所覆盖. 再将 C_1 等分成 2^n 个边长减半的 n 维方体, 其中必有一个, 记作 C_2,

满足 $F \cap C_2$ 不被 $\mathcal{F}$ 中有限个集覆盖. 如此做下去, 得到一系列 n 维方体的降列 $\{C_k\}$, 使每个 $F \cap C_k$ 不被 $\mathcal{F}$ 中有限个集所覆盖. 对任意集合 A, 记 $\mathrm{diam}A = \sup_{x,y \in A} \| x - y \|$, 称为集 A 的直径. 于是 $\mathrm{diam}C_k \to 0 (k \to \infty)$. 任取 $x_k \in F \cap C_k (k = 1, 2, \cdots)$, 则当 $l \geq k$ 时

$$\| x_k - x_l \| \leq \mathrm{diam}C_k,$$

从而点列 $\{x_k\}$ 满足条件 (1.3.11). 由定理 1.3.23 及 F 是闭集, 有 $x_k \to x \in F$. 取 $U \in \mathcal{F}$, 使 $x \in U$; 取 $r > 0$, 使 $B_r(x) \subset U$. 因为 $x_k \in C_k, \mathrm{diam}C_k \to 0$, 故当 k 充分大时, 有

$$F \cap C_k \subset C_k \subset B_r(x) \subset U,$$

这与 $F \cap C_k$ 不被 $\mathcal{F}$ 中有限个集覆盖相矛盾. 因此必可从 $\mathcal{F}$ 中取出有限子覆盖.

定理 1.3.25 (**闭区间套定理**) 设 $\{F_k\}$ 是 $\mathbb{R}^n$ 中非空有界闭集列, 满足 $F_1 \supset F_2 \supset \cdots \supset F_k \supset$, 则 $\cap_{k=1}^{\infty} F_k \neq \emptyset$.

证明 用反证法. 若 $\cap F_k = \emptyset$, 则 $\cup F_k^{\mathrm{c}} = \mathbb{R}^n$, 从而 $\{F_k^{\mathrm{c}}\}$ 是有界闭集 F_1 的一个开覆盖. 由定理 1.3.24, 必有 $s \geq 1$, 使 $\{F_j^{\mathrm{c}} | j = 1, 2, \cdots, s\}$ 覆盖 F_1. 于是

$$F_1 \subseteq \bigcup_{j=1}^{s} F_j^{\mathrm{c}} = \left(\bigcap_{j=1}^{s} F_j \right)^{\mathrm{c}} = F_s^{\mathrm{c}},$$

这与 $F_1 \supset F_s$ 矛盾. 因此 $\cap F_k \neq \emptyset$.

定理 1.3.26 (**波尔查诺-魏尔斯特拉斯极限点定理**) $\mathbb{R}^n$ 中任意有界无限点集 A 至少有一个聚点, 即 $A' \neq \emptyset$.

证明 取 A 的无限可列子集 $\{x_k\}$, 令 $F_k = \{x_j | j \geq k\}, k = 1, 2, \cdots$, 则 $F_1 \supset F_2 \supset \cdots$. 若 $A' = \emptyset$, 则 $F_k' = \emptyset$, 从而 F_k 是有界闭集. 由定理 1.3.25 知, $\cap F_k \neq \emptyset$. 这显然不可能. 因此 $A' \neq \emptyset$.

定理 1.3.26 也可等价地叙述成: $\mathbb{R}^n$ 中有界无限序列必有收敛子

列.

现在给出从定理 1.3.23 到定理 1.3.26 的证明. 设 $\mathbb{R}^n$ 中点列 $\{x_k\}$ 是柯西列. $\forall \varepsilon > 0, \exists N > 0$, 使当 $k, l \geq N$ 时有

$$\| x_k - x_l \| < \varepsilon.$$

易知 $\{x_k\}$ 有界, 于是由定理 1.3.26 知, 有一收敛子列 $\{x_{k_j}\}$, $x_{k_j} \to x$ ($j \to \infty$) , 当 j 充分大时, 有

$$\| x_k - x_{k_j} \| < \varepsilon.$$

令 $j \to \infty$ 得 $\| x_k - x \| \leq \varepsilon$, 这表明 $x_k \to x (k \to \infty)$.

由此可见. 定理 $1.3.23, 1.3.24, 1.3.25$ 与 $1.3.26$ 是互相等价的, 它们都刻画了 n 维空间 $\mathbb{R}^n$ 的连续性.

定义 1.3.27 设 $\mathbb{R}^n$ 中集合 E 的任意一个开覆盖均包含有限子覆盖, 就称 E 为紧集.

定理 1.3.28 设 $E \subset \mathbb{R}^n$. 若 E 的任一开覆盖都包含有限子覆盖, 则 E 是有界闭集.

证明 设 $z \in E^c$, 则对于每一个 $x \in E$, 存在 $\delta_x > 0$, 使得

$$B(x, \delta_x) \cap B(z, \delta_x) = \emptyset.$$

显然, $\{B(x, \delta_x) : x \in E\}$ 是 E 的一个开覆盖. 由题设知, 存在有限开覆盖, 设为

$$B(x_1, \delta_{x_1}), \cdots, B(x_m, \delta_{x_m}).$$

由此可知 E 是有界集. 现在记

$$\delta_0 = \min\{\delta_{x_1}, \cdots, \delta_{x_m}\}.$$

则 $B(z, \delta_0) \cap E = \emptyset$, 即 $z \overline{\in} E'$. 这说明 $E' \subset E, E$ 是闭集.

结合定理 1.3.24 和定理 1.3.28 可得下列推论.

推论 1.3.29 $\mathbb{R}^n$ 中的集 E 是紧集的充分必要条件是，它是有界闭集.

习　题

1. 证明：$(A \cup B)' = A' \cup B'$.

2. 证明：$A \subset \mathbb{R}^n$ 是开集 $\Longleftrightarrow \forall B \subset \mathbb{R}^n$, 有 $A \cap \overline{B} \subset \overline{A \cap B}$.

3. 对于任意的集 A, 证明 $\overline{A}, A', \partial A$ 都是闭集.

4. 若集合 $A \subset \mathbb{R}^n$ 只有孤立点，证明 A 只能是有限集或可列集.

5. 若 G_1, G_2 是 $\mathbb{R}^n$ 中互不相交的开集，证明 $G_1 \cap \overline{G_2} = \emptyset$.

6. 若集合 $A \subset \mathbb{R}^n$ 可数，试证明存在 $x \in \mathbb{R}^n$, 使得
$$A \cap (A + x) = \emptyset,$$
其中 $A + x = \{y + x | y \in A\}$.

7. 设集合 $A \subset \mathbb{R}^n$. 若对于任意的 $x \in \mathbb{R}^n$, 存在 $r > 0$, 使得集合 $A \cap B_r(x)$ 都是可列集，试证明集合 A 是可列集.

8. 设 $A, B \subset \mathbb{R}$, 证明 $(A \times B)' = (\overline{A} \times B') \cup (A' \times \overline{B})$.

9. 设 $f(x)$ 是 $\mathbb{R}$ 上单调上升函数，证明点集 $F = \{x | \forall \varepsilon > 0,$ 有 $f(x + \varepsilon) - f(x - \varepsilon) > 0\}$ 是 $\mathbb{R}$ 中的闭集.

10. 设 $f \in C^1[a, b]$, 令
$$E = \{x \in [a, b] | f(x) = 0\} \cap \{x \in [a, b] | f'(x) > 0\},$$
则 E 中每一点皆是 E 的孤立点.

11. 证明 $\mathbb{R}^n$ 中开集是 F_σ 集，闭集是 G_δ 集.

12. 令 $f_k \in C(\mathbb{R}^n)$, $k = 1, 2, \cdots, \lambda \in \mathbb{R}$, 证明集合
$$\{x | \overline{\lim} f_k(x) < \lambda\}$$
是 F_σ 集；集合 $\{x | \overline{\lim} f_k(x) \geq \lambda\}$ 是 G_δ 集.

13. 证明 $\mathbb{R}$ 上任何实函数 f 的连续点之集是 G_δ 集.

14. 证明集合 $A \subset \mathbb{R}^n$ 同时为 F_σ 集与 G_δ 集的充要条件是: 存在序列 $\{f_k\} \subset C(\mathbb{R}^n)$, 使 $f_k \to \chi_A$.

15. 设 $\{G_k\}$ 是 $\mathbb{R}^n$ 中开集的升列, 有界闭集 F 是 $\bigcup\limits_k G_k$ 的子集, 证明 F 含于某个 G_k 中.

16. 设 $\{F_k\}$ 是 $\mathbb{R}^n$ 中有界闭集的下降列. 又若 G 是一个开集满足 $\bigcap\limits_k F_k \subset G \subset \mathbb{R}^n$, 证明 G 必包含某个 F_k.

*17. 假设集合 $F \subset \mathbb{R}$ 是可列非空闭集, 证明 F 必含有孤立点.

18. 设 $\{F_\alpha\}$ 是 $\mathbb{R}^n$ 中一族有界闭集. 若任取其中有限个 $F_{\alpha_1}, F_{\alpha_2}, \cdots, F_{\alpha_m}$, 都有
$$\bigcap_{i=1}^m F_{\alpha_i} \neq \emptyset,$$
证明 $\bigcap\limits_\alpha F_\alpha \neq \emptyset$.

19. 设 $A \subset \mathbb{R}^n$, 证明从 A 的任一开覆盖中可取出可列子覆盖.

20. 若 $A, B \subset \mathbb{R}^n$ 是非空闭集且 A 有界, 证明存在 $a \in A$ 与 $b \in B$, 使得 $\| a - b \| = d(A, B)$, 其中 $d(A, B) = \inf\{\| x - y \| \mid x \in A, y \in B\}$ 称为集合 A 与集合 B 之间的距离.

21. 试问由 $\mathbb{R}$ 中的一切开集构成的集族的势是什么?

22. 设 $E \subset \mathbb{R}^n$. 若对任意 $x \in \mathbb{R}^n$, 存在 $y \in E$, 使得 $d(x, y) = d(x, E)$, 试证明集合 E 是闭集.

23. 设 $F_1, F_2 \subset \mathbb{R}^n$ 是互不相交的闭集, 证明存在互不相交的开集 G_1, G_2, 使 $F_1 \subset G_1, F_2 \subset G_2$.

24. 设 $F \subset \mathbb{R}^n$ 是闭集, 试构造连续函数列 $\{f_k\}$, 使得
$$\lim_{k \to \infty} f_k(x) = \chi_F(x), \quad x \in \mathbb{R}^n.$$

25. 证明函数 f 是 $\mathbb{R}^n$ 上连续函数的充分必要条件是, 对所有一

维开集 G, 原像集 $f^{-1}(G)$ 是 $\mathbb{R}^n$ 中开集.

*26. 设 $F \subset \mathbb{R}^n$ 是有界闭集, E 是 F 的一个无限子集, 试证明 $E' \cap F \neq \emptyset$. 反之, 若 $F \subset \mathbb{R}^n$ 且对 F 的任意无限子集 E 有 $E' \cap F \neq \emptyset$, 证明 F 是有界闭集.

27. 设 $G_n \subset [0, \infty)$ 是开集列. 若已知 G_n 在 $[0, \infty)$ 稠密, 证明 $\bigcap_n G_n$ 也在 $[0, \infty)$ 上稠密.

第二章　Lebesgue 测度

19 世纪下半叶,不少分析学家进行一系列扩充长度和面积概念的探索,逐渐形成测度概念. 1898 年,博雷尔 (Borel) 建立了一维 Borel 点集的测度. 法国数学家勒贝格 (Lebesgue) 在 20 世纪初叶系统地建立了测度论,并成功地建立起新的积分理论. 它发表于 1902 年的论文《 积分、长度与面积 》被公认为现代测度和积分理论的奠基之作. 1915 年,法国数学家弗雷歇 (M.Frechet) 提出在一般 σ 代数 上建立测度,开始创立抽象测度理论. 1918 年 左右希腊数学家卡拉泰奥多里 (Caratheodory) 关于外测度的研究,对于现代形式 测度理论的形成起了关键作用. 本章将介绍基于卡拉泰奥多里外测度理论上的 Lebesgue 测度理论.

$\mathbb{R}^n$ 上点集的 Lebesgue 测度是关于点集的一种度量,它是长度、面积和体积的一种直接而自然的推广;它是 Lebesgue 积分理论的基石. Lebesgue 积分是黎曼积分的推广,它将积分对象从黎曼可积函数类扩充到更大一类函数—— 可测函数类. 本章还将介绍可测函数以及可测函数空间上的收敛性.

§2.1　Lebesgue 外测度与可测集

§2.1.1　外测度

考虑 $\mathbb{R}^n$ 中的开矩体
$$I = \{(x_1, x_2, \cdots, x_n) \mid a_i < x_i < b_i, \ i = 1, 2, \cdots\},$$

可定义其体积为

$$|I| = \prod_{i=1}^{n}(b_i - a_i).$$ (2.1.1)

如果 $E \subset \mathbb{R}^n$ 是一个一般点集, 如何定义它的体积呢? 熟悉黎曼积分的人自然会想到, 用一些小的长方体去分割它, 然后用这些长方体的体积之和近似代替 E 的体积; 再经过一个极限过程, 使误差趋于零. 基于这一想法, 引出了下述的外测度概念.

定义 2.1.1   设 E 是 $\mathbb{R}^n$ 的点集. 若 $\{I_k\}_{k=1}^{\infty}$ 是 $\mathbb{R}^n$ 中一列开矩体, 且是 E 的一个覆盖, 则它确定了一个非负实数

$$u = \sum_{k=1}^{\infty}|I_k| \ (\text{可以是} +\infty),$$

记

$$m^*(E) = \inf\left\{ u \ \middle| \ u = \sum_{k=1}^{\infty}|I_k|, \ \bigcup_{k=1}^{\infty}I_k \supset E, I_k\text{是开矩体} \right\},$$ (2.1.2)

称 $m^*(E)$ 为集合 E 的 Lebesgue 外测度, 简称外测度.

定理 2.1.2 $\mathbb{R}^n$ 中点集外测度具有以下性质:

(1) 非负性: $m^*(E) \geq 0$, $m^*(\emptyset) = 0$;

(2) 单调性: 若 $E_1 \subset E_2$, 则 $m^*(E_1) \leq m^*(E_2)$;

(3) 次可加性: $m^*\left(\bigcup_{k=1}^{\infty}E_k \right) \leq \sum_{k=1}^{\infty}m^*(E_k)$;

(4) 平移不变性: $m^*(E + \{x\}) = m^*(E), \forall x \in \mathbb{R}^n$, 其中

$$E + \{x\} = \{y + x \,|\, y \in E\}.$$

证明   (1) 由定义直接得出.

当 $E_1 \subset E_2$ 时, E_2 的任一开矩列覆盖也是 E_1 的一个覆盖. 由外测度定义显然得到性质 (2).

兹证 (3). 不妨设 $\sum\limits_{k=1}^{\infty} m^*(E_k) < +\infty$. 对于 $\forall \varepsilon > 0$, $k \in \mathbb{N}$, 存在 E_k 的一个开矩列覆盖 $\{I_{k,j}\}_{j=1}^{\infty}$, $E_k \subset \bigcup\limits_{j=1}^{\infty} I_{k,j}$, 且 $\sum\limits_{j=1}^{\infty} |I_{k,j}| \leq m^*(E_k) + \frac{\varepsilon}{2^k}$. 由此可见

$$\bigcup_{k=1}^{\infty} E_k \subset \bigcup_{k,j=1}^{\infty} I_{k,j}, \quad \sum_{k,j=1}^{\infty} |I_{k,j}| \leq \sum_{k=1}^{\infty} m^*(E_k) + \varepsilon.$$

$\{I_{k,j}\}_{k,j=1}^{\infty}$ 是 $\bigcup\limits_{k=1}^{\infty} E_k$ 的一个覆盖, 故 $m^*\left(\bigcup\limits_{k=1}^{\infty} E_k\right) \leq \sum\limits_{k=1}^{\infty} m^*(E_k) + \varepsilon$. 由 ε 的任意性, 即得次可加性结论.

最后证 (4). 因为矩体在平移下体积不变, 故对于任意的矩体 I, 有 $|I + \{x\}| = |I|$. 于是对于 E 的任意覆盖 $\{I_k\}$, 经平移后 $\{I_k + \{x\}\}$ 是 $E + \{x\}$ 的一个覆盖, 从而

$$m^*(E + \{x\}) \leq \sum_{k=1}^{\infty} |I_k + \{x\}| = \sum_{k=1}^{\infty} |I_k|.$$

由 E 的外测度定义知,

$$m^*(E + \{x\}) \leq m^*(E).$$

反之, 考虑将集合 $E + \{x\}$ 作平移 $-x$, 可得原点集 E. 因而有

$$m^*(E) \leq m^*(E + \{x\}).$$

例 1 $\mathbb{R}^n$ 中单点集的外测度为零, 即 $\forall x \in \mathbb{R}^n, m^*(\{x\}) = 0$. 若 E 是 $\mathbb{R}^n$ 中可数点集, 有 $m^*(E) = 0$.

例 2 考虑 $n-1$ 维超平面矩体

$$E = \{x = (\xi_1, \xi_2, \cdots, \xi_{i-1}, t, \xi_{i+1}, \cdots, \xi_n) | a_j \leq \xi_j \leq b_j, j \neq i\},$$

则有 $m^*(E) = 0$. 又对于任意的开矩体 I, 总有 $m^*(\overline{I}) = m^*(I) = |I|$.

例 3 $[0,1]$ 中的 Cantor 集 C 的外测度是零. 因为 $C = \bigcap\limits_{n=1}^{\infty} F_n$, 其中 F_n 是 2^n 个长度为 3^{-n} 的闭区间的并集. 所以 $m^*(C) \leq m^*(F_n) \leq 2^n 3^{-n}$, 令 $n \to \infty$, $m^*(C) = 0$.

外测度是定义在 $\mathbb{R}^n$ 的幂集上的一种函数, 开、闭矩体上的外测度与其上的体积相同. 它可以看作体积概念的拓广. 但是集合 "体积" 问题远非如此简单. 长度、面积和体积都具有可加性, 但是外测度不具有可加性. 事实上如有可加性, 则易知亦具有有限可加性, 即对于任意互不相交点集 $E_1, \cdots, E_n$, 有

$$m^*\left(\bigcup_{j=1}^{n} E_j\right) = \sum_{j=1}^{n} m^*(E_j).$$

于是对于任意一列互不相交的点集 $E_1, \cdots, E_m, \cdots$, 有

$$m^*\left(\bigcup_{j=1}^{\infty} E_j\right) \geq m^*\left(\bigcup_{j=1}^{m} E_j\right) = \sum_{j=1}^{m} m^*(E_j).$$

令 $m \to +\infty$, 便知

$$m^*\left(\bigcup_{j=1}^{\infty} E_j\right) \geq \sum_{j=1}^{\infty} m^*(E_j).$$

结合定理 2.1.2 中性质 (3), 得到

$$m^*\left(\bigcup_{j=1}^{\infty} E_j\right) = \sum_{j=1}^{\infty} m^*(E_j).$$

这说明, 只要外测度具有可加性, 就一定具有可列可加性. 然而下面的例子说明, 外测度不具有这种性质.

例 4 对于任意的 $x \in (0,1)$, 记

$$L_x = \{\xi \in (0,1) \,|\, \xi - x \in \mathbb{Q}\}.$$

因为 $x \in L_x, L_x \neq \emptyset$, 易证

$$L_x \cap L_y \neq \emptyset \iff L_x = L_y \iff x - y \in \mathbb{Q}.$$

这样 $(0,1)$ 分解成一些互不相交的 L_x 之并. 对每个 L_x, 从中任取一点构成一个集合 S. 当然 $S \subset (0,1)$.

记 $\{r_i\}_{i=1}^{\infty}$ 为 $(-1,1)$ 中有理数全体. 令 $S_k = \{x + r_k \,|\, x \in S\}$. S_k 是从 S 平移 r_k 后得到的集合. 显然 $S_k \subset (-1,2)$, 而且当 $k \neq j$ 时, $S_k \cap S_j = \emptyset$. 若不然, 存在 $\xi \in S_k \cap S_j$, 则存在 $x, y \in S$, 使

$x + r_k = \xi = y + r_j.$ 于是 $x - y = r_j - r_k \in \mathbb{Q}.$ 但由 S 的构造, 当 $x \neq y$ 时, $L_x \cap L_y = \emptyset, x - y$ 不能是有理数. 因此只能有 $x = y.$ 从而 $r_k = r_j.$ 导致矛盾, 所以 S_k 与 S_j 一定不交.

考虑 $\bigcup\limits_{n=1}^{\infty} S_n$, 则 $(0,1) \subset \bigcup\limits_{n=1}^{\infty} S_n.$ 事实上, $\forall x \in (0,1)$, 有 $x \in L_x.$ 由 S 的构造, 记 $S \cap L_x = \{y\}$, 于是 $x - y \in \mathbb{Q}$, 且 $x - y \in (-1,1).$ 因此存在某个 n, 使 $r_n = x - y, x = y + r_n \in S_n$, 即 $(0,1) \subset \bigcup\limits_{n=1}^{\infty} S_n.$ 综上得 $(0,1) \subset \bigcup\limits_{n=1}^{\infty} S_n \subset (-1,2).$

若外测度具有可列可加性, 则

$$1 = m^*(0,1) \leq m^*\left(\bigcup_{n=1}^{\infty} S_n\right) = \sum_{n=1}^{\infty} m^*(S_n) \leq m^*(-1,2) = 3.$$

但 $m^*(S_n) = m^*(S)$, 由于 $\sum\limits_{n=1}^{\infty} m^*(S_n)$ 收敛, 知 $m^*(S) = 0.$ 这就导致 $1 \leq 0 \leq 3.$ 这个矛盾说明外测度不具有可加性.

§2.1.2　Lebesgue 可测集

上一节的例 4 中并未用到外测度的具体构造. 这就是说, 只要一种集函数, 具备定理 2.1.2 的性质 (1) ～ (4) 以及可加性, 就不可避免地会碰到上述矛盾. 由此可见, 对于外测度这一种集合度量而言, 总有一些集合, 其外测度不具有可加性. 如果把这些集合排除在外, 称它为不可测, 剩下的集合称为可测集. 于是在全体可测集族上, 外测度作为一种集合度量具有可列可加性, 从而真正成为长度、体积概念的拓广.

$\mathbb{R}^n$ 中任意开矩体 I 应当属于可测集类. 若点集 E 也属于可测集类, 则根据可加性 (见下页图 2.1), 对每个矩体 I 应有

$$m^*(I) = m^*(I \cap E) + m^*(I \cap E^c), \tag{2.1.3}$$

这一等式可以作为 E 是可测集的定义. 不过, 实际上还可由此证明,

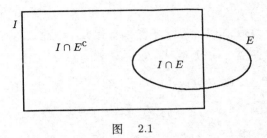

图   2.1

对于任一 $\mathbb{R}^n$ 的点集 T, 有

$$m^*(T) = m^*(T \cap E) + m^*(T \cap E^c).$$

事实上, 对于 $\forall \varepsilon > 0$, 存在可列矩体列 $\{I_k\}_{k=1}^\infty$, 使得 $\bigcup\limits_{k=1}^\infty I_k \supset T$, 且 $m^*(T) \le \sum\limits_{k=1}^\infty |I_k| \le m^*(T) + \varepsilon.$ 由于

$$\left(\bigcup_{k=1}^\infty I_k\right) \cap E \supset T \cap E, \quad \left(\bigcup_{k=1}^\infty I_k\right) \cap E^c \supset T \cap E^c,$$

因而有

$$
\begin{aligned}
& m^*(T \cap E) + m^*(T \cap E^c) \\
& \le m^*\left[\left(\bigcup_{k=1}^\infty I_k\right) \cap E\right] + m^*\left[\left(\bigcup_{k=1}^\infty I_k\right) \cap E^c\right] \\
& = m^*\left[\bigcup_{k=1}^\infty (I_k \cap E)\right] + m^*\left[\bigcup_{k=1}^\infty (I_k \cap E^c)\right] \\
& \le \sum_{k=1}^\infty [m^*(I_k \cap E) + m^*(I_k \cap E^c)] \\
& = \sum_{k=1}^\infty m^*(I_k) = \sum_{k=1}^\infty |I_k| < m^*(T) + \varepsilon.
\end{aligned}
$$

令 $\varepsilon \to 0$, 即得

$$m^*(T \cap E) + m^*(T \cap E^c) \le m^*(T).$$

于是

$$m^*(T \cap E) + m^*(T \cap E^c) = m^*(T).$$

定义 2.1.3(可测集)　设 $E \subset \mathbb{R}^n$. 若 $\forall T \subset \mathbb{R}^n$, 有

$$m^*(T) = m^*(T \cap E) + m^*(T \cap E^c), \tag{2.1.4}$$

称 E 是 Lebesgue 可测集, 简称为可测集. 可测集全体记作 $\mathfrak{M}$, 称为 $\mathbb{R}^n$ 的可测集类. 如果要强调可测集类的维数, 则记成 $\mathfrak{M}_n$.

当 $E \in \mathfrak{M}$ 时, $m^*(E)$ 称为 E 的测度, 简记作 $m(E)$. 关系式 (2.1.4) 称为 Caratheodory 条件. $2^{\mathbb{R}^n} \setminus \mathfrak{M}$ 中的元素称为不可测集.

由外测度的次可加性, 条件 (2.1.4) 与下列条件等价: 对于 $\forall T \subset \mathbb{R}^n$, 有

$$m^*(T) \geq m^*(T \cap E) + m^*(T \cap E^c). \tag{2.1.5}$$

定理 2.1.4　若 $m^*(E) = 0$, 则 $E \in \mathfrak{M}$.

证明　因为 $m^*(E) = 0$, 则对于 $\forall T \subset \mathbb{R}^n$, 有 $T \cap E \subset E$. 故 $m^*(T \cap E) = 0$, 于是

$$m^*(T \cap E) + m^*(T \cap E^c) = m^*(T \cap E^c) \leq m^*(T).$$

由此得 $E \in \mathfrak{M}$.

定理 2.1.5　$\mathbb{R}^n$ 中开矩体 $I \in \mathfrak{M}$, 且 $m(I) = |I|$.

证明　只要验证对于每个开矩体 J, 有

$$m^*(J) = m^*(J \cap I) + m^*(J \cap I^c).$$

$J \cap I$ 仍是开矩体, 有 $m^*(J \cap I) = |J \cap I|$. 而 $J \cap I^c = J \setminus (J \cap I)$, 它是开矩体中挖去一个开矩体, 有 $m^*(J \cap I^c) = |J| - |J \cap I|$ (这与证明 $m^*(\overline{I}) = |I|$ 类似). 因此

$$m^*(J) = |J| = |J \cap I| + |J| - |J \cap I| = m^*(J \cap I) + m^*(J \cap I^c),$$

所以 $I \in \mathfrak{M}$.

定理 2.1.6 可测集性质:

(1) $\emptyset \in \mathfrak{M}, m(\emptyset) = 0$;

(2) 若 $E \in \mathfrak{M}$,则 $E^c \in \mathfrak{M}$;

(3) 若 $E, F \in \mathfrak{M}$,则 $E \cup F, E \cap F, E \setminus F \in \mathfrak{M}$;

(4) 可列可加性: 若 $E_j \in \mathfrak{M}, j = 1, 2, \cdots$,则 $\bigcup\limits_{n=1}^{\infty} E_j \in \mathfrak{M}$; 若还有
$E_i \cap E_j = \emptyset \, (i \neq j)$,则

$$m\left(\bigcup_{j=1}^{\infty} E_j\right) = \sum_{j=1}^{\infty} m(E_j). \tag{2.1.6}$$

证明 (1),(2) 显然成立. 兹证 (3). 由德摩根法则以及 $E \setminus F = E \cap F^c$,只需证明集合 $E \cup F$ 是可测集. 对任意点集 T,根据集合分解 (见图 2.2) 和外测度的次可加性,有

$$m^*(T) \leq m^*\big(T \cap (E \cup F)\big) + m^*\big(T \cap (E \cup F)^c\big)$$
$$= m^*\big(T \cap (E \cup F)\big) + m^*(T \cap E^c \cap F^c)$$
$$\leq m^*\big((T \cap E) \cap F\big) + m^*\big((T \cap E) \cap F^c\big)$$
$$+ m^*\big((T \cap E^c) \cap F\big) + m^*\big((T \cap E^c) \cap F^c\big).$$

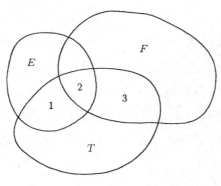

集合 1: $T \cap E \cap F^c$

集合 2: $T \cap E \cap F$

集合 3: $T \cap E^c \cap F$

图   2.2

由集合 E, F 的可测性, 上式右端是

$$m^*(T \bigcap E) + m^*(T \bigcap E^c) = m^*(T).$$

故

$$m^*(T) = m^*\big(T \cap (E \cup F)\big) + m^*\big(T \cap (E \cup F)^c\big).$$

这说明 $E \cup F \in \mathfrak{M}$.

兹证 (4). 首先, 设集合 $E_1, E_2, \cdots, E_k, \cdots$, 是一列互不相交的可测集. 由 E_1 的可测性, 对于任意点集 T, 有

$$m^*\big(T \cap (E_1 \cup E_2)\big) = m^*\big(T \cap (E_1 \cup E_2) \cap E_1\big) + m^*\big(T \cap (E_1 \cup E_2) \cap E_1^c\big).$$

由于 $E_1 \cap E_2 = \emptyset$, 得

$$m^*\big(T \cap (E_1 \cup E_2)\big) = m^*(T \cap E_1) + m^*(T \cap E_2).$$

由归纳法, 可得

$$m^*\left(T \cap \left(\bigcup_{j=1}^{k} E_j\right)\right) = \sum_{j=1}^{k} m^*(T \cap E_j). \tag{2.1.7}$$

令 $S = \bigcup\limits_{j=1}^{\infty} E_j, S_k = \bigcup\limits_{j=1}^{k} E_j, k = 1, 2, \cdots$. 则由 (3) 知, $S_k \in \mathfrak{M}$. 于是由 Caratheodory 条件及 (2.1.5) 式, 有

$$m^*(T) = m^*(T \cap S_k) + m^*(T \cap S_k^c)$$

$$= \sum_{j=1}^{k} m^*(T \cap E_j) + m^*(T \cap S_k^c).$$

由于 $S_k \subset S, T \cap S_k^c \supset T \cap S^c$, 可知

$$m^*(T) \geq \sum_{j=1}^{k} m^*(T \cap E_j) + m^*(T \cap S^c).$$

令 $k \to \infty$,

$$m^*(T) \geq \sum_{j=1}^{\infty} m^*(T \cap E_j) + m^*(T \cap S^c)$$

$$\geq m^*(T \cap S) + m^*(T \cap S^c).$$

所以 $S \in \mathfrak{M}$. 在上述不等式中以 $T \cap S$ 代替 T，可得

$$m^*(T \cap S) = \sum_{j=1}^{\infty} m^*(T \cap E_j).$$

再取 $T = \mathbb{R}^n$，即得等式 (2.1.6).

其次，对于一般可测集列 $\{E_i\}$，令

$$F_1 = E_1, \quad F_k = E_k \setminus \left(\bigcup_{i=1}^{k-1} E_i \right), \quad k = 2, 3, \cdots,$$

则 $\{F_k\}$ 是互不相交的可测集列. 由于 $\bigcup_{i=1}^{\infty} E_i = \bigcup_{k=1}^{\infty} F_k$，即得 $\bigcup_{i=1}^{\infty} E_i \in \mathfrak{M}$. 证毕.

推论 2.1.7 若 $E_j \in \mathfrak{M}(j = 1, 2, \cdots)$，则 $\bigcap_{j=1}^{\infty} E_j \in \mathfrak{M}$.

由定理可以看到，可测集类包含了空集. 可测集类关于集合的并、交和余运算是封闭的，并且关于集合的可列并、可列交运算也是封闭的. 因此集合族 $\mathfrak{M}$ 是空间 $\mathbb{R}^n$ 的一个 σ 代数.

根据定理 2.1.5，任何一个开矩体 I 属于 $\mathfrak{M}$. 由于 $m^*(\overline{I} \setminus I) = 0$，知 $\overline{I} \in \mathfrak{M}$. 考虑半开半闭矩体 $J = \prod_{i=1}^{n} [a_i, b_i)$，由于 $I = \prod_{i=1}^{n} (a_i, b_i) \subset J \subset \overline{I}$，易知 $J \in \mathfrak{M}, m(J) = |J|$. 所以 $\mathbb{R}^n$ 中的任意开集是可测集，从而由开集生成的 Borel σ 代数 $\mathfrak{B} \subset \mathfrak{M}$，即任何 Borel 集均是 Lebesgue 可测集.

定理 2.1.8 若有递增可测集列 $E_1 \subset E_2 \subset \cdots \subset E_k \subset \cdots$，则 $\lim_{k \to \infty} E_k \in \mathfrak{M}$，且

$$m\left(\lim_{k \to \infty} E_k \right) = \lim_{k \to \infty} m(E_k). \tag{2.1.8}$$

证明 $\lim_{k \to \infty} E_k = \bigcup_{k=1}^{\infty} E_k \in \mathfrak{M}$. 记 $E_0 = \emptyset$，显然有

$$\bigcup_{k=1}^{\infty} E_k = \bigcup_{k=1}^{\infty} (E_k \setminus E_{k-1}),$$

且 $E_k \setminus E_{k-1}$ 是互不相交的可测集列.

由于 E_{k-1} 与 $E_k \setminus E_{k-1}$ 互不相交, 有

$$m(E_{k-1}) + m(E_k \setminus E_{k-1}) = m\big(E_{k-1} \cup (E_k \setminus E_{k-1})\big) = m(E_k),$$

故 $m(E_k \setminus E_{k-1}) = m(E_k) - m(E_{k-1})$. 由测度可列可加性, 得

$$\begin{aligned}
m(\lim_{k\to\infty} E_k) &= m\left(\bigcup_{k=1}^{\infty} (E_k \setminus E_{k-1}) \right) \\
&= \sum_{k=1}^{\infty} m(E_k \setminus E_{k-1}) \\
&= \sum_{k=1}^{\infty} \big(m(E_k) - m(E_{k-1})\big) \\
&= \lim_{k\to\infty} m(E_k).
\end{aligned}$$

推论 2.1.9 若 $E_1 \supset E_2 \supset \cdots \supset E_k \supset \cdots$ 是递减可测集列, 且 $m(E_1) < \infty$, 则

$$m(\lim_{k\to\infty} E_k) = \lim_{k\to\infty} m(E_k). \tag{2.1.9}$$

定理 2.1.10 若 $E \in \mathfrak{M}$, 则 $\forall x \in \mathbb{R}^n$, $E + \{x\} \in \mathfrak{M}$ 成立.

证明 $(E + \{x\})^c = E^c + \{x\}$, 对于任意集合 $T \subset \mathbb{R}^n$, 由

$$T \cap (E + \{x\}) = (T - \{x\}) \cap E + \{x\},$$

及外测度的平移不变性有

$$\begin{aligned}
m^*\big(T \cap (E + \{x\})\big) &+ m^*\big(T \cap (E + \{x\})^c\big) \\
&= m^*\big(T \cap (E + \{x\})\big) + m^*\big(T \cap (E^c + \{x\})\big) \\
&= m^*\big((T - \{x\}) \cap E + \{x\}\big) + m^*\big((T - \{x\}) \cap E^c + \{x\}\big) \\
&= m^*\big((T - \{x\}) \cap E\big) + m^*\big((T - \{x\}) \cap E^c\big) \\
&= m^*(T - \{x\}) = m^*(T).
\end{aligned}$$

所以 $E + \{x\}$ 是可测集.

现在来看 Lebesgue 可测集与 Borel 可测集差别有多大.

定理 2.1.11 设 E 是可测集, 则存在 Borel 集 G, F, 使 $F \subset E \subset G$, 且 $m(F) = m(G) = m(E)$.

证明 首先设 $m(E) < \infty$, 则对每一个 $k \in \mathbb{N}$, 存在开矩体列 $\{I_j^{(k)}\}\,(j = 1, 2, \cdots)$, 覆盖 E, 且

$$\sum_{j=1}^{\infty} |I_j^{(k)}| - \frac{1}{k} \le m(E) \le \sum_{j=1}^{\infty} |I_j^{(k)}|.$$

记 $G_k = \bigcup_{j=1}^{\infty} I_j^{(k)}$, G_k 是开集. 于是 $E \subset G_k$, 且

$$m(G_k) - \frac{1}{k} \le \sum_{j=1}^{\infty} |I_j^{(k)}| - \frac{1}{k} \le m(E) \le m(G_k).$$

由此得

$$m(G_k \setminus E) = m(G_k) - m(E) \le \frac{1}{k}.$$

令 $G = \bigcap_{k=1}^{\infty} G_k$, G 是 G_δ 型 Borel 集, 且 $E \subset G$, 由 $m(G \setminus E) \le m(G_k \setminus E) \le 1/k$, 立知 $m(G \setminus E) = 0$. 这说明 $m(G) = m(E)$.

如果 E 是有界的, 存在闭矩体 $J \supset E$, 记 $S = J \setminus E$. 于是 $m(S) = |J| - m(E)$. 由上面的证明知, 存在 G_δ 型集 $G \supset S$, 满足 $m(G) = m(S)$. 令 $F = J \cap G^c$, F 是 F_σ 型 Borel 集, 则 $F \subset E$. 故 $m(F) \le m(E)$. 但是

$$m(F) = m(J \setminus G) \ge |J| - m(G) = |J| - m(S) = m(E),$$

所以有 $m(F) = m(E)$.

当 E 是无界时, 总存在递增开矩体列 $\{I_k\}$, 使得

$$\mathbb{R}^n = \bigcup_{k=1}^{\infty} I_k \supset E.$$

令 $E_k = E \cap I_k$, 则 $\{E_k\}$ 是递增有界可测列. 于是

$$E = E \cap \bigcup_{k=1}^{\infty} I_k = \bigcup_{k=1}^{\infty} E_k.$$

对于 $\forall E_k$, 存在 Borel 集 G_k, F_k, 使

$$F_k \subset E_k \subset G_k, \quad m(F_k) = m(E_k) = m(G_k).$$

现在令 $F = \bigcup_{k=1}^{\infty} F_k, G = \bigcup_{k=1}^{\infty} G_k$, 则 G, F 是 Borel 集, 而且

$$F \subset E \subset G.$$

由于

$$G \setminus E \subset \bigcup_{k=1}^{\infty} (G_k \setminus E_k), \quad E \setminus F \subset \bigcup_{k=1}^{\infty} (E_k \setminus F_k),$$

以及 $m(G_k \setminus E_k) = m(E_k \setminus F_k) = 0$, 立得

$$m(G \setminus E) \le \sum_{k=1}^{\infty} m(G_k \setminus E_k) = 0.$$

同理 $m(E \setminus F) = 0$. 所以 $m(F) = m(E) = m(G)$. 易知, 这样构造的 F 是 F_σ 型集, G 是 G_δ 型集.

§2.1.3　测度空间

定理 2.1.6 可测集性质中 (1),(4) 是非常基本的性质, 由此推出关于 Lebesgue 测度的一系列结果. 这就启发我们若以这些性质作为基本假设引进某种抽象测度, 则它将具有一系列与 Lebesgue 测度相似的性质, 从而拓广测度论的应用范围.

定义 2.1.12　设 X 是一个非空集, $\mathcal{F} \subset 2^X$ 是 X 的一个 σ 代数, 称 $(X, \mathcal{F})$ 为一个可测空间, 每个集合 $A \in \mathcal{F}$ 称为 $\mathcal{F}$ 可测集, 或简称为可测集. 若集函数 $\mu : \mathcal{F} \to [0, \infty]$ 具有以下性质:

(1)　$\mu(\emptyset) = 0$;

(2)　若 $A_n \in \mathcal{F}, n = 1, 2, \cdots$, 互不相交, 有

$$\mu\left(\bigcup_n A_n \right) = \sum_n \mu(A_n), \tag{2.1.10}$$

则称 μ 为 $(X,\mathcal{F})$ 上的一个测度, 称三元组 $(X,\mathcal{F},\mu)$ 为测度空间. 性质 (2) 称为测度的 σ 可加性. 若还假定测度 μ 满足条件:

$$\text{若 } B \subset A \in \mathcal{F},\ \mu(A) = 0,\ 则 B \in \mathcal{F}, \tag{2.1.11}$$

则称 μ 是完备测度, $(X,\mathcal{F},\mu)$ 是完备测度空间.

设 $(X,\mathcal{F},\mu)$ 是测度空间. 若 $\mu(X) < \infty$, 称 μ 为有限测度. 若 $\mu(X) = 1$, 则称 μ 为概率测度, $(X,\mathcal{F},\mu)$ 称为概率测度空间. 对于集合 $A \in \mathcal{F}$, 若存在 $A_n \in \mathcal{F}$, $n = 1, 2, \cdots$, 使得 $A = \bigcup\limits_n A_n$, $\mu(A_n) < \infty$, 则称 A 具有 σ 有限测度; 若 X 本身具有 σ 有限测度, 则称 μ 为 σ 有限测度.

以下是一些测度的例子.

例 5 Lebesgue 测度 m 是 $(\mathbb{R}^n, \mathfrak{M})$ 上的一个 σ 有限测度.

例 6 在 $(\mathbb{R}^n, \mathfrak{M})$ 上引入如下测度: 对于 $\forall A \in \mathfrak{M}$, 有

$$p(A) = \frac{1}{(2\pi)^{\frac{n}{2}}} \int_A \mathrm{e}^{-\frac{1}{2} \sum_{j=1}^{n} x_j^2} \mathrm{d}x_1 \mathrm{d}x_2 \cdots \mathrm{d}x_n,$$

易见 p 是 $(\mathbb{R}^n, \mathfrak{M})$ 上一个概率测度.

例 7 设 X 是一个非空集. 考虑 σ 代数 $\mathcal{F} = 2^X$. 对于任意有限集 $A \in \mathcal{F}$, 令 $\mu(A) = |A|$; 对于任意无限集 $A \subset X$, 令 $\mu(A) = \infty$. 则 μ 满足定义 2.1.12 中的条件 (1),(2), 称为 X 上的计数测度. 因为 $\mu(A) = 0 \Longleftrightarrow A = \emptyset$, 所以 μ 是 X 上的完备测度. 易见 μ 是 σ 有限测度当且仅当 X 是可列集.

例 8 设 X 是一个非空集, 任意取定元素 $x \in X$, 对于任意集合 $A \subset X$, 定义 $\nu(A) = \chi_A(x)$. 则容易验证, ν 是 X 上的一个完备概率测度, 称它为元 x 处的 Dirac 测度, 记作 δ_x.

例 9 设 μ_n 是 $(X,\mathcal{F})$ 上的测度, $a_n \in [0,\infty)$, $n = 1, 2, \cdots$. 对于

任意集合 $A \in \mathcal{F}$, 令 $\mu(A) = \sum a_n \mu_n(A)$, 则易见 μ 也是 $(X, \mathcal{F})$ 上的一个测度, 记作 $\mu = \sum a_n \mu_n$.

例如, 若以 δ_n 记 $\mathbb{N}$ 上点 n 处的 Dirac 测度, 则 $\mu = \sum\limits_{n=1}^{\infty} \delta_n$ 恰是 $\mathbb{N}$ 上的计数测度.

例 10 设 $(X, \mathcal{F}, \mu)$ 是一个测度空间, $f : X \to Y$ 是一个一一满映射. 令 $\mathcal{G} = \{f(A) | A \in \mathcal{F}\}$. 又对于每个 $B \in \mathcal{G}$, 定义 $\nu(B) = \mu(f^{-1}(B))$, 则显然三元组 $(Y, \mathcal{G}, \nu)$ 是一个测度空间.

例如, 取 $X = [0, 2\pi)$, μ 是 X 上的 Lebesgue 测度 m, 令 $Y = \{z \in \mathbb{C} | |z| = 1\}$, 则

$$f : X \to Y, \ a \mapsto e^{ia}$$

是一一满映射. 于是 Y 上有测度 $\nu(B) = m(f^{-1}(B))$, 它是圆周 Y 上的弧长概念的推广.

以下定理容易证明.

定理 2.1.13 设 $(X, \mathcal{F}, \mu)$ 是一个测度空间, 则测度 μ 具有以下性质:

(1) 单调性: 若 $A_1 \subset A_2$, 则 $\mu(A_1) \leq \mu(A_2)$;

(2) 次可加性: $\mu\left(\bigcup\limits_{k=1}^{\infty} A_k\right) \leq \sum\limits_{k=1}^{\infty} \mu(A_k)$;

(3) 上连续性: 若 $\{A_n\} \subset \mathcal{F}$ 是一升列, 则

$$\mu\left(\bigcup\limits_{n=1}^{\infty} A_n\right) = \lim\limits_{n \to \infty} \mu(A_n);$$

(4) 下连续性: 若 $\{A_n\} \subset \mathcal{F}$ 是一降列, 且 $\mu(A_1) < \infty$, 则

$$\mu\left(\bigcap\limits_{n=1}^{\infty} A_n\right) = \lim\limits_{n \to \infty} \mu(A_n).$$

习　　题

1. 设 $A \subset \mathbb{R}^n, m^*(A) = 0$, 证明：对于 $\forall B \subset \mathbb{R}^n$ 有
$$m^*(A \cup B) = m^*(B).$$

2. 证明 $\mathbb{R}^n$ 中任意的有界集 E 的外测度有限.

3. 设 $A, B \subset \mathbb{R}^n, m^*(A), m^*(B) < \infty$, 试证明
$$|m^*(A) - m^*(B)| \le m^*(A \setminus B) + m^*(B \setminus A).$$

4. 设 $E = \{(\xi, \eta) \,|\, \xi, \eta$ 之一是有理数$\} \subset \mathbb{R}^2$, 求 $m^*(E)$.

5. 已知 $E \subset \mathbb{R}, m^*(E) > a > 0$, 证明存在子集 $A \subset E$, 使 $m^*(A) = a$.

6. 至少含有一个内点的集合的外测度能否为零？

7. 已知 $A \subset B \subset \mathbb{R}^n, A$ 是可测集, 且 $m(A) = m^*(B) = 0$, 证明 B 是可测集.

8. 对于任意集 $E \subset \mathbb{R}^n$, 证明存在包含 E 的 G_δ 集 H, 使得 $m(H) = m^*(E)$. 此题中所构造的集合 H 称为集合 E 的等测包.

9. 若 $\{E_k\}$ 是 $\mathbb{R}^n$ 上的单调上升点集列, 试证明
$$\lim_{k \to \infty} m^*(E_k) = m^*\left(\lim_{k \to \infty} E_k\right).$$

10. 设 $A, B \subset \mathbb{R}^n, A \cup B$ 是有限可测集. 若 $m(A \cup B) = m^*(A) + m^*(B)$, 证明 A, B 皆为可测集.

11. 设 $T : \mathbb{R}^n \to \mathbb{R}^n$ 是一一满映射, 且保持点集的外测度不变, 证明对于 $E \in \mathfrak{M}$, 有 $T(E) \in \mathfrak{M}$.

*12. 试证明任一个正的可测集 E 中含有不可测集.

13. 设 $f : [a, b] \to \mathbb{R}$. 若对于 $[a, b]$ 中任意可测集 $E, f(E)$ 必为 $\mathbb{R}$ 中的可测集. 证明：当 Z 是 $[a, b]$ 中零测集时, 必有 $m(f(Z)) = 0$.

14. 给定 $[0, 1]$ 中可测集列 $\{E_j\}, j = 1, 2 \cdots$. 若 $\forall \varepsilon > 0$ 总存在某

个集 E_k ，使得 $m(E_k) > 1 - \varepsilon$ ，证明：

$$m\left(\bigcup_{j=1}^{\infty} E_j \right) = 1.$$

15. 在 $[a,b]$ 上能否作一测度为 $b - a$ 但又不同于 $[a,b]$ 的闭集？

16. 若 E 是 $[0,1]$ 中零测集，其闭包 $\overline{E}$ 是否也是零测集？

17. 设 E 是 $\mathbb{R}^n$ 中不可测集， A 是 $\mathbb{R}^n$ 中零测集，证明 $E \cap A^c$ 是不可测集.

18. 证明对于任意可测集 A, B ，恒有

$$m(A \cup B) + m(A \cap B) = m(A) + m(B).$$

19. 设 A, B 是 $[0,1]$ 中的两个可测集，且 $m(A) + m(B) > 1$ ，试证明 $m(A \cap B) > 0$.

20. 设 A, B, C 是 $[0,1]$ 中的三个可测集，且

$$m(A) + m(B) + m(C) > 2,$$

试证明 $m(A \cap B \cap C) > 0$.

21. 证明存在开集 $G \subset \mathbb{R}^n$ ，使 $m(\overline{G}) > m(G)$.

22. 证明位于 OX 轴上任何集 E ，在 OXY 平面上是可测集，且其测度为零.

23. 证明有理数集是 $\mathbb{R}$ 中可测集，且测度是 0.

24. 设 $E \subset \mathbb{R}$, 且 $m(E) > 0$, 试证明存在 $x_1, x_2 \in E$, 使 $x_1 - x_2$ 是有理数.

25. 证明 $E \subset \mathbb{R}^n$ 是可测集的充分必要条件是：对于任何 $\varepsilon > 0$, 存在开集 G_1 与 G_2, $G_1 \supset E$, $G_2 \supset E^c$, 使得

$$m(G_1 \cap G_2) < \varepsilon.$$

26. 设 E 是可测集， $m(E) > 0$. 证明存在 $x \in E$, 使得对于任意 $\delta > 0$, 有 $m(E \cap B(x, \delta)) > 0$.

27. 若 $\{E_k\}$ 是 $\mathbb{R}^n$ 中可测集合列，证明：

(1) $m\left(\varliminf\limits_{k\to\infty} E_k\right) \leq \varliminf\limits_{k\to\infty} m(E_k)$;

(2) 若存在 k_0, 使得 $m\left(\bigcup\limits_{k=k_0}^{\infty} E_k\right) < \infty$, 则

$$m\left(\varlimsup\limits_{k\to\infty} E_k\right) \geq \varlimsup\limits_{k\to\infty} m(E_k).$$

28. 设 $E \subset \mathbb{R}^n, H \supset E, H$ 是可测集. 若 $H \setminus E$ 中任意可测子集皆为零测集, 试问 $m(H) = m^*(E)$ 吗?

29. 设 $E \subset \mathbb{R}^n$, 证明存在 G_δ 型集 H 且 $H \supset E$, 使得对于任意一个可测集 $A \subset \mathbb{R}^n$, 有 $m^*(E \cap A) = m(H \cap A)$.

30. 设 $\{E_k\}$ 是 $[0,1]$ 中可测集列, $m(E_k) = 1, k = 1, 2, \cdots$, 证明

$$m\left(\bigcap_{k=1}^{\infty} E_k\right) = 1.$$

31. 设 $\{E_k\}$ 是 $[0,1]$ 中可测集列, 且满足 $\varlimsup\limits_{k\to\infty} m(E_n) = 1$, 证明: 对于 $\forall\, 0 < a < 1$, 必存在 $\{E_{n_k}\}$, 使得

$$m\left(\bigcap_{k=1}^{\infty} E_{n_k}\right) > a.$$

*32. 设 $E \subset [a,b]$ 是可测集, $I_k \subset [a,b]$ $(k = 1, 2, \cdots)$ 是开区间列, 满足

$$m(I_k \cap E) \geq \frac{2}{3}|I_k|, \quad k = 1, 2, \cdots.$$

证明:

$$m\left(\left(\bigcup_{k=1}^{\infty} I_k\right) \cap E\right) \geq \frac{1}{3}m\left(\bigcup_{k=1}^{\infty} I_k\right).$$

33. 设 $E_1, \cdots, E_k$ 是 $[0,1]$ 中的可测集, 且有 $\sum\limits_{j=1}^{k} m(E_j) > k - 1$, 证明:

$$m\left(\bigcap_{j=1}^{k} E_j\right) > 0.$$

34. 记 $I = [0,1] \times [0,1], E = \{(x,y) \in I \,\big|\, \cos(x + y)$ 是无理数, $|\sin x| < 1/2\}$, 求 $m(E)$.

*35. 证明：$\mathbb{R}^n$ 中的 Borel 集族 $\mathfrak{B}$ 有连续统势.

36. 设 $E \subset \mathbb{R}^n$ 是可测集，$\alpha > 0$. 记

$$\alpha E = \{\alpha x \,|\, x \in E\},$$

证明 $\alpha E \in \mathfrak{M}$, 且 $m(\alpha E) = \alpha^n m(E)$.

§2.2 Lebesgue 可测函数

本节所要构造的 $\mathbb{R}^n$ 上的 Lebesgue 可测函数类简称可测函数类. 它要比黎曼可积函数类大得多. 在下述第三章将在可测函数类上引入 Lebesgue 积分. 与连续函数类不同, 可测函数类在极限运算下是封闭的. 这使得所建立的积分理论更便于使用.

为了论述的简便和统一, 今后凡说到的实函数, 均指广义实函数, 即取值于 $\overline{\mathbb{R}} = \mathbb{R} \cup \{\pm\infty\}$ (广义实数集) 的函数. 容许函数取值 $\{\pm\infty\}$ 有方便之处, 但也可能引起一些麻烦, 处理时必须谨慎. 为此作如下约定:

$-\infty < +\infty$; 若 $x \in \mathbb{R}$, 则 $-\infty < x < +\infty$;

$\pm\infty + (\pm\infty) = \pm\infty = \pm\infty - (\mp\infty)$;

$\pm\infty + x = \pm\infty = x - (\mp\infty)$, 对于 $\forall x \in \mathbb{R}$;

$\pm\infty \cdot x = \pm\infty$, 当 $0 < x < +\infty$;

$\pm\infty \cdot x = \mp\infty$, 当 $-\infty \leq x < 0$;

$\pm\infty \cdot 0 = 0 = x \diagup \pm\infty$, $\forall x \in \mathbb{R}$;

$|\pm\infty| = +\infty$;

$(\pm\infty) \cdot (\pm\infty) = +\infty$, $(\pm\infty) \cdot (\mp\infty) = -\infty$.

有时, $+\infty$ 简记成 ∞. 注意 $\pm\infty - (\pm\infty)$, $(\pm\infty) + (\mp\infty)$ 等是无意义的.

§2.2.1   Lebesgue 可测函数

定义 2.2.1 设 $E \subset \mathbb{R}^n$ 是可测集，f 是 E 上的函数，如果对于任意常数 t，集合

$$E(f > t) \overset{\text{def}}{=\!=} \{x \in \mathbb{R}^n \,|\, x \in E,\, f(x) > t\} \qquad (2.2.1)$$

都是可测集，则称函数 f 是 E 上的 Lebesgue 可测函数. 简称为 E 上的可测函数. 也可以称 f 在 E 上可测.

约定以 $\mathfrak{M}(E)$ 记 E 上的 Lebesgue 可测函数的全体.

从形式上看，定义 2.2.1 是够简单的. 但它并不能直接揭示 Lebesgue 可测函数的直观形象和内在结构，这些内涵只能逐步展开. 首先给出两个最简单的可测函数的例子.

例 1 设 $f(x) = c, \forall x \in E$，因为有

$$E(f > t) = \begin{cases} E, & \text{当 } t < c, \\ \varnothing, & \text{当 } t \geq c, \end{cases}$$

故 $f \in \mathfrak{M}(E)$.

例 2 设 $A \subset E, f = \chi_A$，则

$$E(f > t) = \begin{cases} E, & t < 0, \\ A, & 0 \leq t < 1, \\ \varnothing, & t \geq 1. \end{cases}$$

由此可见，$f \in \mathfrak{M}(E)$ 当且仅当 A 是可测集.

以上两个例子虽很特殊，但它们具有典型意义. 下面将看到 (定理 2.2.5 和定理 2.2.10)，利用形如 $f \equiv c$ 及 $f = \chi_A \,(A \subset E$可测$)$ 这样的函数，通过加法、数乘与极限运算，可得出整个可测函数集类 $\mathfrak{M}(E)$.

下面先给出可测函数的等价刻画.

定理 2.2.2 设 f 是可测集 E 上一个实函数, 则以下诸条件互相等价:

(1) $f \in \mathfrak{M}(E)$;

(2) $\forall t \in \mathbb{R}$, $E(f \geq t)$ 是可测集;

(3) $\forall t \in \mathbb{R}$, $E(f < t)$ 是可测集;

(4) $\forall t \in \mathbb{R}$, $E(f \leq t)$ 是可测集.

证明 因为

$$E(f \geq t) = \bigcap_{k=1}^{\infty} E(f > t - 1/k);$$

$$E(f < t) = E \setminus E(f \geq t);$$

$$E(f \leq t) = \bigcap_{k=1}^{\infty} E(f < t + 1/k),$$

故 $(1) \Rightarrow (2) \Rightarrow (3) \Rightarrow (4) \Rightarrow (1)$.

此外, 当 f 是 E 上可测函数时, 由

$$E(f = +\infty) = \bigcap_{n=1}^{\infty} E(f > n);$$

$$E(f = -\infty) = \bigcap_{n=1}^{\infty} E(f < -n)$$

知, $E(f = +\infty)$ 和 $E(f = -\infty)$ 都是可测集. 同理有

$$E(f > -\infty), \ E(f < +\infty), \ E(f = t), \quad \forall t \in \mathbb{R}$$

均为可测集.

定义 2.2.3 设 $E \subset \mathbb{R}^n$ 是可测集, $E_1, E_2, \cdots, E_m$ 是 E 的互不相交的可测子集, 且 $\bigcup_{j=1}^{m} E_j = E$, $\alpha_1, \alpha_2, \cdots, \alpha_m$ 是常数, 称 E 上函数

$$\psi(x) = \sum_{i=1}^{m} \alpha_i \chi_{E_i}(x) \tag{2.2.2}$$

为简单函数. 特别地, 当每个 E_i 是矩体时, 称 $\psi(x)$ 是阶梯函数.

定理 2.2.4　对任意可测集 E, E 上的简单函数是可测的.

证明　设 $\psi(x) = \sum_{i=1}^{m} \alpha_i \chi_{E_i}(x)$. 不失一般性, 设 $\alpha_1 < \alpha_2 < \cdots < \alpha_m$(若 $\alpha_i = \alpha_j$,, 则将 $E_i \cup E_j$ 看作个 E_k), 因为

$$E(\psi > t) = \begin{cases} E, & \text{当 } t < \alpha_1, \\ \bigcup_{j=i+1}^{m} E_j, & \text{当 } \alpha_i \leq t < \alpha_{i+1}, \\ \emptyset, & \text{当 } t \geq \alpha_m, \end{cases}$$

所以 $\psi \in \mathfrak{M}(E)$.

如果可测函数 $f(x) \geq 0$, 则称 $f(x)$ 为非负函数.

定理 2.2.5　设 $E \subset \mathbb{R}^n$ 是可测集. 则 $f(x)$ 是 E 上非负可测函数的充分必要条件是, 存在 E 上的非负简单函数列 $\{\psi_k(x)\}$, 使得

$$0 \leq \psi_1(x) \leq \psi_1(x) \leq \cdots \leq \psi_k(x) \leq \cdots,$$

$$\lim_{k \to \infty} \psi_k(x) = f(x), \quad \forall x \in E.$$

证明　假设 f 是 E 上非负可测函数, 对任意正整数 k 及 $j = 0, 1, \cdots, k2^k - 1$, 令

$$E_{k,j} = E\left(\frac{j}{2^k} \leq f < \frac{j+1}{2^k}\right), \quad E_{k,k2^k} = E(f \geq k),$$

则 $\{E_{k,j}\}$ 是互不相交的可测集, 且 $E = \bigcup_{j=0}^{k2^k} E_{k,j}$. 构造简单函数

$$\psi_k(x) = \sum_{j=0}^{k2^k} \frac{j}{2^k} \chi_{E_{k,j}}(x),$$

显然有　　　　　　　　$\psi_k(x) \leq \psi_{k+1}(x) \leq f(x).$

下面证明 $\lim_{k \to \infty} \psi_k(x) = f(x), \forall x \in E.$

若 $x_0 \in E$, 使 $f(x_0) = +\infty$, 则 $x_0 \in E_{k,k2^k}$, 所以 $\psi_k(x_0) = k$, 于是 $\lim_{k \to \infty} \psi_k(x_0) = +\infty$.

若 $f(x_0) < +\infty$, 则存在正整数 $k_0 > f(x_0)$, 于是当 $k \geq k_0$ 时

$$|f(x_0) - \psi_k(x_0)| = f(x_0) - \psi_k(x_0) < \frac{1}{2^k} \to 0 \ (k \to \infty).$$

因此 $\lim\limits_{k \to \infty} \psi_k(x_0) = f(x_0)$.

反之, 设 $\{\psi_k(x)\}$ 是非负简单函数升列, 且 $\lim\limits_{k \to \infty} \psi_k(x) = f(x)$. 则对任意实数 $t, E(\psi_k > t)$ 是可测集. 由于

$$E(f > t) = \bigcup_{k=1}^{\infty} E(\psi_k > t),$$

故 $E(f > t)$ 是可测集. 因此 f 是 E 上可测函数.

需要指出 $\mathbb{R}^n$ 中的点集并非都是可测集. 勒贝格本人早就认识到这一点, 但是第一个不可测集的例子是由意大利数学家沃尔泰拉 (Volterra) 构造的. 通常在一般的实际问题中, 不会遇到不可测集. 它只是被用作构成各种特例, 以廓清某些命题的界限, 加深对这种测度理论的认识. §2.1 的例 4 给出了一个外测度不具备可加性的集合, 不难看出它是一个不可测集. 用同样的方法, 可以构造许许多多的不可测集. 显然任何不相交的可测集与不可测集的并还是不可测的. 因此不可测集是非常多的. 有几种不同的度量方法来比较可测集族与不可测集族, 一种观点是基数, 一种观点是测度, 还有一种观点是用所谓的"第一纲集"和"第二纲集"(参考附录四). 若用最后一种观点来看, 则"大多数"具有正外测度的点集都是不可测的. (见 Int. J. Math. Educ. Sci. Technol. 1988, Vol.19, No.2, 315~318.)

§2.2.2　可测函数的基本性质

本小节讨论 Lebesgue 可测函数的一些基本性质.

定理 2.2.6 若 $f(x), g(x)$ 是 E 上的可测函数, 则 $cf(x) (c \in \mathbb{R})$, $f(x)g(x)$ 是 E 上的可测函数; $f(x) + g(x)$ 与 $f(x)/g(x)$ 是其有

定义的集合上的可测函数.

证明 若 $c = 0$, $cf(x) \equiv 0$, 它当然在 E 上可测. 若 $c > 0$, 则对任意 t, $E(cf > t) = E(f > \frac{t}{c})$ 是可测集. 若 $c < 0$, $E(cf > t) = E(f < \frac{t}{c})$ 是可测集, 故 $cf(x)$ 是 E 上可测函数. 函数 $f(x) + g(x)$ 在集合

$$A = [E(f = \infty) \cap E(g = -\infty)] \cup [E(f = -\infty) \cap E(g = \infty)]$$

上无定义, 而 A 是可测集, 故 $f + g$ 在一个可测集 (即 $E \cap A^c$) 上有定义. 同理 f/g 亦如此. 因此证明其可测性时不妨假设它们在 E 上处处有定义. 对任意实数 t, 由分解

$$E(f + g > t) = \bigcup_{r \in \mathbb{Q}} E(f > r) \cap E(g > t - r)$$

知, $f + g$ 在 E 上可测.

为证明 $f(x) \cdot g(x)$ 在 E 上可测, 首先证明对任意 $f \in \mathfrak{M}(E)$, 有 $f^2(x) \in \mathfrak{M}(E)$. 这是因为对于任意实数 t, 有

$$E(f^2 > t) = \begin{cases} E, & t < 0, \\ E(f > \sqrt{t}) \cup E(f < -\sqrt{t}), & t \geq 0. \end{cases}$$

其次, 因为 $f(x) \cdot g(x) = \frac{1}{4}((f(x) + g(x))^2 - (f(x) - g(x))^2)$, 而 $f(x) + g(x)$ 以及 $f(x) - g(x)$ 都是 E 上可测函数, 所以 $f(x) \cdot g(x)$ 在 E 上可测.

最后, 由

$$E\left(\frac{1}{g} > t\right) = \begin{cases} E(g > 0) \setminus E(g = \infty), & t = 0, \\ E(g < 1/t) \cap E(g > 0), & t > 0, \\ E(g < 1/t) \cup E(g > 0), & t < 0, \end{cases}$$

可得 $1/g(x)$ 是 E 上的可测函数, 从而 $f(x)/g(x)$ 在 E 上可测. 证毕.

再结合定理 2.2.2 与定理 1.3.20 的拓广, 有

推论 2.2.7 设 $E \subset \mathbb{R}^n$ 是可测集, 则 E 上连续函数均为可测函数, 即 $C(E) \subset \mathfrak{M}(E)$.

定理 2.2.8 设 $\{f_k(x)\}$ 是可测集 $E \subset \mathbb{R}^n$ 上的可测函数列, 则下列函数:

(1) $\sup\limits_{k \geq 1} \{f_k(x)\}$;

(2) $\inf\limits_{k \geq 1} \{f_k(x)\}$;

(3) $\varlimsup\limits_{k \to \infty} f_k(x)$;

(4) $\varliminf\limits_{k \to \infty} f_k(x)$

都是 E 上的可测函数.

证明 因为 $\forall t \in \mathbb{R}$, 有

$$E\left(\sup_{k \geq 1}\{f_k(x)\} > t\right) = \bigcup_{k=1}^{\infty} E(f_k > t);$$

$$\inf_{k \geq 1}\{f_k(x)\} = -\sup_{k \geq 1}\{-f_k(x)\};$$

$$\varlimsup_{k \to \infty} f_k(x) = \inf_{j \geq 1}\left(\sup_{k \geq j}\{f_k(x)\}\right);$$

$$\varliminf_{k \to \infty} f_k(x) = -\varlimsup_{k \to \infty}(-f_k(x)).$$

于是由 $\{f_k(x)\}$ 是 E 上可测函数列 $\Rightarrow$ (1) $\Rightarrow$ (2) $\Rightarrow$ (3) $\Rightarrow$ (4).

推论 2.2.9 设 $\{f_k(x)\}$ 是可测函数 E 上的可测函数列, 且有

$$\lim_{k \to \infty} f_k(x) = f(x),$$

则 $f(x)$ 是 E 上的可测函数.

前面已经证明, 任何非负可测函数都可以用单调递增简单函数逐点逼近. 对于一般的可测函数, 可以证明也能用简单函数列来逐点逼近.

E 上可测函数 $f(x)$ 可以分成如下正部和负部:

$$f^+(x) = \max\{f(x), 0\}, \qquad f^-(x) = -\min\{f(x), 0\}. \qquad (2.2.3)$$

显然

$$f(x) = f^+(x) - f^-(x), \qquad |f(x)| = f^+(x) + f^-(x). \qquad (2.2.4)$$

由定理 2.2.8 知, $f^+(x), f^-(x)$ 都是非负可测函数. 于是存在单调简单函数列 $\{\varphi_k(x)\}, \{\psi_k(x)\}$, 使 $\varphi_k(x) \to f^+(x), \psi_k(x) \to f^-(x)$, 所以 $\varphi_k(x) - \psi_k(x) \to f(x)$. 由于两简单函数的差仍是简单函数, 这说明 $f(x)$ 是简单函数列 $\{\varphi_k - \psi_k\}$ 的极限. 由此很容易得到下面的性质.

定理 2.2.10　若 $E \subset \mathbb{R}^n$ 是可测集, 则 E 上实值函数 $f(x)$ 是可测的充分必要条件是, $f^+(x), f^-(x)$ 都是 E 上的可测函数. 当 $f(x)$ 在 E 上可测时, $|f(x)|$ 在集合 E 上也是可测的.

现在讨论可测函数复合运算的可测性问题. 对于实值函数 $f : E \to \mathbb{R}$ 来说, 点集 $E(f > t) = f^{-1}(t, \infty)$, 等式右边的集合 $f^{-1}(t, \infty)$ 是函数 f 关于区间 (t, ∞) 的原像集. 由定理 1.3.16 不难证明, f 在 E 上可测的充分必要条件是, 对于 $\mathbb{R}$ 中的任意一个开集 G, 其原像集 $f^{-1}(G)$ 是可测的. 还可证明, f 在 E 上连续的充分必要条件是, 对于 $\mathbb{R}$ 中的任意一个开集 G, 其原像集 $f^{-1}(G)$ 是 E 中的开集.

定理 2.2.11　设 $f(x)$ 是 $\mathbb{R}$ 上连续函数, $g(x)$ 是 $\mathbb{R}^n$ 中可测集 E 上的可测函数, 则复合函数

$$h(x) = f(g(x))$$

是 E 上的可测函数.

证明　对于一开集 $G \subset \mathbb{R}$, $h^{-1}(G) = g^{-1}(f^{-1}(G))$. 因为 $f^{-1}(G)$ 是 $\mathbb{R}$ 中开集, 所以由 g 的可测性知, $g^{-1}(f^{-1}(G))$ 也是可测集. 这说明复合函数 $h(x)$ 是 E 上的可测函数.

定理 2.2.12 设 $E \subset \mathbb{R}^n$ 是可测集，$f(x), g(x)$ 是 E 上两个函数. 如果 $f(x)$ 与 $g(x)$ 在 E 上几乎处处相等，即存在一个集合 $E_0 \subset E$，满足 $m(E_0) = 0$，使得函数 f 与 g 在集合 $E \setminus E_0$ 上处处相等，则当其中一个在 E 上可测时，另一个在 E 上也可测.

证明 假设 $f(x)$ 可测，则对任意实数 t，集合 $E(f > t)$ 是可测集. 由于 $E(f \neq g) \subset E_0$ 是零测集，且

$$E(g > t) = [E(f > t) \cap E(f = g)] \cup [E(f \neq g) \cap E(g > t)],$$

故集合 $E(g > t)$ 是可测集 $E(f > t) \cap E(f = g)$ 与一个零测集的并集. 它当然可测.

由此定理可以看到，函数的可测性与其在零测集上的取值无关. 因此，讨论函数的可测性容许在任何零测集上改变其值. 比如，对于 Dirichlet 函数

$$D(x) = \begin{cases} 0, & x \in \mathbb{Q}, \\ 1, & x \overline{\in} \mathbb{Q}, \end{cases}$$

由于 $m(\mathbb{Q}) = 0$，故可以在 $\mathbb{Q}$ 上重新定义 D 的值，令其值也为 1，从而得到新的函数 $\widetilde{D}(x) \equiv 1$. 函数 $\widetilde{D}(x)$ 与 Dirichlet 函数 $D(x)$ 几乎处处相等，所以 $D(x)$ 与 $\widetilde{D}(x)$ 的可测性相同. 尽管 $D(x)$ 是一个处处不连续的函数，但它与常值函数 $\widetilde{D}(x)$ 一样是可测函数.

定义 2.2.13 设有一个与点集 $E \subset \mathbb{R}^n$ 中的点 x 有关的命题 $S(x)$. 若对于除了 E 中一个零测集以外的每个 x，命题 $S(x)$ 皆真，则称命题 $S(x)$ 在 E 上几乎处处成立 (或几乎处处是真的)，并简记为 $S(x), \text{a.e.}^{①}[E]$. 当 $E = \mathbb{R}^n$ 时，则简记为 $S(x), \text{a.e.}$.

---

① a.e. 是英文 almost everywhere 的缩写. 有的书上写成 p.p.，这是法文 presqur partout 的缩写.

例如, $f = g$, a.e.$[E]$ 表示 f 与 g 在 E 上几乎处处相同; $f \geq 0$, a.e. 表示 f 几乎处处非负; $|f| < \infty$, a.e. 表示 f 几乎处处有限.

由定理 2.2.6 和定理 2.2.12, 若 $f(x), g(x)$ 是 E 上的可测函数, 当 $f + g, f \cdot g, f/g$ 在 E 上几乎处处有定义时, 它们在 E 上可测.

§2.2.3　测度空间上的可测函数和性质

在讨论了 Lebesgue 可测函数的概念和其基本性质后, 可以将上述理论推广到测度空间上. 以下均设 $(X, \mathcal{F}, \mu)$ 是一个测度空间. 当说到 X 上的实函数时均指广义实函数.

定义 2.2.14　设 f 是 X 上的实函数. 若 $\forall t \in \mathbb{R}$, 集合 $X(f > t)$ 是 $\mathcal{F}$ 可测集, 则称 f 为 X 上的 $\mathcal{F}$ 可测函数, 简称可测函数.

约定以 $\mathfrak{M}(X, \mathcal{F})$ 记 $(X, \mathcal{F})$ 上的 $\mathcal{F}$ 可测函数的全体, 简记为 $\mathfrak{M}(X)$. 不难证明, 下述 X 上的可测函数 f 的刻画, 它是定理 2.2.2 的推广.

定理 2.2.15　设 f 是可测集 X 上一个实函数, 则以下条件等价:

(1) $f \in \mathfrak{M}(X)$;

(2) $\forall t \in \mathbb{R}$, $X(f \geq t)$ 是可测集;

(3) $\forall t \in \mathbb{R}$, $X(f < t)$ 是可测集;

(4) $\forall t \in \mathbb{R}$, $X(f \leq t)$ 是可测集;

(5) 对于任意开集 $G \subset \mathbb{R}$: $f^{-1}(G)$ 与 $X(f = \infty)$ 是可测集;

(6) 对于任意闭集 $F \subset \mathbb{R}$: $f^{-1}(F)$ 与 $X(f = \infty)$ 是可测集;

(7) $f^+(x), f^-(x)$ 都是 X 上的可测函数.

与欧氏空间中的情形一样, 可以定义 X 上的简单函数

$$\psi(x) = \sum_{i=1}^{n} \alpha_i \chi_{A_i}(x),$$

其中 $\alpha_1, \alpha_2, \cdots, \alpha_n$ 是常数，$A_1, A_2, \cdots, A_n$ 是 $\mathcal{F}$ 中互不相交的可测集. 于是 X 上的简单函数均是可测函数，并且 X 上的非负函数是可测的必要充分条件是，它是一列非负简单函数的极限. 可测函数空间 $\mathfrak{M}(X, \mathcal{F})$ 有以下性质.

定理 2.2.16 若 $f(x), g(x)$ 是 X 上的可测函数，则 $cf(x)\,(c \in \mathbb{R})$, $f(x)g(x)$ 是 X 上的可测函数，$f(x) + g(x)$ 与 $f(x)/g(x)$ 是其在有定义的集合上的可测函数.

定理 2.2.17 设 $\{f_k(x)\}$ 是 X 上的可测函数列，则下列函数:

(1) $\sup\limits_{k \geq 1}\{f_k(x)\}$;

(2) $\inf\limits_{k \geq 1}\{f_k(x)\}$;

(3) $\varlimsup\limits_{k \to \infty} f_k(x)$;

(4) $\varliminf\limits_{k \to \infty} f_k(x)$

都是 X 上的可测函数. 若

$$\lim_{k \to \infty} f_k(x) = f(x),$$

则 $f(x)$ 还是 X 上的可测函数.

一般测度空间上没有拓扑，因此没有连续函数的概念. 但是如果 X 是一个拓扑空间，并且 σ 代数 $\mathcal{F}$ 是由全体开集生成的，那么就与欧氏空间一样可以定义 X 上的连续函数.

定义 2.2.18 设 $(X, \mathcal{F}, \mu)$ 是一个测度空间，同时 X 是拓扑空间，并且 σ 代数 $\mathcal{F}$ 是由拓扑生成的. 设 f 是定义在 X 上的实函数，$a \in X$. 若对于任意 $\varepsilon > 0$, 总存在包含 a 的开集 G, 使得当 $x \in G$, 有 $|f(x) - f(a)| < \varepsilon$, 则称 f 在点 a 连续，a 是函数 f 的连续点. 换句话说，f 在点 a 连续，只要 $\forall \varepsilon > 0, f^{-1}(B_\varepsilon(f(a)))$ 是开集. 若 f 在 X

上每点连续, 则称 f 在 X 上连续, 全体 X 上的连续函数记作 $C(X)$.

连续性也可以用序列极限来刻画. 函数 f 在点 a 处连续的充要条件是, 对于 X 中任何收敛于 a 的点列 $\{x_k\}$, 有 $\lim f(x_k) = f(a)$. 此时连续函数都是可测的, 即 $C(X) \subset \mathfrak{M}(X)$.

定义 2.2.19 设三元组 $(X, \mathcal{F}, \mu)$ 是一个测度空间, $\mathrm{S}(x)$ 是一个与空间 X 中的点 x 有关的命题. 若对于除了 X 中一个 μ 零测集以外的每个 x, 命题 $\mathrm{S}(x)$ 皆真, 则称命题 $\mathrm{S}(x)$ 在 $(X, \mathcal{F}, \mu)$ 上几乎处处成立 (或几乎处处是真的), 并简记为 $\mathrm{S}(x)$ a.e. ; 当需要指明测度 μ 时, 就说 $\mathrm{S}(x)$ μ a.e..

例如, $f = g$, μ a.e. 表示 f 与 g 在 X 上几乎处处相同; $f \geq 0$, μ a.e. 表示 f 几乎处处非负; $|f| < \infty$, μ a.e. 表示 f 几乎处处有限; $f_n \to f$, μ a.e. 表示 $\{f_n\}$ 几乎处处收敛到 f.

习   题

1. 设 f 是可测集 E 上的可测函数, 证明: $\forall t$, 集合 $E(f = t)$ 是可测集.

2. 设 f 是可测集 E 上的实值函数, 证明 f 在 E 上是可测的当且仅当对一切有理数 r, $E(f > r)$ 是可测集.

3. 设 f 是可测集 E 上的可测函数. 证明: 对任意开集 $G \subset \mathbb{R}$, $f^{-1}(G)$ 是可测集; 对任意 $\mathbb{R}$ 中闭集 F, $f^{-1}(F)$ 是可测集.

4. 设 $f \in C(\mathbb{R}^n)$. 证明: f 在 $\mathbb{R}^n$ 的任何可测集 E 上都可测.

5. 设 f 是 $\mathbb{R}$ 上的可测函数, 证明对于 $\forall a \in \mathbb{R}, f(ax)$ 仍是 $\mathbb{R}$ 上的可测函数.

6. 设 f 是可测集 E 上可测函数, 证明 $[f(x)]^3$ 也是 E 上的可测函数.

*7. 设 f 是 $\mathbb{R}$ 上可测函数, 证明 $f(x^2)$, $f(1/x)$(当 $x = 0$ 时规定 $f(1/0) = 0$) 都是 $\mathbb{R}$ 上的可测函数.

8. 设 f 是 $[a,b]$ 上函数. 若 f 在任意闭区间 $[\alpha, \beta]\,(a < \alpha < \beta < b)$ 上可测, 证明 f 在 $[a,b]$ 上可测.

9. 设 $f^2(x)$ 是 E 上的可测函数, $E(f > 0)$ 是可测集, 证明 $f(x)$ 是 E 上的可测函数.

*10. 若 f 在 $[a,b]$ 上可微, 证明 $f'(x)$ 可测.

11. 令 $E = \bigcup_{j=1}^{\infty} E_j$, $\{E_j\}$ 是互不相交的可测子集. 给定 E 上的函数 $f(x)$, 试证明 $f \in \mathfrak{M}(E)$ 的充分必要条件是 $f \in \mathfrak{M}(E_j)$, $j = 1, 2, \cdots$.

12. 若 $f(x)$ 是可测集 E_1 和 E_2 上的非负可测函数, 证明 f 也是 $E_1 \cup E_2$ 上的非负可测函数.

13. 设 f 是有限可测函数, $g : \mathbb{R} \to \mathbb{R}$ 单调, 证明复合函数 $g(f(x))$ 可测.

14. 给定可测集 E 上的有限可测函数 f_1, f_2, 若 $g \in C(\mathbb{R}^2)$, 证明 $g(f_1(x), f_2(x))$ 是可测函数.

15. 设二元函数 $f(x,y)$ 关于 x 可测, 关于 y 连续, 证明 $\varphi(x) = \max_{0 \le y \le 1} f(x,y)$ 可测.

16. 设 $E \subset \mathbb{R}^n$ 是紧集, $F \subset C(E)$, 证明 $\varphi(x) = \sup_{f \in F} f(x)$ 可测.

17. 设 $m(E) < \infty$, f 是 E 上的几乎处处有限的非负可测函数. 证明: 对于任意 $\varepsilon > 0$, 存在闭集 $F \subset E$, 使得 $m(E \setminus F) < \varepsilon$, 而在 F 上, $f(x)$ 有界.

18. 设 f 是可测集 E 上几乎处处有限的可测函数, $m(E) < \infty$. 证明: 对于任意的 $\varepsilon > 0$, 存在 E 上的有界可测函数 $g(x)$, 使得

$$m(E(|f - g| > 0)) < \varepsilon.$$

19. 设 $f(x)$ 与 $g(x)$ 是 $(0,1)$ 上的可测函数, 且对任意的 $t \in \mathbb{R}$ 有

$$m(\{x \in (0,1) | f(x) \geq t\}) = m(\{x \in (0,1) | g(x) \geq t\})$$

(即互为等可测函数). 若 $f(x)$ 与 $g(x)$ 都是单调下降且左连续的函数, 证明

$$f(x) = g(x) \quad (0 \leq x \leq 1).$$

20. 设 $m(E) < \infty$, $f \in \mathfrak{M}(E)$, 定义函数

$$\varphi(t) = m(E(f > t)).$$

证明: $\varphi(t)$ 是递减右连续函数, 且几乎处处左连续.

21. 给定开集 $G \subset \mathbb{R}^n$, 设 f 是 G 上的函数. 证明: f 在 G 上连续当且仅当对于 $\forall t \in \mathbb{R}$, 点集 $G(f > t)$, $G(f < t)$ 都是内点.

*22. 设 f 是可测函数, $B \subset \mathbb{R}^1$ 可测, 证明 $f^{-1}(B)$ 未必可测.

23. 证明可测函数的复合函数未必可测.

§2.3 Lebesgue 可测函数列的收敛性

本节讨论 Lebesgue 可测函数列的收敛问题. 将引进函数列的一致收敛、几乎处处收敛, 以及依测度收敛三种概念, 并且讨论这三种收敛性的关系. 这三种可测函数列的收敛性有强弱之分. 由可测函数列的一致收敛性能推得该函数列几乎处处收敛; 由有界可测集上的可测函数列的几乎处处收敛性能推得该函数列依测度收敛. 由此可见, 可测函数列的一致收敛性是三者中最强的收敛性, 而依测度收敛性则是三者中最弱的收敛性. 本节将介绍的叶戈罗夫 (Egorov) 定理和 Riesz 定理是有广泛应用的定理, 它们将一种弱的收敛性与比它强的收敛性联系起来, 给出两种收敛性之间的关系. 事实上, 实变函数理论中可测函数列的收敛性还有很多种, 本节介绍的是最基本的三种收敛性.

§2.3.1 可测函数列的几乎一致收敛与几乎处处收敛性

定义 2.3.1 设 $f(x), f_1(x), f_2(x), \cdots, f_k(x), \cdots$ 是定义在点集 E 上的实值函数. 若对于任意 $\varepsilon > 0$, 存在 $K \in \mathbb{N}$, 使得对于任意 $k \geq K$, 任意 $x \in E$, 有

$$|f_k(x) - f(x)| < \varepsilon,$$

则称 $\{f_k(x)\}$ 在 E 上一致收敛到 f, 记作 $f_k \Longrightarrow f$ 或 $f_k \overset{\mathrm{u}}{\longrightarrow} f$ (其中 u 表示一致 (uniform)).

设 E 是可测集. 若 $\forall \delta > 0, \exists E_\delta \subset E$, 使得 $m(E \setminus E_\delta) < \delta$, 在 E_δ 上 $f_k \Longrightarrow f$, 则称 $\{f_k(x)\}$ 在 E 上几乎一致收敛到 f, 记作 $f_k \overset{\mathrm{a.u.}}{\longrightarrow} f$ (其中 a.u. 表示几乎一致 (almostly uniform)).

显然, 若 $f_k \Longrightarrow f$, 则 $\{f_k(x)\}$ 点点收敛于 $f(x)$. 若 $\{f_k(x)\}$ 是可测集 E 上的可测函数列, 则 $f(x)$ 也是可测函数.

定义 2.3.2 设 $f(x), f_1(x), f_2(x), \cdots, f_k(x), \cdots$ 是定义在点集 $E \subset \mathbb{R}^n$ 上的广义实值函数. 若存在 E 中点集 Z, 有 $m(Z) = 0$, 及对每个元素 $x \in E \setminus Z$, 有 $\lim\limits_{k \to \infty} f_k(x) = f(x)$, 则称 $\{f_k(x)\}$ 在 E 上几乎处处收敛于 $f(x)$, 并简记为 $f_k \to f$, a.e.$[E]$ 或 $f_k \overset{\mathrm{a.e.}}{\longrightarrow} f$.

显然, 若 $\{f_k(x)\}$ 还是可测集 E 上的可测函数列, 则极限函数 $f(x)$ 也是可测函数. 易见当 $f_k \overset{\mathrm{a.u.}}{\longrightarrow} f$ 时有 $f_k \to f$, a.e.$[E]$.

定理 2.3.3(叶戈罗夫定理) 设 $f(x), f_1(x), f_2(x), \cdots, f_k(x), \cdots$ 是可测集 E 上几乎处处有限的可测函数集, 并且 $m(E) < \infty$. 若 $f_k \to f$, a.e.$[E]$, 则 $\{f_k(x)\}$ 几乎一致收敛于 $f(x)$.

证明 因为

$$\lim_{k \to \infty} f_k(x) = f(x) \Longleftrightarrow \forall k \in \mathbb{N}, \exists J \in \mathbb{N}, \text{当} j > J, \text{使} |f_j(x) - f(x)| < \frac{1}{k},$$

用集合来描述, 有

$$x \in \{x \in E | \lim_{k \to \infty} f_k(x) = f(x)\}$$

$$\iff x \in \bigcap_{k=1}^{\infty} \bigcup_{J=1}^{\infty} \bigcap_{j=J+1}^{\infty} \{x \in E \big| \, |f_j(x) - f(x)| < 1/k\},$$

即

$$\{x \in E | f_k \to f\} = \bigcap_{k=1}^{\infty} \varliminf_{j \to \infty} E(|f_j - f| < 1/k).$$

故

$$\{x \in E | f_k \nrightarrow f\} = E \setminus \bigcap_{k=1}^{\infty} \varliminf_{j \to \infty} E(|f_j - f| < 1/k)$$

$$= \bigcup_{k=1}^{\infty} \varlimsup_{j \to \infty} E(|f_j - f| \geq 1/k).$$

简记 $E(f_k \to f) = \{x \in E | f_k \to f\}, E(f_k \nrightarrow f) = E \setminus E(f_k \to f)$.
因为 $m(E(f_k \nrightarrow f)) = 0$, 故 $\forall k$, 由推论 2.1.9, 以及 $m(E) < \infty$, 有

$$\lim_{J \to \infty} m \left(\bigcup_{j=J}^{\infty} E\left(|f_j - f| \geq \frac{1}{k}\right) \right) = m \left(\varlimsup_{j \to \infty} E\left(|f_j - f| \geq \frac{1}{k}\right) \right) = 0.$$

给定 $\delta > 0$, 可依次取出 $J_1 < J_2 < \cdots$, 使得

$$m \left(\bigcup_{j=J_k}^{\infty} E(|f_j - f| \geq 1/k) \right) < \frac{\delta}{2^k} \quad (k \in \mathbb{N}).$$

令 $E_\delta = \bigcap_{k=1}^{\infty} \bigcap_{j=J_k}^{\infty} E(|f_j - f| < 1/k)$, 则

$$E \setminus E_\delta = \bigcup_{k=1}^{\infty} \bigcup_{j=J_k}^{\infty} E(|f_j - f| \geq 1/k),$$

$$m(E \setminus E_\delta) \leq \sum_{k=1}^{\infty} \frac{\delta}{2^k} < \delta.$$

由 E_δ 的定义, 可以看出, 当 $x \in E_\delta, \ j \geq J_k$ 时

$$|f_j(x) - f(x)| < 1/k, \qquad k = 1, 2, \cdots.$$

可见在 E_δ 上, $f_k \Longrightarrow f$. 因此 $\{f_k\}$ 几乎一致收敛到 f.

注 叶戈罗夫定理中的条件 $m(E) < \infty$ 不能去掉. 例如考虑可测

函数列 $f_k(x) = \chi_{(0,k)}(x)$, $x \in (0, +\infty)$, $k = 1, 2, \cdots$, 它在 $(0, +\infty)$ 上点点收敛于函数 $f(x) \equiv 1$. 但在 $(0, +\infty)$ 中的任意有限测度集的余集上均不一致收敛于 $f(x) \equiv 1$.

例如考虑定义在 $E = [0, 1]$ 上的函数列 $f_k(x) = 1/(1 + kx)$, 则 $f_k(x)$ 在 E 上点点收敛到函数

$$f(x) = \begin{cases} 1, & x = 0; \\ 0, & 0 < x \le 1. \end{cases}$$

显然 $\{f_k\}$ 在 $[0, 1]$ 上不一致收敛到 f, 但对于任意 $\delta > 0$, $\{f_k\}$ 在 $[\delta, 1]$ 上一致收敛到 f.

§2.3.2   可测函数列的依测度收敛性

对于可测函数列来说, 仅用几乎一致收敛和几乎处处收敛性来刻画它的极限是不够的. 考虑如下的例.

例   在区间 $[0, 1)$ 上构造函数列 $\{f_k(x)\}$ 如下: 对于 $k \in \mathbb{N}$, 存在唯一的自然数 i 和 j, 使得 $k = 2^i + j$, 其中 $0 \le j < 2^i$, 令

$$f_k(x) = \chi_{\left[\frac{j}{2^i}, \frac{j+1}{2^i}\right)}(x), \quad k = 1, 2, \cdots, x \in [0, 1).$$

任意给定 $x_0 \in [0, 1)$, 对于每一个自然数 i, 有且仅有一个 j, 使得 $x_0 \in \left[\frac{j}{2^i}, \frac{j+1}{2^i}\right)$. 数列 $\{f_k(x_0)\}$ 中有无穷多项为 1, 有无穷多项为 0. 由此可知, 函数列 $\{f_k(x)\}$ 在 $[0, 1)$ 上点点不收敛. 因此, 仅考虑点收敛, 将得不到任何信息. 然而仔细考察数列 $\{f_k(x_0)\}$, 虽然它有无穷多个 1 出现, 但是在 "频率" 意义下, 0 却也大量出现. 这一事实可以用点集测度语言来刻画. 只要 k 足够大, 对于任意 $0 < \varepsilon \le 1$, 点集

$$\{x \in [0, 1) \, \big| \, |f_k(x) - 0| \ge \varepsilon\} = \{x \in [0, 1) \, | \, f_k(x) = 1\} = \left[\frac{j}{2^i}, \frac{j+1}{2^i}\right)$$

的测度非常小. 事实上

$$m(\{x \in [0, 1) \, \big| \, |f_k(x) - 0| \ge \varepsilon\}) = 1/2^i.$$

这样对任给 $\delta > 0$, 总可取到 k_0, 也就是取到 i_0, 使得当 $k > k_0$ 时, 有

$$m(\{x \in [0,1) \mid |f_k(x) - 0| < \varepsilon\}) > 1 - \delta,$$

其中 $2^{-i_0} < \delta$. 这个不等式说明, 对于充分大的 h, 出现 0 的 "频率" 接近 1. 我们将把这样一种现象称为函数列 $\{f_k(x)\}$ 在区间 $[0,1)$ 上依测度收敛到零函数, 并将它抽象成以下的定义.

定义 2.3.4 设 $f(x), f_1(x), f_2(x), \cdots, f_k(x), \cdots$ 是可测集 E 上几乎处处有限的可测函数. 若对于任意给定的 $\varepsilon > 0$, 有

$$\lim_{k \to \infty} m(E(|f_k - f| > \varepsilon)) = 0,$$

则称 $\{f_k(x)\}$ 在 E 上依测度收敛到函数 $f(x)$, 记为 $f_k \xrightarrow{m} f$.

定理 2.3.5 若函数列 $\{f_k(x)\}$ 在 E 上依测度收敛于函数 $f(x)$ 与 $g(x)$, 则 $f(x)$ 与 $g(x)$ 几乎处处相等.

证明 因为

$$|f(x) - g(x)| \le |f(x) - f_k(x)| + |f_k(x) - g(x)|, \quad \text{a.e.}[E],$$

所以对于任给 $\varepsilon > 0$, 有

$$E(|f - g| > \varepsilon) \subset E(|f - f_k| > \varepsilon/2) \cup E(|g - f_k| > \varepsilon/2), \quad \text{a.e.}[E].$$

但当 $k \to \infty$ 时, 上式右端点集的测度趋于零, 从而得

$$m(E(|f - g| > \varepsilon)) = 0.$$

由 ε 的任意性, 可知 $f(x) = g(x), \quad \text{a.e.}[E]$.

这个定理指出, 在函数几乎处处相等的意义下, 依测度收敛的极限是唯一的.

从依测度收敛的定义可以看出, 其要点在于点集 $\{x \in E \mid |f_k(x) - f(x)| \ge \varepsilon\}$ 的测度随着下指标 k 趋于无穷而趋于零, 而且不论此点集的位置状态如何. 注意到几乎处处收敛则是函数列的逐点收敛 (尽管要除去一个零测集), 因此它们是很不相同的收敛概念. 下面讨论两者

的联系.

定理 2.3.6 设函数列 $\{f_k(x)\}$ 是可测集 E 上的几乎处处有限的可测函数列且 $m(E) < \infty$. 若 $\{f_k(x)\}$ 在 E 上几乎处处收敛, 则 $\{f_k(x)\}$ 在 E 上依测度收敛于同一极限函数.

证明 在可测集 E 上, $\{f_k(x)\}$ 几乎处处收敛, 又 $m(E) < \infty$. 由叶戈罗夫定理知, $\{f_k(x)\}$ 在 E 上几乎一致收敛. 记极限函数为 $f(x)$.

下面证明几乎一致收敛性必有依测度的收敛性. 对于任意 $\delta > 0$, 存在 $E_\delta \subset E, m(E \setminus E_\delta) < \delta$, 在 E_δ 上, $f_k \Longrightarrow f$. 于是对于任给的 $\varepsilon > 0$, $\exists K \in \mathbb{N}$, 当 $k > K$, 有

$$|f_k(x) - f(x)| < \varepsilon, \quad \forall x \in E_\delta.$$

故 $E(|f_k - f| \geq \varepsilon) \subset E \setminus E_\delta, m(E(|f_k - f| \geq \varepsilon)) < \delta$, 从而

$$0 \leq \varlimsup_{k \to \infty} m(E(|f_k - f| \geq \varepsilon)) \leq \delta.$$

由 δ 的任意性, 令 $\delta \to 0$, 即得

$$\lim_{k \to \infty} m(E(|f_k - f| \geq \varepsilon)) = 0.$$

定理 2.3.7(Riesz 定理) 设 $f(x), \{f_k(x)\}$ 是可测集 E 上几乎处处有限的可测函数列. 若 $\{f_k(x)\}$ 在 E 上依测度收敛于 $f(x)$, 则存在子列 $\{f_{k_i}(x)\}$, 使得

$$\lim_{i \to \infty} f_{k_i}(x) = f(x), \quad \text{a.e.}[E].$$

证明 因为 $\{f_k(x)\}$ 在 E 上依测度收敛于 f, 对每个自然数 i, 可取到 k_i, 使得当 $j \geq k_i$ 时,

$$m(E(|f_j - f| \geq 1/2^i)) < 1/2^i.$$

记 $E_i = \{x \in E \,|\, |f_{k_i}(x) - f(x)| \geq 1/2^i\}$, 则

$$m(E_i) < 1/2^i.$$

令 $S = \bigcap\limits_{j=1}^{\infty} \bigcup\limits_{i=j}^{\infty} E_i$，易知 $m(S) = 0$. 若 $x \in E$，但 $x \bar\in S$，则存在 j，使得

$$x \in E \setminus \bigcup_{i=j}^{\infty} E_i.$$

从而当 $i \geq j$ 时，有 $|f_{k_i}(x) - f(x)| < 1/2^j$. 因此 $\{f_{k_i}\}$ 在集合 $E \setminus S$ 上点点收敛.

类似于（点）收敛列与基本列的关系. 对于依测度收敛列也有同样的概念与结论.

定义 2.3.8　设 $\{f_k(x)\}$ 是可测集 E 上几乎处处有限的可测函数列. 对任给的 $\varepsilon > 0$，有
$$\lim_{k,j \to \infty} m(E(|f_k - f_j| > \varepsilon)) = 0,$$
则称 $\{f_k(x)\}$ 是 E 上的依测度基本列.

定理 2.3.9　设 $\{f_k(x)\}$ 是可测集 E 上几乎处处有限的可测函数列，则 $\{f_k(x)\}$ 是依测度收敛的充分必要条件是，它还是依测度基本列.

证明　设 $\{f_k(x)\}$ 在 E 上是依测度收敛的. 由于
$$E(|f_k - f_l| \geq \varepsilon) \subset E(|f_k - f| \geq \varepsilon/2) \cup E(|f_l - f| \geq /\varepsilon/2),$$
$$m(E(|f_k - f_l| \geq \varepsilon)) \leq m(E(|f_k - f| \geq \varepsilon/2)) + m(E(|f_l - f| \geq \varepsilon/2)),$$
令 $k, l \to \infty$，即得
$$\lim_{k,l \to \infty} E(|f_k - f_l| \geq \varepsilon) = 0.$$
反之，设 $\{f_k\}$ 在 E 上是依测度基本列. 对每个自然数 i，可取 k_i，使得当 $l, k \geq k_i$ 时，有
$$m(E(|f_k - f_l| \geq 1/2^i)) < 1/2^i.$$
不妨设 $k_i < k_{i+1}$，令
$$E_i = E(|f_{k_i} - f_{k_{i+1}}| \geq 1/2^i), \quad i = 1, 2, \cdots,$$

则 $m(E_i) < 2^{-i}$. 令

$$S = \varlimsup_{i \to \infty} E_i = \bigcap_{j=1}^{\infty} \bigcup_{i=j}^{\infty} E_i,$$

易知 $m(S) = 0$. 若 $x \in E \setminus S$, 则存在 j, 使得 $x \in E \setminus \bigcup_{i=j}^{\infty} E_i$, 从而当 $i \geq j$ 时, 有 $|f_{k_{i+1}}(x) - f_{k_i}(x)| < 2^{-i}$. 由此可知, 当 $l \geq j$ 时, 有

$$\sum_{i=l}^{\infty} |f_{k_{i+1}}(x) - f_{k_i}(x)| \leq \frac{1}{2^{l-1}}.$$

这说明级数

$$f_{k_1}(x) + \sum_{i=1}^{\infty} [f_{k_{i+1}}(x) - f_{k_i}(x)]$$

在 $E \setminus S$ 上是绝对收敛的. 记和函数为 $f(x)$, 则 $f(x)$ 是 E 上几乎处处有限的可测函数. 因此 $\{f_{k_i}(x)\}$ 在 E 上几乎处处收敛到 $f(x)$. 此外, 易知 $\{f_{k_i}(x)\}$ 在集合 $E \setminus \bigcup_{i=j}^{\infty} E_i$ 上是一致收敛于 $f(x)$ 的. 由于

$$m\left(\bigcup_{i=j}^{\infty} E_i\right) < \frac{1}{2^{j-1}},$$

故 $\{f_{k_i}(x)\}$ 在 E 上, 几乎一致收敛于 $f(x)$, 于是 $\{f_{k_i}(x)\}$ 在 E 上依测度收敛于 $f(x)$.

最后, 由不等式

$$m(E(|f_k - f| \geq \varepsilon)) \leq m(E(|f_k - f_{k_i}| \geq \varepsilon/2)) + m(E(|f_{k_i} - f| \geq \varepsilon/2)),$$

可得

$$\lim_{k \to \infty} m(E(|f_k - f| \geq \varepsilon)) = 0.$$

§2.3.3 可测函数与连续函数

可测函数与连续函数有着密切的关系. 这种关系揭示了可测函数的构造, 成为研究可测函数的有效手段.

定理 2.3.10(鲁金定理) 设 $f(x)$ 是可测集 E 上的几乎处处有限的可测函数, 则对任给 $\delta > 0$, 存在 E 中的一个闭集 F, 满足 $m(E \setminus F) < \delta$, 使得 $f(x)$ 是 F 上的连续函数.

证明 不妨假定 $f(x)$ 是处处有限的, 这是因为

$$m(E(|f| = +\infty)) = 0.$$

首先, 考虑 $f(x)$ 是简单函数的情形:

$$f(x) = \sum_{i=1}^{l} c_i \chi_{E_i}(x), \quad \forall\, x \in E = \bigcup_{i=1}^{l} E_i.$$

此时, 对任给 $\delta > 0$, 以及每个 E_i, 存在闭集 $F_i \subset E_i$, 使得

$$m(E_i \setminus F_i) < \delta/l.$$

又 $f(x)$ 在每个 F_i 上是常值函数, 故是 F_i 上的连续函数. 而 $F_1, \cdots, F_l$ 互不相交, 因此 $f(x)$ 在闭集

$$F = \bigcup_{i=1}^{l} F_i$$

上是连续函数, 而且 $m(E \setminus F) = \sum_{i=1}^{l} m(E_i \setminus F_i) < \delta$.

其次, 考虑 $f(x)$ 是一般可测函数的情形. 由于可作变换

$$g(x) = \frac{f(x)}{1 + |f(x)|} \quad \left(f(x) = \frac{g(x)}{1 - |g(x)|} \right),$$

不妨设 $f(x)$ 是有界可测函数, 于是存在可测简单函数列 $\{\varphi_k(x)\}$ 在 E 上一致收敛于 $f(x)$(见本节习题中第 1 题). 对任给 $\delta > 0$ 以及 $k \in \mathbb{N}$, 构造 E 中闭集 F_k, 使得 $m(E \setminus F_k) < \delta/2^k$, 且 $\varphi_k(x)$ 在 F_k 上连续. 令

$$F = \bigcap_{k=1}^{\infty} F_k \subset E,$$

则 $m(E \setminus F) \leq \sum_{k=1}^{\infty} m(E \setminus F_k) < \delta$. 因为每个 $\{\varphi_k(x)\}$ 在 F 上都是连续的, 由一致收敛性, 易知 $f(x)$ 在 F 上连续.

推论 2.3.11 若 $f(x)$ 是可测集 $E \subset \mathbb{R}^n$ 上几乎处处有限的可测

函数, 则存在 $\mathbb{R}^n$ 上的连续函数列 $\{g_k(x)\}$, 使 $\{g_k(x)\}$ 在 E 上几乎处处收敛到 $f(x)$.

证明   由鲁金定理知, 对任给 $\delta > 0$, 存在闭集 $F \subset E$, 满足

$$m(E \setminus F) < \delta,$$

使得 $f(x)$ 在 F 上连续. 根据下述引理 2.3.12, 存在 $\mathbb{R}^n$ 上的连续函数 $g(x)$, 使得在 F 上有 $f(x) = g(x)$. 于是对于任意自然数 k, 存在 $\mathbb{R}^n$ 上连续函数 $g_k(x)$, 使得

$$m(E(f \neq g_k)) < 2^{-k}.$$

令

$$S = \varlimsup_{k \to \infty} E(f \neq g_k),$$

易知 $m(S) = 0$. 而 $E \setminus S = \varliminf_{k \to \infty} E(f = g_k)$, 且在集合 $E \setminus S$ 上有极限 $\lim_{k \to \infty} g_k(x) = f(x)$. 因此, $g_k \to f$, a.e.$[E]$ 成立.

引理 2.3.12   设 $F \subset \mathbb{R}^n$ 是一个非空闭集, 函数 $f(x)$ 是 F 上的连续函数, 则存在 $\mathbb{R}^n$ 上的连续函数 $g(x)$, 使得 $g|_F = f$, 且 $\sup\limits_{x \in \mathbb{R}^n} |g(x)| = \sup\limits_{x \in F} |f(x)|$.

该引理是有名的 Tietze 扩张定理的特殊情形, 其证明可参考附录二.

如果说, 定理 2.2.5 以及它的推论表明可测函数其实非常接近于简单函数, 那么鲁金定理则表明, 在一定意义上, $\mathbb{R}^n$ 上的可测函数实际上很接近于连续函数. 准确地说就是下述推论.

推论 2.3.13   设 $f(x)$ 是可测集 E 上几乎处处有限的函数. 则 $f(x)$ 可测的充分必要条件是, 存在 E 上连续函数序列 $\{g_k(x)\}$, 使得 $\{g_k\}$ 几乎处处收敛到 f.

§2.3.4　测度空间上可测函数的收敛性

定义 2.3.14　设 $(X, \mathcal{F}, \mu)$ 是一个测度空间, 设 $f, f_n\,(n = 1, 2, \cdots)$ 是 X 上 μ 几乎处处有限的可测函数,

(1) 给定 $A \in \mathcal{F}$, 若 $\forall \varepsilon > 0$, $\exists N \geq 1$, 使得 $\forall n \geq N$, $\forall x \in A$, 有 $|f_n(x) - f(x)| < \varepsilon$, 则称函数列 $\{f_n\}$ 在 A 上一致收敛于 f, 记作在 A 上 $f_n \Longrightarrow f$;

(2) 若 $\forall \delta > 0$, $\exists X_\delta \subset X$, 使得 $\mu(X_\delta^c) < \delta$, 在 X_δ 上 $f_n \Longrightarrow f$, 则称函数列 $\{f_n\}$ 在 X 上几乎一致收敛于 f, 记作 $f_n \to f, \mu$ a.u.;

(3) 若 $\forall \varepsilon > 0$, 当 $n \to \infty$ 时, 有 $\mu\big(X(|f_n - f| > \varepsilon)\big) \to 0$, 则称函数列 $\{f_n\}$ 在 X 上依测度 μ 收敛于函数 f, 记作 $f_n \xrightarrow{\mu} f$.

上述定义中各种收敛性的极限函数是唯一的. 显然一致收敛是最强的, 它蕴含点点收敛、几乎处处收敛, 以及依测度 μ 收敛. Lebesgue 可测函数列的收敛性质可以平行拓广到 $\mathfrak{M}(X, \mathcal{F}, \mu)$. 从表面上看, 似乎 "几乎一致收敛" 应当强于 "几乎处处收敛", 但是在 X 有有限测度时, 由下列定理可知两者实际上互相等价.

定理 2.3.15　设 $(X, \mathcal{F}, \mu)$ 是一个测度空间, 设 $f, f_n\,(n = 1, 2, \cdots)$ 是 X 上 μ 几乎处处有限的可测函数.

(1) 若 $f_n \to f, \mu$ a.u., 则 $f_n \to f, \mu$ a.e.; 反之, 若 $\mu(X) < \infty$, $f_n \to f, \mu$ a.e., 则 $f_n \to f, \mu$ a.u.(后者即叶戈罗夫定理);

(2) 若 $f_n \to f, \mu$ a.u., 则 $f_n \xrightarrow{\mu} f$; 反之, 若 $f_n \xrightarrow{\mu} f$, 则函数列 $\{f_n\}$ 有一个子列几乎一致收敛于 f(后者即 Riesz 定理);

(3) 若 $f_n \xrightarrow{\mu} f$, 则函数列 $\{f_n\}$ 有一个子列几乎处处收敛于 f(此即 Riesz 定理); 若 $\mu(X) < \infty$, $f_n \to f, \mu$ a.e., 则 $f_n \xrightarrow{\mu} f$.

习　题

1. 设 $f(x)$ 是可测集 E 上有界可测函数. 证明存在可测简单函数列 $\{\varphi_n(x)\}$, 使得 $|\varphi_n(x)| \leq |f(x)|$, 且

$$\lim_{n \to \infty} \sup_{x \in E} |\varphi_n(x) - f(x)| = 0.$$

2. 设 $f(x)$ 是可测集 E 上可测函数, 证明存在可测函数列 $\{f_n(x)\}$, 每个 $f_n(x)$ 只取可数个值, 且在 E 上 $f_n \Longrightarrow f$.

3. 设 $\{f_n(x)\}$ 是 $[a, b]$ 上处处有限可测函数列. 证明存在正数列 $\{a_n\}$, 使得

$$\lim_{n \to \infty} a_n f_n(x) = 0, \quad \text{a.e.}([a, b]).$$

4. 设 $\{f_k(x)\}$ 是可测集 E 上可测函数列, $m(E) < \infty$. 证明集合列 $\{f_k(x)\}$ 在 E 上几乎处处收敛到 0 的充分必要条件是, $\forall \varepsilon > 0$,

$$\lim_{j \to \infty} m\left(E\left(\sup_{j \leq k < +\infty} |f_k(x)| \geq \varepsilon\right)\right) = 0.$$

5. 设 $f(x), f_1(x), f_2(x), \cdots, f_k(x), \cdots$ 是可测集 E 上的可测函数, 且 $\{f_k(x)\}$ 在 E 上几乎一致收敛到 f, 证明 $\{f_k(x)\}$ 在 E 上几乎处处收敛到 f.

6. 设 $f(x), \{f_k(x)\}$ 是 $[a, b]$ 上几乎处处有限的可测函数集, 且有 $f_k \to f$, a.e.$[E]$, 证明存在 $E_n \subset [a, b]$, $n = 1, 2, \cdots$, 使得

$$m\left([a, b] \setminus \bigcup_{n=1}^{\infty} E_n\right) = 0,$$

而在每个集 E_n 上有 $f_k \Longrightarrow f$.

7. 给定 $[0, 1]$ 上可测函数列 $\{f_{k,i}(x)\}$. 若对每一个 $k \in \mathbb{N}$, 函数列 $\{f_{k,i}(x)\}_{i=1}^{\infty}$ 在 $[0, 1]$ 上几乎处处收敛于函数列 $\{f_k(x)\}$, 又 $\{f_k(x)\}$ 在 $[0, 1]$ 上几乎处处收敛于函数 $f(x)$. 证明在函数列 $\{f_{k,i}(x)\}$ 中可抽出子列 $\{f_{k_j, i_j}(x)\}_{j=1}^{\infty}$ 在 $[0, 1]$ 上几乎处处收敛到 $f(x)$.

8. 设 $f_n(x)$ 是可测集 $E \subset \mathbb{R}^n$ 上几乎处处有限可测函数列. 证明存在点集 $A_k \subset E$, 有 $m\left(\bigcup\limits_k A_k\right) = m(E)$, 在每个集合 A_k 上函数列 $\{f_n\}$ 一致有界.

9. 设 $f(x), \{f_k(x)\}$ 是 E 上几乎处处有限的可测函数, $m(E) < \infty$. 若在 $\{f_k(x)\}$ 的任意一个子列 $\{f_{k_i}(x)\}$ 中均存在几乎处处收敛于 $f(x)$ 的子列 $\{f_{k_{i_j}}(x)\}$, 试证明函数列 $\{f_k(x)\}$ 在 E 上依测度收敛于 $f(x)$.

10. 设可测函数列 $\{f_k(x)\}, \{g_k(x)\}$ 在可测集 E 上依测度分别收敛于 $f(x), g(x)$, 证明 $\{f_k + g_k\}$ 在 E 上依测度收敛于 $f + g$; 又若

$$m(E) < \infty,$$

证明 $f_k(x) \cdot g_k(x)$ 在 E 上依测度收敛于 $f(x) \cdot g(x)$.

11. 设 $\{f_n\}, \{g_n\}$ 是可测集 E 上的可测函数列, $\{f_n\}$ 在 E 上依测度收敛到 f, $\{g_n\}$ 在 E 上依测度收敛到 g. 若

$$m(E) < \infty,$$

$\{g_n(x)\}, g(x)$ 在 E 上几乎处处不为 0, 证明 $\{f_n(x)/g_n(x)\}$ 在 E 上依测度收敛到 $f(x)/g(x)$.

12. 设 $\{f_n\}$ 在可测集 E 上依测度收敛于 f. 若存在常数 $K, \forall n$, 有 $|f_n(x)| < K$, a.e.$[E]$, 证明: $|f(x)| \leq K$, a.e.$[E]$

13. 设 $f(x), \{f_k(x)\}$ 是可测集 E 上几乎处处有限的可测函数, 证明 $\{f_k(x)\}$ 在 E 上依测度收敛于 $f(x)$ 的充分必要条件是

$$\lim_{k \to \infty} \inf_{\alpha > 0} \{\alpha + m(E(|f_k - f| > \alpha))\} = 0 .$$

14. 设 $\{f_k(x)\}, f(x)$ 是可测集 E 上几乎处处有限的可测函数, 且在 E 上 $\{f_k\}$ 几乎一致收敛到 f, 证明 $\{f_k\}$ 在 E 上依测度收敛到同一个函数.

15. 假设 $\{f_{k,i}(x)\}$ 是可测集 $E \subset \mathbb{R}$ 上可测函数列. 若对于每个 $k = 1, 2, \cdots$, $\{f_{k,i}(x)\}_{i=1}^{\infty}$ 在 E 上依测度收敛到函数 $f_k(x)$, 又 $\{f_k(x)\}$

在 E 上依测度收敛到函数 $f(x)$，证明在函数列 $\{f_{k,i}(x)\}_{k,i=1}^{\infty}$ 中存在子列在 E 上依测度收敛到 $f(x)$.

16. 设在 $[a,b]$ 上可测函数列 $\{f_k(x)\}$ 依测度收敛到 $f(x)$，而 $g(x)$ 是 $\mathbb{R}$ 上连续函数，证明复合函数列 $\{g(f_k(x))\}$ 在 $[a,b]$ 上依测度收敛于 $g(f(x))$.

17. 在 $[0,\pi]$ 上定义函数 $f_n(x) = n\sin x/(1 + n^2\sin^2 x)$. 对于给定的 $\delta > 0$，找出叶戈罗夫集 E_δ，使得在 E_δ 上 f_n 一致收敛.

18. 设 $f(x)$ 是可测集 $E \subset \mathbb{R}^n$ 上一个函数，且对于任给的 $\delta > 0$，存在 E 中的闭集 F，有 $m(E \setminus F) < \delta$，使得 $f(x)$ 在 F 上连续. 证明 $f(x)$ 在 E 上可测.

19. 设 $\{f_k(x)\}$ 是可测集 E 上的正值可测函数列，且 $m(E) < \infty$. 若 $\{f_k\}$ 在 E 上依测度收敛到 $f(x)$，对任意 $\alpha > 0$，证明 $\{(f_k(x))^\alpha\}$ 在 E 上依测度收敛到函数 $(f(x))^\alpha$.

20. 设 $f(x)$ 是 $\mathbb{R}$ 上有界函数，证明存在 $\mathbb{R}$ 上几乎处处连续的函数 $g(x)$，有 $f = g$, a.e.$[\mathbb{R}]$ 的充分必要条件是：存在 $E \subset \mathbb{R}$，使得 $m(\mathbb{R} \setminus E) = 0, f(x)$ 在 E 上连续.

21. 设 f_k 在可测集 $E \subset \mathbb{R}^n$ 上依测度收敛到 f，而且
$$f_k \le f_{k+1}, \quad \text{a.e.}[E],$$
证明：$\{f_k\}$ 几乎处处收敛到 f.

22. 设 $m(E) < \infty, \{f_k(x)\}$ 在 E 上依测度收敛到 $f(x)$. 对于每个 $p > 0$，证明 $\{|f_k(x)|^p\}$ 在 E 上依测度收敛到 $|f(x)|^p$.

23. 设 $\{f_k(x)\}$ 是可测集 E 上几乎处处有限的可测函数列，
$$m(E) < \infty,$$
证明 $\{f_n(x)\}$ 有依测度收敛的子列的充分必要条件是，$\{f_k(x)\}$ 有几乎处处收敛子列.

24. 设 $f(x)$ 是可测集 $E \subset \mathbb{R}^n$ 上几乎处处有限的可测函数，证明存在序列 $\{g_k(x)\} \subset C(\mathbb{R}^n)$, 使得 $\{g_k(x)\}$ 在 E 上依测度收敛到 $f(x)$.

*25. 设 $\{f_n\}$ 是 $[0,1]$ 上几乎处处有限的函数列, 若 $\{f_n\}$ 在 $[0,1]$ 上几乎处处收敛到 0, 证明存在数列 $\{t_n\}$, 满足 $\sum\limits_{n=1}^{\infty} |t_n| = \infty$, 使得

$$\sum_{n=1}^{\infty} |t_n f_n(x)| < \infty, \quad \text{a.e.}([0,1]).$$

*26. 记 $\{0 \le r_k \le 1 | r_k \in \mathbb{Q}\}$, r_k 有不可约分数形式 $r_k = p_k/q_k$. 定义函数 $f_k(x) = \exp\{-(p_k - xq_k)^2\}$. 证明在 $[0,1]$ 上依测度 $f_k \to 0$, 但是在 $[0,1]$ 上极限 $\lim\limits_{k \to \infty} f_k(x)$ 处处不存在.

第三章　Lebesgue 积分

　　Lebesgue 积分理论是在 Lebesgue 测度理论基础上建立起来的关于可测函数的积分理论. 这一理论不仅可以统一处理有界函数与无界函数的积分理论, 而且还可以处理定义在很一般的可测集上的函数的积分. 本章将证明凡黎曼可积的函数必是 Lebesgue 可积的函数, 并且在黎曼积分意义下的积分值与在 Lebesgue 积分意义下的积分值一样. 而许多黎曼积分意义下不可积的函数在 Lebesgue 积分意义下是可积的. 例如在 $[0,1]$ 上的 Dirichlet 函数

$$D(x) = \begin{cases} 0, & x \in \mathbb{Q} \cap [0,1], \\ 1, & x \in [0,1] \setminus \mathbb{Q}, \end{cases}$$

此函数在 $[0,1]$ 上是黎曼不可积的, 但在 $[0,1]$ 上是 Lebesgue 可积的, 积分值是 1. 因此 Lebesgue 积分概念是黎曼积分概念的推广. 考虑区间 $[a,b]$ 上有界可测函数, 则它是黎曼可积的充分必要条件是, 不连续点集是零测集, 而全体 $[a,b]$ 上有界可测函数都是 Lebesgue 可积函数. 可见 Lebesgue 可积函数类要比黎曼可积函数类大得多. 此外 Lebesgue 积分理论提供了比黎曼积分理论中更有效、更有意义、应用更广泛的极限理论.

§3.1　Lebesgue 可测函数的积分

　　定义 Lebesgue 积分的方法有多种: 第一种方法是对可测集 E 上的有界可测函数 $f(x)$, $-M < f(x) < M$, 找一串数列 $\{l_i\}_{i=0}^n$, 使 $l_0 =$

$-M, l_i < l_{i+1}, l_n = M$, 任取 $\xi_i \in [l_i, l_{i+1}]$, 讨论和式

$$\sum_i \xi_i m\big(E(l_i \leq f < l_{i+1})\big)$$

当 $\delta = \max_{0 \leq i \leq n-1} (l_{i+1} - l_i) \to 0$ 时极限是否存在.

第二种办法是对可测集 E 作任意划分:

$$E = \bigcup_{j=1}^{m} E_j, \quad E_i \cap E_j = \emptyset \quad (i \neq j),$$

记 $b_j = \inf_{x \in E_j} f(x)$, $B_j = \sup_{x \in E_j} f(x)$, 然后像黎曼积分理论那样, 作对应于该划分的小和数 $\sum_{j=1}^{m} b_j m(E_j)$ 与大和数 $\sum_{j=1}^{m} B_j m(E_j)$, 讨论其大和数的下确界与小和数的上确界是否相等.

第三种方法是利用简单可测函数来定义. 根据上一章, 对于可测集 E 上的任给非负可测函数 $f(x)$, 存在一列单调递增的简单可测函数列

$$\left\{ \varphi_n(x) = \sum_{i=1}^{N^{(n)}} a_i^{(n)} \chi_{E_i^{(n)}} \right\},$$

其中 $E_i^{(n)} \cap E_j^{(n)} = \emptyset$, 当 $i \neq j$, 使得 $\varphi_n \to f$. 而对每个简单函数 $\varphi_n(x)$, 可自然定义它的积分为: $\sum_{i=1}^{N^{(n)}} a_i^{(n)} m(E_i^{(n)})$. 若当 $n \to \infty$ 时, 此和式的极限存在, 则可定义该极限为非负可测函数 $f(x)$ 的积分. 最后再过渡到一般的可测函数.

这三种方法是等价的. 本书将采用第三种方法.

§3.1.1 非负可测函数的积分

定义 3.1.1 设 $h(x)$ 是可测集 $E \subset \mathbb{R}^n$ 上的非负可测简单函数

$$h(x) = \sum_{j=1}^{m} a_j \chi_{E_j}(x), \quad \forall\, x \in E. \tag{3.1.1}$$

定义函数 $h(x)$ 在可测集 E 上的积分为

$$\int_E h(x)\mathrm{d}x = \sum_{j=1}^{m} a_j\, m(E_j). \tag{3.1.2}$$

这里积分符号内的 $\mathrm{d}x$ 是 n 维空间 $\mathbb{R}^n$ 上的 Lebesgue 测度的标志.（注意，前面已经约定 $0\cdot\infty = 0$.）

函数 $h(x)$ 的下方图 $\{(x,y)\in\mathbb{R}^{(n+1)}\,|\,x\in E,\,0\le y\le h(x)\}$ 是 m 个高为 a_j, 底面是 E_j 的柱体. 因此 (3.1.2) 式的几何意义是 $h(x)$ 的下方图的体积.

由定义易见，若 a 是非负常数，则

$$\int_E a\,h(x)\mathrm{d}x = a\int_E h(x)\mathrm{d}x. \tag{3.1.3}$$

设 $g(x)$ 也是 E 上的非负简单可测函数，则

$$\int_E \big(h(x)+g(x)\big)\mathrm{d}x = \int_E h(x)\mathrm{d}x + \int_E g(x)\mathrm{d}x. \tag{3.1.4}$$

(3.1.3) 和 (3.1.4) 式称为积分的线性性质. 又若设 $\{E_k\}$ 是 E 中递增可测子集合列，满足 $\lim\limits_{k\to\infty} E_k = E$, $h(x)$ 是 E 上的非负可测简单函数，则

$$\lim_{k\to\infty}\int_{E_k} h(x)\mathrm{d}x = \int_E h(x)\mathrm{d}x. \tag{3.1.5}$$

定义 3.1.2　设 $f(x)$ 是可测集 E 上的非负可测函数，定义函数 $f(x)$ 在 E 上的积分

$$\int_E f(x)\mathrm{d}x$$

$$= \sup\left\{\int_E h(x)\mathrm{d}x \,\middle|\, \begin{array}{l} h(x)\text{是}E\text{上非负简单可测函数,} \\ \text{且}\quad h(x)\le f(x) \end{array}\right\}, \tag{3.1.6}$$

这里的积分可以是 $+\infty$; 若

$$\int_E f(x)\mathrm{d}x < \infty,$$

则称 $f(x)$ 在 E 上是 Lebesgue 可积的 (简称可积的)，或者说 $f(x)$ 是 E 上的可积函数.

由定义立即可知下列性质成立：

(1) 若 $m(E) = 0$, 则 E 上的非负可测函数 $f(x)$ 均可积，并且显然有

$$\int_E f(x)\mathrm{d}x = 0 ; \tag{3.1.7}$$

(2) 设 $f(x)$ 是 E 上非负可测函数， A 是 E 中的可测子集，则

$$\int_A f(x)\mathrm{d}x = \int_E f(x)\chi_A(x)\mathrm{d}x . \tag{3.1.8}$$

事实上，对于任意 A 上非负简单可测函数，只要补充定义 $h(x) = 0, \forall x \in E \setminus A$, 它就是 E 上的非负简单函数，于是

$$\int_A f(x)\mathrm{d}x$$

$$= \sup\left\{ \int_A h(x)\mathrm{d}x \;\middle|\; \begin{array}{l} h(x)\text{是}A\text{上非负简单可测函数,} \\ h(x) \leq f(x) \end{array} \right\}$$

$$= \sup\left\{ \int_A h(x)\mathrm{d}x \;\middle|\; \begin{array}{l} h(x)\text{是}E\text{上非负简单可测函数,} \\ h(x) \leq f(x)\chi_A(x) \end{array} \right\}$$

$$= \sup\left\{ \int_E h(x)\mathrm{d}x \;\middle|\; \begin{array}{l} h(x)\text{是}E\text{上非负简单可测函数,} \\ h(x) \leq f(x)\chi_A(x) \end{array} \right\}$$

$$= \int_E f(x)\chi_A(x)\mathrm{d}x .$$

(3) 设 $f(x), g(x)$ 是 E 上的非负可测函数. 若 $f(x) \leq g(x)$, $x \in E$, 则

$$\int_E f(x)\mathrm{d}x \leq \int_E g(x)\mathrm{d}x . \tag{3.1.9}$$

这是因为满足条件 $h(x) \leq f(x)$ 的非负简单可测函数必有 $h(x) \leq g(x)$.

(4) 若 $m(E) < \infty$, 则 E 上的有界非负可测函数必是可积的.

定理 3.1.3（Levi 定理）　设 $\{f_k(x)\}$ 是可测集 E 上的非负可测函数列，满足

$$f_1(x) \leq f_2(x) \leq \cdots \leq f_k(x) \leq \cdots, \tag{3.1.10}$$

且有

$$\lim_{k \to \infty} f_k(x) = f(x), \quad x \in E, \tag{3.1.11}$$

则

$$\lim_{k \to \infty} \int_E f_k(x)\mathrm{d}x = \int_E f(x)\mathrm{d}x. \tag{3.1.12}$$

证明　因为 $f(x)$ 是 E 上的非负可测函数，积分 $\displaystyle\int_E f(x)\mathrm{d}x$ 有定义. 由条件 (3.1.10)，可知

$$\int_E f_k(x)\mathrm{d}x \leq \int_E f_{k+1}(x)\mathrm{d}x, \quad k = 1, 2, \cdots.$$

所以 $\displaystyle\lim_{k \to \infty} \int_E f_k(x)\mathrm{d}x$ 有定义. 由于 $f_k(x) \leq f(x)$，可知

$$\lim_{k \to \infty} \int_E f_k(x)\mathrm{d}x \leq \int_E f(x)\mathrm{d}x.$$

兹证明反向不等式：

$$\lim_{k \to \infty} \int_E f_k(x)\mathrm{d}x \geq \int_E f(x)\mathrm{d}x.$$

现在取 α，满足 $0 < \alpha < 1$，设 $h(x)$ 是 E 上非负简单可测函数，且

$$h(x) \leq f(x), \quad x \in E.$$

记 $E_k = E(f_k \geq \alpha h)$，$k = 1, 2, \cdots$，则 $\{E_k\}$ 是递增集合列，且 $\displaystyle\lim_{k \to \infty} E_k = E$. 由 (3.1.5) 式得

$$\lim_{k \to \infty} \alpha \int_{E_k} h(x)\mathrm{d}x = \alpha \int_E h(x)\mathrm{d}x.$$

于是从不等式

$$\int_E f_k(x)\mathrm{d}x \geq \int_{E_k} f_k(x)\mathrm{d}x \geq \int_{E_k} \alpha h(x)\mathrm{d}x = \alpha \int_{E_k} h(x)\mathrm{d}x,$$

令 $k \to \infty$, 得到

$$\lim_{k \to \infty} \int_E f_k(x)\mathrm{d}x \geq \alpha \int_E h(x)\mathrm{d}x.$$

再令 $\alpha \to 1$, 有

$$\lim_{k \to \infty} \int_E f_k(x)\mathrm{d}x \geq \int_E h(x)\mathrm{d}x.$$

依照 $f(x)$ 积分的定义即得

$$\lim_{k \to \infty} \int_E f_k(x)\mathrm{d}x \geq \int_E f(x)\mathrm{d}x.$$

Levi 定理的重要性在于对非负上升可测函数列, 其极限运算与积分运算的次序可以交换. 而任何非负可测函数可由上升的非负简单函数列来逼近, 因此非负可测函数的积分性质可通过逼近方式从简单可测函数的积分性质来获得.

定理 3.1.4(积分的线性性质)　设 $f(x), g(x)$ 是可测集 E 上的非负可测函数, 对于任给非负常数 α, β, 有

$$\int_E \big(\alpha f(x) + \beta g(x)\big)\mathrm{d}x = \alpha \int_E f(x)\mathrm{d}x + \beta \int_E g(x)\mathrm{d}x. \quad (3.1.13)$$

证明　设 $\{\varphi_k(x)\}, \{\psi_k(x)\}_{k \geq 1}$ 是非负上升可测简单函数列, 且有

$$\lim_{k \to \infty} \varphi_k(x) = f(x), \quad \lim_{k \to \infty} \psi_k(x) = g(x), \ \forall x \in E.$$

则 $\{\alpha\varphi_k(x) + \beta\psi_k(x)\}_{k \geq 1}$ 仍是非负上升可测简单函数列, 且有

$$\lim_{k \to \infty} \big(\alpha\varphi_k(x) + \beta\psi_k(x)\big) = \alpha f(x) + \beta g(x), \quad \forall x \in E.$$

由简单函数积分的线性性质 (3.1.3) 与 (3.1.4) 式, 有

$$\int_E \big(\alpha\varphi_k(x) + \beta\psi_k(x)\big)\mathrm{d}x = \alpha \int_E \varphi_k(x)\mathrm{d}x + \beta \int_E \psi_k(x)\mathrm{d}x.$$

令 $k \to \infty$, 由 Levi 定理即得 (3.1.13) 式.

推论 3.1.5　设 $f(x), g(x)$, 是 E 上的非负可测函数.

(1) 若 $f(x) = g(x)$, a.e.$[E]$, 则

$$\int_E f(x)\mathrm{d}x = \int_E g(x)\mathrm{d}x\,;$$

(2) 若 $\int_E f(x)\mathrm{d}x < \infty$, 则 $f(x) < \infty$, a.e.$[E]$.

证明 (1) 记 $E_1 = E(f \neq g)$, $E_2 = E \setminus E_1$, 则 $m(E_1) = 0$. 因而有

$$\begin{aligned}
\int_E f(x)\mathrm{d}x &= \int_E f(x)\big(\chi_{E_1}(x) + \chi_{E_2}(x)\big)\mathrm{d}x \\
&= \int_{E_1} f(x)\mathrm{d}x + \int_{E_2} f(x)\mathrm{d}x \\
&= \int_{E_1} g(x)\mathrm{d}x + \int_{E_2} g(x)\mathrm{d}x \\
&= \int_E g(x)\mathrm{d}x.
\end{aligned}$$

(2) 令 $E_k = E(f > k)$, 则

$$E_\infty = E(f = +\infty) = \bigcap_{k=1}^\infty E_k\,.$$

对于每个 k, 有

$$k\,m(E_k) \leq \int_{E_k} f(x)\mathrm{d}x \leq \int_E f(x)\mathrm{d}x.$$

从而知道 $\lim\limits_{k\to\infty} m(E_k) = 0$, 因此 $m(E_\infty) = 0$.

定理 3.1.6 设 $f(x)$ 是可测集 E 上的非负可测函数. 若

$$\int_E f(x)\mathrm{d}x = 0,$$

则 $f(x) = 0$, a.e.$[E]$.

证明 $\forall k \in \mathbb{N}$, 记 $E_k = E(f \geq 1/k)$. 则有

$$0 = \int_E f(x)\mathrm{d}x \geq \int_{E_k} f(x)\mathrm{d}x \geq \int_{E_k} \frac{1}{k}\mathrm{d}x = \frac{1}{k}\,m(E_k) \geq 0.$$

所以 $m(E_k) = 0$, 即 $m\big(E(f \geq 1/k)\big) = 0$. 进而有

$$m\big(E(f \neq 0)\big) = m\left(\bigcup_{k=1}^{\infty} E(f \geq 1/k)\right) = 0.$$

证毕.

§3.1.2   一般可测函数的积分

在这一小节中, 将把上一小节的理论推广到一般可测函数类, 并讨论积分的基本性质. 从现在起, 点集 E 一般将表示为可测集而不再注明.

定义 3.1.7 设 $f(x) \in \mathfrak{M}(E)$. 若 $f^+(x)$ 和 $f^-(x)$ 中至少有一个是可积的, 则称

$$\int_E f(x)\mathrm{d}x = \int_E f^+(x)\mathrm{d}x - \int_E f^-(x)\mathrm{d}x \tag{3.1.14}$$

为 $f(x)$ 在 E 上的积分. 当上式右端两个积分值皆为有限时, 称 $f(x)$ 在 E 上是 Lebesgue 可积的 (简称可积的), 或称 $f(x)$ 是 E 上的可积函数. 在 E 上可积的函数全体记为 $L(E)$.

显然

$$\int_E \big|f(x)\big|\mathrm{d}x = \int_E f^+(x)\mathrm{d}x + \int_E f^-(x)\mathrm{d}x, \tag{3.1.15}$$

因此有下述定理.

定理 3.1.8 设 $f(x)$ 是 E 上可测函数, 则 $f \in L(E)$ 的充分必要条件是, $|f| \in L(E)$, 且有下列不等式

$$\left|\int_E f(x)\mathrm{d}x\right| \leq \int_E \big|f(x)\big|\mathrm{d}x. \tag{3.1.16}$$

注 在黎曼积分理论中, 由 $f(x)$ 的广义黎曼可积性得不到 $|f(x)|$

的广义黎曼可积性. 例如考虑

$$f(x) = \begin{cases} \frac{1}{x}\sin\frac{1}{x}, & 0 < x < 1, \\ 0, & x = 0. \end{cases}$$

不难证明, $f(x)$ 是 $[0,1]$ 上的广义黎曼可积函数, 但是 $|f(x)|$ 不是广义黎曼可积的.

由定义 3.1.7 及定理 3.1.8 立即可知以下简单性质成立:

(1) 若 $f \in L(E)$, 则 $|f(x)| < \infty$, a.e.$[E]$;

(2) 若 $f = g$, a.e.$[E]$, $f \in L(E)$, 则 $g \in L(E)$, 且

$$\int_E f(x)\mathrm{d}x = \int_E g(x)\mathrm{d}x;$$

(3) 若 $f(x)$ 是 E 上的可测函数, $g \in L(E)$, 且 $|f(x)| \le g(x)$, 则 $f \in L(E)$, 此外还有

$$\left| \int_E f(x)\mathrm{d}x \right| \le \int_E g(x)\mathrm{d}x;$$

(4) 若 $f, g \in L(E), f(x) \le g(x)$, 则

$$\int_E f(x)\mathrm{d}x \le \int_E g(x)\mathrm{d}x;$$

(5) 若 $m(E) < \infty$, 则 E 上任意有界可测函数是可积的.

定理 3.1.9 (积分的线性性质)   设 $f, g \in L(E), \alpha \in \mathbb{R}$, 则 $\alpha f \in L(E), f + g \in L(E)$, 并且

$$\int_E \alpha f(x)\mathrm{d}x = \alpha \int_E f(x)\mathrm{d}x; \tag{3.1.17}$$

$$\int_E (f(x) + g(x))\mathrm{d}x = \int_E f(x)\mathrm{d}x + \int_E g(x)\mathrm{d}x. \tag{3.1.18}$$

证明   不妨设 $f(x), g(x)$ 处处有限.

(1) 当 $\alpha \ge 0$ 时, $(\alpha f)^+ = \alpha f^+, (\alpha f)^- = \alpha f^-$, 于是

$$\int_E \alpha f(x)\mathrm{d}x = \int_E \alpha f^+(x)\mathrm{d}x - \int_E \alpha f^-(x)\mathrm{d}x$$

$$= \alpha\left(\int_E f^+(x)\mathrm{d}x - \int_E f^-(x)\mathrm{d}x\right)$$

$$= \alpha\int_E f(x)\mathrm{d}x.$$

当 $\alpha < 0$ 时，$(\alpha f)^+ = (-\alpha)f^-$，$(\alpha f)^- = (-\alpha)f^+$，于是

$$\int_E \alpha f(x)\mathrm{d}x = \int_E (-\alpha)f^-(x)\mathrm{d}x - \int_E (-\alpha)f^+(x)\mathrm{d}x$$

$$= (-\alpha)\left(\int_E f^-(x)\mathrm{d}x - \int_E f^+(x)\mathrm{d}x\right)$$

$$= \alpha\int_E f(x)\mathrm{d}x.$$

(2) 由不等式 $|f(x) + g(x)| \le |f(x)| + |g(x)|$，可知 $f + g \in L(E)$.
由分解式

$$(f + g)^+ - (f + g)^- = f + g = f^+ - f^- + g^+ - g^-$$

得

$$(f + g)^+ + f^- + g^- = (f + g)^- + f^+ + g^+.$$

从而由非负可测函数积分的线性性质，有下列等式

$$\int_E (f + g)^+(x)\mathrm{d}x + \int_E f^-(x)\mathrm{d}x + \int_E g^-(x)\mathrm{d}x$$

$$= \int_E (f + g)^-(x)\mathrm{d}x + \int_E f^+(x)\mathrm{d}x + \int_E g^+(x)\mathrm{d}x.$$

上面等式两边各加项都是有限的，经移项即得

$$\int_E (f(x) + g(x))\mathrm{d}x = \int_E f(x)\mathrm{d}x + \int_E g(x)\mathrm{d}x.$$

定理得证.

由 (3.1.17) 与 (3.1.18) 式可知，E 上可积函数空间 $L(E)$ 关于线性运算封闭，因此 $L(E)$ 是一个线性空间.

下面将给出有界可测函数可积的另一等价条件.

定理 3.1.10 设 $f(x)$ 是 E 上有界可测函数 $|f(x)| < M$ $(x \in M)$, $m(E) < \infty$. 作 $[-M, M]$ 的划分:

$$-M = \alpha_0 < \alpha_1 < \cdots < \alpha_k = M, \quad \delta = \max_{1 \le j \le k}(\alpha_j - \alpha_{j-1}).$$

记

$$E_j = E(\alpha_{j-1} \le f < \alpha_j), \quad j = 1, 2, \cdots, k.$$

则对于任意 $\xi_j \in [\alpha_{j-1}, \alpha_j]$, $j = 1, 2, \cdots, k$, 极限

$$\lim_{\delta \to 0} \sum_{j=1}^{k} \xi_j m(E_j) \tag{3.1.19}$$

存在. 此时

$$\lim_{\delta \to 0} \sum_{j=1}^{k} \xi_j m(E_j) = \int_E f(x) \mathrm{d}x. \tag{3.1.20}$$

证明 因为 $\alpha_{j-1} \le \xi_j \le \alpha_j$, 故有

$$\left| \sum_{j=1}^{k} \alpha_{j-1} m(E_j) - \sum_{j=1}^{k} \xi_j m(E_j) \right| = \sum_{j=1}^{k} (\xi_j - \alpha_{j-1}) m(E_j)$$

$$\le \delta \sum_{j=1}^{k} m(E_j) = \delta\, m(E).$$

所以只要证明

$$\lim_{\delta \to 0} \sum_{j=1}^{k} \alpha_{j-1} m(E_j)$$

存在, 且

$$\lim_{\delta \to 0} \sum_{j=1}^{k} \alpha_{j-1} m(E_j) = \int_E f(x) \mathrm{d}x.$$

事实上, $\forall\, x \in E_j$, $\alpha_{j-1} \le f(x) < \alpha_j \le \alpha_{j-1} + \delta$, 有

$$\alpha_{j-1} m(E_j) \le \int_{E_j} f(x) \mathrm{d}x \le \alpha_{j-1} m(E_j) + \delta\, m(E_j),$$

$$\sum_{j=1}^{k} \alpha_{j-1} m(E_j) \le \int_E f(x) \mathrm{d}x \le \sum_{j=1}^{k} \alpha_{j-1} m(E_j) + \delta\, m(E).$$

由此即得结论.

定理 3.1.11(积分的绝对连续性)　设 $f(x) \in L(E)$，则对于任给 $\varepsilon > 0$, 必存在 $\delta > 0$, 使得当 E 中子集 A, 只要 $m(A) < \delta$ 时，就有

$$\left| \int_A f(x)\mathrm{d}x \right| \leq \int_A |f(x)|\mathrm{d}x < \varepsilon. \tag{3.1.21}$$

证明　因 $f(x) \in L(E)$, 故 $|f(x)| \in L(E)$. 对于任给 $\varepsilon > 0$, 存在简单可测函数 $\varphi(x)$, 满足 $\forall\, x \in E$, 有

$$0 \leq \varphi(x) \leq |f(x)|,$$

使得

$$\int_E \big(|f(x)| - \varphi(x) \big)\mathrm{d}x < \frac{\varepsilon}{2}.$$

假设 $0 \leq \varphi(x) \leq M$, 取 $\delta = \varepsilon/2M$, 则当 $A \subset E, m(A) < \delta$ 时，就有

$$\begin{aligned}
\int_A |f(x)|\mathrm{d}x &= \int_A \big(|f(x)| - \varphi(x) \big)\mathrm{d}x + \int_A \varphi(x)\mathrm{d}x \\
&\leq \int_E \big(|f(x)| - \varphi(x) \big)\mathrm{d}x + \int_A \varphi(x)\mathrm{d}x \\
&< \frac{\varepsilon}{2} + M \cdot m(A) \leq \varepsilon.
\end{aligned}$$

定理 3.1.12(积分平移不变性)　设 $f(x) \in L(\mathbb{R}^n)$, 则对任意 $y \in \mathbb{R}^n$, $f(x+y) \in L(\mathbb{R}^n)$, 而且

$$\int_{\mathbb{R}^n} f(x+y)\mathrm{d}x = \int_{\mathbb{R}^n} f(x)\mathrm{d}x. \tag{3.1.22}$$

证明　当 $f(x)$ 是非负可测简单函数, 即

$$f(x) = \sum_{i=1}^k \alpha_i \chi_{E_i}(x), \quad x \in \mathbb{R}^n.$$

此时

$$f(x+y) = \sum_{i=1}^k \alpha_i \chi_{E_i - \{y\}}(x),$$

其中 $E_i - \{y\} = \{x - y \in \mathbb{R}^n | x \in E\}$，它仍是非负简单可测函数，而且

$$\int_{\mathbb{R}^n} f(x+y)\mathrm{d}x = \sum_{i=1}^{k} \alpha_i m(E_i - \{y\}) = \sum_{i=1}^{k} \alpha_i m(E_i) = \int_{\mathbb{R}^n} f(x)\mathrm{d}x.$$

考虑一般的非负可测函数 $f(x)$. 此时存在非负可测简单函数列 $\{\varphi_k(x)\}, \varphi_k(x) \le \varphi_{k+1}(x), k = 1, 2, \cdots$，且有

$$\lim_{k \to \infty} \varphi_k(x) = f(x), \quad x \in \mathbb{R}^n.$$

显然，$\{\varphi_k(x+y)\}$ 仍是上升列，且有

$$\lim_{k \to \infty} \varphi_k(x+y) = f(x+y), \quad x \in \mathbb{R}^n.$$

从而由 Levi 定理可得

$$\int_{\mathbb{R}^n} f(x+y)\mathrm{d}x = \lim_{k \to \infty} \int_{\mathbb{R}^n} \varphi_k(x+y)\mathrm{d}x$$
$$= \lim_{k \to \infty} \int_{\mathbb{R}^n} \varphi_k(x)\mathrm{d}x = \int_{\mathbb{R}^n} f(x)\mathrm{d}x.$$

对于任意可积函数 $f(x)$，由 $f^+(x)$ 与 $f^-(x)$ 的积分平移不变性，即得 $f(x)$ 的平移不变性 (3.1.22) 式. 定理得证.

定理 3.1.13 设 $f(x) \in L(E)$，则对于任给 $\varepsilon > 0$，存在 $\mathbb{R}^n$ 上具有紧支集的连续函数 $g(x)$，使得

$$\int_E |f(x) - g(x)|\mathrm{d}x < \varepsilon. \tag{3.1.23}$$

证明 由于 $f(x) \in L(E)$，故对任给的 $\varepsilon > 0$，易知存在 $\mathbb{R}^n$ 上具有紧支集的可测函数 $\varphi(x)$，使得

$$\int_E |f(x) - \varphi(x)|\mathrm{d}x < \frac{\varepsilon}{2}.$$

不妨设 $|\varphi(x)| \le M$，根据鲁金定理 (定理 2.3.10) 及引理 2.3,12, 存在 $\mathbb{R}^n$ 上具有紧支集的连续函数 $g(x)$，使得 $|g(x)| \le M\,(x \in \mathbb{R}^n)$，且有

$$m(\{x \in E \,|\, |\varphi(x) - g(x)| > 0\}) < \frac{\varepsilon}{4M}.$$

从而可得

$$\int_E \big|\varphi(x) - g(x)\big|\mathrm{d}x = \int_{E(|\varphi-g|>0)} \big|\varphi(x) - g(x)\big|\mathrm{d}x$$

$$\leq 2M \cdot m\big(E(|\varphi - g| > 0)\big) < \frac{\varepsilon}{2},$$

最后, 有

$$\int_E \big|f(x) - g(x)\big|\mathrm{d}x$$

$$\leq \int_E \big|f(x) - \varphi(x)\big|\mathrm{d}x + \int_E \big|\varphi(x) - g(x)\big|\mathrm{d}x$$

$$< \frac{\varepsilon}{2} + \frac{\varepsilon}{2} = \varepsilon.$$

上述定理结论表明, 若 $f \in L(E)$, 则对任给的 $\varepsilon > 0$, 存在 f 的分解:

$$f(x) = g(x) + [f(x) - g(x)] = f_1(x) + f_2(x), \quad x \in E,$$

其中 $f_1(x)$ 是 $\mathbb{R}^n$ 上具有紧支集的连续函数, $|f_2(x)|$ 在 E 上的积分小于 ε.

推论 3.1.14 设 $f \in L(E)$, 则存在 $\mathbb{R}^n$ 上具有紧支集的连续函数列 $\{g_k(x)\}$, 使得

(1) $\lim\limits_{k\to\infty} \int_E \big|f(x) - g_k(x)\big|\mathrm{d}x = 0$;

(2) $\lim\limits_{k\to\infty} g_k(x) = f(x), \quad \mathrm{a.e.}[E]$.

§3.1.3　黎曼积分与 Lebesgue 积分的关系

在基本上建立了 Lebesgue 积分概念的基础上, 先来揭示它与黎曼积分的关系. 下面的定理说明 Lebesgue 积分是黎曼积分的一种推广. 为简单起见只考虑一维区间上的积分. 在高维区域上有同样的结果, 即黎曼可积的有界函数也是 Lebesgue 可积的, 且有相同的积分值.

定理 3.1.15 考虑闭区间 $I = [a, b]$ 上的有界函数 $f(x)$. 若 $f(x)$ 是 $[a, b]$ 上黎曼可积的, 则 $f(x)$ 在 I 上也是 Lebesgue 可积的, 且

$$\int_I f(x)\mathrm{d}x = \int_a^b f(x)\mathrm{d}x. \tag{3.1.24}$$

此处,

$$\int_I f(x)\mathrm{d}x$$

表示 f 在 I 上的 Lebesgue 积分, 而

$$\int_a^b f(x)\mathrm{d}x$$

则表示 f 在 $[a, b]$ 的黎曼积分.

证明 因为函数 $f(x)$ 是区间 I 上的有界函数, 只要证明 f 是 I 上的可测函数, 就有 $f \in L(I)$.

考虑 $[a, b]$ 上的一列划分 $\{\triangle_n\}$:

$$\triangle_n : a = x_0^{(n)} < x_1^{(n)} < \cdots < x_{i_n}^{(n)} = b,$$

$$\triangle_n \subset \triangle_{n+1},$$

$$|\triangle_n| = \max_{1 \leq i \leq i_n} \{x_i^{(n)} - x_{i-1}^{(n)}\} \to 0,$$

$$M_i^{(n)} = \sup\{f(x) | x_{i-1}^{(n)} \leq x \leq x_i^{(n)}\},$$

$$m_i^{(n)} = \inf\{f(x) | x_{i-1}^{(n)} \leq x \leq x_i^{(n)}\}.$$

由于函数 $f(x)$ 在区间 $[a, b]$ 上黎曼可积, 由黎曼可积的定义知

$$\lim_{n \to \infty} \sum_{i=1}^{i_n} m_i^{(n)}(x_i^{(n)} - x_{i-1}^{(n)})$$

$$= \lim_{n \to \infty} \sum_{i=1}^{i_n} M_i^{(n)}(x_i^{(n)} - x_{i-1}^{(n)})$$

$$= \int_a^b f(x)\mathrm{d}x.$$

定义 $\{\varphi_n(x)\}, \{\psi_n(x)\}$ 为如下的函数列:

$$\varphi_n(x) = \begin{cases} m_i^{(n)}, & x \in (x_{i-1}^{(n)}, x_i^{(n)}], \\ f(a), & x = a, \end{cases}$$

$$\psi_n(x) = \begin{cases} M_i^{(n)}, & x \in (x_{i-1}^{(n)}, x_i^{(n)}], \\ f(a), & x = a. \end{cases}$$

因为 $\triangle_n \subset \triangle_{n+1}$, 当区间缩小时, 上确界不增, 下确界不减, 所以

$$\psi_1 \geq \psi_2 \geq \cdots \geq \psi_n \geq \cdots \geq f,$$

$$\varphi_1 \leq \varphi_2 \leq \cdots \leq \varphi_n \leq \cdots \leq f.$$

于是

$$\lim_{n\to\infty} \psi_n \xlongequal{\text{def}} \overline{f} \geq f, \quad \lim_{n\to\infty} \varphi_n \xlongequal{\text{def}} \underline{f} \leq f,$$

即得 $\underline{f} \leq f \leq \overline{f}$. 极限函数 $\overline{f}, \underline{f}$ 都是有界可测的, 故它们都是 Lebesgue 可积的, 而且 $\overline{f} - \underline{f}$ 是非负可测函数, 故

$$\int_I \big(\overline{f}(x) - \underline{f}(x)\big)\mathrm{d}x \geq 0.$$

又

$$\int_I \underline{f}(x)\mathrm{d}x \geq \int_I \varphi_n(x)\mathrm{d}x = \int_a^b \varphi_n(x)\mathrm{d}x$$

$$= \sum_{i=1}^{i_n} m_i^{(n)}(x_i^{(n)} - x_{i-1}^{(n)}) \to \int_a^b f(x)\mathrm{d}x;$$

$$\int_I \overline{f}(x)\mathrm{d}x \leq \int_I \psi_n(x)\mathrm{d}x = \int_a^b \psi_n(x)\mathrm{d}x$$

$$= \sum_{i=1}^{i_n} M_i^{(n)}(x_i^{(n)} - x_{i-1}^{(n)}) \to \int_a^b f(x)\mathrm{d}x.$$

这说明

$$\int_I \overline{f}(x)\mathrm{d}x \leq \int_a^b f(x)\mathrm{d}x \leq \int_I \underline{f}(x)\mathrm{d}x,$$

故

$$\int_I \overline{f}(x)\mathrm{d}x = \int_I \underline{f}(x)\mathrm{d}x,$$

于是有

$$\int_I \big(\overline{f}(x) - \underline{f}(x)\big)\mathrm{d}x = 0.$$

由定理 3.1.6 知，$\overline{f} - \underline{f} = 0$, a.e. $[I]$. 从而 $\overline{f} = f = \underline{f}$, a.e. $[I]$. 因此函数 $f(x)$ 在区间 I 上可测，并且等式 (3.1.24) 成立.

在一般情形下，黎曼可积的函数总是 Lebesgue 可积的，并且积分值一样. 但是由下面的例子说明反之不对.

例　考虑 Dirichlet 函数

$$D(x) = \begin{cases} 1, & x \text{ 是 } [0,1] \text{中有理数}; \\ 0, & x \text{ 是 } [0,1] \text{中无理数}. \end{cases}$$

易见 $D(x) = 0$, a.e. $[0,1]$，$D(x)$ Lebesgue 可积，且

$$\int_{[0,1]} D(x)\mathrm{d}x = 0.$$

同时不难看出，$D(x)$ 在 $[0,1]$ 上不是黎曼可积的.

§3.1.4　测度空间上可测函数的积分

定义 3.1.16　给定 $(X, \mathcal{F}, \mu)$ 上的非负 μ 可测简单函数

$$h(x) = \sum_{j=1}^m a_j \, \chi_{A_j}(x), \quad \forall\, x \in X, \tag{3.1.25}$$

其中 $a_1, a_2, \cdots, a_m$ 是非负实数，$A_1, A_2, \cdots, A_m$ 是互不相交的可测集. 定义函数 $h(x)$ 在 X 上的关于测度 μ 的积分为

$$\int_X h(x)\mu(\mathrm{d}x) = \sum_{j=1}^m a_j \, \mu(A_j). \tag{3.1.26}$$

（注意，前面已经约定 $0 \cdot \infty = 0$. ）

记由非负 μ 可测简单函数全体组成的空间为 $S^+(X)$. 考虑积分

$$I(h) \stackrel{\text{def}}{=\!=} \int_X h(x)\mu(\mathrm{d}x).$$

易见映射 I 是 $S^+(X)$ 上的可加泛函, 即有

$$I(h_1 + h_2) = I(h_1) + I(h_2), \quad \forall h_1, h_2 \in S^+(X),$$

并且 $I(ah) = aI(h), \forall a \in \mathbb{R}^+$.

定义 3.1.17 设 $f(x)$ 是 X 上的非负 μ 可测函数, 定义函数 $f(x)$ 在 X 上的积分

$$
\begin{aligned}
I(f) &= \int_X f(x)\mu(\mathrm{d}x) \\
&= \sup\left\{ \int_X h(x)\mu(\mathrm{d}x) \,\middle|\, h(x) \in S^+(X)\text{且}h(x) \le f(x) \right\}, \quad (3.1.27)
\end{aligned}
$$

这里的积分可以是 $+\infty$; 若

$$\int_X f(x)\mu(\mathrm{d}x) < \infty,$$

则称 $f(x)$ 在 X 上是 μ 可积的 (简称可积的), 或者说 $f(x)$ 是 X 上的 μ 可积函数. 全体非负 μ 可积函数的全体记作 $L^+(X)$.

易知下列性质成立:

(1) 若 $h(x) \in S^+(X)$, 且若 $\mu(X(h > 0)) = 0$, 则显然有

$$\int_X h(x)\mu(\mathrm{d}x) = 0\,;$$

(2) 设 $f(x), g(x) \in L^+(X)$. 若 $f(x) \le g(x)$, μ a.e., 则

$$\int_X f(x)\mu(\mathrm{d}x) \le \int_X g(x)\mu(\mathrm{d}x);$$

(3) 设 $\{f_k(x)\} \subset L^+(X)$ 是一个上升函数列, 且有 $\lim\limits_{k\to\infty} f_k(x) = f(x)$, μ a.e., 则下列极限

$$\lim_{k\to\infty} \int_X f_k(x)\mu(\mathrm{d}x) = \int_X f(x)\mu(\mathrm{d}x)$$

成立, 此即 Levi 定理;

(4) 积分线性性质: 设 $f(x), g(x) \in L^+(X)$, 对于任意的非负常数 a, b, 有
$$I(af + bg) = aI(f) + bI(g);$$

(5) 设 $f(x)$ 非负 μ 可测. 若 $I(f) < \infty$, 则 $f(x) < \infty$, μ a.e.;

(6) 设 $f(x) \in L^+(X)$. 若 $I(f) = 0$, 则 $f(x) = 0$, μ a.e. .

定义 3.1.18 设 $f(x) \in \mathfrak{M}(X, \mathcal{F}, \mu)$, 若 $f^+(x)$ 和 $f^-(x)$ 中至少有一个是 μ 可积的, 则称
$$\int_X f(x)\mu(\mathrm{d}x) = \int_X f^+(x)\mu(\mathrm{d}x) - \int_X f^-(x)\mu(\mathrm{d}x) \qquad (3.1.28)$$
为 $f(x)$ 在 X 上的积分, 积分也记作 $I(f)$. 当上式右端两个积分值皆为有限时, 称 $f(x)$ 在 X 上是关于测度 μ 可积的 (简称可积的), 或称 $f(x)$ 是 X 上的可积函数. 在 X 上可积的函数全体记为 $L(X, \mathcal{F}, \mu)$, 或简记为 $L(X)$. 显然有
$$\int_E |f(x)|\mathrm{d}x = \int_E f^+(x)\mathrm{d}x + \int_E f^-(x)\mathrm{d}x. \qquad (3.1.29)$$
因此有下述定理.

定理 3.1.19 设 $f(x)$ 是 $(X, \mathcal{F}, \mu)$ 上 μ 可测函数. 则 $f \in L(X)$ 的充分必要条件是, $|f| \in L(X, \mathcal{F}, \mu)$, 且有下列不等式
$$\left| \int_X f(x)\mu(\mathrm{d}x) \right| \leq \int_X |f(x)|\mu(\mathrm{d}x). \qquad (3.1.30)$$

由定义 3.1.18 及定理 3.1.19 立即可知以下简单性质成立:

(1) 若 $f \in L(X)$, 则 $|f(x)| < \infty$, μ a.e. ;

(2) 若 $f = g$, μ a.e. , $f \in L(X)$, 则 $g \in L(X)$, 且
$$\int_X f(x)\mu(\mathrm{d}x) = \int_X g(x)\mu(\mathrm{d}x);$$

(3) 若 $f(x)$ 是 X 上的 μ 可测函数, $g \in L(X)$, 且 $|f(x)| \leq g(x)$,

则 $f \in L(X)$, 此外还有

$$\left| \int_X f(x)\mu(\mathrm{d}x) \right| \le \int_X g(x)\mu(\mathrm{d}x) \,;$$

(4) 若 $f, g \in L(X), f(x) \le g(x)$, 则
$$\int_X f(x)\mu(\mathrm{d}x) \le \int_X g(x)\mu(\mathrm{d}x) \,;$$

(5) 若 $\mu(X) < \infty$, 则 X 上任意有界 μ 可测函数是可积的;

(6) 积分线性性质: 设 $f, g \in L(X), a, b \in \mathbb{R}$, 则 $af + bg \in L(X)$, 且
$$I(af + bg) = aI(f) + bI(g) \,.$$

设 $A \in \mathcal{F}$, 若 $f(x)$ 是 $(X, \mathcal{F}, \mu)$ 上可测函数, 可以定义 A 上的积分如下:

$$\int_A f(x)\mu(\mathrm{d}x) = \int_X f(x)\chi_A(x)\mu(\mathrm{d}x). \tag{3.1.31}$$

于是有下述关于积分的绝对连续性定理.

定理 3.1.20(积分的绝对连续性) 设 $f(x) \in L(X)$. 则对于任给 $\varepsilon > 0$, 必存在 $\delta > 0$, 使得对于任意 X 中可测子集 A, 只要 $\mu(A) < \delta$ 时, 就有

$$\left| \int_A f(x)\mu(\mathrm{d}x) \right| \le \int_A |f(x)|\mu(\mathrm{d}x) < \varepsilon \,. \tag{3.1.32}$$

习   题

1. 设 $h(x), g(x)$ 是 E 上非负简单可测函数, α 是任意非负常数, 证明:

$$\int_E \alpha\, h(x)\mathrm{d}x = \alpha \int_E h(x)\mathrm{d}x \,;$$

$$\int_E \big(h(x) + g(x)\big)\mathrm{d}x = \int_E h(x)\mathrm{d}x + \int_E g(x)\mathrm{d}x \,.$$

2. 设 $E_k \subset E$, $k = 1, 2, \cdots$, $E_k \subset E_{k+1}$, 且 $\lim\limits_{k\to\infty} E_k = E$. 若 $h(x)$ 是 E 上的非负可测简单函数, 证明

$$\lim_{k\to\infty} \int_{E_k} h(x)\mathrm{d}x = \int_E h(x)\mathrm{d}x.$$

3. 若可测集 E 有以下可测分解: $E = E_1 \cup E_2$, $E_1 \cap E_2 = \emptyset$, $f(x)$ 是 E 上非负可测函数, 证明:

$$\int_E f(x)\mathrm{d}x = \int_{E_1} f(x)\mathrm{d}x + \int_{E_2} f(x)\mathrm{d}x.$$

4. 设 $E, \{E_k\}$ 是可测集列, 满足 $E_k \subset E$, $E_k \subset E_{k+1}$, $k = 1, 2, \cdots$, 且 $\lim\limits_{k\to\infty} E_k = E$. 若 $f(x)$ 是 E 上的非负可测函数, 证明:

$$\int_E f(x)\mathrm{d}x = \lim_{k\to\infty} \int_{E_k} f(x)\mathrm{d}x.$$

5. 逐项积分: 若 $\{f_k(x)\}$ 是 E 上的非负可测函数列, 试证明

$$\int_E \sum_{k=1}^{\infty} f_k(x)\mathrm{d}x = \sum_{k=1}^{\infty} \int_E f_k(x)\mathrm{d}x.$$

6. 设 E_k 是 E 的一个划分, 即 $E_k \cap E_j = \emptyset$ $(k \neq j)$, 且 $E = \bigcup\limits_{k=1}^{\infty} E_k$. 若 $f(x)$ 是 E 上的非负可测函数, 证明

$$\int_E f(x)\mathrm{d}x = \sum_{k=1}^{\infty} \int_{E_k} f(x)\mathrm{d}x.$$

7. 设 $m(E) < \infty$, $f(x)$ 是 E 上几乎处处有限的非负可测函数. 记

$$E_k = E(k \leq f < k+1),$$

证明 $f \in L(E)$ 的充分必要条件是 $\sum\limits_k k\, m(E_k)$ 收敛.

8. 设 $f(x)$ 是 E 上的非负可测函数, $m(E) < \infty$. 证明 $f(x)$ 是 E 上的可积函数的充分必要条件是, 下列级数

$$\sum_{k=0}^{\infty} 2^k m\big(E(f \geq 2^k)\big)$$

收敛.

9. 设 $\{f_k(x)\}$ 是 E 上的下降的非负可测函数列,且存在 $k_0 \in \mathbb{N}$, f_{k_0} 在 E 上可积, 证明

$$\lim_{k \to \infty} \int_E f_k(x)\mathrm{d}x = \int_E \lim_{k \to \infty} f_k(x)\mathrm{d}x.$$

10. 设 $f(x)$ 是 E 上的可测函数,

$$m(E) < \infty, \quad |f(x)| < M,$$

证明 $f \in L(E)$.

11. 设 $\{f_k(x)\}$ 是 E 上的非负可测函数列, 且 $m(E) < \infty$. 证明 $\{f_k(x)\}$ 在 E 上依测度收敛于零(函数)的充分必要条件是

$$\lim_{k \to \infty} \int_E \frac{f_k(x)}{1 + f_k(x)}\mathrm{d}x = 0.$$

12. 设 $f(x)$ 是 E 上的非负可积函数, 常数 c 满足

$$0 \le c \le \int_E f(x)\mathrm{d}x.$$

证明存在可测子集 $E_1 \subset E$, 使

$$\int_{E_1} f(x)\mathrm{d}x = c.$$

13. 给定可测集 E 上的非负可测函数 $f(x)$ 和 $g(x)$. 设对任意常数 a, 有 $m\big(E(f \ge a)\big) = m\big(E(g \ge a)\big)$, 试证明

$$\int_E f(x)\mathrm{d}x = \int_E g(x)\mathrm{d}x.$$

14. 证明可测集 E 上的可积函数几乎处处有限.

15. 若在 E 上有 $f = g$, a.e.$[E]$, 且 $f \in L(E)$. 证明 $g \in L(E)$, 并且 $f(x)$ 与 $g(x)$ 在 E 上的积分值相等.

16. 设 $f, g \in L(E)$, $f(x) \le g(x)$, $\forall\, x \in E$, 证明

$$\int_E f(x)\mathrm{d}x \le \int_E g(x)\mathrm{d}x.$$

17. 设 $f(x)$ 是 E 上的可测函数, $g \in L(E)$, 且 $\forall\, x \in E$, 有

$$|f(x)| \le g(x),$$

证明 $f \in L(E)$.

18. 设 $f, g \in L(E)$, $\varphi(x)$ 是 E 上的可测函数, 满足 $f \leq \varphi \leq g$, 证明 $\varphi \in L(E)$.

19. 设 E 是测度有限的可测集, 证明 E 上所有有界可测函数均是可积的.

20. 设 $f \in L(E)$, g 是 E 上的有界可测函数, 证明 $f(x) \cdot g(x) \in L(E)$.

21. 给定 $f, g \in L(E)$. 证明 $f = g$, a.e.$[E]$ 当且仅当对任一可测子集 $A \subset E$, 有

$$\int_A f(x)\mathrm{d}x = \int_A g(x)\mathrm{d}x\,.$$

22. 设 $f(x)$ 是 E 上的可测函数. 若对任意可测子集 $A \subset E$,

$$\int_A f(x)\mathrm{d}x \geq 0,$$

证明 $f \geq 0$, a.e.$[E]$.

23. 设 $f \in L(E)$. 若对任意 E 上有界可测函数 $g(x)$, 有

$$\int_E f(x)g(x)\mathrm{d}x = 0,$$

证明 $f = 0$ a.e.$[E]$.

24. 设 $f \in L(\mathbb{R}^1)$, $f(0) = 0$, 且 $f'(0)$ 存在, 证明下述积分存在:

$$\int_{\mathbb{R}^1} \frac{f(x)}{x}\mathrm{d}x\,.$$

*25. 设 $f(x)$ 是 $[0,1]$ 上递增函数, 证明对于可测集 $E \subset [0,1]$, $m(E) = t$, 有

$$\int_0^t f(x)\mathrm{d}x \leq \int_E f(x)\mathrm{d}x.$$

26. 给定 E 上可测函数 f. 若对于任意可测子集 $E' \subset E$, 总有

$$\int_{E'} f(x)\mathrm{d}x = 0,$$

证明 $f(x) = 0$, a.e.$[E]$.

27. 设
$$f(x) = \begin{cases} 1/\sqrt{x}, & \text{当 } x \text{ 是无理数}, \\ x^3, & \text{当 } x \text{ 为有理数}. \end{cases}$$

计算
$$\int_{[0,1]} f(x)\mathrm{d}x.$$

*28. 设 $E_1, \cdots, E_n$ 是 $[0,1]$ 中可测子集. 若 $[0,1]$ 内每一点至少属于这 n 个集中的 q 个集, 证明: $E_1, \cdots, E_n$ 中至少有一个集的测度不小于 q/n.

29. 设 $f, g \in L(E)$, 证明 $\sqrt{f^2(x) + g^2(x)} \in L(E)$.

30. 若 $f \in L(E)$, 证明
$$\lim_{n \to \infty} m\big(E(|f| \geq n)\big) = 0.$$

31. 设 $f(x) \in L(\mathbb{R}^n), f_k(x) \in L(\mathbb{R}^n)$ $(k = 1, 2, \cdots)$, 且对于任意可测集 $E \subset \mathbb{R}^n$, 有
$$\int_E f_k(x)\mathrm{d}x \leq \int_E f_{k+1}(x)\mathrm{d}x \quad (k = 1, 2, \cdots),$$
$$\lim_{k \to \infty} \int_E f_k(x)\mathrm{d}x = \int_E f(x)\mathrm{d}x,$$
试证明: $\lim_{k \to \infty} f_k(x) = f(x)$, a.e.$[\mathbb{R}^n]$.

32. 设 $f \in L(E)$, 证明对于 $\varepsilon > 0$, 存在可测子集 $A \subset E$, 满足
$$m(A) < \infty, \quad \int_{A^c} |f(x)|\mathrm{d}x < \varepsilon.$$

33. 设在 Cantor 集 C 上 $f(x) = 0$, 在 C 的长为 3^{-n} 的余区间上 $f(x) = n$, 求
$$\int_{[0,1]} f(x)\mathrm{d}x.$$

*34. 设 $f \in L([0,\infty)), f(x)$ 一致连续, 证明 $\lim_{x \to \infty} f(x) = 0$.

35. 设 $f \in L(E)$, 证明 $\lim_{n \to \infty} n\, m\big(E(|f| > n)\big) = 0$.

§3.2　Lebesgue 积分的极限定理

假设 $\{f_n(x)\}$ 是一个函数序列, 按某种意义收敛到一个函数 $f(x)$. 在黎曼积分框架下或在 Lebesgue 积分框架下考虑如下的问题: 如果每个函数 $f_n(x)$ 都有积分, 那么函数 $f(x)$ 的积分是否存在? 如果 $f(x)$ 也是可积的, 那么函数 $f_n(x)$ 积分的极限是否等于 $f(x)$ 的积分? 也就是说, 极限与积分运算是否可以交换次序. 在黎曼积分意义下, 常常要加上很强的条件才能保证积分与极限运算的可交换性; 而在 Lebesgue 积分意义下, 只要很弱的条件就可保证 Lebesgue 积分与极限交换运算次序. 在这一节中将展开这个问题的讨论. 细心的读者不难发现上一节的 Levi 定理已经涉及这个问题了.

§3.2.1　Lebesgue 积分与极限运算的交换定理

定理 3.2.1(**Lebesgue 基本定理**)　设 $\{f_n(x)\}$ 是可测集 E 上的非负可测函数列,　$f(x) = \sum\limits_{n=1}^{\infty} f_n(x)$, 则

$$\int_E f(x)\mathrm{d}x = \sum_{n=1}^{\infty} \int_E f_n(x)\mathrm{d}x. \tag{3.2.1}$$

证明　令

$$S_k(x) = \sum_{n=1}^{k} f_n(x).$$

则 $\{S_k(x)\}$ 是非负可测函数列, $S_k(x) \leq S_{k+1}(x)$, 且 $\lim\limits_{k\to\infty} S_k(x) = f(x)$, 故由 Levi 定理

$$\int_E f(x)\mathrm{d}x = \lim_{k\to\infty} \int_E S_k(x)\mathrm{d}x = \lim_{k\to\infty} \sum_{n=1}^{k} \int_E f_n(x)\mathrm{d}x = \sum_{n=1}^{\infty} \int_E f_n(x)\mathrm{d}x.$$

此定理说明, 非负可测函数的级数求和与求积运算次序是可交换的, 即

$$\int_E \sum_{n=1}^{\infty} f_n(x)\mathrm{d}x = \sum_{n=1}^{\infty} \int_E f_n(x)\mathrm{d}x.$$

推论 3.2.2 若 $\{E_n\}$ 是可测集 E 的互不相交的可测子集,

$$E = \bigcup_{n=1}^{\infty} E_n.$$

当函数 $f(x)$ 在 E 上有积分时, $f(x)$ 在每一个子集 E_n 上都是有积分的. 特别地, 当 $f \in L(E)$ 时, $f \in L(E_n)$, 并且

$$\int_E f(x)\mathrm{d}x = \sum_{n=1}^{\infty} \int_{E_n} f(x)\mathrm{d}x. \tag{3.2.2}$$

证明 记函数 $\chi_{E_n}(x)$ 为 E_n 的特征函数, 则

$$\int_{E_n} f^+(x)\mathrm{d}x = \int_E f^+(x)\chi_{E_n}(x)\mathrm{d}x.$$

因为

$$f^+(x) = \sum_{n=1}^{\infty} f^+(x)\chi_{E_n}(x),$$

由定理 3.2.1 有

$$\int_E f^+(x)\mathrm{d}x = \sum_{n=1}^{\infty} \int_E f^+(x)\chi_{E_n}(x)\mathrm{d}x = \sum_{n=1}^{\infty} \int_{E_n} f^+(x)\mathrm{d}x.$$

类似地可证

$$\int_E f^-(x)\mathrm{d}x = \sum_{n=1}^{\infty} \int_{E_n} f^-(x)\mathrm{d}x.$$

当 $f(x)$ 在 E 上有积分时, 积分

$$\int_E f^+(x)\mathrm{d}x \quad \text{与} \quad \int_E f^-(x)\mathrm{d}x$$

中至少有一个有限, 不妨设积分

$$\int_E f^+(x)\mathrm{d}x < \infty.$$

于是正项级数

$$\sum_{n=1}^{\infty} \int_{E_n} f^+(x)\mathrm{d}x = \int_E f^+(x)\mathrm{d}x < \infty$$

收敛. 特别地, 每一加项

$$\int_{E_n} f^+(x)\mathrm{d}x < \infty,$$

所以 $f(x)$ 在 E_n 上有积分. 进而有

$$\begin{aligned}
\int_E f(x)\mathrm{d}x &= \int_E f^+(x)\mathrm{d}x - \int_E f^-(x)\mathrm{d}x \\
&= \sum_{n=1}^{\infty} \int_{E_n} f^+(x)\mathrm{d}x - \sum_{n=1}^{\infty} \int_{E_n} f^-(x)\mathrm{d}x \\
&= \sum_{n=1}^{\infty} \left(\int_{E_n} f^+(x)\mathrm{d}x - \int_{E_n} f^-(x)\mathrm{d}x \right) \\
&= \sum_{n=1}^{\infty} \int_{E_n} f(x)\mathrm{d}x.
\end{aligned}$$

当 $f \in L(E)$ 时, 积分

$$\int_E f^+(x)\mathrm{d}x \quad \text{与} \quad \int_E f^-(x)\mathrm{d}x$$

都有限, 因此对于每个 n, 积分

$$\int_{E_n} f^+(x)\mathrm{d}x \quad \text{与} \quad \int_{E_n} f^-(x)\mathrm{d}x$$

都有限, 故 $f \in L(E_n)$.

定理 3.2.3(**Fatou 引理**)　若 $\{f_n(x)\}$ 是可测集 E 上非负可测函数列, 则

$$\int_E \varliminf_{n\to\infty} f_n(x)\mathrm{d}x \leq \varliminf_{n\to\infty} \int_E f_n(x)\mathrm{d}x. \tag{3.2.3}$$

证明　考虑非负函数 $g_n(x) = \inf\{f_j(x)|j \geq n\}$, 显然有

$$g_n(x) \leq g_{n+1}(x), \quad k = 1, 2, \cdots,$$

而且还有

$$\lim_{n\to\infty} g_n(x) = \varliminf_{n\to\infty} f_n(x), \quad x \in E.$$

从而由 Levi 定理得

$$\int_E \varliminf_{n\to\infty} f_n(x)\mathrm{d}x = \int_E \varliminf_{n\to\infty} g_n(x)\mathrm{d}x$$

$$= \lim_{n\to\infty} \int_E g_n(x)\mathrm{d}x \le \varliminf_{n\to\infty} \int_E f_n(x)\mathrm{d}x\,.$$

下面的例子说明 Fatou 引理中不等号是有可能成立的.

例 1 在 $\mathbb{R}^1$ 上作非负函数列:

$$f_n(x) = \frac{\sqrt{n}}{\sqrt{2\pi}}\mathrm{e}^{-\frac{x^2}{2n}}, \quad n = 1, 2, \cdots,$$

则

$$\int_{\mathbb{R}^1} f_n(x)\mathrm{d}x = 1,$$

且当 $x \ne 0$ 时, $\displaystyle\lim_{n\to\infty} f_n(x) \xlongequal{\text{def}} f(x) = 0$. 故极限函数

$$f(x) = 0, \quad \text{a.e.}[\mathbb{R}^1].$$

于是

$$\int_{\mathbb{R}^1} \lim_{n\to\infty} f_n(x)\mathrm{d}x = 0 < 1 = \lim_{n\to\infty} \int_{\mathbb{R}^1} f_n(x)\mathrm{d}x\,.$$

定理 3.2.4 (控制收敛定理) 给定可测集 E. 设 $\{f_n(x)\} \subset \mathfrak{M}(E)$, 且有

$$\lim_{n\to\infty} f_n(x) = f(x), \quad \text{a.e.}[E]\,.$$

若存在函数 $F(x) \in L(E)$, 使得对于 $\forall\, n \in \mathbb{N}$, 有

$$\big|f_n(x)\big| \le F(x), \quad \text{a.e.}[E]\,,$$

则 $f_n(x) \in L(E)$, $n = 1, 2, \cdots$, $f(x) \in L(E)$, 且

$$\lim_{n\to\infty} \int_E f_n(x)\mathrm{d}x = \int_E f(x)\mathrm{d}x\,. \tag{3.2.4}$$

函数 $F(x)$ 称为函数列 $\{f_n(x)\}$ 的控制函数.

证明 显然 $f(x)$ 是 E 上的可测函数, 且由

$$\big|f_n(x)\big| \le F(x), \quad \text{a.e.}[E],$$

可知 $|f(x)| \le F(x)$, a.e.$[E]$. 因此 $f \in L(E)$. 考虑 E 上的可积函数列

$$g_n(x) = \big|f_n(x) - f(x)\big|, \quad n = 1, 2, \cdots,$$

则 $0 \le g_n(x) \le 2F(x)$, $n = 1, 2, \cdots$. 由 Fatou 引理得

$$\int_E \lim_{n \to \infty} \big[2F(x) - g_n(x)\big]\mathrm{d}x \le \varliminf_{n \to \infty} \int_E \big[2F(x) - g_n(x)\big]\mathrm{d}x,$$

即

$$2\int_E F(x)\mathrm{d}x - \int_E \lim_{n \to \infty} g_n(x)\mathrm{d}x \le 2\int_E F(x)\mathrm{d}x - \varlimsup_{n \to \infty} \int_E g_n(x)\mathrm{d}x.$$

由于 $\lim\limits_{n \to \infty} g_n(x) = 0$, a.e.$[E]$, 即得

$$\varlimsup_{n \to \infty} \int_E g_n(x)\mathrm{d}x = 0.$$

最后, 由不等式

$$\left|\int_E f(x)\mathrm{d}x - \int_E f_n(x)\mathrm{d}x\right| \le \int_E g_n(x)\mathrm{d}x,$$

令 $n \to \infty$, 即得 (3.2.4) 式.

推论 3.2.5　设 E 是可测集, $\{f_n(x)\} \subset \mathfrak{M}(E)$, 且函数列 $\{f_n(x)\}$ 依测度收敛到函数 $f(x)$. 若存在 $F(x) \in L(E)$, 满足

$$\big|f_n(x)\big| \le F(x), \quad \text{a.e.}[E], \; n = 1, 2, \cdots,$$

则 $f_n(x) \in L(E)$, $n = 1, 2, \cdots$, $f(x) \in L(E)$, 且

$$\lim_{n \to \infty} \int_E f_n(x)\mathrm{d}x = \int_E f(x)\mathrm{d}x. \tag{3.2.5}$$

证明　因为 $\{f_n(x)\}$ 依测度收敛到 $f(x)$, 由 Riesz 定理知, 存在子列 $f_{n_k}(x) \to f(x)$, a.e.$[E]$, 故 $f(x) \in L(E)$.

记 $g_n(x) = \big|f_n(x) - f(x)\big|$, 如上述定理的证明一样, 只要证明

$$\lim_{n \to \infty} \int_E g_n(x)\mathrm{d}x = 0.$$

如若不然, 则有 $\varepsilon > 0$ 与 $n_1 < n_2 < \cdots$, 使得

$$\int_E g_{n_k}(x)\mathrm{d}x \ge \varepsilon, \quad k = 1, 2, \cdots.$$

因为 $\{f_{n_k}\}$ 依测度收敛到 $f(x)$, 函数列 $\{f_{n_k}\}$ 有子列几乎处处收敛于 $f(x)$. 为记号简单起见, 不妨设 $f_{n_k} \to f$, a.e.$[E]$, 即

$$g_{n_k} \to 0, \quad \text{a.e.}[E].$$

于是由上述定理的证明有

$$\lim_{k \to \infty} \int_E g_{n_k}(x)\mathrm{d}x = 0\,.$$

这与上述不等式矛盾. 因此 (3.2.5) 式成立.

推论 3.2.6（**有界收敛定理**）　设 $m(E) < \infty, \{f_n(x)\} \subset L(E)$, 且 $\{f_n(x)\}$ 一致有界, 即存在常数 $M > 0$, 使得

$$|f_n(x)| \leq M, \quad n = 1, 2, \cdots, \forall\, x \in E.$$

则当 $f_n(x) \to f(x)$, a.e.$[E]$, 或 $\{f_n(x)\}$ 依测度收敛到 $f(x)$ 时, 均有

$$\lim_{n \to \infty} \int_E f_n(x)\mathrm{d}x = \int_E f(x)\mathrm{d}x. \tag{3.2.6}$$

　　Fatou 引理常用于判断非负极限函数的可积性, 而 Lebesgue 控制收敛定理则给出积分与极限可交换次序的充分条件. 它们是 Lebesgue 积分理论中的重要结果, 有着广泛的应用.

　　应用控制收敛定理的关键在于找出控制函数 $F(x)$. 试看一个实例.

例 2　求 $I = \lim\limits_{n \to \infty} \displaystyle\int_0^{\infty} f_n(x)\mathrm{d}x$, 其中

$$f_n(x) = \mathrm{e}^{-x} \cos x \frac{\ln(n + x)}{n}\,.$$

如果积分与极限可交换次序, 则

$$I = \int_0^{\infty} \lim_{n \to \infty} f_n(x)\mathrm{d}x = 0\,.$$

　　为说明上述演算合理, 需得到一个控制函数. 首先注意到, 函数

$$\phi(t) = t^{-1} \ln t$$

在区间 $[1, +\infty)$ 上的最大值是 $\phi(e) = e^{-1}$. 于是

$$\left| e^{-x} \cos x \frac{\ln(n+x)}{n} \right| \le e^{-x} \frac{\ln(n+x)}{n+x} \cdot \frac{n+x}{n}$$

$$\le e^{-(x+1)}(1+x) \overset{\text{def}}{=\!=\!=} F(x), \quad \forall\, x \ge 0,\, n = 1, 2, \cdots.$$

由于

$$\int_0^\infty F(x)\mathrm{d}x$$

收敛, 故 $F \in L([0, +\infty))$. 于是 F 是所要求的控制函数. 因此 $I = 0$ 成立.

例 3 求 $I = \lim\limits_{n\to\infty} \int_0^1 f_n(x)\mathrm{d}x$, 其中

$$f_n(x) = \frac{n^{\frac{3}{2}} x}{1 + n^2 x^2}.$$

当 $x > 0, n = 1, 2, \cdots$ 时, 有

$$f_n(x) = \frac{n^{\frac{3}{2}} x^{\frac{3}{2}}}{1 + n^2 x^2} \frac{1}{x^{\frac{1}{2}}} \le \frac{1}{x^{\frac{1}{2}}} \overset{\text{def}}{=\!=\!=} F(x).$$

由于 $F(x) \in L([0,1])$, 由控制收敛定理知积分与极限的次序可交换, 即得

$$I = \int_0^1 \lim_{n\to\infty} f_n(x)\mathrm{d}x = 0.$$

定理 3.2.7（逐项积分） 设 E 是可测集, $f_n(x) \in L(E)$, $\forall\, n \in \mathbb{N}$. 若

$$\sum_{n=1}^\infty \int_E \left| f_n(x) \right| \mathrm{d}x < \infty, \tag{3.2.7}$$

则级数 $\sum\limits_{n=1}^\infty f_n(x)$ 在 E 上几乎处处收敛; 记其和函数为 $f(x)$, 则 $f(x) \in L(E)$, 且有

$$\sum_{n=1}^\infty \int_E f_n(x)\mathrm{d}x = \int_E f(x)\mathrm{d}x. \tag{3.2.8}$$

证明   定义函数 $F(x) = \sum\limits_{n=1}^{\infty} |f_n(x)|$, 由非负可测函数列的逐项积分定理 3.2.1 可知

$$\int_E F(x)\mathrm{d}x = \sum_{n=1}^{\infty} \int_E |f_n(x)|\mathrm{d}x < \infty.$$

于是 $F \in L(E)$, 从而函数 $F(x)$ 在 E 上几乎处处有限. 这说明级数 $\sum\limits_{n=1}^{\infty} f_n(x)$ 在 E 上几乎处处收敛, 记该和函数为 $f(x)$. 由于

$$|f(x)| \le \sum_{n=1}^{\infty} |f_n(x)| = F(x), \quad \text{a.e.}[E],$$

故 $f(x) \in L(E)$. 记 $S_m(x) = \sum\limits_{n=1}^{m} f_n(x)$, $m = 1, 2, \cdots$, 则

$$|S_m(x)| \le \sum_{n=1}^{m} |f_n(x)| \le F(x), \quad m = 1, 2, \cdots.$$

由控制收敛定理可得

$$\int_E f(x)\mathrm{d}x = \int_E \lim_{m\to\infty} S_m(x)\mathrm{d}x = \lim_{m\to\infty} \int_E S_m(x)\mathrm{d}x$$
$$= \sum_{n=1}^{\infty} \int_E f_n(x)\mathrm{d}x.$$

如同在微积分学中一样, 交换积分运算与极限运算次序的收敛定理是研究参变积分的有力工具. 考虑一种较简单情况. 设 $E \subset \mathbb{R}^n$ 是可测集, $f(x, y)$ 是定义于集合 $E \times [a, b]$ 上的实函数. 对于每个 $y \in [a, b]$, 函数 $f(\cdot, y) \in L(E)$. 于是

$$\varphi(y) = \int_E f(x, y)\mathrm{d}x \tag{3.2.9}$$

是定义于区间 $[a, b]$ 上的有限实值函数, 称为区间 $[a, b]$ 上的参变积分.

定理 3.2.8   对于形如 (3.2.9) 式的参变积分 $\varphi(y)$, 如下结论成立:

(1) 若存在 $F(x) \in L(E)$, 使得 $|f(x, y)| \le F(x)$, $\forall\, x \in E$, $y \in [a, b]$,

则若
$$\lim_{y \to y_0} f(x,y), \quad 在 E 上 a.e. 存在,$$

就有
$$\lim_{y \to y_0} \varphi(y) = \int_E \lim_{y \to y_0} f(x,y)\mathrm{d}x. \tag{3.2.10}$$

(2) 若存在 $F(x) \in L(E)$, 使得 $|f(x,y)| \le F(x), \forall x \in E, y \in [a,b]$. 若对于几乎所有的 $x \in E$, 函数 $f(x,y)$ 在 $y_0 \in [a,b]$ 处连续, 则 $\varphi(y)$ 在点 y_0 处连续.

(3) 若若函数 $f(x,y)$ 的偏导数 $f_y'(x,y)$ 存在, 且存在 $F(x) \in L(E)$, 使得 $|f_y'(x,y)| \le F(x), \forall x \in E, y \in [a,b]$, 则
$$\varphi'(y) = \int_E f_y'(x,y)\mathrm{d}x. \tag{3.2.11}$$

证明 (1) 考虑任何收敛于 y_0 的序列 $\{y_n\} \subset [a,b]$, 则 $\lim_{y \to y_0} \varphi(y) = \lim_{n \to \infty} \varphi(y_n)$. 由于序列 $f_n(x) \stackrel{\text{def}}{=} f(x,y_n)$ 在 E 上几乎处处收敛, 而且 $|f_n(x)| \le F(x)$, 由控制收敛定理得
$$\lim_{n \to \infty} \varphi(y_n) = \lim_{n \to \infty} \int_E f(x,y_n)\mathrm{d}x = \int_E \lim_{n \to \infty} f(x,y_n)\mathrm{d}x.$$
它与极限等式 (3.2.10) 等价.

(2) 是 (1) 的直接推论.

(3) 取定 $y \in [a,b]$, 令
$$g(x,z) = \frac{f(x,z) - f(x,y)}{z - y}, \quad z \in [a,b].$$
则 (3.2.11) 式相当于
$$\lim_{z \to y} \int_E g(x,z)\mathrm{d}x = \int_E \lim_{z \to y} g(x,z)\mathrm{d}x.$$
由微分中值定理, 必有 $\bar{z} \in [a,b]$, 满足
$$|g(x,z)| = |f_y'(x,\bar{z})| \le F(x), \quad \forall x \in E.$$
于是由已经证明的结论 (1) 推出上述交换极限运算与积分运算次序的等式成立.

例 4 设 $f \in L(\mathbb{R}^1)$，讨论函数

$$\varphi(y) = \int_{\mathbb{R}^1} f(x) \arctan(xy) \mathrm{d}x, \quad \forall\, y \in \mathbb{R}^1$$

的连续性和可积性. 记 $g(x,y)$ 为上式右端积分的被积函数，则 $g(x,y)$ 关于变量 y 连续，且有下列不等式

$$|g(x,y)| \le \frac{\pi}{2} |f(x)|; \quad |g_y'(x,y)| \le |xf(x)|.$$

因此由定理 3.2.8 推得 $\varphi(y)$ 在 $\mathbb{R}^1$ 上处处连续；当 $xf(x) \in L(\mathbb{R}^1)$ 时，$\varphi(y)$ 可微，且

$$\varphi'(y) = \int_{\mathbb{R}^1} \frac{xf(x)}{1+(xy)^2} \mathrm{d}x\,.$$

§3.2.2 黎曼可积性的刻画

作为控制收敛定理的应用，下面将给出区间 $[a,b]$ 上的有界函数黎曼可积的一个充分必要条件.

设 $f(x)$ 是定义在区间 $I = [a,b]$ 上的一个有界函数. 定义 $f(x)$ 在 I 上的振幅函数如下：

$$\omega_f(x) = \lim_{\delta \to 0} \sup\{|f(x') - f(x'')|\,\big|\, x', x'' \in B(x,\delta) \cap I\}. \quad (3.2.12)$$

易证集合

$$H = \{x \in (a,b)\,\big|\, \omega_f(x) < t\}$$

对于每个 t 是开集，从而 $\omega_f(x)$ 是 $[a,b]$ 上的有界可测函数，因此

$$\omega_f \in L(I).$$

考虑区间 $[a,b]$ 上的划分序列 $\{\triangle_n\}$：

$$\triangle_n : a = x_0^{(n)} < x_1^{(n)} < \cdots < x_{i_n}^{(n)} = b, \quad n = 1, 2, \cdots,$$

$$|\triangle_n| = \max_{1 \le j \le i_n} |x_{j-1}^{(n)} - x_j^{(n)}| \to 0.$$

记

$$M_j^{(n)} = \sup \left\{ f(x) \middle| \; x_{j-1}^{(n)} \le x \le x_j^{(n)} \right\},$$
$$m_j^{(n)} = \inf \left\{ f(x) \middle| \; x_{j-1}^{(n)} \le x \le x_j^{(n)} \right\}.$$

则根据黎曼积分理论下述极限存在, 并且定义了有界函数 $f(x)$ 的达布上、下积分:

$$\lim_{n \to \infty} \sum_{j=1}^{i_n} M_j^{(n)} (x_j^{(n)} - x_{j-1}^{(n)}) = \overline{\int}_a^b f(x)\mathrm{d}x, \tag{3.2.13}$$

$$\lim_{n \to \infty} \sum_{j=1}^{i_n} m_j^{(n)} (x_j^{(n)} - x_{j-1}^{(n)}) = \underline{\int}_a^b f(x)\mathrm{d}x. \tag{3.2.14}$$

引理 3.2.9　对于区间 $I = [a, b)$ 上的有界函数 $f(x)$, 下列等式成立:

$$\int_I \omega_f(x)\mathrm{d}x = \overline{\int}_a^b f(x)\mathrm{d}x - \underline{\int}_a^b f(x)\mathrm{d}x, \tag{3.2.15}$$

上式左端是振幅函数的 Lebesgue 积分.

证明　作函数列

$$\omega_n(x) = \begin{cases} M_j^{(n)} - m_j^{(n)}, & x \in (x_{j-1}^{(n)}, x_j^{(n)}) \\ 0, & x \text{ 是 } \triangle_n \text{ 的分点}, \end{cases}$$

以及集合

$$E = \left\{ x \in [a, b] \middle| \; x \text{ 是 } \triangle_n \text{ 的分点}, n = 1, 2, \cdots \right\}.$$

显然 $m(E) = 0$, 且有

$$\lim_{n \to \infty} \omega_n(x) = \omega_f(x), \quad x \in I \setminus E.$$

记 A, B 各为函数 $f(x)$ 在 $[a, b]$ 上的上、下确界, 由于

$$0 \le \omega_n(x) \le A - B,$$

故由有界收敛定理得

$$\lim_{n \to \infty} \int_I \omega_n(x)\mathrm{d}x = \int_I \omega_f(x)\mathrm{d}x.$$

因为

$$\int_I \omega_n(x)\mathrm{d}x = \sum_{j=1}^{i_n} (M_j^{(n)} - m_j^{(n)})(x_j^{(n)} - x_{j-1}^{(n)})$$

$$= \sum_{j=1}^{i_n} M_j^{(n)}(x_j^{(n)} - x_{j-1}^{(n)}) - \sum_{j=1}^{i_n} m_j^{(n)}(x_j^{(n)} - x_{j-1}^{(n)})$$

$$\to \overline{\int_a^b} f(x)\mathrm{d}x - \underline{\int_a^b} f(x)\mathrm{d}x,$$

所以

$$\int_I \omega_f(x)\mathrm{d}x = \overline{\int_a^b} f(x)\mathrm{d}x - \underline{\int_a^b} f(x)\mathrm{d}x.$$

定理 3.2.10 若 $f(x)$ 是定义在区间 $[a,b]$ 上的有界函数, 则 $f(x)$ 在 $[a,b]$ 上是黎曼可积的充分必要条件是: $f(x)$ 在 $[a,b]$ 上的不连续点集是零测集.

证明 根据振幅函数的定义可知, $f(x)$ 在一点 x_0 处连续当且仅当 $\omega_f(x_0) = 0$. 于是, $f(x)$ 在 $[a,b]$ 上的不连续点集是零测集, 等价于 $\omega_f(x) = 0$, a.e.$[a,b]$. 由于 $\omega_f(x) \geq 0$, 它又等价于

$$\int_I \omega_f(x)\mathrm{d}x = 0.$$

由于 $f(x)$ 在 $[a,b]$ 上黎曼可积的充分必要条件是, 它的达布上、下积分相等, 即

$$\overline{\int_a^b} f(x)\mathrm{d}x - \underline{\int_a^b} f(x)\mathrm{d}x = 0.$$

于是由引理 3.2.9 即得定理结论.

定理 3.2.10 彻底地解决了黎曼积分的可积性问题. 直观地看, 黎曼可积函数应局部地接近于常数, 因而应有较好的连续性. 但是像定理 3.2.10 这样精确表述的结论, 是不能在黎曼积分理论的框架内得出的, 势必要求助于 Lebesgue 测度理论和积分理论. 关于黎曼积分的可

积性理论是 Lebesgue 理论中最精彩部分之一, 它显示了 Lebesgue 测度理论和积分理论的巨大作用和威力.

例 5　定义黎曼函数如下: 当 x 是无理数时, $f(x) = 0$; 当 $x = m/n$, m 与 n 是互质自然数时, $f(x) = 1/n$; 又 $f(0) = 0$. 则 $f(x)$ 在 $[0,1]$ 上是黎曼可积的.

事实上, 当 $0 \le x \le 1$ 时, $0 \le f(x) \le 1$. 任给 $n \in \mathbb{N}$, 仅有有限个 $x \in [0,1]$, 使得 $f(x) \ge 1/n$. 不难推出, $f(x) = 0$, a.e.$[0,1]$. 特别在无理点 $x \in (0,1)$ 处连续, 因而几乎处处连续. 故函数 $f(x)$ 在 $[0,1]$ 上黎曼可积且

$$\int_0^1 f(x)\mathrm{d}x = \int_{[0,1]} f(x)\mathrm{d}x = 0 \,.$$

注意, 例 5 中的黎曼函数 $f(x)$ 在每个有理点 $x \in (0,1]$ 处间断. 可见黎曼可积函数的间断点仍然可能非常多, 以至于在定义域内处处稠密.

§3.2.3　$L(X, \mathcal{F}, \mu)$ 中积分的极限定理

上述关于 Lebesgue 积分的极限定理都很容易推广到抽象测度空间上的可积函数类中. 由于证明雷同, 以下将只叙述结果.

定理 3.2.11(**Lebesgue 基本定理**)　设函数列 $\{f_n(x)\}$ 是测度空间 $(X, \mathcal{F}, \mu)$ 上的非负可测函数列, $f(x) = \sum\limits_{n=1}^{\infty} f_n(x)$, 则

$$\int_X f(x)\mu(\mathrm{d}x) = \sum_{n=1}^{\infty} \int_X f_n(x)\mu(\mathrm{d}x). \tag{3.2.16}$$

推论 3.2.12　若 $\{A_n\}$ 是 X 的互不相交的可测子集, $X = \bigcup\limits_{n=1}^{\infty} A_n$, 当函数 $f(x)$ 在 X 上有积分时, $f(x)$ 在每一个子集 A_n 上都是有积分

的. 特别地, 当 $f \in L(X)$ 时, $f \in L(A_n)$, 并且

$$\int_X f(x)\mu(\mathrm{d}x) = \sum_{n=1}^{\infty} \int_{A_n} f(x)\mu(\mathrm{d}x). \tag{3.2.17}$$

定理 3.2.13(**Fatou 引理**) 若 $\{f_n(x)\}$ 是 $(X, \mathcal{F}, \mu)$ 上非负可测函数列, 则

$$\int_X \varliminf_{n\to\infty} f_n(x)\mu(\mathrm{d}x) \leq \varliminf_{n\to\infty} \int_X f_n(x)\mu(\mathrm{d}x). \tag{3.2.18}$$

定理 3.2.14(**控制收敛定理**) 设 $\{f_n(x)\} \subset \mathfrak{M}(X, \mathcal{F}, \mu)$, 且有

$$\lim_{n\to\infty} f_n(x) = f(x), \quad \mu \text{ a.e.}.$$

若存在函数 $F(x) \in L(X)$, 使得对于 $\forall\, n \in \mathbb{N}$, $|f_n(x)| \leq F(x)$, μ a.e., 则 $f_n(x) \in L(X)$, $n = 1, 2, \cdots$, $f(x) \in L(X)$, 且

$$\lim_{n\to\infty} \int_X f_n(x)\mu(\mathrm{d}x) = \int_X f(x)\mu(\mathrm{d}x). \tag{3.2.19}$$

函数 $F(x)$ 称为函数列 $\{f_n(x)\}$ 的控制函数.

推论 3.2.15 设 $\{f_n(x)\} \subset \mathfrak{M}(X, \mathcal{F}, \mu)$, 且函数列 $\{f_n(x)\}$ 依测度 μ 收敛到函数 $f(x)$. 若存在 $F(x) \in L(X)$, 满足

$$|f_n(x)| \leq F(x), \quad \mu \text{ a.e.}, \ n = 1, 2, \cdots,$$

则 $f_n(x) \in L(X)$, $n = 1, 2, \cdots$, $f(x) \in L(X)$, 且

$$\lim_{n\to\infty} \int_X f_n(x)\mu(\mathrm{d}x) = \int_X f(x)\mu(\mathrm{d}x). \tag{3.2.20}$$

推论 3.2.16(**有界收敛定理**) 设 $\mu(X) < \infty$, $\{f_n(x)\} \in L(X)$, 且 $\{f_n(x)\}$ 一致有界, 即存在常数 $M > 0$, 使得 $|f_n(x)| \leq M$, $n = 1, 2, \cdots$, $\forall\, x \in X$. 则当 $f_n(x) \to f(x)$, μ a.e., 或 $\{f_n(x)\}$ 依测度 μ 收敛到 $f(x)$ 时, 均有

$$\lim_{n\to\infty} \int_X f_n(x)\mu(\mathrm{d}x) = \int_X f(x)\mu(\mathrm{d}x). \tag{3.2.21}$$

习　题

1. 设 $f_n(x) \in \mathfrak{M}(E)$, $n = 1, 2, \cdots$, $g(x) \in L(E)$. 若 $f_n(x) \geq g(x)$, 证明

$$\int_E \varliminf_{n \to \infty} f_n(x)\mathrm{d}x \leq \varliminf_{n \to \infty} \int_E f_n(x)\mathrm{d}x.$$

若 $f_n(x) \leq g(x)$, 证明

$$\int_E \varlimsup_{n \to \infty} f_n(x)\mathrm{d}x \geq \varlimsup_{n \to \infty} \int_E f_n(x)\mathrm{d}x.$$

2. 设 M 是常数，$f_n \in L(E), n = 1, 2, \cdots$, 且

$$\int_E |f_n(x)|\mathrm{d}x \leq M.$$

若 $f_n(x) \to f(x)$, a.e.$[E]$, 或 $f_n(x) \overset{m}{\longrightarrow} f(x)$, 证明 $f \in L(E)$.

3. 设 $0 < a < b, f_n(x) = ae^{-nax} - be^{-nbx}$, $n = 1, 2, \cdots$, 验证

$$\sum_{n=1}^{\infty} \int_0^{\infty} f_n(x)\mathrm{d}x \neq \int_0^{\infty} \sum_{n=1}^{\infty} f_n(x)\mathrm{d}x,$$

且 $\displaystyle\sum_{n=1}^{\infty} \int_0^{\infty} |f_n(x)|\mathrm{d}x = \infty$.

4. 求极限 $\displaystyle\lim_{n \to \infty} \int_0^{\infty} \frac{\sin \frac{x}{n}}{(1 + \frac{x}{n})^n}\mathrm{d}x$.

5. 求极限 $\displaystyle\lim_{n \to \infty} \int_0^{\infty} \frac{1 + nx^2}{(1 + x^2)^n}\mathrm{d}x$.

6. 求极限 $\displaystyle\lim_{n \to \infty} \int_0^{\infty} \frac{n\sqrt{x}}{1 + n^2 x^2} \sin^5 nx\, \mathrm{d}x$.

7. 求极限 $\displaystyle\lim_{n \to \infty} \int_0^{\infty} \left(1 + \frac{x^2}{n}\right)^{-n}\mathrm{d}x$.

8. 求极限 $\displaystyle\lim_{n \to \infty} \int_0^{\infty} \left(nx + \frac{1}{x}\right)^{-n}\mathrm{d}x$.

9. 证明: $\displaystyle\int_0^{\infty} \frac{\sin x}{e^x - \alpha}\mathrm{d}x = \sum_{n=1}^{\infty} \frac{\alpha^{n-1}}{n^2 + 1}$　$(|\alpha| \leq 1)$.

10. 设 c 是一个常数，$m(E) < \infty$，$f(x)$ 是 E 上的非负可测函数. 若

$$\int_E f^n(x)\mathrm{d}x = c, \quad n = 1, 2, \cdots,$$

证明存在一个可测集 $A \subset E$，使得 $f(x) = \chi_A(x)$, a.e.$[E]$.

11. 设 $f_n(x)$ $(n = 1, 2, \cdots)$ 在区间 $[a, b]$ 上黎曼可积，$\{f_n(x)\}$ 一致收敛到函数 $f(x)$，证明 $f(x)$ 在 $[a, b]$ 上也是黎曼可积的.

12. 设函数 $f(x)$ 在区间 $[a, b]$ 上有界，其间断点集只有可数个极限点，证明 $f(x)$ 在 $[a, b]$ 上黎曼可积.

13. 设 $\{f_n(x)\}$ 是 E 上的非负可测函数，

$$\lim_{n \to \infty} f_n(x) = f(x), \quad \text{a.e.}[E].$$

已知 $f(x) \in L(E)$,

$$\lim_{n \to \infty} \int_E f_n(x)\mathrm{d}x = \int_E f(x)\mathrm{d}x,$$

证明对于任意可测集 $A \subset E$，有

$$\lim_{n \to \infty} \int_A f_n(x)\mathrm{d}x = \int_A f(x)\mathrm{d}x.$$

14. 设 $f(x), \{f_n(x)\}, g(x), \{g_n(x)\}$ 是可测集 E 上的可测函数，满足 $|f_n(x)| \leq g_n(x)$，以及

$$\lim_{n \to \infty} f_n(x) = f(x), \text{a.e.}[E], \quad \lim_{n \to \infty} g_n(x) = g(x), \text{a.e.}[E].$$

又若当 $g_n, g \in L(E)$，还有

$$\lim_{n \to \infty} \int_E g_n(x)\mathrm{d}x = \int_E g(x)\mathrm{d}x.$$

证明 $f(x) \in L(E)$，且

$$\lim_{n \to \infty} \int_E \big|f_n(x) - f(x)\big|\mathrm{d}x = 0.$$

15. 设 $f(x), f_n(x) \in L(E)$，$n = 1, 2, \cdots$,

$$\lim_{n \to \infty} f_n(x) = f(x), \quad \text{a.e.}[E],$$

证明下列命题成立:

$$\int_E \big|f_n(x) - f(x)\big|\mathrm{d}x \to 0 \text{ 当且仅当 } \int_E \big|f_n(x)\big|\mathrm{d}x \to \int_E \big|f(x)\big|\mathrm{d}x.$$

16. 设 $\{f_n(x)\}$ 是 E 上的可测函数, $|f_n(x)| < \infty$, a.e.$[E]$, 且 $m(E) < \infty$. 证明 $\{f_n(x)\}$ 在 E 上依测度收敛于零 (函数) 的充分必要条件是

$$\int_E |f_n(x)|\big(1 + |f_n(x)|\big)^{-1}\mathrm{d}x \to 0\,.$$

17. 设 $\{f_n(x)\}$ 是 E 上的非负可测函数, $\{f_n(x)\}$ 依测度收敛到函数 $f(x)$, 证明

$$\int_E f(x)\mathrm{d}x \le \varliminf_{n\to\infty} \int_E f_n(x)\mathrm{d}x\,.$$

18. 设 $f, f_n \in L(E)$, $n = 1, 2, \cdots$, 且对于任一可测子集 $A \subset E$, 有

$$\int_A f_n(x)\mathrm{d}x \le \int_A f_{n+1}(x)\mathrm{d}x, \quad n = 1, 2, \cdots,$$

$$\lim_{n\to\infty} \int_A f_n(x)\mathrm{d}x = \int_A f(x)\mathrm{d}x\,.$$

试证明 $\lim\limits_{n\to\infty} f_n(x) = f(x)$, a.e.$[E]$.

19. 给定可测集 E 上的函数 $f(x)$. 如果对于任意 $\varepsilon > 0$, 存在 E 上可积函数 $g(x), h(x)$, 满足条件 $g(x) \le f(x) \le h(x)$, 且

$$\int_E \big[h(x) - g(x)\big]\mathrm{d}x < \varepsilon,$$

证明 $f(x) \in L(E)$.

20. 设 $\{E_k\}$ 是测度有限的可测集列, 且有

$$\lim_{k\to\infty} \int_{\mathbb{R}^n} \big|\chi_{E_k}(x) - f(x)\big|\mathrm{d}x = 0,$$

证明存在可测集 E, 使得 $f(x) = \chi_E(x)$, a.e.$[\mathbb{R}^n]$.

21. 设 $\{f_n(x)\}$ 是 E 上的非负可积函数列, $f(x)$ 是 E 上的可积函数. 若 $\{f_n(x)\}$ 依测度收敛于 $f(x)$, 且

$$\lim_{n\to\infty} \int_E f_n(x)\mathrm{d}x = \int_E f(x)\mathrm{d}x\,,$$

证明

$$\lim_{n\to\infty}\int_E \big|f_n(x)-f(x)\big|\mathrm{d}x = 0 .$$

22. 设 $f(x)\in L(\mathbb{R}^1), a>0$, 证明

$$\lim_{n\to\infty}n^{-a}f(nx)=0, \quad \text{a.e.}[\mathbb{R}^1] .$$

23. 设 $x^s f(x), x^t f(x)\in L(0,\infty)$, 其中 $s<t$, 证明积分

$$I(u)=\int_0^\infty x^u f(x)\mathrm{d}x, \quad u\in(s,t)$$

存在且是 $u\in(s,t)$ 的连续函数.

24. 设 $f\in L(\mathbb{R}^1)$, 试证明

$$\int_a^b f(x+t)\mathrm{d}x = \int_{a+t}^{b+t} f(x)\mathrm{d}x .$$

25. 设 $f\in L(\mathbb{R}^1)$. 若对于 $\mathbb{R}^1$ 上任一具有紧支集的连续函数 $g(x)$, 有

$$\int_{\mathbb{R}^1} f(x)g(x)\mathrm{d}x=0,$$

证明 $f(x)=0$, a.e.$\mathbb{R}^1$.

26. 设有可测集 $E_k\subset[a,b]$, $m(E_k)\geq\delta>0$, $k=1,2,\cdots$, $\{a_k\}$ 是一实数列; 又设

$$\sum_{k=1}^\infty |a_k|\chi_{E_k}(x)<\infty, \text{ a.e.}[a,b],$$

证明

$$\sum_{k=1}^\infty |a_k|<\infty .$$

*27. 已知 $f(x)$ 是 $\mathbb{R}^1$ 上有界函数, 若对于每一点 $x\in\mathbb{R}^1$, 极限

$$\lim_{h\to0}f(x+h)$$

存在, 证明 $f(x)$ 在任一区间 $[a,b]$ 上是黎曼可积的.

28. 设 $f(x)$ 是 E 上的有界可测函数, 且存在正数 M, 及 $\alpha<1$,

使得对于任意的 $\lambda > 0$, 有
$$m\big(E(|f| > \lambda)\big) < \frac{M}{\lambda^\alpha}.$$
证明 $f \in L(E)$.

29. 设可测集 $E \subset [0,1]$, 证明函数 $\chi_E(x)$ 在 $[0,1]$ 上是黎曼可积的当且仅当 $m(\overline{E} \backslash \overset{\circ}{E}) = 0$.

30. 设 $f(x) \in L(0, \infty)$, 又 $g(x) \in \mathfrak{M}(E)$. 若存在 $M > 0$, 对一切 $x \in (0, \infty)$, 均有 $|g(x)/x| \leq M$, 试证明
$$\lim_{x \to \infty} \frac{1}{x} \int_0^x f(x)g(x)\mathrm{d}x = 0.$$

§3.3 重积分与累次积分

重积分与累次积分的关系是多元微积分学中的重要课题. 以二元函数为例, 若 $f(x,y)$ 是长方形 $\mathfrak{D} = [a,b] \times [c,d]$ 上的连续函数, 则
$$\int_{\mathfrak{D}} f(x,y)\mathrm{d}x\mathrm{d}y = \int_a^b \mathrm{d}x \int_c^d f(x,y)\mathrm{d}y$$
$$= \int_c^d \mathrm{d}y \int_a^b f(x,y)\mathrm{d}x.$$
上述等式中累次积分交换次序是很有价值的. 在黎曼积分框架下, 被积函数连续性条件可以减弱, 但是总不免要用到较难验证的条件. 而在 Lebesgue 积分的框架内, 这个问题在本节将得到完满的结果.

§3.3.1 Fubini 定理

设 A, B 是两个集合. A 与 B 的笛卡儿 (Descartes) 积指的是集合
$$A \times B = \big\{(x,y)\big|\ x \in A,\, y \in B \big\}. \tag{3.3.1}$$

当 $A = \mathbb{R}^p$, $B = \mathbb{R}^q$ 时，令 $n = p + q$, $A \times B$ 就是欧氏空间 $\mathbb{R}^n$. 若 $A \subset \mathbb{R}^p$, $B \subset \mathbb{R}^q$, 则 $A \times B \subset \mathbb{R}^n$, 称 $A \times B$ 为空间 $\mathbb{R}^n$ 中的矩形. 特别地，当 A 是 p 维可测集，B 是 q 维可测集时，下面将证明 $A \times B$ 是 n 维可测集，称为可测矩形.

$\mathbb{R}^n = \mathbb{R}^{p+q}$ 中元可以表示成 (x, y), 其中 $x \in \mathbb{R}^p$, $y \in \mathbb{R}^q$. 将定义在空间 $\mathbb{R}^n$ 上的函数 f 的积分记为

$$\int_{\mathbb{R}^n} f(x, y) \mathrm{d}x \mathrm{d}y = \int_{\mathbb{R}^p \times \mathbb{R}^q} f(x, y) \mathrm{d}x \mathrm{d}y \, , \tag{3.3.2}$$

称为 $\mathbb{R}^{p+q}$ 上的重积分. 对于固定的 $x \in \mathbb{R}^p$, $f(x, y)$ 作为 y 的函数在 $\mathbb{R}^q$ 上的积分记为

$$F_f(x) = \int_{\mathbb{R}^q} f(x, y) \mathrm{d}y \, , \tag{3.3.3}$$

它是参变积分. 再考虑函数 $F_f(x)$ 在 $\mathbb{R}^p$ 上的积分，则有累次积分

$$\int_{\mathbb{R}^p} F_f(x) \mathrm{d}x = \int_{\mathbb{R}^p} \mathrm{d}x \int_{\mathbb{R}^q} f(x, y) \mathrm{d}y \, . \tag{3.3.4}$$

同样可以定义交换了积分次序后的累次积分

$$\int_{\mathbb{R}^q} \mathrm{d}y \int_{\mathbb{R}^p} f(x, y) \mathrm{d}x \, . \tag{3.3.5}$$

在 Lebesgue 积分框架下，本节的 Tonelli 定理和 Fubini 定理将分别给出如下的结论：当函数 $f(x, y)$ 是 $\mathbb{R}^{p+q}$ 上的非负可测函数或 Lebesgue 可积函数时，累次积分存在并可交换次序，而且总等于重积分，即

$$\int_{\mathbb{R}^n} f(x, y) \mathrm{d}x \mathrm{d}y = \int_{\mathbb{R}^p} \mathrm{d}x \int_{\mathbb{R}^q} f(x, y) \mathrm{d}y$$

$$= \int_{\mathbb{R}^q} \mathrm{d}y \int_{\mathbb{R}^p} f(x, y) \mathrm{d}x \, . \tag{3.3.6}$$

让我们先考察 Tonelli 定理，分析如何证明对所有 $\mathbb{R}^n$ 上非负可测函数，(3.3.6) 式成立. 由于非负可测函数是非负可测简单函数上升列的极限，故只需对任意非负可测简单函数证明 (3.3.6) 式成立. 又由积

分的线性性质, 归结为对任意的 $\mathbb{R}^n$ 中可测集 E, 有等式:

$$\int_{\mathbb{R}^n} \chi_E(x,y)\mathrm{d}x\mathrm{d}y = \int_{\mathbb{R}^p} \mathrm{d}x \int_{\mathbb{R}^q} \chi_E(x,y)\mathrm{d}y$$

$$= \int_{\mathbb{R}^q} \mathrm{d}y \int_{\mathbb{R}^p} \chi_E(x,y)\mathrm{d}x . \tag{3.3.7}$$

定义 3.3.1 设 $E \subset \mathbb{R}^{p+q}$, 对于任意的 $x \in \mathbb{R}^p$, 令

$$E_x = \{y \in \mathbb{R}^q | (x,y) \in E\} . \tag{3.3.8}$$

对于任意的 $y \in \mathbb{R}^q$, 有

$$E^y = \{x \in \mathbb{R}^p | (x,y) \in E\} . \tag{3.3.9}$$

集合 E_x 称为 E 的 x 截口, E^y 称为 E 的 y 截口.

显然

$$\chi_E(x,y) = \chi_{E_x}(y) = \chi_{E^y}(x) . \tag{3.3.10}$$

于是等式 (3.3.7) 可改写成

$$m(E) = \int_{\mathbb{R}^p} m(E_x)\mathrm{d}x = \int_{\mathbb{R}^q} m(E^y)\mathrm{d}y . \tag{3.3.11}$$

由于下面要考虑不同维数的可测集, 对于自然数 r, 我们将 $\mathbb{R}^r$ 中全体 Lebesgue 可测集记为 $\mathfrak{M}_r$.

定理 3.3.2 设对于任意的自然数 $n = p + q$, $E \in \mathfrak{M}_n$, 有

(1) 对于几乎处处 $x \in \mathbb{R}^p$, $E_x \in \mathfrak{M}_q$;

(2) $m(E_x)$ 在 $\mathbb{R}^p$ 上几乎处处有定义, 且是 $\mathbb{R}^p$ 上非负可测函数;

(3) $m(E) = \displaystyle\int_{\mathbb{R}^p} m(E_x)\mathrm{d}x$.

记满足定理中条件 (1),(2),(3) 的 n 维可测集全体为 $\mathfrak{U}$. 集合族 $\mathfrak{U}$ 显然是非空的, 而且 $\mathfrak{U} \subset \mathfrak{M}_n$. 于是只要证明 $\mathfrak{M}_n \subset \mathfrak{U}$ 成立, 即 $\mathfrak{U} = \mathfrak{M}_n$, 定理就得证. 这种证明的方法在概率论和测度论中是一种非常典型的方法. 在给出定理证明之前, 首先考虑集合族 $\mathfrak{U}$ 的性质.

引理 3.3.3 下列结论成立:

(1) 若 $E_1, E_2 \in \mathfrak{U}$, $E_1 \cap E_2 = \emptyset$, 则 $E_1 \cup E_2 \in \mathfrak{U}$;

(2) 若 $E, F \in \mathfrak{U}$, $F \subset E$ 且 $m(F) < \infty$, 则 $E \setminus F \in \mathfrak{U}$;

(3) 若 $\{E_k\} \subset \mathfrak{U}$, $E_k \subset E_{k+1}$, $k = 1, 2, \cdots$, 则 $\bigcup\limits_{k=1}^{\infty} E_k \in \mathfrak{U}$.

证明 (1) 显然成立.

(2) 因为 $(E \setminus F)_x = E_x \setminus F_x$, 知 $E \setminus F$ 满足定理 3.3.2 中的条件 (1). 由于 $m(F) < \infty, m(E \setminus F) = m(E) - m(F)$, 又由于集合 F 满足定理 3.3.2 中的条件 (3), 知 $m(F_x)$ 在 $\mathbb{R}^p$ 上几乎处处有限. 故除去一个关于 x 的零测集外 $m(F_x)$ 皆有限, 从而有

$$m((E \setminus F)_x) = m(E_x) - m(F_x).$$

由于 $E, F \in \mathfrak{U}$, 立得集合 $E \setminus F$ 满足条件 (2) 和 (3).

(3) 记 $E = \cup_{k \geq 1} E_k$, 则 $E_x = \cup_{k \geq 1} (E_k)_x$, 故由定理 2.1.8 知

$$m(E) = \lim_{k \to \infty} m(E_k),$$

$$m(E_x) = \lim_{k \to \infty} m((E_k)_x).$$

后一等式在除去关于 x 的一个零测集外皆成立. 由于 $E_k \in \mathfrak{U}$, 由 Levi 定理, 易证得 $E \in \mathfrak{U}$.

定理 3.3.2 的证明 只要证明 $\mathfrak{M}_n \subset \mathfrak{U}$. 即 $\forall E \in \mathfrak{M}_n$, 要证明 $E \in \mathfrak{U}$. 下面分别按集合 E 的不同类型进行证明.

(1) 设 E 是矩体, 则有 $E = I \times J$, 其中 I 和 J 各为 $\mathbb{R}^p$ 和 $\mathbb{R}^q$ 中的矩体, 则

$$E_x = \begin{cases} J, & x \in I, \\ \emptyset, & x \,\overline{\in}\, I; \end{cases}$$

$$m(E_x) = \begin{cases} |J|, & x \in I, \\ 0, & x \,\overline{\in}\, I; \end{cases}$$

且
$$m(E) = |I| \cdot |J| = \int_{\mathbb{R}^p} m(E_x)\mathrm{d}x\,.$$
这说明 $E \in \mathfrak{U}$.

(2) 若 E 是开集, 则 $E = \bigcup_{j=1}^{\infty} I_j$, 其中 $\{I_j\}$ 是 $\mathbb{R}^n$ 中互不相交的半开半闭矩体. 由 (1) 及引理 3.3.3 的 (1) 知
$$E_k = \bigcup_{j=1}^{k} I_j \in \mathfrak{U}.$$
从而根据引理 3.3.3 的 (3), 可知 $E \in \mathfrak{U}$.

(3) 若 E 是 $\mathbb{R}^n$ 中有界闭集, 则可表为两个有界开集的差集, 从而根据引理 3.3.3 的 (2), 可知 $E \in \mathfrak{U}$.

(4) 设 $\{E_k\}$ 是 $\mathbb{R}^n$ 中可测集合列, $m(E_1) < \infty$, $E_k \supset E_{k+1}$, $k = 1, 2, \cdots$. 记
$$E = \bigcap_{k=1}^{\infty} E_k.$$
当 $E_k \in \mathfrak{U}$, $k = 1, 2, \cdots$ 时, 有 $E \in \mathfrak{U}$. 因为 $E_1 \setminus E_k \in \mathfrak{U}$, 由引理 3.3.3 的 (3), 可知 $\bigcup_{k=1}^{\infty} (E_1 \setminus E_k) \in \mathfrak{U}$. 再根据引理 3.3.3 的 (2) 即得
$$E = E_1 \setminus \bigcup_{k=1}^{\infty} (E_1 \setminus E_k) \in \mathfrak{U}.$$

(5) 若 E 是 $\mathbb{R}^n$ 中零测集, 则 $E \in \mathfrak{U}$. 事实上, 可选取递减开集列 $\{G_k\}$, $E \subset G_k$, $k = 1, 2, \cdots$, 使得 $\lim_{k \to \infty} m(G_k) = 0$. 记
$$H = \bigcap_{k=1}^{\infty} G_k,$$
则由上述 (2) 和 (4) 可知, $H \in \mathfrak{U}$. 显然 $m(H) = 0$. 由 $E \subset H$, 得 $E_x \subset H_x$. 于是由
$$m(H) = \int_{\mathbb{R}^p} m(H_x)\mathrm{d}x = 0,$$

可得

$$m(E) = 0 = \int_{\mathbb{R}^p} m(E_x)\mathrm{d}x\,,$$

故 E 满足定理 3.3.2 中条件 (3). 上述等式还说明, 几乎处处 $x \in \mathbb{R}^p$, $m(E_x) = 0$. 因此 E 也满足定理 3.3.2 中条件 (1) 和 (2), 故 $E \in \mathfrak{U}$.

(6) 对于任意 $E \in \mathfrak{M}_n$, 由定理 2.1.11, 可以将 E 表示为两个互不相交的集合的并:

$$E = \left(\bigcup_{k=1}^{\infty} F_k \right) \cup Z\,,$$

其中每个 F_k 都是有界闭集, $m(Z) = 0$. 由 (3) 以及类似于 (2) 中的方法不难证明, $\bigcup_{k=1}^{\infty} F_k \in \mathfrak{U}$, 再根据 (5), 立得 $E \in \mathfrak{U}$.

注　改变 $x \in \mathbb{R}^p$ 与 $y \in \mathbb{R}^q$ 的次序可得如下的结论: 当 $E \in \mathfrak{M}_n$ 时, 有

(1) 对于几乎处处 $y \in \mathbb{R}^q$, $E^y \in \mathfrak{M}_p$;

(2) $y \mapsto m(E^y)$ 在 $\mathbb{R}^q$ 几乎处处有定义, 是 $\mathbb{R}^q$ 上非负可测函数;

(3) $m(E) = \displaystyle\int_{\mathbb{R}^q} m(E^y)\mathrm{d}y\,.$

定理 3.3.4　假若 E_1 与 E_2 分别是 $\mathbb{R}^p$ 与 $\mathbb{R}^q$ 中的可测集, 则 $E_1 \times E_2 \in \mathfrak{M}_n$, 且有

$$m(E_1 \times E_2) = m(E_1)m(E_2)\,.$$

证明　因为

$$(E_1 \times E_2)_x = \begin{cases} E_2, & x \in E_1\,; \\ \emptyset, & x \overline{\in} E_1\,, \end{cases}$$

所以对于 $\forall\, x \in \mathbb{R}^p$, $(E_1 \times E_2)_x \in \mathfrak{M}_q$, 且

$$m((E_1 \times E_2)_x) = \chi_{E_1}(x)m(E_2).$$

因此若能证明 $E_1 \times E_2 \in \mathfrak{M}_n$, 则由定理 3.3.2 可得.

$$m(E_1 \times E_2) = \int_{\mathbb{R}^p} \chi_{E_1}(x) m(E_2) \mathrm{d}x = m(E_1)m(E_2).$$

现在来证明 $E_1 \times E_2 \in \mathfrak{M}_n$. 由于 $E_1 \times E_2$ 可表为可数个点集 $A \times B$ 的并集, 其中 A, B 是有界闭集或零测集. 故只需讨论以下两种情形.

(1) A 是零测集. 此时, 对于任给的 $\varepsilon > 0$, 可作 $\mathbb{R}^p$ 中的开矩体列 $\{I_k\}$ 以及 $\mathbb{R}^q$ 中的开矩体列 $\{J_k\}$, 使得

$$A \subset \bigcup_{k=1}^{\infty} I_k, \qquad \sum_{k=1}^{\infty} |I_k| < \varepsilon;$$
$$B \subset \bigcup_{k=1}^{\infty} J_k, \qquad \sum_{k=1}^{\infty} |J_k| < \infty.$$

显然 $A \times B$ 被 $\mathbb{R}^n$ 中的开矩体列 $\{I_k \times J_l\}$ 所覆盖. 因此

$$m^*(A \times B) \le m\left(\bigcup_{k,l}^{\infty}(I_k \times J_l)\right)$$
$$\le \sum_{k=1}^{\infty} |I_k| \cdot \sum_{l=1}^{\infty} |J_l| < \varepsilon \cdot \sum_{l=1}^{\infty} |J_l|,$$

这说明 $A \times B$ 是 $\mathbb{R}^p \times \mathbb{R}^q$ 中的零测集. 故 $A \times B \in \mathfrak{M}_n$.

(2) A 与 B 都是有界闭集. 易知 $A \times B$ 是 $\mathbb{R}^p \times \mathbb{R}^q$ 中的闭集, 因此是可测集.

注 记 $\mathcal{R} = \{A \times B \mid A \in \mathfrak{M}_p, B \in \mathfrak{M}_q\}$, 它是全体可测矩体的集合. 由定理 3.3.4 知 $\mathcal{R} \subset \mathfrak{M}_n$. 由 R 生成的 σ 代数记作 $\mathfrak{M}_p \times \mathfrak{M}_q$, 称为乘积 σ 代数, 显然有 $\mathfrak{M}_p \times \mathfrak{M}_q \subset \mathfrak{M}_n$. 可以证明 $\forall E \in \mathfrak{M}_n$, 总存在零测集 $Z \subset E$, 使得 $E \setminus Z \in \mathfrak{M}_p \times \mathfrak{M}_q$. 还可以证明, 对于任意的 $E \in \mathfrak{M}_p \times \mathfrak{M}_q$, 总有 $E_x \in \mathfrak{M}_q$, $E^y \in \mathfrak{M}_p$, 并且

$$m(E) = \int_{\mathbb{R}^p} m(E_x)\mathrm{d}x = \int_{\mathbb{R}^q} m(E^y)\mathrm{d}y$$

成立.

积分与测度是相通的. 现在可以利用高维欧氏空间中的点集与它们在低维欧氏空间中的截口点集的关系来讨论累次积分次序的交换问题.

定理 3.3.5（Tonelli 定理） 记 $n = p+q$，设 $f(x,y)$ 是 $\mathbb{R}^{p+q} = \mathbb{R}^n$ 上的非负可测函数，则

(1) 对于几乎处处的 $x \in \mathbb{R}^p$，函数 $f(x, \cdot)$ 是 $\mathbb{R}^q$ 上的非负可测函数；

(2) 积分：

$$F_f(x) = \int_{\mathbb{R}^q} f(x,y)\mathrm{d}y$$

在 $\mathbb{R}^p$ 上几乎处处有定义，是 $\mathbb{R}^p$ 上的非负可测函数；

(c) 重积分与累次积分相等：

$$\int_{\mathbb{R}^{p+q}} f(x,y)\mathrm{d}x\mathrm{d}y = \int_{\mathbb{R}^p} F_f(x)\mathrm{d}x$$
$$= \int_{\mathbb{R}^p} \mathrm{d}x \int_{\mathbb{R}^q} f(x,y)\mathrm{d}y\,.$$

证明 由定理 3.3.2 知，对于任意可测集 $E \in \mathfrak{M}_n$，特征函数 $\chi_E(x)$ 满足定理的条件 (1),(2),(3)，因此非负可测简单函数也满足定理条件 (1),(2),(3). 考虑非负可测函数 $f(x,y)$，它是非负可测简单函数上升列的极限. 由 Levi 定理，易知 $f(x,y)$ 满足定理条件 (1),(2),(3).

从定理证明可以看出，Tonelli 定理是定理 3.3.2 的直接推论，而在 Tonelli 定理中将非负可测函数取作可测集的特征函数，即得定理 3.3.2. 因此定理 3.3.2 与 Tonelli 定理是等价的.

注 改变两个累次积分的次序，结论仍成立，即

$$\int_{\mathbb{R}^n} f(x,y)\mathrm{d}x\mathrm{d}y = \int_{\mathbb{R}^p} \mathrm{d}x \int_{\mathbb{R}^q} f(x,y)\mathrm{d}y$$
$$= \int_{\mathbb{R}^q} \mathrm{d}y \int_{\mathbb{R}^p} f(x,y)\mathrm{d}x\,.$$

定理 3.3.6(**Fubini 定理**)   若 $f \in L(\mathbb{R}^n)$, $\mathbb{R}^n = \mathbb{R}^p \times \mathbb{R}^q$, 则

(1) 对于几乎处处的 $x \in \mathbb{R}^p$, $f(x, \cdot)$ 是 $\mathbb{R}^q$ 上的可积函数;

(2) $F_f(x) = \displaystyle\int_{\mathbb{R}^q} f(x, y) \mathrm{d}y$ 在 $\mathbb{R}^p$ 上几乎处处有定义, 是 $\mathbb{R}^p$ 上的可积函数;

(3) 重积分与累次积分相等:

$$\int_{\mathbb{R}^n} f(x, y) \mathrm{d}x \mathrm{d}y = \int_{\mathbb{R}^p} \mathrm{d}x \int_{\mathbb{R}^q} f(x, y) \mathrm{d}y$$
$$= \int_{\mathbb{R}^q} \mathrm{d}y \int_{\mathbb{R}^p} f(x, y) \mathrm{d}x. \qquad (3.3.12)$$

证明   令 $f(x, y) = f^+(x, y) - f^-(x, y)$, 则根据非负可测函数的 Tonelli 定理可知, 函数 $f^+(x, y)$ 与 $f^-(x, y)$ 满足定理中的条件 (1),(2),(3), 并且涉及到的积分都是有限的, 因此可以相减. 于是可知 $f(x, y)$ 也满足定理中的条件 (1),(2),(3).

应用 Fubini 定理是十分方便的. 首先, 在具体问题中被积函数 $f(x, y)$ 的可测性通常不成问题. 其次, 若函数 f 非负, 则由 Tonelli 定理应用公式 (3.3.12) 时无需验证任何条件, 例如不必考虑可积性. 若函数 f 不是非负函数, 则可预先利用等式

$$\int_{\mathbb{R}^n} |f(x, y)| \mathrm{d}x \mathrm{d}y = \int_{\mathbb{R}^p} \mathrm{d}x \int_{\mathbb{R}^q} |f(x, y)| \mathrm{d}y = \int_{\mathbb{R}^q} \mathrm{d}x \int_{\mathbb{R}^p} |f(x, y)| \mathrm{d}y,$$

判定函数 f 的可积性. 然后再应用公式 (3.3.12).

注   即使 $f(x, y)$ 的两个累次积分存在且相等, 函数 $f(x, y)$ 在 $\mathbb{R}^n$ 上也可能是不可积的.

作为 Fubini 定理的应用, 考虑可测函数的卷积. 设 $f(x)$ 和 $g(x)$ 是 $\mathbb{R}^n$ 上的可测函数. 若积分

$$\int_{\mathbb{R}^n} f(x - y) g(y) \mathrm{d}y$$

存在, 则称此积分为 f 与 g 的卷积, 并记为 $f * g(x)$. 于是有

$$f * g(x) = \int_{\mathbb{R}^n} f(x-y)g(y)\mathrm{d}y. \tag{3.3.13}$$

作平移变换 $x - y = z$, 不难得到卷积的交换性: $f * g = g * f$.

注意, 这里的函数 $f(x-y)$ 是 $\mathbb{R}^n \times \mathbb{R}^n$ 上的可测函数.

定理 3.3.7 设 $f, g \in L(\mathbb{R}^n)$, 则卷积 $f * g(x)$ 对几乎处处的 $x \in \mathbb{R}^n$ 存在, $f * g \in L(\mathbb{R}^n)$, 且

$$\int_{\mathbb{R}^n} |f * g(x)|\mathrm{d}x \leq \int_{\mathbb{R}^n} |f(x)|\mathrm{d}x \int_{\mathbb{R}^n} |g(x)|\mathrm{d}x.$$

证明 首先, 设 $f(x) \geq 0, g(x) \geq 0$. 因为 $f(x-t)g(t)$ 是 $\mathbb{R}^n \times \mathbb{R}^n$ 上非负可测函数, 所以根据 Tonelli 定理, 得

$$\int_{\mathbb{R}^n} \mathrm{d}x \int_{\mathbb{R}^n} f(x-t)g(t)dt = \int_{\mathbb{R}^n} dt \int_{\mathbb{R}^n} f(x-t)g(t)\mathrm{d}x$$

$$= \int_{\mathbb{R}^n} g(t)dt \int_{\mathbb{R}^n} f(x-t)\mathrm{d}x = \int_{\mathbb{R}^n} g(t)dt \int_{\mathbb{R}^n} f(x)\mathrm{d}x < \infty.$$

这说明 $f * g(x)$ 几乎处处有限, 且有

$$\int_{\mathbb{R}^n} f * g(x)\mathrm{d}x = \int_{\mathbb{R}^n} g(t)dt \int_{\mathbb{R}^n} f(x)\mathrm{d}x.$$

其次, 对于一般情形, 只需注意 $|f * g(x)| \leq |f| * |g|(x)$, 从而有

$$\int_{\mathbb{R}^n} |f * g(x)|\mathrm{d}x \leq \int_{\mathbb{R}^n} |f| * |g|(x)\mathrm{d}x = \int_{\mathbb{R}^n} |f(x)|\mathrm{d}x \int_{\mathbb{R}^n} |g(x)|\mathrm{d}x < \infty.$$

定理证毕.

下面讨论积分的几何意义, 它是定理 3.3.2 的另一个应用. 给定 $E \in \mathfrak{M}_n$, 设 $f(x)$ 是 E 上的非负实值函数, 点集

$$\Gamma_E(f) = \{(x,y) \in \mathbb{R}^{n+1} \,|\, x \in E, y = f(x)\} \tag{3.3.14}$$

称为 f 在 E 上的图像. 点集

$$\underline{G}(f) = \{(x,y) \in \mathbb{R}^{n+1} \,|\, x \in E, 0 \leq y \leq f(x)\} \tag{3.3.15}$$

称为 f 在 E 上的下方图形集.

定理 3.3.8 给定 $E \in \mathfrak{M}_n, f(x)$ 是 E 上的非负实值函数.

(1) 若 $f(x)$ 是可测函数, 则 $\Gamma_E(f), \underline{G}(f) \in \mathfrak{M}_{n+1}$, 且

$$m(\Gamma_E(f)) = 0, \tag{3.3.16}$$

$$m(\underline{G}(f)) = \int_E f(x)\mathrm{d}x. \tag{3.3.17}$$

(2) 若 $\underline{G}(f) \in \mathfrak{M}_{n+1}$, 则 $f(x)$ 是可测函数, 且有

$$m(\underline{G}(f)) = \int_E f(x)\mathrm{d}x. \tag{3.3.18}$$

这是黎曼积分中曲边梯形面积意义的推广.

证明 (1) 首先, 证明 $m(\Gamma_E(f)) = 0$. 不妨设 $m(E) < \infty$. 对任给 $\delta > 0$, 令 $E_k = \{x \in E \,|\, k\delta \le f(x) < (k+1)\delta\}$, $k = 0, 1, 2, \cdots$. 显然有

$$\Gamma_E(f) = \bigcup_{k=0}^{\infty} \Gamma_{E_k}(f),$$

从而得

$$m^*(\Gamma_E(f)) \le \sum_{k=0}^{\infty} m^*(\Gamma_{E_k}(f)) \le \sum_{k=0}^{\infty} \delta m(E_k) = \delta m(E).$$

由 δ 的任意性知 $m(\Gamma_E(f)) = 0$.

其次, 证明 $\underline{G}(f) \in \mathfrak{M}_{n+1}$ 以及等式 (3.3.17). 若 $f(x)$ 是一个可测集上的特征函数, 结论显然成立. 从而对于非负可测简单函数结论也真. 对于一般的情况, 可作非负可测简单函数的上升列 $\varphi_k(x)$, 并收敛于 $f(x)$, 易证

$$\underline{G}(\varphi_k) \subset \underline{G}(\varphi_{k+1}), \quad \Gamma_E(f) \cup \bigcup_{k \ge 1} \underline{G}(\varphi_k) = \underline{G}(f).$$

由于 $\Gamma_E f$ 是 $\mathbb{R}^{n+1}$ 中的零测集, 所以 $\underline{G}(f) \in \mathfrak{M}_{n+1}$, 而且

$$m(\underline{G}(f)) = \lim_{k \to \infty} m(\underline{G}(\varphi_k)) = \lim_{k \to \infty} \int_E \varphi_k(x)\mathrm{d}x = \int_E f(x)\mathrm{d}x.$$

(2) 记 $H = \underline{G}(f)$, 它是 $\mathbb{R}^{n+1} = \mathbb{R}^n \times \mathbb{R}$ 的可测集. 由定理 3.3.2 可知, 对几乎处处的 $x \in \mathbb{R}^n$, H 的截口集 $H(x) = \{y \in \mathbb{R}^1 \,|\, (y, x) \in H\} \in$

$\mathfrak{M}_1$, 且 $m(H(x))$ 是可测函数. 故除了一个零测集中的 x 值以外, 当 $x \in E$ 时, $H(x) = [0, f(x)], m(H(x)) = f(x)$; 当 $x \bar{\in} E$ 时, $H(x) = \emptyset, m(H(x)) = 0$. 这说明 $f(x)$ 是 E 上的可测函数. 根据 (1), 即得

$$m(\underline{G}(f)) = \int_E f(x)\mathrm{d}x\,.$$

§3.3.2 测度空间上的重积分与累次积分

上述重积分与 Fubini 定理的 Lebesgue 积分理论也可并行推广到抽象测度空间中. 设 $(X, \mathcal{F}, \mu), (Y, \mathcal{G}, \nu)$ 是两个给定的测度空间. 令 $Z = X \times Y$, 考虑形如 $A \times B \in Z$ $(A \in \mathcal{F}, B \in \mathcal{G})$ 的集合, 称为 Z 中的可测矩体. 全体 Z 中的可测矩体记作 $\mathcal{R}$, 由 $\mathcal{R}$ 生成的 σ 代数记作 $\mathcal{H}$, 于是 $(Z, \mathcal{H})$ 是可测空间, 称为 $(X, \mathcal{F})$ 与 $(Y, \mathcal{G})$ 的乘积空间, 记成 $(Z, \mathcal{H}) = (X, \mathcal{F}) \times (Y, \mathcal{G})$. 对于任给的 $E \in \mathcal{H}, \forall x \in X, \forall y \in Y$, 定义

$$E_x = \{y \in Y | (x, y) \in E\}, \quad E^y = \{x \in X | (x, y) \in E\}, \tag{3.3.19}$$

称为集合 E 的截口.

定理 3.3.9 设 $(X, \mathcal{F})$ 与 $(Y, \mathcal{G})$ 是两个 σ 有限测度空间, $(Z, \mathcal{H})$ 是 X 与 Y 的乘积测度空间, 则存在唯一定义于 $\mathcal{H}$ 上的 σ 有限测度 λ, 使得以下条件满足:

(1) $\lambda(A \times B) = \mu(A) \times \nu(B)$, $\quad \forall A \times B \in \mathcal{R}$;

(2) 对于任给的 $E \in \mathcal{H}$, 有

$$\lambda(E) = \int_X \nu(E_x)\mu(\mathrm{d}x) = \int_Y \mu(E^y)\nu(\mathrm{d}y)\,. \tag{3.3.20}$$

空间 Z 上的测度 λ 称为 μ 与 ν 的乘积测度, 记作 $\lambda = \mu \times \nu$; 称 $(Z, \mathcal{H}, \lambda)$ 是 $(X, \mathcal{F}, \mu)$ 与 $(Y, \mathcal{G}, \nu)$ 的乘积测度空间, 记作 $(Z, \mathcal{H}, \lambda) = (X, \mathcal{F}, \mu) \times (Y, \mathcal{G}, \nu)$.

证明 证明分 4 步.

(1) 证明每个可测集 $E \in \mathcal{H}$ 的截口都是可测的. 令
$$\mathcal{E} = \{E \subset Z \,|\, E\text{的截口都可测}\},$$
只需证明 $\mathcal{H} \subset \mathcal{E}$. 若 $A \times B$ 是可测矩体, 则其截口是 A, B 或 $\emptyset$, 因而 $A \times B \in \mathcal{E}$, 故 $\mathcal{R} \subset \mathcal{E}$. 若 $E \in \mathcal{E}, \{E_n\} \subset \mathcal{E}, x \in X, y \in Y$, 则
$$\left(\bigcup_n E_n \right)_x = \bigcup_n (E_n)_x \in \mathcal{G}; \quad (E^c)_x = (E_x)^c \in \mathcal{G};$$
同理 $\left(\bigcup_n E_n \right)^y, (E^c)^y \in \mathcal{F}$. 故 $\bigcup_n E_n, E^c \in \mathcal{E}$, 可见 $\mathcal{E}$ 是 σ 代数. 因此 $\mathcal{H} \subset \mathcal{E}$.

(2) 若 X 上的集合族 $\mathcal{K} \subset 2^X$, 满足条件: 当 $\{A_n\} \subset \mathcal{K}$ 为单调列时, 仍有 $\lim_n A_n \in \mathcal{K}$, 则称集合族 $\mathcal{K}$ 是单调族. σ 代数是单调族. 若单调族 $\mathcal{K}$ 还是一个代数, 则 $\mathcal{K}$ 是一个 σ 代数.

(3) 任给 $E \in \mathcal{H}$, 今证
$$\int_X \nu(E_x) \mu(\mathrm{d}x) = \int_Y \mu(E^y) \nu(\mathrm{d}y). \tag{3.3.21}$$
首先考虑 $\mu(X) < \infty, \nu(Y) < \infty$ 情形. 记
$$\mathcal{L} = \{E \in \mathcal{E} \,|\, (3.3.21)\text{式成立}\},$$
只要证明 $\mathcal{H} \subset \mathcal{L}$. 由 $\mathcal{R}$ 生成的代数记为 $\mathcal{B}$. 若 $E = A \times B \in \mathcal{R}$, 则有
$$\int_X \nu(E_x) \mu(\mathrm{d}x) = \mu(A)\nu(B) = \int_X \mu(E^y) \nu(\mathrm{d}y).$$
于是 $\mathcal{R} \subset \mathcal{L}$. 易见每个 $E \in \mathcal{B}$ 可表为有限个互不相交的可测矩体之并. 而 $\mathcal{L}$ 对有限不交并运算封闭, 故 $\mathcal{B} \subset \mathcal{L}$. 若 $\{E_n\} \subset \mathcal{L}$ 为升列, 则由 Levi 定理得
$$\int_X \nu\left(\left(\bigcup E_n \right)_x \right) \mu(\mathrm{d}x) = \int_X \lim_n \nu((E_n)_x) \mu(\mathrm{d}x)$$
$$= \lim_n \int_X \nu((E_n)_x) \mu(\mathrm{d}x) = \lim_n \int_Y \mu((E_n)^y) \nu(\mathrm{d}y)$$
$$= \int_Y \mu\left(\left(\bigcup E_n \right)^y \right) \nu(\mathrm{d}y).$$

故 $\bigcup E_n \in \mathcal{L}$. 类似地, 当 $\{E_n\}$ 是 $\mathcal{L}$ 中的降列时, 仍有 $\bigcap E_n \in \mathcal{L}$, 可见 $\mathcal{L}$ 是单调类. 以 $\mathcal{D}$ 记由 $\mathcal{B}$ 生成的单调类, 即 $\mathcal{D}$ 为所有包含 $\mathcal{B}$ 的单调类的交. 因此 $\mathcal{D} \subset \mathcal{L}$.

今证 $\mathcal{D}$ 是一个代数, 于是 $\mathcal{D}$ 是 σ 代数, 从而有 $\mathcal{H} \subset \mathcal{D} \subset \mathcal{L}$ 成立. 任给 $E \in \mathcal{D}$, 令

$$\mathcal{D}_E = \{F \in \mathcal{D} \mid E \backslash F, F \backslash E, E \cap F \in \mathcal{D}\}.$$

显然 $\emptyset, E \in \mathcal{D}_E$; 若 $E \in \mathcal{D}_F$ 则 $F \in \mathcal{D}_E$; $\mathcal{D}_E$ 也是单调类. 如果 $E \in \mathcal{B}$, 那么 $\mathcal{B} \subset \mathcal{D}_E$, 从而 $\mathcal{D} \subset \mathcal{D}_E$. 这又推出 $\forall E \in \mathcal{D}$, 有 $\mathcal{B} \subset \mathcal{D}_E$, 从而 $\mathcal{D} \subset \mathcal{D}_E$, 这表明 $\mathcal{D}$ 是一个代数.

当 $\mu(X) = \infty$, 或 $\nu(X) = \infty$ 时, 可取互不相交的可测矩体 $\{A_n \times B_n\}$, 使

$$Z = \bigcup A_n \times B_n, \quad \mu(A_n) < \infty, \quad \nu(B_n) < \infty.$$

任给 $E \in \mathcal{H}$, 令 $E_n = E \cap (A_n \times B_n)$, 利用上段所证有

$$\int_X \nu(E_x)\mu(\mathrm{d}x) = \int_X \sum_n \nu((E_n)_x)\mu(\mathrm{d}x) = \sum_n \int_X \nu((E_n)_x)\mu(\mathrm{d}x)$$
$$= \sum_n \int_Y \mu((E_n)^y)\nu(\mathrm{d}y) = \int_Y \mu(E^y)\nu(\mathrm{d}y).$$

(4) 任给 $E \in \mathcal{H}$, 令

$$\lambda(E) = \int_X \nu(E_x)\mu(\mathrm{d}x),$$

则 λ 满足定理中的条件 (1) 和 (2), 容易验证 λ 是一个 σ 有限测度. 唯一性是显然的. 于是定理得证.

考虑乘积测度空间 $(Z, \mathcal{H}, \lambda) = (X, \mathcal{F}, \mu) \times (Y, \mathcal{G}, \nu)$ 上的非负 λ 可测函数 f, 它在 Z 上的积分可记成

$$\int_Z f(z)\lambda(\mathrm{d}z) = \int_{X \times Y} f(x, y)\mu(\mathrm{d}x)\nu(\mathrm{d}y).$$

与欧氏空间上 Lebesgue 重积分与累次积分可交换理论相仿, 有下述 Tonelli 定理与 Fubini 定理.

定理 3.3.10(Tonelli 定理) 令

$$(Z, \mathcal{H}, \lambda) = (X, \mathcal{F}, \mu) \times (Y, \mathcal{G}, \nu)$$

是乘积测度空间，f 是 Z 上的非负 λ 可测函数，则

(1) 对于 $\forall x \in X$，函数 $f(x, \cdot)$ 是 Y 上的非负 ν 可测函数；对于 $\forall y \in Y$，函数 $f(\cdot, y)$ 是 Y 上的非负 μ 可测函数.

(2) 积分

$$F_f(x) = \int_Y f(x, y)\nu(\mathrm{d}y)$$

是 X 上的非负 μ 可测函数；积分

$$F_f(y) = \int_X f(x, y)\mu(\mathrm{d}x)$$

是 Y 上的非负 ν 可测函数.

(3) 重积分与累次积分相等：

$$\int_Z f(z)\lambda(dz) = \int_X \mu(\mathrm{d}x) \int_Y f(x, y)\nu(\mathrm{d}y)$$
$$= \int_Y \nu(\mathrm{d}y) \int_X f(x, y)\mu(\mathrm{d}x).$$

对于一般的 $(Z, \mathcal{H}, \lambda)$ 上的可积函数，累次积分交换次序仍成立.

定理 3.3.11(Fubini 定理) 设 $f \in L(Z, \mathcal{H}, \lambda)$，则

(1) 对于 μ 几乎处处的 $x \in X$，函数 $f(x, \cdot) \in L(Y)$；对于 ν 几乎处处的 $y \in Y$，函数 $f(\cdot, y) \in L(X)$.

(2) 积分

$$F_f(x) = \int_Y f(x, y)\nu(\mathrm{d}y)$$

是 X 上可积函数；积分

$$F_f(y) = \int_X f(x, y)\mu(\mathrm{d}x)$$

是 Y 上的可积函数.

(3) 重积分与累次积分相等:

$$\int_Z f(z)\lambda(dz) = \int_{X\times Y} f(x,y)\mu(\mathrm{d}x)\nu(\mathrm{d}y) \qquad (3.3.22)$$

$$= \int_X \mu(\mathrm{d}x) \int_Y f(x,y)\nu(\mathrm{d}y) \qquad (3.3.23)$$

$$= \int_Y \nu(\mathrm{d}y) \int_X f(x,y)\mu(\mathrm{d}x). \qquad (3.3.24)$$

习   题

1. 求积分:
$$\int_0^\infty (\mathrm{e}^{-ax^2} - \mathrm{e}^{-bx^2})\frac{1}{x}\mathrm{d}x, \quad 0 < a < b.$$

2. 求积分:
$$\int_0^\infty \frac{1}{x}(\mathrm{e}^{-ax} - \mathrm{e}^{-bx})\sin x \mathrm{d}x, \quad 0 < a < b.$$

3. 设 $f \in L([0,1] \times [0,1])$, 证明
$$\int_0^1 \mathrm{d}x \int_0^x f(x,y)\mathrm{d}y = \int_0^1 \mathrm{d}y \int_y^1 f(x,y)\mathrm{d}x.$$

4. 设 $f \in L([0,a])$, $g(x) = \int_x^a \frac{f(t)}{t}\mathrm{d}t$, 证明
$$\int_0^a g(x)\mathrm{d}x = \int_0^a f(x)\mathrm{d}x.$$

5. 设 $f \in L([a,b])$, 证明
$$\int_a^b f(x)\mathrm{d}x \int_a^x f(y)\mathrm{d}y = \frac{1}{2}\Big[\int_a^b f(x)\mathrm{d}x\Big]^2.$$

6. 设 $f \in L([a,b])$, 证明
$$\int_a^b \mathrm{d}x \int_a^b \mathrm{d}y \int_x^y f(t)\mathrm{d}t = 0.$$

7. 设 $f,g \in L([a,b])$, $F(x) = \int_a^x f(t)\mathrm{d}t$, $G(x) = \int_a^x g(t)\mathrm{d}t$, 证明
$$\int_a^b F(x)g(x)\mathrm{d}x = F(x)G(x)\Big|_a^b - \int_a^b f(x)G(x)\mathrm{d}x.$$

8. 设当 x, y 为有理数时 $f(x,y) = 0$, 否则 $f(x,y) = 1$, 求积分
$$\int_0^1 \int_0^1 f(x,y)\mathrm{d}x\mathrm{d}y.$$

9. 设 $J \subset [0,1], E \subset J \times J$. 若对于每一个 $x \in J$, E_x 与 $J \setminus E^x$ 均可数, 证明 E 不可测.

10. 令 $f(x)$ 是 $\mathbb{R}^n$ 上的非负可测函数, 定义函数
$$\varphi(y) = m(\mathbb{R}^n(f > y)),$$
证明 $\int_{\mathbb{R}^n} f(x)\mathrm{d}x = \int_0^\infty \varphi(y)\mathrm{d}y$.

11. 令 f, g 是 $E \subset \mathbb{R}^n$ 上非负可测函数, 证明对一切 $y > 0$,
$$\varphi(y) = \int_{E(g \geq y)} f(x)\mathrm{d}x$$
存在, 且
$$\int_E f(x)g(x)\mathrm{d}x = \int_0^\infty \varphi(y)\mathrm{d}y.$$

12. 设 $f \in L([a,b])$, 在 $[a,b]$ 外, $f(x) = 0$. 令
$$\varphi(x) = \frac{1}{2h} \int_{x-h}^{x+h} f(t)\mathrm{d}t,$$
证明
$$\int_a^b |\varphi(x)|\mathrm{d}x \leq \int_a^b |f(x)|\mathrm{d}x.$$

13. 设 f, g 是可测集 E 上的可测函数, $m(E) < \infty$. 若 $f(x) + g(y)$ 在 $E \times E$ 上可积, 证明 $f(x), g(x) \in L(E)$.

14. 求积分
(1) $\int_{x>0} \int_{y>0} \dfrac{\mathrm{d}x\mathrm{d}y}{(1+y)(1+x^2y)};$ (2) $\int_0^\infty \dfrac{\ln x}{x^2-1}\mathrm{d}x.$

15. 设 $f \in L(0,\infty)$, $f(x) \geq 0$, 且 $\int_{(0,\infty)} f(t)\mathrm{d}t > 0$, 令
$$F(x) = \frac{1}{x} \int_0^x f(t)\mathrm{d}t, \quad x > 0.$$
证明: $F \overline{\in} L(0,\infty)$.

*16. 设 $f(x), g(x)$ 是可测集 E 上可测函数, 且 f 的值域 $\mathrm{ran}(f)$ $\subset [c, d]$, $g(x) \geq 0$, $\int_E g(x)\mathrm{d}x = 1$, $\varphi(x)$ 是 $[c, d]$ 上的凸函数. 证明詹森 (Jensen) 不等式:

$$\varphi\left(\int_E f(x)g(x)\mathrm{d}x\right) \leq \int_E \varphi[f(x)]g(x)\mathrm{d}x.$$

(提示: 一个函数 $\varphi : (c, d) \to \mathbb{R}$ 称为凸函数, 是指 $\forall s, t \in (c, d), \lambda \in (0, 1)$, 有

$$\varphi(\lambda s + (1 - \lambda)t) \leq \lambda\varphi(s) + (1 - \lambda)\varphi(t).$$

当函数 φ 是凸函数时, 它在至多除一个可列集外的点上都是可微的. 任取 $t_0 \in (c, d)$, 则存在常数 k, 使得 $\varphi(t) - \varphi(t_0) \geq k(t - t_0)$, $\forall t \in (c, d)$.)

17. 设 $f(x), g(x)$ 是 E 上的非负可测函数. 若 $f(x)g(x) \geq 1$, $x \in E$, 且 $m(E) = 1$, 试证明

$$\int_E f(x)\mathrm{d}x \int_E g(x)\mathrm{d}x \geq 1.$$

18. 设 A, B 是 $\mathbb{R}^n$ 中可测集, 试证明

$$\int_{\mathbb{R}^n} m((A - \{x\}) \cap B)\mathrm{d}x = m(A) \cdot m(B).$$

19. 设

$$f(x, y) = \begin{cases} \dfrac{xy}{(x^2 + y^2)^2}, & x^2 + y^2 \neq 0, \\ 0, & x = y = 0. \end{cases}$$

问: (1) $f(x, y)$ 在 $[0, 1] \times [0, 1]$ 上的两个累次积分是否存在? 若存在是否相等?

(2) $f(x, y)$ 在 $[0, 1] \times [0, 1]$ 上是否可积?

第四章 L^p 空间

在前面几章中，我们是将函数作为研究对象，考察了函数的可测性和可积性，建立了可测函数理论与 Lebesgue 积分理论. 与黎曼积分理论相比较，这个新的积分理论扩大了积分的对象. 但是，如果把 Lebesgue 可积函数的全体作为一个集合来考虑，这个集合还将呈现出与欧氏空间极其类似的空间结构和空间性质. 本章将要研究这种空间结构与空间性质，不过本章将在更广泛的函数类组成的集合上来讨论这个问题.

本章将考察 " p 次可积函数类" $L^p(E)$，其中 E 是 $\mathbb{R}^n$ 中的可测集， p 是大于或等于 1 的正实数. 当 $p = 1$ 时， $L^1(E)$ 就是全体集合 E 上的 Lebesgue 可积函数. 现在着重点不是其中各个函数的积分性质，而是研究集合中函数与函数之间的相互关系，研究这些集合作为整体的结构，如线性结构、拓扑结构和分析结构. 在 $L^p(E)$ 上引入由积分定义的度量

$$d(f, g) = \|f - g\|_p \quad (f, g \in L^p(E)),$$

通过这个度量在这集合 $L^p(E)$ 上引入拓扑. 依靠这个度量，在 $L^p(E)$ 中可以建立类似于欧氏空间的空间结构，这就是所谓的 L^p 空间理论. 我们将研究这个空间在这个度量下的完备性以及这个空间中的函数列的各种极限性质.

众所周知， $L^p(E)$ 空间理论不仅是调和分析理论的基础，也是沟通实变函数理论与泛函分析理论的一个重要枢纽. 它不仅在分析学中占有非常重要的地位，而且在其他各数学分支领域中都有着极其广泛的应用.

§4.1　L^p 空间

§4.1.1　L^p 空间的定义

定义 4.1.1　令 E 是 $\mathbb{R}^n$ 中可测集.

(1) 设 $f(x)$ 是 E 上的可测函数，$p \geq 1$, 记

$$\|f\|_p = \left(\int_E |f(x)|^p \mathrm{d}x \right)^{\frac{1}{p}}, \tag{4.1.1}$$

称 $\|f\|_p$ 为 f 的 L^p 范数 (或 L^p 模). 令

$$L^p(E) = \{ f \in \mathfrak{M}(E) \,|\, \|f\|_p < \infty \}, \tag{4.1.2}$$

称 $L^p(E)$ 为 E 上的 L^p 空间.

(2) 设 $f(x)$ 是 E 上的可测函数. 如果存在 $M > 0$, 使得 $|f(x)| \leq M$, a.e.$[E]$, 称 $f(x)$ 为本性有界的. 对一切如此的 M 取下确界, 记为 $\|f\|_\infty$, 称它为 $f(x)$ 的本性上界. 用 $L^\infty(E)$ 表示在 E 上由本性有界函数的全体构成的集合.

当 $f \in L^\infty(E)$ 时, 易知

$$\|f\|_\infty = \inf_{\substack{\triangle \subset E \\ m(\triangle)=0}} \sup_{x \in E \setminus \triangle} |f(x)|. \tag{4.1.3}$$

上一章所讨论的 Lebesgue 可积函数空间 $L(E)$ 即是上述定义中的 $L^1(E)$ 空间.

注 1　考虑抽象测度空间 $(X, \mathcal{F}, \mu)$, 也可定义其上的 L^p 空间.

(1) 设 $f(x)$ 是 X 上的 $\mathcal{F}$ 可测函数，$p \geq 1$, 记

$$\|f\|_p = \left(\int_X |f(x)|^p \mu(\mathrm{d}x) \right)^{\frac{1}{p}}, \tag{4.1.4}$$

称 $\|f\|_p$ 为 f 的 L^p 范数 (或 L^p 模). 令

$$L^p(X, \mathcal{F}, \mu) = \{ f \in \mathfrak{M}(X, \mathcal{F}, \mu) \,|\, \|f\|_p < \infty \}, \tag{4.1.5}$$

称 $L^p(X,\mathcal{F},\mu)$ 为 E 上的 L^p 空间, 简记作 $L^p(X)$.

(2) 设 $f(x)$ 是 X 上的 $\mathcal{F}$ 可测函数. 若存在 $M>0$, 使得 $|f(x)| \le M$, μ a.e., $f(x)$ 称为本性有界的. 对一切如此的 M 取下确界, 记为 $\|f\|_\infty$, 称它为 $f(x)$ 的本性上界. 用 $L^\infty(X,\mathcal{F},\mu)$ 表示在 X 上由本性有界函数的全体构成的集合.

当 $f \in L^\infty(X,\mathcal{F},\mu)$ 时, 易知

$$\|f\|_\infty = \inf_{\substack{\triangle \subset X \\ \mu(\triangle)=0}} \sup_{x \in X \backslash \triangle} |f(x)|. \tag{4.1.6}$$

以下讨论的 $L^p(E)$ 空间的理论在 $L^p(X,\mathcal{F},\mu)$ 空间中也成立, 不再细述.

下面约定 $1 \le p,q \le \infty$, $p^{-1}+q^{-1}=1$, 称 p 和 q 为共轭指数. 于是 2 的共轭指数是 2, 1 的共轭指数是 ∞, ∞ 的共轭指数是 1. 当 $1<p<\infty$ 时, $q=p/(p-1)$.

定理 4.1.2(Hölder 不等式) 设 E 是 n 维可测集, p 与 q 是共轭指数, $f \in L^p(E)$, $g \in L^q(E)$, 则有

$$\|fg\|_1 \le \|f\|_p \|g\|_q. \tag{4.1.7}$$

证明 若 $p=1$, 则 $q=\infty$, 此时不等式 (4.1.7) 为

$$\int_E |f(x)g(x)|\mathrm{d}x \le \|g\|_\infty \int_E |f(x)|\mathrm{d}x,$$

它显然成立. 以下设 $1<p<\infty$. 当 $\|f\|_p=0$ 或 $\|g\|_q=0$ 时, 总有 $f(x)g(x)=0, \text{a.e.}[E]$, 于是 (4.1.7) 式也显然成立. 故只需考虑 $\|f\|_p>0, \|g\|_q>0$ 的情形. 在公式

$$a^{\frac{1}{p}}b^{\frac{1}{q}} \le \frac{a}{p}+\frac{b}{q}, \quad a>0, b>0^{①}$$

---

① 由于 $\ln x$ 在 $x>0$ 上是上凸函数, 所以 $\frac{1}{p}\ln a+\frac{1}{q}\ln b \le \ln(\frac{a}{p}+\frac{b}{q})$, 从而 $a^{1/p}b^{1/q} \le \frac{a}{p}+\frac{b}{q}$.

中，　令

$$a = \frac{|f(x)|^p}{\|f\|_p^p}, \qquad b = \frac{|g(x)|^q}{\|g\|_q^q},$$

可得

$$\frac{|f(x)g(x)|}{\|f\|_p\|g\|_q} \leq \frac{1}{p}\frac{|f(x)|^p}{\|f\|_p^p} + \frac{1}{q}\frac{|g(x)|^q}{\|g\|_q^q}.$$

将上式作积分，即得不等式 (4.1.7). 证毕.

当 $1 < p < \infty$, $f \in L^p(E)$, $g \in L^q(E)$ 时，由不等式 (4.1.7) 得出

$$\left| \int_E f(x)g(x)\mathrm{d}x \right| \leq \left(\int_E |f(x)|^p \mathrm{d}x \right)^{\frac{1}{p}} \left(\int_E |g(x)|^q \mathrm{d}x \right)^{\frac{1}{q}}. \qquad (4.1.8)$$

Hölder 不等式的一个重要特例就是 Schwarz 不等式，即 $p = q = 2$ 时的情形：

$$\left| \int_E f(x)g(x)\mathrm{d}x \right| \leq \left(\int_E |f(x)|^2 \mathrm{d}x \right)^{\frac{1}{2}} \left(\int_E |g(x)|^2 \mathrm{d}x \right)^{\frac{1}{2}}. \qquad (4.1.9)$$

命题 4.1.3　若 $m(E) < \infty$, 则

(1) 当 $p_1 < p_2$ 时，$L^{p_2}(E) \subset L^{p_1}(E)$;

(2) $\lim\limits_{p \to \infty} \|f\|_p = \|f\|_\infty$, $\forall f \in L^\infty(E)$.

证明　(1) 当 $p_2 = \infty$ 时，显然有 $L^\infty(E) \subset L^{p_1}(E)$. 当 $p_1 < p_2 < \infty$ 时，令 $r = p_2/p_1 > 1$, 记 r' 为 r 的共轭指数，则对 $f \in L^{p_2}(E)$, 由不等式 (4.1.8) 得

$$\int_E |f(x)|^{p_1}\mathrm{d}x = \int_E |f(x)|^{p_1} \cdot 1 \mathrm{d}x$$

$$\leq \left(\int_E |f(x)|^{p_1 r}\mathrm{d}x \right)^{\frac{1}{r}} \left(\int_E 1^{r'}\mathrm{d}x \right)^{\frac{1}{r'}}$$

$$= m(E)^{\frac{1}{r'}} \left(\int_E |f(x)|^{p_2}\mathrm{d}x \right)^{\frac{p_1}{p_2}},$$

即得

$$\|f\|_{p_1} \leq m(E)^{\frac{1}{p_1} - \frac{1}{p_2}} \|f\|_{p_2}.$$

于是只要 $f \in L^{p_2}(E)$, $\|f\|_{p_2} < \infty$, 由上述不等式知 $\|f\|_{p_1} < \infty$, 从而 $f \in L^{p_1}(E)$. 故 $L^{p_2}(E) \subset L^{p_1}(E)$ 成立.

(2) 记 $M = \|f\|_\infty$, 则

$$\|f\|_p \leq \left(\int_E M^p \mathrm{d}x \right)^{\frac{1}{p}} = M \cdot m(E)^{\frac{1}{p}},$$

由此可得

$$\varlimsup_{p \to \infty} \|f\|_p \leq M.$$

对任一 $M' < M$, 记 $A = \{x \in E \mid |f(x)| > M'\}$, 则点集 A 有正测度. 由不等式

$$\|f\|_p \geq \left(\int_A |f(x)|^p \mathrm{d}x \right)^{\frac{1}{p}} \geq M' m(A)^{\frac{1}{p}}$$

可得

$$\varliminf_{p \to \infty} \|f\|_p \geq M'.$$

由 M' 的任意性, 可知

$$\varliminf_{p \to \infty} \|f\|_p \geq M.$$

所以 $\lim_{p \to \infty} \|f\|_p = \|f\|_\infty$ 成立.

定理 4.1.4 L^p 范数满足如下 "范数公理": 当 $\alpha \in \mathbb{R}$, $f, g \in L^p(E)$ 时,

(1) 齐次性: $\|\alpha f\|_p = |\alpha| \|f\|_p$;

(2) 三角不等式: $\|f + g\|_p \leq \|f\|_p + \|g\|_p$;

(3) 正定性: $\|f\|_p \geq 0$; $\|f\|_p = 0$ 当且仅当 $f = 0$, a.e.$[E]$.

证明 设 $1 < p < \infty$ 时, (1) 和 (3) 显然成立, 只需证明 (2). 我们有

$$\int_E |f(x) + g(x)|^p \mathrm{d}x = \int_E |f(x) + g(x)|^{p-1} |f(x) + g(x)| \mathrm{d}x$$

$$\leq \int_E |f(x) + g(x)|^{p-1} |f(x)| \mathrm{d}x + \int_E |f(x) + g(x)|^{p-1} |g(x)| \mathrm{d}x.$$

现在把 Hölder 不等式分别用于上式右端两个积分. 对第一个积分中的 $|f(x)|$ 与 $|f(x) + g(x)|^{p-1}$ 分别配指数 p 与 $q = p/(p-1)$，可得

$$\int_E |f(x) + g(x)|^{p-1}|f(x)|\mathrm{d}x \le \|f + g\|_p^{p-1}\|f\|_p.$$

同理，由第二个积分可得

$$\int_E |f(x) + g(x)|^{p-1}|g(x)|\mathrm{d}x \le \|f + g\|_p^{p-1}\|g\|_p.$$

将上面两不等式代入前式，即有

$$\|f + g\|_p^p \le \|f + g\|_p^{p-1}(\|f\|_p + \|g\|_p).$$

不妨设 $\|f + g\|_p \ne 0$，上式两端除以 $\|f + g\|_p^{p-1}$，即得三角不等式.

当 $p = 1$ 或 ∞ 时，证明是简单的，从略.

注 2   定理中的三角不等式也称为 Minkowski 不等式.

下面进一步讨论 Höbler 不等式. 在 (4.1.8) 式中，取 $\|g\|_q = 1$，则有

$$\left| \int_E f(x)g(x)\mathrm{d}x \right| \le \|f\|_p,$$

那么是否存在 $g \in L^q(E)$，$\|g\|_q = 1$，使上述等号成立？答案是肯定的.

定理 4.1.5   给定 $f \in L^p(E)$ $(1 \le p < \infty)$. 设 q 是 p 的共轭指数，则存在函数 $g \in L^q(E)$，满足 $\|g\|_q = 1$，使得

$$\|f\|_p = \int_E f(x)g(x)\mathrm{d}x. \tag{4.1.10}$$

证明   当 $p = 1$ 时，只要取 $g(x) = \mathrm{sign}f(x)$，易见 $\|g\|_\infty = 1$，且有

$$\int_E f(x)g(x)\mathrm{d}x = \int_E |f(x)|\mathrm{d}x = \|f\|_1.$$

当 $1 < p < \infty$ 时，不妨设 $\|f\|_p \ne 0$，于是取

$$g(x) = \left(\frac{|f(x)|}{\|f\|_p} \right)^{p-1} \mathrm{sign}f(x),$$

直接验证可得 $\|g\|_q = 1$，而且

$$\int_E f(x)g(x)\mathrm{d}x = \int_E |f(x)|\left(\frac{|f(x)|}{\|f\|_p}\right)^{p-1}\mathrm{d}x = \|f\|_p.$$

由此可见, 我们有 L^p 范数的另一种刻画: 当 $1 \le p < \infty$ 时,

$$\|f\|_p = \sup_{\|g\|_q=1}\left\{\int_E f(x)g(x)\mathrm{d}x\right\}, \tag{4.1.11}$$

其中 q 是 p 的共轭指数, 且上式右端的上确界是能达到的. 当 $p = \infty$ 时, 有下述类似结果.

定理 4.1.6 对于任意的函数 $f \in L^\infty(E)$, 有

$$\|f\|_\infty = \sup_{\|g\|_1=1}\left\{\int_E f(x)g(x)\mathrm{d}x\right\}. \tag{4.1.12}$$

证明 记 $\|f\|_\infty = M > 0$. 任取 $\varepsilon > 0$, 存在可测子集 $A \subset E$, 使得

$$|f(x)| > M - \varepsilon, \quad x \in A,$$

并且 $m(A) = a > 0$. 令

$$g(x) = \frac{1}{a}\chi_A(x)\mathrm{sign}f(x).$$

则

$$\|g\|_1 = \int_E |g(x)|\mathrm{d}x = \frac{1}{a}\int_A \chi_A(x)\mathrm{d}x = 1,$$

而且

$$\int_E f(x)g(x)\mathrm{d}x = \frac{1}{a}\int_E |f(x)|\chi_A(x)\mathrm{d}x = \frac{1}{a}\int_A |f(x)|\mathrm{d}x > M - \varepsilon.$$

由 ε 的任意性即得结论.

注意, 考虑区间 $[0,1]$ 上的函数 $f(x) = x$, 则 $\|f\|_\infty = 1$. 此时对于任意的 $g \in L^1[0,1]$, 且 $\|g\|_1 = 1$, 有

$$\left|\int_0^1 f(x)g(x)\right| \le \int_0^1 x|g(x)|\mathrm{d}x < \int_0^1 |g(x)|\mathrm{d}x = 1.$$

这说明当 $p = \infty$ 时, 定理 4.1.6 中的上确界不一定能取到.

§4.1.2 L^p 空间的性质

由上述定理 4.1.4 可知，当 $\alpha \in \mathbb{R}$, $f,g \in L^p(E)$ 时，总有
$$f + g \in L^p(E), \quad \alpha f \in L^p(E).$$
因此依通常函数的加法与数乘运算，$L^p(E)$ 是一个向量空间，它是无穷维的. 今后将 $L^p(E)$ 中几乎处处相等的函数不加区分，认为是同一个元素，或者说用几乎处处相等作为等价关系，把 $L^p(E)$ 中的元分成等价类. 每个不加区分的函数等价类看作这个空间上的一个向量或一个元素. 于是若 $f,g \in L^p(E)$, 则 $f = g$ 是指 $f(x) = g(x)$, a.e.$[E]$. 这样定理 4.1.4 中的 "范数公理" (1)~ (3) 就与 $\mathbb{R}^n$ 中向量 "模" 的性质 (见 §1.3 中 (1.3.4)~(1.3.6) 式) 完全类似. 正因为这种类似，下面我们将给与空间 $L^p(E)$ 一种像有穷维欧氏空间中几何那样的几何描述.

设 $\mathcal{X}$ 是一个集合. 若对 $\mathcal{X}$ 中任意两个元素 x 与 y 有一个确定的非负实数与之对应，记为 $d(x,y)$, 它满足下述三条 "距离公理":

(1) 正定性: $d(x,y) \geq 0 \,; d(x,y) = 0 \Longleftrightarrow x = y$;

(2) 对称性: $d(x,y) = d(y,x)$;

(3) 三角不等式: $d(x,y) \leq d(x,z) + d(z,y)$.

则认为集合 $\mathcal{X}$ 中定义了距离 d, 并称 $(\mathcal{X},d)$ 为距离空间. 在下一章中将详细研究抽象的距离空间的性质.

在 $\mathbb{R}^n$ 中对于 $x = (x_1,\cdots,x_n), y = (y_1,\cdots,y_n)$, 令
$$d(x,y) = \|x - y\| = \sqrt{\sum_{i=1}^{n}(x_i - y_i)^2}.$$

d 的几何意义是点 x 与点 y 之间的距离. 二元函数 d 满足三条距离公理，故 $(\mathbb{R}^n,d)$ 是一个距离空间. 事实上，抽象距离空间的距离公理就是根据二元函数 d 满足的这三条性质抽象出来的.

定理 4.1.7 对于任意的函数 $f, g \in L^p(E)$, 定义

$$d(f, g) = \|f - g\|_p, \quad 1 \leq p \leq \infty, \quad (4.1.13)$$

则 $(L^p(E), d)$ 是一个距离空间.

证明 (1) 根据定义, $d(f, g) \geq 0$ 显然成立. 因为

$$\|f - g\| = 0 \Longleftrightarrow f(x) = g(x), \text{ a.e.}[E],$$

即 f 和 g 是 $L^p(E)$ 中的同一函数, 所以 $d(f, g) = 0 \Longleftrightarrow f = g$.

(2) 根据定义, 对称性 $d(f, g) = d(g, f)$ 显然成立.

(3) 由模的三角不等式:

$$\|f - g\|_p = \|f - h + h - g\|_p \leq \|f - h\|_p + \|h - g\|_p,$$

此即距离三角不等式 $d(x, y) \leq d(f, h) + d(h, g)$.

f 与 g 之间的距离 $\|f - g\|_p$, 刻画了 f 与 g 之间的接近程度. 现在如同欧氏空间 $\mathbb{R}^n$ 中用距离定义极限一样, 在函数空间 $L^p(E)$ 中也用上述引入的距离来定义极限.

定义 4.1.8 设 E 是 n 维可测集; 又设 $f_m \in L^p(E) \, (m = 1, 2, \cdots)$. 若存在 $f \in L^p(E)$, 使得

$$\lim_{m \to \infty} d(f_m, f) = \lim_{m \to \infty} \|f_m - f\|_p = 0, \quad (4.1.14)$$

就称函数列 $\{f_m\}$ 依 L^p 的意义收敛于函数 f, $\{f_m\}$ 为空间 $L^p(E)$ 中的收敛列, f 是 $\{f_m\}$ 的极限. 记作

$$f_m \xrightarrow{L^p} f \quad \text{或} \quad L^p - \lim_{m \to \infty} f_m = f.$$

在不引起误解的情况下可简记成 $f_m \to f$ 或 $\lim\limits_{m \to \infty} f_m = f$.

若 $1 \leq p < \infty$, 则称 "L^p 收敛" 为 "p 次平均收敛"; 当 $p = 1, 2$ 时分别简称为 "平均收敛" 与 "均方收敛".

由于以上定义在形式上与 $\mathbb{R}^n$ 中的极限定义完全相同, $\mathbb{R}^n$ 中极限运算的一些性质亦为 L^p 收敛所具有. 兹列举如下:

(1) 极限唯一. 若 $f_m \xrightarrow{L^p} f$, $f_m \xrightarrow{L^p} g$, 则

$$f(x) = g(x), \quad \text{a.e.}[E].$$

(2) 若 $f_m \xrightarrow{L^p} f$, 则数列 $\{\|f_m\|_p\}$ 有界, 且

$$\lim_{m \to \infty} \|f_m\|_p = \|f\|_p.$$

(3) 若 $f_m \xrightarrow{L^p} f$, $g_m \xrightarrow{L^p} g$, 则

$$f_m \pm g_m \xrightarrow{L^p} f \pm g, \quad \alpha \cdot g_m \xrightarrow{L^p} \alpha \cdot g, \quad \forall \alpha \in \mathbb{R}.$$

定理 4.1.9 对于给定的 n 维可测集 E, 设 $f_m, f \in L^p(E), m = 1, 2, \cdots$, 其中 $1 \le p < \infty$. 若 $f_m \xrightarrow{L^p} f$, 则函数列 $\{f_m\}$ 依测度收敛到 f.

证明 对任给 $\varepsilon > 0$, 令 $E_m(\varepsilon) = \{x \in E \,|\, |f_m(x) - f(x)| > \varepsilon\}$, 则有以下的估计:

$$\begin{aligned}
\varepsilon m(E_m(\varepsilon))^{\frac{1}{p}} &\le \left(\int_{E_m(\varepsilon)} |f_m(x) - f(x)|^p \mathrm{d}x \right)^{\frac{1}{p}} \\
&\le \left(\int_E |f_m(x) - f(x)|^p \mathrm{d}x \right)^{\frac{1}{p}} \\
&= \|f_m - f\|_p,
\end{aligned}$$

所以 $\lim\limits_{m \to \infty} m\big(E(|f_m - f| > \varepsilon)\big) = 0$.

定理 4.1.10(L^p **控制收敛定理**) 设 $E \in \mathfrak{M}_n$, $f, f_m \in \mathfrak{M}(E), m = 1, 2, \cdots$, 而且 $f_m \to f$, a.e.$[E]$ 或 $\{f_m\}$ 依测度收敛到 f. 若

$$g \in L^p(E), \quad 1 \le p < \infty,$$

使得 $|f_m(x)| \le g(x)$, a.e.$[E]$, $m = 1, 2, \cdots$, 则 $f_m \xrightarrow{L^p} f$.

证明 记 $h_m = |f_m - f|^p$, $m = 1, 2, \cdots$, 则 $\{h_m\}$ 是 E 上的可测函数列, $h_m \to 0$, a.e.$[E]$ 或 $\{h_m\}$ 依测度收敛到 0, 且

$$|h_m(x)| \leq \left(|f_m(x)| + |f(x)|\right)^p \leq 2^p g(x)^p, \quad \text{a.e.}[E].$$

因为 $2^p g^p \in L^1(E)$, 故由 Lebesgue 积分控制收敛定理 (定理 3.2.4) 得

$$\lim_{m \to \infty} \|f_m - f\|_p^p = \lim_{m \to \infty} \int_E h_m(x) \mathrm{d}x = 0,$$

此即 $f_m \xrightarrow{L^p} f$.

§4.1.3 L^p 空间的完备性

在欧氏空间 $\mathbb{R}^n$ 理论中, 柯西收敛原理 (定理 1.3.23) 起着基本作用. 在 $L^p(E)$ 空间中可建立同样的理论.

定义 4.1.11 给定可测集 E, 设 $\{f_m\} \subset L^p(E)$, $1 \leq p \leq \infty$. 若

$$\lim_{k,m \to \infty} \|f_k - f_m\|_p = 0, \qquad (4.1.15)$$

称函数列 $\{f_m(x)\}$ 是空间 $L^p(E)$ 中的基本列 (或称柯西列).

若 $f_m \xrightarrow{L^p} f$, 由于

$$\|f_k - f_m\|_p \leq \|f_k - f\|_p + \|f - f_m\|_p,$$

可知 $L^p(E)$ 中的收敛列必是基本列.

定理 4.1.12(完备性定理) 若 E 是可测集, $\{f_m\}$ 是 $L^p(E)$ 中的基本列, 则 $\{f_m\}$ 必是收敛列.

证明 要证明存在 $f \in L^p(E)$, 使得 $f_m \xrightarrow{L^p} f$.

首先, 考虑 $1 \leq p < \infty$ 的情形. 因为 $\{f_m\}$ 是 $L^p(E)$ 中基本列, 运用与证明定理 4.1.9 相同的方法, 可得函数列 $\{f_m\}$ 在 E 上是依测度收敛的基本列. 根据定理 2.3.9, 存在 E 上几乎处处有限的可测函数 $f(x)$, 使得 $\{f_m\}$ 在 E 上依测度收敛于 f. 又由 Riesz 定理 (定理 2.3.7), 可选出子列 $\{f_{m_i}\}$, 使得

$$\lim_{i \to \infty} f_{m_i}(x) = f(x), \quad \text{a.e.}[E].$$

于是由 Fatou 引理 (定理 3.2.3) 得

$$\int_E \big|f_m(x) - f(x)\big|^p \mathrm{d}x = \int_E \varliminf_{i\to\infty} \big|f_m(x) - f_{m_i}(x)\big|^p \mathrm{d}x$$

$$\leq \varliminf_{i\to\infty} \int_E \big|f_m(x) - f_{m_i}(x)\big|^p \mathrm{d}x .$$

所以有

$$\lim_{m\to\infty} \int_E \big|f_m(x) - f(x)\big|^p \mathrm{d}x = 0 .$$

这说明 $\lim\limits_{m\to\infty} \|f_m - f\|_p = 0$. 最后, 由不等式 $\|f\|_p \leq \|f_m - f\|_p + \|f_m\|_p$,
可得 $f \in L^p(E)$.

其次, 考虑 $p = \infty$ 的情形. 设 $\{f_m\} \subset L^\infty(E)$, 满足

$$\lim_{k,m\to\infty} \|f_k - f_m\|_\infty = 0 .$$

因为对于 $\forall\, k, m \in \mathbb{N}$, 有

$$\big|f_k(x) - f_m(x)\big| \leq \|f_k - f_m\|_\infty, \quad \text{a.e.}[E] .$$

所以存在零测集 $Z \subset E$, 使得当 $x \in E \setminus Z$ 上有

$$\big|f_k(x) - f_m(x)\big| \leq \|f_k - f_m\|_\infty, \quad \forall\, k, m .$$

从而存在函数 $f(x)$, 使得

$$\lim_{m\to\infty} f_m(x) = f(x), \quad x \in E \setminus Z ,$$

易知 $f \in L^\infty(E)$.

任给 $\varepsilon > 0$, 存在自然数 K, 使得当 $k, m > K$ 时, $\|f_k - f_m\|_\infty < \varepsilon$.
由于当 $k > K, x \in E \setminus Z$ 时,

$$\big|f_k(x) - f(x)\big| = \lim_{m\to\infty} \big|f_k(x) - f_m(x)\big| \leq \varepsilon ,$$

故当 $k > K$ 时, $\|f_k - f\|_\infty \leq \varepsilon$. 这说明 $f_k \xrightarrow{L^\infty} f$.

定理证明过程中已经给出如下结论.

推论 4.1.13 若 $f_m \xrightarrow{L^p} f$ 成立, 则 $\{f_m\}$ 有子列在 E 上几乎处
处收敛于 f.

定理 4.1.12 所表达的性质是距离空间 $L^p(E)$ 的完备性. 如同欧氏空间 $\mathbb{R}^n$ 一样, $L^p(E)$ 是一个完备的距离空间, 这是一个有重大意义的结论. 一方面, 它提供了判定 L^p 收敛的一个普遍法则; 另一方面, 它表明距离空间 $L^p(E)$ 足够大, 使得在 "本质上应收敛" 的点列 (即满足条件 (4.1.15) 的基本列) 都在 $L^p(E)$ 中收敛. 这一理想性质, 显示出 Lebesgue 积分理论的强大优势. 应当指出黎曼积分不具有这一性质.

考虑闭区间 $[a,b]$ 上全体黎曼可积函数, 记作 $\mathcal{R}$. 显然 $\mathcal{R}$ 是 $L([a,b])$ 的一个向量子空间. 下面的例子表明 $\mathcal{R}$ 中的基本列不一定在 $\mathcal{R}$ 中依 L^1 收敛. 设 $\mathcal{Q} = \{r_n | n \in \mathbb{N}\}$ 是 $[a,b]$ 中有理数集. 取开区间 δ_n, 使得 $r_n \in \delta_n, \sum_n m(\delta_n) < \infty$. 令

$$f_n(x) = \sum_{i=1}^n \chi_{\delta_i}(x), \quad f(x) = \sum_{i=1}^\infty \chi_{\delta_i}(x),$$

则显然 $\{f_n\} \subset \mathcal{R}$. 又

$$\|f_n - f\|_1 = \int_{[a,b]} \sum_{i>n} \chi_{\delta_i}(x)\mathrm{d}x$$

$$\leq \sum_{i>n} m(\delta_i) \to 0 \quad (n \to \infty).$$

可见 $\mathcal{R}$ 中的函数列 $\{f_n\}$ 依 L^1 范数是基本列, 但是极限函数 f 不在 $\mathcal{R}$ 中, 否则将有 $f \in \mathcal{R}$, 于是 $f(x)$ 在 $[a,b]$ 上有界. 但 $\forall\, n \in \mathbb{N}, f(x)$ 必在 $[a,b]$ 的某个子区间上大于 n, 这与函数 f 有界相矛盾.

§4.1.4 L^p 空间的可分性

下面讨论 L^p 逼近和 L^p 空间的可分性, 其中 $1 \leq p < \infty$.

定义 4.1.14 设 $E \subset \mathbb{R}^n$ 是可测集, $\mathcal{F} \subset L^p(E)$. 若对任意的 $f \in L^p(E)$ 以及 $\varepsilon > 0$, 总存在 $g \in \mathcal{F}$, 使得 $\|f - g\|_p < \varepsilon$, 则称函数类 $\mathcal{F}$ 在 $L^p(E)$ 中稠密, 也可称每个元素 $f \in L^p(E)$ 可用 $\mathcal{F}$ 中的函数 "L^p

逼近". 若 $L^p(E)$ 中存在可数稠密子集, 则称 $L^p(E)$ 是可分的.

注 3 易见函数类 $\mathcal{F} \subset L^p(E)$ 是稠密的充分必要条件是, 对任意 $f \in L^p(E)$, 存在序列 $\{f_n\} \subset \mathcal{F}$, 使得 $f_n \xrightarrow{L^p} f$.

定理 4.1.15 每个 $f \in L^p(\mathbb{R}^n)$ 可用简单可测函数列逼近.

证明 取定 $f \in L^p(\mathbb{R}^n)$, 则存在可测简单函数列 ψ_n, 使得 $\psi_n \to f$, 点点收敛 (见 §2.2). 事实上还可取 $|\psi_n| \le |f|$, 于是由 L^p 控制收敛定理 (定理 4.1.10) 得 $\psi_n \xrightarrow{L^p} f$.

注 4 设 $\mathcal{F}, \mathcal{G} \subset L^p(E)$. 记由 $\mathcal{G}$ 中元素的有限线性组合全体构成的向量空间为 $\mathcal{H}$. 设 $\mathcal{H}$ 在 $L^p(E)$ 中稠密. 若每个 $\mathcal{G}$ 中的元可用 $\mathcal{F}$ 中函数 L^p 逼近, 当 $\mathcal{F}$ 是向量空间时, $\mathcal{F}$ 也在 $L^p(E)$ 中稠密.

考虑如下集合:

$$C_c(\mathbb{R}^n) = \{f \in C(\mathbb{R}^n) \,|\, \exists\, \text{紧集}\, A \subset \mathbb{R}^n, f|_{\mathbb{R}^n \setminus A} = 0\}, \quad (4.1.16)$$

称 $f \in C_c(\mathbb{R}^n)$ 为有紧支集的连续函数.

定理 4.1.16 设 $E \subset \mathbb{R}^n$ 是可测集, 则每个 $f \in L^p(E)$, 可用 $C_c(\mathbb{R}^n)$ 中的函数在 E 上 L^p 逼近.

证明 由定义 4.1.14 后注 3, 以及定理 4.1.15, 可设 $f = \chi_A$, 其中 $A \subset E, m(A) < \infty$. 对于任给的 $\varepsilon > 0$, 存在 $\mathbb{R}^n$ 中的紧集 F 及开集 G, 使得 $F \subset A \subset G$, 且 $m(G \setminus F) < \varepsilon$. 取开球 $B \supset F$, 令 $K = (B \cap G)^c$, 则 F 与 K 是互不相交的闭集. 令

$$g(x) = \frac{d(x, K)}{d(x, F) + d(x, K)}, \quad x \in \mathbb{R}^n,$$

其中 $d(x, M) = \inf\{\|x - y\|_{\mathbb{R}^n} \,|\, y \in M\}$, 表示点 x 到集合 M 的距离, 它显然对于 x 连续, 且当 M 为闭集时, $d(x, M) = 0 \Longleftrightarrow x \in M$. 于是 $g \in C(\mathbb{R}^n), 0 \le g(x) \le 1$, 且 $g|_K = 0, g|_F = 1$. 显然 $g \in C_c(\mathbb{R}^n)$. 于

是由

$$\int_E \big|f(x) - g(x)\big|^p \mathrm{d}x \le m(G \setminus F) < \varepsilon$$

得出定理结论.

定理 4.1.17 给定可测集 $E \subset \mathbb{R}^n$, 则每个 $f \in L^p(E)$ 可用 $\mathbb{R}^n$ 上具有紧支集的阶梯函数来 L^p 逼近.

证明 由定理 4.1.16 可知, 对任给的 $\varepsilon > 0$, 存在 $g \in C_c(\mathbb{R}^n)$, 使得

$$\|f - g\|_p < \frac{\varepsilon}{2}.$$

不妨设 $g(x)$ 的支集含于某个闭方体:

$$I = \{x = (x_1, x_2, \cdots, x_n)\big| -k \le x_i \le k, \, i = 1, 2, \cdots, n\}$$

内, 其中 k 是自然数. 由 $g(x)$ 的一致连续性不难证明, 存在阶梯函数

$$\varphi(x) = \sum_{i=1}^N c_i \chi_{I_i}(x), \quad \big|g(x) - \varphi(x)\big| < \frac{1}{(2k)^n} \cdot \frac{\varepsilon}{2}, \quad x \in I,$$

其中每个 I_i 是含于 I 内的长方体, 从而

$$\|f - \varphi\|_p \le \|f - g\|_p + \|g - \varphi\|_p < \varepsilon.$$

注 5 记 k 为自然数, 称边长是 2^{-k} 的方体为二进方体. 在上述证明中可以取到这样的阶梯函数 $\varphi(x)$, 其中每个 I_i 是含于 I 内的二进方体.

定理 4.1.18 设 $E \subset \mathbb{R}^n$ 是可测集. 对于任意的 $1 \le p < \infty$, $L^p(E)$ 中存在可数稠密子集, 即 $L^p(E)$ 是可分空间.

证明 首先设 $E = \mathbb{R}^n, f \in L^p(\mathbb{R}^n)$. 由定理 4.1.17, 对任意的 $\varepsilon > 0$, 存在 $\mathbb{R}^n$ 上的紧支集阶梯函数

$$\varphi(x) = \sum_{i=1}^N c_i \chi_{I_i}(x),$$

其中 I_i 是二进方体, 使得 $\|f - \varphi\| < \varepsilon/2$. 不妨设

$$|c_i| < M, \quad m(I_i) < M^p, \quad i = 1, 2, \cdots, N.$$

选取有理数 r_i, 使 $|r_i| < M$, 且

$$|c_i - r_i| < \frac{\varepsilon}{2NM}, \quad i = 1, 2, \cdots, N.$$

令

$$\psi(x) = \sum_{i=1}^{N} r_i \chi_{I_i}(x).$$

于是有

$$
\begin{aligned}
\|\varphi - \psi\|_p &= \left\| \sum_{i=1}^{N} r_i \chi_{I_i}(x) - \sum_{i=1}^{N} c_i \chi_{I_i}(x) \right\|_p \\
&\leq \sum_{i=1}^{N} |r_i - c_i| \|\chi_{I_i}(x)\|_p \\
&\leq \frac{\varepsilon}{2NM} \sum_{i=1}^{N} \left(m(I_i) \right)^{\frac{1}{p}} < \frac{\varepsilon}{2}.
\end{aligned}
$$

从而可得

$$\|f - \psi\|_p \leq \|f - \varphi\|_p + \|\varphi - \psi\|_p < \varepsilon.$$

因为形如 ψ 的阶梯函数全体 Γ 是可数集, 所以 Γ 是 $L^p(\mathbb{R}^n)$ 中的可数稠密集.

当 E 是可测集. 对于 $f \in L^p(E)$, 令

$$
f_1(x) = \begin{cases} f(x), & x \in E, \\ 0, & x \overline{\in} E, \end{cases}
$$

则 $f_1 \in L^p(\mathbb{R}^n)$. 对任给 $\varepsilon > 0$, 存在 $\psi \in \Gamma$, 使得 $\|f_1 - \psi\|_p < \varepsilon$. 由此即得

$$\left(\int_E |f(x) - \psi(x)|^p \mathrm{d}x \right)^{1/p} < \varepsilon.$$

若将 Γ 中的每个函数的定义域限制到 E 上, 记其全体为 Γ', 则 Γ' 是 $L^p(E)$ 中的可数稠密集.

注 6 空间 $L^\infty[0,1]$ 是不可分的.

证明 令 $\varphi_t = \chi_{[0,t]}$, 则集合 $\mathcal{A} = \{\varphi_t | 0 \le t \le 1\}$ 是不可数集, 且 $\|\varphi_t - \varphi_s\|_\infty = 1$, 当 $s, t \in [0,1]$, $t \ne s$. 考虑 $L^\infty[0,1]$ 中任意稠密集 $\mathfrak{B}$, $\forall t \in [0,1]$, $\exists f_t \in \mathfrak{B}: \|f_t - \varphi_t\|_\infty < 1/2$. 于是当 $t, s \in [0,1]$, $t \ne s$ 时, 有

$$\|f_t - f_s\|_\infty \ge \|\varphi_t - \varphi_s\|_\infty - \|f_t - \varphi_t\|_\infty - \|f_s - \varphi_s\|_\infty$$
$$> 1 - \frac{1}{2} - \frac{1}{2} = 0.$$

可见 $f_t \ne f_s$. 因此 $\mathfrak{B}$ 为不可数集. 这表明集合 $L^\infty[0,1]$ 中不存在可数稠密集.

下述定理可以看作 Hölder 不等式的逆命题.

定理 4.1.19 设 $f(x)$ 是 E 上的可测函数. 若存在常数 $M > 0$, 使得对于一切 E 上可积的简单函数 $\varphi(x)$, 都有

$$\left| \int_E f(x)\varphi(x)\mathrm{d}x \right| \le M\|\varphi\|_q,$$

则 $f \in L^p(E)$, 且 $\|f\|_p \le M$, 其中 q 与 p 是共轭指数.

证明 首先考虑 $q > 1$ 的情形. 作具有紧支集的非负可测简单函数上升列 $\{\varphi_k\}$, 满足

$$\lim_{k \to \infty} \varphi_k(x) = |f(x)|^p, \quad x \in E.$$

令

$$\psi_k(x) = [\varphi_k(x)]^{\frac{1}{q}} \mathrm{sign} f(x),$$

则得

$$\|\psi_k\|_q = \left(\int_E \varphi_k(x)\mathrm{d}x \right)^{\frac{1}{q}}.$$

考虑到下述不等式

$$0 \le \varphi_k(x) = [\varphi_k(x)]^{\frac{1}{q}} [\varphi_k(x)]^{\frac{1}{p}} \le [\varphi_k(x)]^{\frac{1}{q}} |f(x)| = \psi_k(x)f(x),$$

以及假设条件可知

$$\int_E \varphi_k(x)\mathrm{d}x \le \int_E \psi_k(x)f(x)\mathrm{d}x \le M\|\psi_k\|_q.$$

由此可得

$$\int_E \varphi_k(x)\mathrm{d}x \le M^p,$$

令 $k \to \infty$, 即得

$$\int_E |f(x)|^p\mathrm{d}x \le M^p.$$

其次证明 $q=1$ 的情形. 不妨设 $f(x) \ge 0$. 用反证法. 若 $f\overline{\in}L^\infty(E)$, 则存在 E 中的可测集列 $\{\Lambda_k\}, 0 < m(\Lambda_k) < \infty (k=1,2,\cdots)$, 使得

$$f(x) \ge k, \quad x \in \Lambda_k, \ k=1,2,\cdots.$$

记 $\varphi_k(x) = \chi_{\Lambda_k}(x), k=1,2,\cdots$, 于是有

$$\frac{\int_E \varphi_k(x)f(x)\mathrm{d}x}{\|\varphi_k\|_1} \ge \frac{km(\Lambda_k)}{m(\Lambda_k)} = k, \quad k=1,2,\cdots.$$

这与定理假设矛盾.

习　题

1. 设 $0 < m(E) < \infty$, 令

$$N_p(f) = \left(\frac{1}{m(E)}\int_E |f(x)|^p\mathrm{d}x\right)^{\frac{1}{p}}, \quad 1 \le p < \infty,$$

证明当 $p_1 < p_2$ 时, 有 $N_{p_1}(f) \le N_{p_2}(f)$.

2. 设 $f \in L([0,1]\times[0,1])$, 证明 $\lim\limits_{p\to q}\|f\|_p = \|f\|_q$.

3. 设 $f \in L^\infty(E), g(x) > 0$, 且 $\int_E g(x)\mathrm{d}x = 1$, 证明

$$\lim_{p\to\infty}\left(\int_E |f(x)|^p g(x)\mathrm{d}x\right)^{\frac{1}{p}} = \|f\|_\infty.$$

4. 设 E 是可测集，$f \in L^\infty(E), m(E) < \infty$, 且 $\|f\|_\infty > 0$, 证明

$$\lim_{n \to \infty} \frac{\|f\|_{n+1}^{n+1}}{\|f\|_n^n} = \|f\|_\infty \, .$$

5. 设 E 是可测集，$0 < p, q < \infty$, 证明

$$L^p(E) \cdot L^q(E) = L^{\frac{pq}{p+q}}(E) \, ,$$

其中 $L^p(E) \cdot L^q(E) = \{f \cdot g \mid f \in L^p(E), \, g \in L^q(E)\}$.

6. 设 E 是可测集，$p^{-1} + q^{-1} + r^{-1} = 1$, $f \in L^p(E), g \in L^q(E), h \in L^r(E)$, 证明 $\|fgh\|_1 \leq \|f\|_p \|g\|_q \|h\|_r$.

*7. 设 f, g 是可测集 E 上非负可测函数，$1 \leq p < \infty, 1 \leq q < \infty, 1 \leq r < \infty, \frac{1}{r} = \frac{1}{p} + \frac{1}{q} - 1$, 证明

$$\int_E f(x)g(x)\mathrm{d}x \leq \|f\|_p^{1-p/r} \|g\|_q^{1-q/r} \left(\int_E f^p(x) g^q(x)\mathrm{d}x \right)^{1/r} \, .$$

8. 设 E 是可测集，$1 \leq q < p, m(E) < \infty, f \in L^p(E)$ 且 $f_n \in L^p(E), n = 1, 2, \cdots$. 若 $\lim\limits_{n \to \infty} \|f_n - f\|_p = 0$, 证明

$$\lim_{n \to \infty} \|f_n - f\|_q = 0 \, .$$

9. 若 $f, f_n \in L^p([a, b]), n = 1, 2, \cdots$, 设 $f_n \xrightarrow{L^p} f$, 证明

$$\lim_{n \to \infty} \int_a^t f_n(x)\mathrm{d}x = \int_a^t f(x)\mathrm{d}x \, , \qquad a \leq t \leq b.$$

10. 设 $\forall x \in [a, b]$, 有 $f_n(x) \to f(x)$, 且有

$$\int_a^b \left| f_k(x) \right|^r \mathrm{d}x \leq M \, , \qquad k = 1, 2, \cdots, \, 0 < r < \infty,$$

试证明，对于 $\forall p : 0 < p < r$, 有

$$\lim_{k \to \infty} \int_a^b \left| f_k(x) - f(x) \right|^p \mathrm{d}x = 0 \, .$$

11. 给定可测集 E. 设 $1 \leq p < \infty$, $f, f_k \in L^p(E), k = 1, 2, \cdots$, 且 $f_k \to f, \mathrm{a.e.}[E], \lim\limits_{k \to \infty} \|f_k\|_p = \|f\|_p$, 证明

$$\lim_{k \to \infty} \|f_k - f\|_p = 0 \, .$$

*12. 设 E 是可测集，$1 < p < \infty$, $f_k \in L^p(E)$, $k = 1, 2, \cdots$, 且有

$$\lim_{k \to \infty} f_k(x) = f(x), \quad \sup_k \|f_k\|_p \le M,$$

证明，对于任意的 $g \in L^q(E)$(q 是 p 的共轭指数), 有

$$\lim_{k \to \infty} \int_E f_k(x)g(x)\mathrm{d}x = \int_E f(x)g(x)\mathrm{d}x.$$

13. 设 $f \in L^p(\mathbb{R}^n)$, $p > 1$, 而且对于任意一个具有紧支集的 $\varphi \in C_c(\mathbb{R}^n)$, 有

$$\int_{\mathbb{R}^n} f(x)\varphi(x)\mathrm{d}x = 0,$$

证明 $f(x) = 0$, a.e.$[\mathbb{R}^n]$.

14. 设 E 可测集，满足 $m(E) = 1$. 若 $r > 1$, 证明对于任意的函数 $f \in L^r(E)$, 有

$$\lim_{p \to 0} \|f\|_p = \exp\left(\int_E \ln|f(x)|\mathrm{d}x\right).$$

(利用 Jensen 不等式，或不等式 $\ln u \le u - 1$.)

15. 给定可测集 E. 设 $f_k \in L^p(E)$, $k = 1, 2, \cdots$, $1 \le p < \infty$, 且有

$$\sum_{k \ge 1} \|f_k\|_p < \infty,$$

证明 $\sum_{k \ge 1} |f_k(x)| < \infty$, a.e.$[E]$. 若记

$$f(x) = \sum_{k \ge 1} f_k(x),$$

则有

$$\|f\|_p \le \sum_{k \ge 1} \|f_k\|_p, \quad \lim_{N \to \infty} \left\|\sum_{k=1}^N f_k - f\right\|_p = 0.$$

16. 设 E 是可测集，$f \in L(E)$, $f_k \in L(E) \cap L^\infty(E)$, $k = 1, 2, \cdots$. 若有

$$\lim_{k \to \infty} \|f_k - f\|_1 = 0, \quad \sup_k \|f_k\|_\infty < \infty,$$

证明, 对任意的 $1 < p < \infty$, 有
$$f \in L^p(E) \cap L^\infty(E), \quad \lim_{k \to \infty} \|f_k - f\|_p = 0.$$

17. 设 E 是可测集, $f \in L^p(E), f_k \in L^p(E), k = 1, 2, \cdots$. 若 $f_n \xrightarrow{L^p} f, f_n \to g$, a.e $[E]$, 证明 $f = g$, a.e.$[E]$.

18. 设 $f, g \in \mathfrak{M}((0,1)), f \geq 0, g \geq 0$. 若 $f(x)g(x) \geq x^{-1}$, a.e., 试证明 $\|f\|_1 \|g\|_1 \geq 4$.

19. 给定可测集 E. 设 $f \in L^p(E), A \subset E$ 是可测集, 证明
$$\|f\|_p \leq \left(\int_A |f(x)|^p \mathrm{d}x \right)^{1/p} + \left(\int_{E \setminus A} |f(x)|^p \mathrm{d}x \right)^{1/p}.$$

20. 设 E 是可测集, 对函数 $f \in L^r(E) \cap L^s(E)$, 其中 $1 \leq r, s < \infty, 0 < \lambda < 1, \dfrac{1}{p} = \dfrac{\lambda}{r} + \dfrac{1-\lambda}{s}$, 证明
$$\|f\|_p \leq \|f\|_r^\lambda \|f\|_s^{1-\lambda}.$$

21. 若 E 是测度为无穷的可测集, $1 \leq p < r, L^p(E)$ 与 $L^r(E)$ 之间是否存在包含关系?

22. 设 $f \in L^p([a,b])$, 其中 $1 < p < \infty, F(x) = \int_a^x f(t)\mathrm{d}t$, 证明 $F(x+h) - F(x) = O\big(|h|^{(p-1)/p}\big)$.

23. 在可测积集 E 上有 $f_n \xrightarrow{L^\infty} f$, 证明除去一个零测集 Z, 在集合 $E \setminus Z$ 上有 $f_n \Rightarrow f$.

24. 设在可测集 E 上有 $f_n \xrightarrow{L^p} f, g_n \xrightarrow{L^q} g$, 其中 p, q 为共轭指数, 证明 $f_n g_n \xrightarrow{L^1} fg$.

25. 设在区间 $[a,b]$ 上 $f_n \xrightarrow{L^p} f$, 证明
$$\int_a^x f_n(t)\mathrm{d}t \Longrightarrow \int_a^x f(t)\mathrm{d}t \qquad (a \leq x \leq b).$$

26. 设 $f \in L^p\big((-\infty, \infty)\big)$ $(1 \leq p < \infty)$, 证明
$$\lim_{t \to 0} \int_\mathbb{R} |f(x+t) - f(x)|^p \mathrm{d}x = 0.$$

27. 设 $f \in L^p(\mathbb{R})$, $1 \le p < \infty$, 证明
$$\lim_{y \to \infty} \int_{\mathbb{R}} |f(x+y) - f(x)|^p \mathrm{d}x = 2 \int_{\mathbb{R}} |f(x)|^p \mathrm{d}x.$$

28. 设 E 是可测集，$f, g \in \mathfrak{M}^+(E)$; $0 \le \lambda \le 1$, $\beta \ge 1$, 证明
$$\lambda^\beta \|f\|_p + (1-\lambda)^\beta \|g\|_p \le \|f + g\|_p.$$

§4.2 L^2 空间

上一节中，将欧氏空间中的距离、点列极限概念移植到 $L^p(E)$ 空间，使 L^p 空间理论呈现出某种可以直观想象的面貌. 当 $p = 2$ 时，它的共轭指数 q 恰好也是 2. 于是 $f, g \in L^2(E)$ 时，$f \cdot g \in L^1(E)$. 这使得 L^2 空间在 L^p 空间理论中具有特殊地位.

§4.2.1 L^2 空间的内积

注意到在欧氏空间 $\mathbb{R}^n$ 中，点 $x = (x_1, x_2, \cdots, x_n)$ 的模长公式是
$$\|x\| = \sqrt{\sum_{i=1}^n x_i^2}.$$
在 L^p 范数中只有 L^2 范数才是 $\mathbb{R}^n$ 中模长公式的直接推广，从而 L^2 空间与欧氏空间具有更多的共性. 欧氏空间中的另一些几何概念，例如角度、垂直性等都可以引入到 L^2 空间中. 欧氏空间 $\mathbb{R}^n$ 中的角度、垂直性、平行性等几何概念源于 $\mathbb{R}^n$ 中的内积：对于任给的点
$$x = (x_1, x_2, \cdots, x_n), \ \ y = (y_1, y_2, \cdots, y_n),$$
则 x 与 y 有内积
$$(x, y) = \sum_{i=1}^n x_i y_i. \tag{4.2.1}$$
这个概念可以自然推广到 $L^2(E)$ 空间中去.

定义 4.2.1 对于 $f, g \in L^2(E)$, 记

$$(f, g) = \int_E f(x)g(x)\mathrm{d}x\,, \tag{4.2.2}$$

称 (f, g) 为 f 与 g 的内积.

注 在抽象测度空间上, $L^2(X, \mathcal{F}, \mu)$ 的内积定义为

$$(f, g) = \int_X f(x)g(x)\mu(\mathrm{d}x), \quad \forall\, f, g \in L^2(X, \mathcal{F}, \mu)\,.$$

根据定义, $\|f\|_2 = \sqrt{(f, f)}$, 而且 Schwartz 不等式 (4.1.9) 可写成

$$|(f, g)| \leq \|f\|_2\,\|g\|_2\,. \tag{4.2.3}$$

由于在本节中只考虑 L^2 范数, 在本节的以下内容中一般将省去表征 2 范数的下标 2, 即将 $\|f\|_2$ 记成 $\|f\|$.

定理 4.2.2 内积具有以下性质:

(1) 双线性性: (f, g) 分别关于 f 与 g 是线性的;

(2) 对称性: $(f, g) = (g, f)$;

(3) 正定性: $(f, f) \geq 0$; $(f, f) = 0$ 当且仅当 $f = 0, \mathrm{a.e.}[E]$.

上述性质 (1) $\sim$ (3) 通常称为内积公理, 它们由内积定义式 (4.2.2) 可以直接推得. 本节中许多结果仅仅依赖于以上三条性质, 而不必用到内积的具体表达式 (4.2.2), 因而也不必到 L^2 空间的特殊结构. 这表明, 可以从内积公理出发, 抽象地展开一个内积空间理论. 这一设想将在 Hilbert 空间中完成. 于是 L^2 空间只是 Hilbert 空间理论中一个具体模型.

§4.2.2 L^2 空间的性质

定义 4.2.3 设 $f, f_m \in L^2(E)$, $m = 1, 2, \cdots$. 若对于任意的 $g \in L^2(E)$, 都有

$$\lim_{m\to\infty}(f_m,g)=(f,g), \tag{4.2.4}$$

就称函数列 $\{f_m\}$ 弱收敛到函数 f; 记作 $w\text{-}\lim_{m\to\infty}f_m=f$, 也可简记作 $f_m\rightharpoonup f$, 或 $f_m\xrightarrow{w}f$.

易见, 弱收敛极限是唯一的. 在 $L^2(E)$ 空间中于是有两种收敛性, 我们来比较这两种收敛性. 下面的定理表明 L^2 收敛比弱收敛强.

定理 4.2.4 设 $f\in L^2(E)$, $\{f_m\}\subset L^2(E)$, 则 $f_m\xrightarrow{L^2}f$ 的充分必要条件是:

(1) $f_m\xrightarrow{w}f$;

(2) $\lim_{m\to\infty}\|f_m\|=\|f\|$.

证明 必要性. 已知 $\lim_{m\to\infty}\|f_m-f\|=0$. 由于
$$\big|\|f_m\|-\|f\|\big|\le\|f_m-f\|,$$
故 (2) 成立. 对于任意给定的 $g\in L^2(E)$, 由不等式
$$\big|(f_m,g)-(f,g)\big|\le\|f_m-f\|\cdot\|g\|,$$
立即得 (1).

充分性. 已知条件 (1),(2) 成立. 因为
$$\|f_m-f\|^2=(f_m-f,f_m-f)=(f_m,f_m)-2(f_m,f)+(f,f)$$
$$\to\|f\|^2-2\|f\|^2+\|f\|^2=0\quad(m\to\infty),$$
故 $f_m\xrightarrow{L^2}f$.

定理 4.2.5 设 $\{f_m\}\subset L^2(E)$, $f\in L^2(E)$. 若以下两个条件成立:

(1) $\|f_m\|\le M$;

(2) 存在稠集 $\Gamma\subset L^2(E)$, 使得
$$\lim_{m\to\infty}(f_m,g)=(f,g),\quad\forall g\in\Gamma,$$

则 $w\text{-}\lim\limits_{n\to\infty} f_n = f$.

证明　不妨设 $\|f\| < M$. 对于任意给定的 $h \in L^2(E)$, 任给的 $\varepsilon > 0, \exists g \in \Gamma$, 使

$$\|g - h\| < \frac{\varepsilon}{2M}.$$

于是

$$\begin{aligned}
&\big|(f_m, h) - (f, h)\big| \\
&= \big|(f_m - f, g) - (f_m - f, g - h)\big| \\
&\leq \big|(f_m - f, g)\big| + \|f_m - f\|\|g - h\| \\
&\leq \big|(f_m - f, g)\big| + 2M\|g - h\| \\
&\leq \varepsilon + \big|(f_m - f, g)\big|.
\end{aligned}$$

令 $m \to \infty$, 由条件 (2) 有

$$\varlimsup_{m\to\infty} \big|(f_m, h) - (f, h)\big| \leq \varepsilon.$$

由 ε 任意性, 即得

$$\lim_{m\to\infty} (f_m, h) = (f, h).$$

定理得证.

事实上, 条件 (1),(2) 也是函数列 $\{f_m\}$ 弱收敛于 f 的必要条件. (可用下面第六章的定理 6.2.9 或用该定理的证明方法证明.)

定义 4.2.6　设 $f, g \in L^2(E)$. 若 $(f, g) = 0$, 就称 f 与 g 正交 (或垂直), 记作 $f \perp g$. 设函数列 $\{\varphi_a\}_{a \in A} \subset L^2(E)$ 中任意的两个元素都正交, 则称 $\{\varphi_a\}_{a \in A}$ 是正交系; 若对一切 $a \in A$, 还有 $\|\varphi_a\| = 1$, 则称 $\{\varphi_a\}_{a \in A}$ 为标准正交系 (或称为归一正交系).

显然函数系 $\{\varphi_a\}_{a \in A}$ 是标准正交系的充分必要条件是

$$(\varphi_a, \varphi_b) = \delta_{ab}, \tag{4.2.5}$$

其中 δ_{ab} 是 Kronecker 记号:

$$\delta_{ab} = \begin{cases} 1, & \text{当 } a = b, \\ 0, & \text{当 } a \neq b. \end{cases} \tag{4.2.6}$$

若在正交系 $\{\varphi_a\} \subset L^2(E)$ 中, 对一切指标 a, 都有 $\|\varphi_a\| \neq 0$, 则函数系 $\varphi_a/\|\varphi_a\|$ 就是标准正交系. 以下总假定对一切指标 a, $\|\varphi_a\| \neq 0$.

定理 4.2.7 $L^2(E)$ 中任一标准正交系都是可数的.

证明 设 $\{\varphi_a\}_{a \in A}$ 是 $L^2(E)$ 中的标准正交系, 对于 $a \neq b$ 有

$$\|\varphi_a - \varphi_b\|^2 = (\varphi_a - \varphi_b, \varphi_a - \varphi_b)$$
$$= (\varphi_a, \varphi_a) + (\varphi_b, \varphi_b) = 2.$$

令 $U_a = \{f \in L^2(E) \mid \|f - \varphi_a\| < \sqrt{2}/2\}$, 如同欧氏空间一样, U_a 称为 φ_a 的球形邻域. 显然当 $a \neq b$ 时 $U_a \cap U_b = \emptyset$, 故 $\{U_a\}_{a \in A}$ 是 $L^2(E)$ 中互不相交的集合族. 由于 $L^2(E)$ 是可分的, 集合族 $\{U_a\}_{a \in A}$ 只能是可数的.

例 $L^2([-\pi, \pi])$ 中的三角函数列

$$\frac{1}{\sqrt{2\pi}}, \frac{1}{\sqrt{\pi}} \cos x, \frac{1}{\sqrt{\pi}} \sin x, \cdots, \frac{1}{\sqrt{\pi}} \cos kx, \frac{1}{\sqrt{\pi}} \sin kx, \cdots \tag{4.2.7}$$

是标准正交系.

在 $\mathbb{R}^n$ 中, 当 $\underline{e}_1, \underline{e}_2, \cdots, \underline{e}_n$ 是一组单位正交向量时, 任一向量 $\underline{A} \in \mathbb{R}^n$ 可唯一表示为

$$\underline{A} = c_1 \underline{e}_1 + c_2 \underline{e}_2 + \cdots + c_n \underline{e}_n,$$

其中 $c_k = (\underline{A}, \underline{e}_k)$, $k = 1, 2, \cdots, n$. 下面要把这一分解推广到 $L^2(E)$ 中.

设 $\{\varphi_k\}_{k=1}^{\infty}$ 是 $L^2(E)$ 中一个标准正交系, 如果要以级数形式

$$\sum_{k=1}^{\infty} c_k \varphi_k(x)$$

来表示 $L^2(E)$ 中的元素时，必须讨论上述级数的收敛性问题. 现在令

$$S_N(x) = \sum_{k=1}^{N} c_k \varphi_k(x).$$

若存在 $f \in L^2(E)$, 使 $\lim\limits_{N\to\infty} \|S_N - f\| = 0$, 就称上述级数收敛，且和为 f, 记作

$$f = \sum_{k=1}^{\infty} c_k \varphi_k. \tag{4.2.8}$$

此时，由定理 4.2.4 有

$$(f, \varphi_j) = \lim_{N\to\infty} (S_N, \varphi_j) = \lim_{N\to\infty} \sum_{k=1}^{N} c_k (\varphi_k, \varphi_j) = c_j.$$

由这一分析导出下述定义.

定义 4.2.8　设 $\{\varphi_k\}$ 是 $L^2(E)$ 中的标准正交系, $f \in L^2(E)$, 称

$$c_k = (f, \varphi_k) = \int_E f(x) \varphi_k(x) \mathrm{d}x, \quad k = 1, 2, \cdots \tag{4.2.9}$$

为 f(关于正交系 $\{\varphi_k\}$) 的 Fourier 系数; 称

$$\sum_{k=1}^{\infty} c_k \varphi_k \tag{4.2.10}$$

为 f(关于正交系 $\{\varphi_k\}$) 的 Fourier 级数, 简记为

$$f \sim \sum_{k=1}^{\infty} c_k \varphi_k. \tag{4.2.11}$$

以下是 Fourier 级数的几个重要事实.

定理 4.2.9 (Bessel 不等式)　设 $\{\varphi_k\}$ 是 $L^2(E)$ 中一个标准正交系, $f \in L^2(E)$, 则 $f(x)$ 的 Fourier 系数 $\{c_k\}$ 满足以下不等式:

$$\sum_{k=1}^{\infty} c_k^2 \le \|f\|^2. \tag{4.2.12}$$

证明　令

$$S_N(x) = \sum_{k=1}^{N} c_k \varphi_k(x),$$

则

$$\|f - S_N\|^2 = \left(f - \sum_{k=1}^{N} c_k \varphi_k, f - \sum_{k=1}^{N} c_k \varphi_k \right)$$

$$= \|f\|^2 - 2 \sum_{k=1}^{N} c_k^2 + \sum_{k=1}^{N} c_k^2$$

$$= \|f\|^2 - \sum_{k=1}^{N} c_k^2 \geq 0 \,.$$

令 $N \to \infty$, 即得.

定理 4.2.10 (Riesz-Fischer 定理) 设 $\{\varphi_k\}$ 是 $L^2(E)$ 中的标准正交系. 若实数列 $\{c_k\}$ 满足条件

$$\sum_{k=1}^{\infty} c_k^2 < \infty \,,$$

则级数

$$\sum_{k=1}^{\infty} c_k \varphi_k$$

在 $L^2(E)$ 中收敛; 将该级数和记为 f, 则 $(f, \varphi_k) = c_k$, 且

$$\left\| \sum_{k=1}^{\infty} c_k \varphi_k \right\|^2 = \sum_{k=1}^{\infty} c_k^2 \,. \tag{4.2.13}$$

证明 作部分和

$$S_N(x) = \sum_{k=1}^{N} c_k \varphi_k(x) \,,$$

则

$$\|S_{N+p} - S_N\|^2 = \sum_{k=N+1}^{N+p} c_k^2 \,.$$

由此可知函数列 S_N 是 $L^2(E)$ 中的基本列. 因此它是 $L^2(E)$ 中的收敛列. 于是级数

$$\sum_{k=1}^{\infty} c_k \varphi_k$$

在 $L^2(E)$ 中收敛;将其和记为 f,则
$$\lim_{N\to\infty} S_N = f.$$
从而有
$$\|f\|^2 = \lim_{N\to\infty}\|S_N\|^2 = \lim_{N\to\infty}\sum_{k=1}^N c_k^2 = \sum_{k=1}^\infty c_k^2,$$
$$(f,\varphi_k) = \lim_{N\to\infty}(S_N,\varphi_k) = c_k.$$

由上述定理可知,当实数列 $\{a_k\}$ 满足条件 $\sum_{k=1}^\infty a_k^2 < \infty$ 时,级数
$$\sum_{k=1}^\infty a_k\varphi_k$$
在空间 $L^2(E)$ 中收敛,记它们的全体为
$$\Gamma = \left\{ \sum_{k=1}^\infty a_k\varphi_k \,\Big|\, \{a_k\}\text{是实数列, 满足} \sum_{k=1}^\infty a_k^2 < \infty \right\}. \quad (4.2.14)$$

定理 4.2.11 对任意给定的函数 $f \in L^2(E)$,令
$$\widetilde{f} = \sum_{k=1}^\infty c_k\varphi_k,$$
其中 $\{c_k\}$ 是 f 的 Fourier 系数,则 $\widetilde{f} \in \Gamma$,且
$$\|f - \widetilde{f}\| = \min_{g\in\Gamma}\|f - g\|. \quad (4.2.15)$$

证明 由 Bessel 不等式及 Riesz-Fischer 定理知, $\widetilde{f} \in \Gamma$. 对于任意
$$g = \sum_{k=1}^\infty a_k\varphi_k \in \Gamma,$$
由于
$$\sum_{k=1}^\infty a_k^2 < \infty,$$

有

$$
\begin{aligned}
\|f - g\|^2 &= \lim_{N \to \infty} \left(f - \sum_{k=1}^{N} a_k \varphi_k, f - \sum_{k=1}^{N} a_k \varphi_k \right) \\
&= \lim_{N \to \infty} \left[\|f\|^2 - 2 \sum_{k=1}^{N} a_k c_k + \sum_{k=1}^{N} a_k^2 \right] \\
&= \lim_{N \to \infty} \left[\|f\|^2 + \sum_{k=1}^{N} (a_k - c_k)^2 - \sum_{k=1}^{N} c_k^2 \right] \\
&\geq \|f\|^2 - \sum_{k=1}^{\infty} c_k^2 = \| f - \widetilde{f} \|^2 .
\end{aligned}
$$

由此可见, 当 $g = \widetilde{f}$ 时 $\| f - g \|$ 达到最小值.

定义 4.2.12 设函数系 $\{\varphi_k\}$ 是 $L^2(E)$ 中的一个正交系. 若 $L^2(E)$ 中不再存在非零 f 能与一切 φ_k 正交, 则称此正交系 $\{\varphi_k\}$ 是 $L^2(E)$ 中的完全系. 换句话说, 若 $f \in L^2(E)$ 且满足 $(f, \varphi_k) = 0$, $k = 1, 2, \cdots$, 则必有 $f(x) = 0$, a.e.$[E]$ 成立.

定义 4.2.13 设函数系 $\{\varphi_k\}$ 是 $L^2(E)$ 中的一个标准正交系. 若每个 $f \in L^2(E)$, 都可表成在 $L^2(E)$ 中收敛的级数

$$
f = \sum_{k=1}^{\infty} c_k \varphi_k ,
$$

则称 $\{\varphi_k\}$ 是空间 $L^2(E)$ 的一个标准正交基.

空间 $L^2[-\pi, \pi]$ 中的标准正交系 (4.2.7) 是标准正交基, 见第 182 页中的例 1.

定理 4.2.14 设 $\{\varphi_k\}$ 是 $L^2(E)$ 中的一个标准正交系, 则以下条件等价:

(1) $\{\varphi_k\}$ 是标准正交基 ;

(2) $\{\varphi_k\}$ 的有限线性组合之全体在 $L^2(E)$ 中稠密 ;

(3) 完全性: $L^2(E)$ 中不再存在非零元素能与一切 φ_k 正交;

(4) Parseval 等式:

$$\|f\|^2 = \sum_{k=1}^{\infty} |(f, \varphi_k)|^2, \quad \forall f \in L^2(E);$$

(5) 内积等式: $(f, g) = \sum_{k=1}^{\infty} (f, \varphi_k)(\varphi_k, g), \quad \forall f, g \in L^2(E).$

证明 任取 $f \in L^2(E)$, 令 $S_N = \sum_{k=1}^{N} c_k \varphi_k$, 其中 $c_k = (f, \varphi_k)$ 是 f 的 Fourier 系数. 则

$$\|f - S_N\|^2 = \|f\|^2 - \|S_N\|^2,$$

其中

$$\|S_N\|^2 = \sum_{k=1}^{N} c_k^2 = \sum_{k=1}^{N} (f, \varphi_k)^2.$$

于是 $\lim_{N \to \infty} \|f - S_N\| = 0$ 的充分必要条件是 Parseval 等式成立. 因此 (1) $\iff$ (4). 又显然有 (1) $\implies$ (2).

兹证 (2) $\implies$ (3). 设 $f \in L^2(E)$, $f \perp \varphi_k$, $k = 1, 2, \cdots$. 对于任给的常数 $\varepsilon > 0$, 由条件 (2), 存在

$$g = \sum_{k=1}^{K} a_k \varphi_k,$$

满足 $\|f - g\| < \varepsilon$. 显然有 $f \perp g$. 于是

$$\|f\|^2 = (f, f - g) + (f, g) = (f, f - g)$$

$$\leq \|f\| \|f - g\| \leq \varepsilon \|f\|.$$

由此得到 $\|f\| = 0$, 故 $f = 0$, a.e.[E] 成立.

兹证 (3) $\implies$ (1). 设 $f \in L^2(E)$, 记

$$\widetilde{f} = \sum_{k=1}^{\infty} c_k \varphi_k \in L^2(E),$$

其中 $\{c_k\}$ 是 f 的 Fourier 系数, 则
$$(\widetilde{f}, \varphi_k) = c_k = (f, \varphi_k), \quad k = 1, 2, \cdots.$$
所以 $(f - \widetilde{f}) \perp \varphi_k$, $k = 1, 2, \cdots$. 由条件 (3), $\widetilde{f} = f$, 故
$$f = \sum_{k=1}^{\infty} c_k \varphi_k.$$
因此 $\{\varphi_k\}$ 是空间 $L^2(E)$ 的标准正交基.

由直接计算知以下恒等式成立: $\forall f, g \in L^2(E)$, 有
$$(f, g) = \frac{1}{4}(\|f + g\|^2 - \|f - g\|^2). \tag{4.2.16}$$
由此易验证 (4) $\Longrightarrow$ (5), 而 (5) $\Longrightarrow$ (4) 是显然的. 定理得证.

例 1 在 $L^2[-\pi, \pi]$ 中下列函数列
$$\frac{1}{\sqrt{2\pi}}, \frac{\cos x}{\sqrt{\pi}}, \frac{\sin x}{\sqrt{\pi}}, \cdots, \frac{\cos nx}{\sqrt{\pi}}, \frac{\sin nx}{\sqrt{\pi}}, \cdots \tag{4.2.17}$$
是标准正交系. 可以证明三角多项式的全体在 $C[-\pi, \pi]$ 中稠密, 从而在 $L^2[-\pi, \pi]$ 中稠密. 故上述函数系是空间 $L^2[-\pi, \pi]$ 中的标准正交基. 因此每个 $f \in L^2[-\pi, \pi]$ 都可展开成 L^2 收敛的 Fourier 级数:
$$f(x) = \frac{1}{2}a_0 + \sum_{n=1}^{\infty} a_n \cos nx + b_n \sin nx.$$

设 $\{\varphi_k\}$ 是 $L^2(E)$ 中的标准正交基, $\forall f, g \in L^2(E)$, 记 $c_k = (f, \varphi_k)$, $d_k = (g, \varphi_k)$, $k = 1, 2, \cdots$. 根据定理 4.2.14 有
$$\|f\| = \left(\sum_{k=1}^{\infty} |c_k|^2\right)^{1/2}; \tag{4.2.18}$$

$$(f, g) = \sum_{k=1}^{\infty} c_k d_k. \tag{4.2.19}$$

以上两式正是欧氏空间 $\mathbb{R}^n$ 中的模长与内积公式的推广, 它充分显示出标准正交基与直角坐标系的类似性.

　　在欧氏空间中有线性无关向量组的概念, 并由 Gram-Schmidt 正交化方法可导出正交向量组. 而任一极大线性无关向量组都可构成空间的基底, 其中个数就是空间的维数. 对于函数空间 $\mathfrak{M}(E)$, 若将其看成一个无穷维的线性空间也可引入同样的概念.

　　定义 4.2.15　设 $\psi_1(x), \psi_2(x), \cdots, \psi_k(x)$ 是定义在可测集 $E \subset \mathbb{R}^n$ 上的函数. 如果由

$$a_1\psi_1(x) + a_2\psi_2(x) + \cdots + a_k\psi_k(x) = 0, \quad \text{a.e.}[E]$$

可推得 $a_i = 0$, $i = 1, 2, \cdots, k$ 成立, 那么称函数组 $\{\psi_i(x) | 1 \le i \le k\}$ 是线性无关的. 对于由无限多个函数组成的函数系, 如果其中任意有限个函数都是线性无关的, 那么称此函数系是线性无关的. (显然线性无关函数系中不存在几乎处处等于零的函数.)

　　易知, 平方可积函数空间 $L^2(E)$ 中的正交系 $\{\varphi_k\}$ 一定是线性无关的; 而且 $L^2(E)$ 中的标准正交基 $\{\varphi_k\}$ 一定是极大线性无关的, 即不存在非零元 g, 使函数系 $\{g, \varphi_1, \varphi_2, \cdots\}$ 是线性无关的.

　　一个线性无关的函数系往往不是正交系. 下述介绍的 Gram-Schmidt 正交化方法可以从一个线性无关系构造正交系.

　　设 $\{\psi_k\}$ 是 $L^2(E)$ 中的线性无关系, 令

$$g_1 = \psi_1, \quad g_2 = \psi_2 - \frac{(\psi_2, g_1)}{\|g_1\|^2} g_1.$$

一般来说, 用归纳定义, 在取定 $g_1, g_2, \cdots, g_{k-1}$ 后, 令

$$g_k = \psi_k - \sum_{i=1}^{k-1} \frac{(\psi_k, g_i)}{\|g_i\|^2} g_i.$$

易知, 函数系 $\{g_k\}$ 是正交系. 若再令 $\varphi_k(x) = g_k/\|g_k\|$, 则 $\{\varphi_k\}$ 是 $L^2(E)$ 的一个标准正交系.

　　综上所述, 可总结出如下构造标准正交基的具体步骤:

　　(1) 选取 $L^2(E)$ 中的一个可数集 $\{\psi_k\}$, 使其有限线性组合之全体

在 $L^2(E)$ 中稠密. 由于 $L^2(E)$ 可分, 这样的函数系 $\{\psi_k\}$ 一定存在. 不妨设这个函数系是线性无关的.

(2) 用 Gram-Schmidt 正交化方法, 由 $\{\psi_k\}$ 得到标准正交系 $\{\varphi_k\}$. 由定理 4.2.14 知, $\{\varphi_k\}$ 是一组标准正交基.

例 2 $L^2[-1,1]$ 中, 函数组 $\{x^k \mid k = 0, 1, 2, \cdots\}$ 可作为上述的 $\{\psi_k\}$. 由 Gram-Schmidt 正交化方法得到一组多项式 $\{L_k(x)\}$, 它有通式:

$$L_k(x) = \frac{1}{2^k k!} \sqrt{\frac{2k+1}{2}} \frac{d^k}{dx^k}[(x^2-1)^k], \quad k = 0, 1, 2, \cdots. \quad (4.2.20)$$

称 $L_k(x)$ 是 k 次 Legendre 多项式, 它们构成 $L^2[-1,1]$ 中的一组标准正交基.

例 3 在空间 $L^2(-\infty, \infty)$ 中下列函数列

$$h_k(x) = \frac{1}{\pi^{\frac{1}{4}}(2^k k!)^{\frac{1}{2}}} H_k(x) e^{-\frac{x^2}{2}}, \quad k = 0, 1, 2, \cdots \quad (4.2.21)$$

是标准正交基, 其中

$$H_k(x) = (-1)^k e^{x^2} \frac{d^k}{dx^k}(e^{-x^2}) = \sum_{j=0}^{[k/2]} (-1)^j \frac{k!}{j!(k-2j)!} (2x)^{k-2j}$$

是 k 次 Hermite 多项式. 标准正交基中最初几项是:

$h_0(x) = \pi^{-\frac{1}{4}} e^{-x^2/2},$

$h_1(x) = \pi^{-\frac{1}{4}} \sqrt{2} x e^{-x^2/2},$

$h_2(x) = \pi^{-\frac{1}{4}} (\sqrt{2}x^2 - \sqrt{2}/2) e^{-x^2/2},$

$\vdots$

习　题

1. 设 $f \in \mathfrak{M}(E)$, $c > 0$. 若对于任意的函数 $g \in L^2(E)$, 有 $\|fg\|_2 \le c\|g\|_2$, 试证明 $f \in L^\infty(E)$, 且 $\|f\|_\infty \le c$.

2. 在 $L^2(E)$ 中，已知 $f_k \xrightarrow{L^2} f$，$g_k \xrightarrow{L^2} g$，证明

$$(f_k, g_k) \to (f, g).$$

3. 证明对于任意的函数 $f, g \in L^2(E)$，它们的内积满足

$$(f, g) = \frac{1}{4}\left(\|f + g\|^2 - \|f - g\|^2\right).$$

(这个关系式称为平行四边形对角线法则.)

4. 记 $E_\alpha = \{f \in C[-1,1] \,|\, f(0) = \alpha\}$. 证明 E_α 是凸集 (即连结 E_α 中任意两个元的线段都在 E_α 中), 且在 $L^2[-1,1]$ 中稠密.

5. 设 $k(x, y) \in L^2(\mathbb{R}^n \times \mathbb{R}^n)$, 对于 $f \in L^2(\mathbb{R}^n)$ 证明下述积分

$$Tf(x) = \int_{\mathbb{R}^n} k(x, y) f(y) \mathrm{d}y$$

有意义，且 $Tf \in L^2(\mathbb{R}^n)$.

6. 对于任意的函数 $f \in C^1[0,1]$, 定义

$$\|f\|_{2,1} = \sqrt{\int_0^1 \left(|f(x)|^2 + |f'(x)|^2\right) \mathrm{d}x},$$

证明 $\|\cdot\|_{2,1}$ 满足范数公理. 考虑在此范数下的柯西列 $\{g_n\}$, 即 $n, m \to \infty$ 时，有 $\|g_n - g_m\|_{2,1} \to 0$, 证明 $\{g_n\}$ 也是 $L^2[0,1]$ 中的柯西列.

7. 对于任意的函数 $f, g \in C^1[0,1]$, 定义

$$\langle f, g \rangle = \int_0^1 \left[f(x)g(x) + f'(x)g'(x)\right] \mathrm{d}x.$$

证明 $\langle \cdot, \cdot \rangle$ 满足内积公理, 且 $\|f\|_{2,1} = \sqrt{\langle f, f \rangle}$ 成立.

8. 定义空间如下:

$$H^1[0,1] = \left\{ f \in L^2[0,1] \,\middle|\, \begin{array}{l} \text{存在 } \|\cdot\|_{2,1} \text{意义下的柯西列,} \\ \varphi_n \in C^1[0,1], \ \lim_{n\to\infty} \|\varphi_n - f\|_2 = 0 \end{array} \right\}.$$

证明 $C^1[0,1]$ 在 $H^1[0,1]$ 中依范数 $\|\cdot\|_{2,1}$ 是稠密的; 并对于任意的 $f \in H^1[0,1]$, 求 $\|f\|_{2,1}$.

9. 设 $f \in L^2([0,1])$, 记
$$g(x) = \int_0^1 \frac{f(t)}{|x-t|^{\frac{1}{2}}} \mathrm{d}t, \quad 0 < x < 1,$$
证明下述不等式成立:
$$\left(\int_0^1 g^2(x)\mathrm{d}x \right)^{\frac{1}{2}} \leq 2\sqrt{2} \left(\int_0^1 f^2(x)\mathrm{d}x \right)^{\frac{1}{2}}.$$

10. 证明 $\{\sin kx\}$ 是 $L^2([0,\pi])$ 中的完全系.

11. 设 $f \in L^2(0,\pi)$, 证明不等式
$$\int_0^\pi (f(x) - \sin x)^2 \mathrm{d}x \leq 4/9$$
与不等式
$$\int_0^\pi (f(x) - \cos x)^2 \mathrm{d}x \leq 1/9$$
不能同时成立.

12. 设 $\{\varphi_k(x)\}$ 是 $L^2(E)$ 中的标准正交系. 试证明 $\{\varphi_k(x)\}$ 是完全系的必要充分条件是
$$L^2(E) = \left\{ \sum_{k=1}^\infty a_k \varphi_k(x) \, \Big| \, \{a_k\}\text{是实数列}, \text{满足} \sum_{k=1}^\infty a_k^2 < \infty \right\}.$$

13. 设 $\{\varphi_j(x)\}$ 与 $\{\psi_k(x)\}$ 分别是 $L^2(E_1)$ 与 $L^2(E_2)$ 上的完全标准正交系, 试证明 $\{\varphi_j(x)\psi_k(y)\}$ 是 $L^2(E_1 \times E_2)$ 上的完全标准正交系.

14. 设 $\{\varphi_n\}$ 是 $L^2([a,b])$ 中的标准正交基. 若 $\{\psi_n\}$ 是 $L^2([a,b])$ 中的正交系, 满足 $\sum_{n=1}^\infty \int_a^b \left[\varphi_n(x) - \psi_n(x) \right]^2 \mathrm{d}x < 1$. 试证明 $\{\psi_n\}$ 是 $L^2([a,b])$ 中的完全系.

15. 设 $\{\varphi_n(x)\}$ 是 $L^2([a,b])$ 中的标准正交基, 对于任意的 $f \in L^2([a,b])$, $c_n = (f, \varphi_n)$, $f(x) \sim \sum_{n=1}^\infty c_n \varphi_n(x)$. 证明对于任意的可测子集 $E \subset [a,b]$,
$$\int_E f(x)\mathrm{d}x = \sum_{n=1}^\infty c_n \int_E \varphi_n(x)\mathrm{d}x.$$

(上述等式表明 $f(x)$ 的 Fourier 级数可以逐项积分.)

16. 设 $\{\varphi_k(x)\}$ 是 $L^2(E)$ 中的标准正交基, $\{\psi_j(x)\}$ 是 $L^2(E)$ 中的标准正交系. 若 $\|\varphi_k\|^2 = \sum_{j=1}^{\infty} \left|(\varphi_k, \psi_j)\right|^2$, $k = 1, 2, \cdots$ 成立, 证明 $\{\psi_j(x)\}$ 也是 $L^2(E)$ 中的标准正交基.

17. 设 $\mathcal{F} \subset L^2(E)$, 满足条件: $\forall f, g \in \mathcal{F}$, 当 $f \neq g$ 时, 均有 $f \perp g$. 若已知空间 $L^2(E)$ 可分, 证明 $\mathcal{F}$ 是可数集.

18. 设 $\{\varphi_k\} \in L^2([a,b])$ 是标准正交系. 若存在极限 $\lim_{k\to\infty} \varphi_k(x) = \varphi(x)$, a.e. $[a,b]$, 证明 $\varphi(x) = 0$, a.e. $[a,b]$.

19. 设 $\{\varphi_k\} \in L^2([0,1])$ 是标准正交系, $|\varphi_k(x)| \leq M$, $k = 1, 2, \cdots$. 若有数列 $\{a_k\}$, 使得级数 $\sum_{k=1}^{\infty} a_k \varphi_k(x)$ 在 $[0,1]$ 上几乎处处收敛, 证明 $\lim_{k\to\infty} a_k = 0$.

20. 设 $f, g \in L^2(\mathbb{R}^1)$, 令
$$f_h(x) = \left[f(x+h) - f(x)\right]/h, \quad h \neq 0.$$
若有
$$\lim_{h\to 0} \int_{\mathbb{R}} \left|f_h(x) - g(x)\right|^2 \mathrm{d}x = 0,$$
证明存在常数 c, 使得
$$f(x) = \int_0^x g(t)\mathrm{d}t + c, \quad \text{a.e.}[\mathbb{R}^1].$$

21. 设 $g \in L^1(\mathbb{R}^1)$, 且 $\lim_{k\to\infty} \|f_k - f\|_2 = 0$, 证明在 $L^2(\mathbb{R}^2)$ 中均方收敛意义下有
$$\lim_{k\to\infty} \int_{-\infty}^{\infty} f_k(x-y)g(y)\mathrm{d}y = \int_{-\infty}^{\infty} f(x-y)g(y)\mathrm{d}y.$$

22. 给定函数 $f(x) = \mathrm{e}^x$, 求区间 $[0,1]$ 上均方逼近它的最佳二次多项式.

*23. 给定常数 $a > 0$. 设 M 是 $L^2[0,1]$ 中的子空间, 满足对于任意的函数 $f \in M, |f(x)| \leq a\|f\|_2$, a.e., 证明 $\dim M \leq a^2$.

24. 证明在 $C([a,b])$ 中不可能引进一种内积 $(\cdot,\cdot)$, 使其满足
$$(f,f)^{\frac{1}{2}} = \max_{a \le x \le b} |f(x)|.$$

25. 记 $\mathcal{V} = \{f \in L^2[0,T] \,\|\|f\| = 1\}$, 称其为 $L^2[0,T]$ 的单位球面. 求证函数
$$f \longmapsto \left| \int_0^T \mathrm{e}^{-(T-x)} f(x)\mathrm{d}x \right|$$
在单位球面上达到最大值. 并求出此最大值和达到最大值的元素 f.

26. 记 $\mathcal{D} = \{f \in L^2[-1,1] \,| f(-x) = f(x)\}$, 并记 $\mathcal{D}^\perp = \{g \in L^2[-1,1] \,| g \perp f, \, \forall\, f \in \mathcal{D}\}$, 称 $\mathcal{D}^\perp$ 为集合 $\mathcal{D}$ 的正交补空间. 请描述集合 $\mathcal{D}^\perp$, 并证明之.

27. 给定 $\{f_n\} \subset L^2[0,1]$. 设 f_n 依测度收敛到 0, 且 $\|f_n\|_2 \le 1$, 证明 $\lim_{n \to \infty} \|f_n\|_1 = 0$.

*28. 设 $\{\varphi_j(x)\}$ 是 $L^2(E)$ 中的标准正交系, $m(E) < \infty$, 并且满足 $|\varphi_j(x)| \le M \, (x \in E, \forall\, j)$. 证明级数 $\sum_j \varphi_j(x)/j$ 在 E 上几乎处处收敛.

29. 设 $\{\varphi_k\}$ 是 $L^2(E)$ 中的标准正交基. 证明对于 E 中任一正测度子集 A, 均有
$$\sum_{k=1}^\infty \int_A \varphi_k^2(x)\mathrm{d}x \ge 1.$$

30. 设 $\{\varphi_k(x)\}$ 是 $L^2(E)$ 中的标准正交基, 试证明 $\sum_k \varphi_k^2(x) = \infty$, a.e.$[E]$; 当 $A \subset E$, $m(A) > 0$ 时, 有 $\sum_k \int_A \varphi_k^2(x)\mathrm{d}x = \infty$.

§4.3 卷积与 Fourier 变换

由于 Fourier 变换理论是在复值函数上讨论的, 本书前面所讨论的

可测函数和可积函数的概念都必须扩充到复值的情形. 若 $u(x), v(x)$ 是可测集 E 上两个几乎处处有限的实值可测函数, 则函数 $u(x) + iv(x) = f(x)$ 定义了 E 上几乎处处有限的复值函数, 称 $f(x)$ 是 E 上的复可测函数. 全体 E 上的复可测函数仍记作 $\mathfrak{M}(E)$. 如果要强调函数取值于复数域, 则记作 $\mathfrak{M}_{\mathbb{C}}(E)$, 一般不加下标 $\mathbb{C}$. 当

$$\int_E |f(x)| \mathrm{d}x < \infty,$$

则称 $f(x)$ 是 E 上的可积函数, 此时定义 f 的积分值为

$$\int_E f(x) \mathrm{d}x = \int_E u(x) \mathrm{d}x + \mathrm{i} \int_E v(x) \mathrm{d}x. \tag{4.3.1}$$

全体 E 复可积函数仍记作 $L(E)$. 如果要强调函数取值于复数域, 则记作 $L_{\mathbb{C}}(E)$, 一般不加下标 $\mathbb{C}$.

显然, 对于 $f, g \in L^2(E)$, 复数 α, β, 总有

$$\int_E \left[\alpha f(x) + \beta g(x) \right] \mathrm{d}x = \alpha \int_E f(x) \mathrm{d}x + \beta \int_E g(x) \mathrm{d}x.$$

经此扩充之后, Lebesgue 积分理论的所有结果, 只要不涉及函数值的大小比较 (如非负性, 单调性等), 都可应用于复值可积函数. 容易证明

$$\left| \int_E f(x) \mathrm{d}x \right| \le \int_E |f(x)| \mathrm{d}x. \tag{4.3.2}$$

事实上, 记 $z = \int_E f(x) \mathrm{d}x$, 作极分解 $z = \alpha |z|$, 显然有

$$\mathrm{Re}[\overline{\alpha} f(x)] \le |\overline{\alpha} f(x)| = |f(x)|,$$

于是有

$$\begin{aligned}
\left| \int_E f(x) \mathrm{d}x \right| &= \overline{\alpha} \int_E f(x) \mathrm{d}x = \int_E \overline{\alpha} f(x) \mathrm{d}x \\
&= \int_E \mathrm{Re}[\overline{\alpha} f(x)] \mathrm{d}x \le \int_E |f(x)| \mathrm{d}x.
\end{aligned}$$

函数类 $C(E), L^p(E) (1 \le p \le \infty)$ 自然亦应作相应的扩充, 使之包

括复值函数. 设 $f = u + iv$, 当 $1 \leq p < \infty$ 时, 定义它的 p 次范数为

$$\|f\|_p = \left(\int_E |f(x)|^p \mathrm{d}x \right)^{1/p} , \qquad (4.3.3)$$

其中 $|f(x)| = \sqrt{u^2(x) + v^2(x)}$. 当 $p = \infty$ 时, 定义它的 ∞ 次范数为

$$\|f\|_\infty = \inf_{\substack{\triangle \subset E \\ m(\triangle)=0}} \sup_{x \in E \setminus \triangle} |f(x)| , \qquad (4.3.4)$$

即 $\|f\|_\infty = \|\sqrt{u^2 + v^2}\|_\infty$. 于是复值 p 次可积函数空间是

$$L^p(E) = \{f = u + iv \in \mathfrak{M}(E) \big| \|f\|_p < \infty \}, \quad 1 \leq p \leq \infty. \qquad (4.3.5)$$

易见在复值情形仍有 $L^1(E) = L(E)$.

对于复值 $L^p(E)$ 空间而言, 定理 4.1.2 (Hödler 不等式) 仍成立; 定理 4.1.4 "范数公理" 仍成立, 其中齐次性的常数 α 可以是复数. §4.1.2 中关于实值 $L^p(E)$ 空间的性质, 以及 §4.1.3 中关于实值 $L^p(E)$ 空间的可分性, 在复值情形下都成立. 特别地复值 $L^p(E)$ 空间是完备的空间.

在复值平方可积函数空间 $L^2(E)$ 中, 内积定义要做相应的修改. 对于 $\forall f, g \in L^2(E)$, 令

$$(f, g) = \int_E f(x) \overline{g(x)} \mathrm{d}x . \qquad (4.3.6)$$

易见由 (4.3.6) 式所定义的内积公式是复欧氏空间内积公式的推广, 它满足以下 "内积公理":

(1) 共轭双线性性: 内积关于第一个变元是线性的, 关于第二个变元是共轭线性的;

(2) 共轭对称性: $(f, g) = \overline{(g, f)}$;

(3) 正定性:

$$(f, f) \geq 0, \text{且} (f, f) = 0 \Longleftrightarrow f(x) = 0, \text{ a.e.}[E].$$

§4.2.2 中实值 L^2 空间中的弱收敛性、正交性、 Fourier 级数的展开、标准正交基等性质都可移植到复值 L^2 空间中来. 某些牵涉到复

系数的情形, 其条件或结论需要做一些调整, 例如定理 4.2.9(Bessel 不等式) 要改成

$$\sum_{k=1}^{\infty} |c_k|^2 \leq \|f\|^2 ; \qquad (4.3.7)$$

定理 4.2.10 (Riesz-Fischer) 中实数列 $\{c_k\}$ 需改成复数列, 且满足条件

$$\sum_{k=1}^{\infty} |c_k|^2 < \infty ;$$

(4.2.14) 式应改成

$$\Gamma = \left\{ \sum_{k=1}^{\infty} a_k \varphi_k \ \middle| \ \{a_k\} \text{是复数列, 满足} \sum_{k=1}^{\infty} |a_k|^2 < \infty \right\} ; \quad (4.3.8)$$

内积公式 (4.2.19) 应改成

$$(f, g) = \sum_{k=1}^{\infty} c_k \overline{d}_k . \qquad (4.3.9)$$

§4.3.1　卷积

设 $f(x)$ 与 $g(x)$ 是 $\mathbb{R}^n$ 上 (实值或复值) 的可测函数, 若积分

$$\int_{\mathbb{R}^n} f(x - y) g(y) \mathrm{d}y \qquad (4.3.10)$$

存在, 就称此积分为函数 f 与 g 的卷积, 记为 $f * g(x)$.

注意, 这里函数 $f(x - y)$ 可看作为 $\mathbb{R}^n \times \mathbb{R}^n$ 上的可测函数.

显然卷积具有对称性:

$$f * g = g * f \qquad (4.3.11)$$

和双线性性: 卷积 $f * g$ 关于变元 f 和 g 分别是线性的.

定理 4.3.1(杨 (Young) 氏不等式)　若 $f \in L^p(\mathbb{R}^n)$ $(1 \leq p \leq \infty)$, $g \in L^1(\mathbb{R}^n)$, 则 $f * g \in L^p(\mathbb{R}^n)$, 且

$$\|f * g\|_p \leq \|f\|_p \|g\|_1 . \qquad (4.3.12)$$

证明 当 $p = \infty$ 时

$$|f * g(x)| \le \int_{\mathbb{R}^n} |f(x-y)||g(y)| \mathrm{d}y$$

$$\le \|f\|_\infty \int_{\mathbb{R}^n} |g(y)| \mathrm{d}y = \|f\|_\infty \|g\|_1.$$

所以 $f * g \in L^\infty(\mathbb{R}^n)$，且 $\|f * g\|_\infty \le \|f\|_\infty \|g\|_1$. 当 $1 \le p < \infty$ 时，由 Hölder 不等式

$$|f * g(x)| \le \int_{\mathbb{R}^n} |f(x-y)||g(y)| \mathrm{d}y$$

$$= \int_{\mathbb{R}^n} |f(x-y)||g(y)|^{\frac{1}{p}} |g(y)|^{1-\frac{1}{p}} \mathrm{d}y$$

$$\le \left(\int_{\mathbb{R}^n} |f(x-y)|^p |g(y)| \mathrm{d}y \right)^{\frac{1}{p}} \left(\int_{\mathbb{R}^n} |g(y)\mathrm{d}y| \right)^{\frac{p-1}{p}}.$$

对上式两端作 p 次乘方再对变量 x 作积分，根据 Fubini 定理可知

$$\int_{\mathbb{R}^n} |f * g(x)|^p \mathrm{d}x \le \|g\|_1^{p-1} \int_{\mathbb{R}^n} \left(\int_{\mathbb{R}^n} |f(x-y)|^p \mathrm{d}x \right) |g(y)| \mathrm{d}y$$

$$= \|f\|_p^p \|g\|_1^p.$$

于是得 $f * g \in L^p(\mathbb{R}^n)$，且 $\|f * g\|_p \le \|f\|_p \|g\|_1$.

特别的，当 $p = 1$ 时，由此定理可见卷积运算关于 $L(\mathbb{R}^n)$ 空间是封闭的. 在 $L(\mathbb{R}^n)$ 中的卷积运算没有单位元 (见本节习题第 19 题).

引理 4.3.2 (平均连续性) 若 $f \in L^p(\mathbb{R}^n) \, (1 \le p < \infty)$，则有

$$\lim_{t \to 0} \int_{\mathbb{R}^n} |f(x+t) - f(x)|^p \mathrm{d}x = 0. \tag{4.3.13}$$

证明 任给常数 $\varepsilon > 0$，由定理 4.1.16，可作分解

$$f(x) = f_1(x) + f_2(x),$$

其中 $f_1 \in C_c(\mathbb{R}^n)$，$f_2$ 满足不等式 $\|f_2\|_p < \varepsilon/4$. 由于 $f_1(x)$ 具有紧支集且是一致连续的，易知存在常数 $\delta > 0$，使得当 $|t| < \delta$ 时有

$$\int_{\mathbb{R}^n} |f_1(x+t) - f_1(x)|^p \mathrm{d}x < \left(\frac{\varepsilon}{2} \right)^p.$$

从而由 Minkowski 不等式

$$\left(\int_{\mathbb{R}^n}\big|f(x+t)-f(x)\big|^p \mathrm{d}x\right)^{\frac{1}{p}}$$

$$\leq\left(\int_{\mathbb{R}^n}\big|f_1(x+t)-f_1(x)\big|^p \mathrm{d}x\right)^{\frac{1}{p}}+\left(\int_{\mathbb{R}^n}\big|f_2(x+t)-f_2(x)\big|^p \mathrm{d}x\right)^{\frac{1}{p}}$$

$$<\frac{\varepsilon}{2}+2\|f_2\|_p<\varepsilon\,.$$

定理 4.3.3 若 $f,g\in L^2(\mathbb{R}^n)$, 则 $f*g(x)$ 是 $\mathbb{R}^n$ 上有界连续函数, 且

$$\|f*g\|_\infty\leq\|f\|_2\,\|g\|_2\,. \tag{4.3.14}$$

证明 由 Schwartz 不等式得

$$\int_{\mathbb{R}^n}\big|f(x-y)g(y)\big|\mathrm{d}y$$

$$\leq\left(\int_{\mathbb{R}^n}\big|f(x-y)\big|^2\mathrm{d}y\right)^{\frac{1}{2}}\|g\|_2$$

$$=\|f\|_2\,\|g\|_2\,.$$

所以 $f*g\in L^\infty(\mathbb{R}^n)$ 且 (4.3.14) 式成立. 仍用 Schwartz 不等式, 得

$$\big|f*g(x+t)-f*g(x)\big|^2$$

$$\leq\|g\|_2^2\int_{\mathbb{R}^n}\big|f(x+t-y)-f(x-y)\big|^2\mathrm{d}y$$

$$=\|g\|_2^2\int_{\mathbb{R}^n}\big|f(y-t)-f(y)\big|^2\mathrm{d}y\,,$$

由引理 4.3.2, 即得 $f*g\in C(\mathbb{R}^n)$.

由 n 个非负整数 $\alpha_i(1\leq i\leq n)$ 构成的有序数组

$$\alpha=(\alpha_1,\alpha_2,\cdots,\alpha_n) \tag{4.3.15}$$

称为多重指数. 对于每个 α, 引入微分算子

$$\mathrm{D}^\alpha=\left(\frac{\partial}{\partial x_1}\right)^{\alpha_1}\cdots\left(\frac{\partial}{\partial x_n}\right)^{\alpha_n}\,, \tag{4.3.16}$$

称之为多重微分算子, 它的次数是

$$|\alpha| = \alpha_1 + \alpha_2 + \cdots + \alpha_n. \tag{4.3.17}$$

若 $|\alpha| = 0$, 规定 $D^\alpha f = f$. (注: 多重微分算子 D^α 有时记成 ∂^α.)

令 Ω 是 $\mathbb{R}^n$ 中的非空开集, s 是自然数, 记

$$C^\infty(\Omega) = \{f \in C(\Omega) \,|\, D^\alpha f \in C(\Omega), \text{对于} \,\forall\, \alpha\}; \tag{4.3.18}$$

$$C^s(\Omega) = \{f \in C(\Omega) \,|\, D^\alpha f \in C(\Omega), \text{对于} \,\forall\, \alpha, \text{满足} \,|\alpha| \le s\}. \tag{4.3.19}$$

定理 4.3.4 记 $B_r = \{x \in \mathbb{R}^n \,|\, \|x\| < r\}$. 设 g 是 $\mathbb{R}^n$ 上的函数满足对于一切 $r > 0$, $g \in L(B_r)$; 又 $f \in C_c^s(\mathbb{R}^n)$. 则 $f * g \in C^s(\mathbb{R}^n)$, 且

$$D^\alpha(f * g) = D^\alpha f * g, \quad |\alpha| \le s. \tag{4.3.20}$$

证明 卷积 $f * g$ 显然存在. 应用定理 3.2.8 相继 s 次, 在积分号下取微商即得.

定义 4.3.5 设 $\varphi(x)$ 是定义在 $\mathbb{R}^n$ 上的函数, 对于任意的常数 $\varepsilon > 0$, 记

$$\varphi_\varepsilon(x) = \varepsilon^{-n}\varphi\left(\frac{x}{\varepsilon}\right). \tag{4.3.21}$$

定理 4.3.6 设非负函数 $\varphi \in L^1(\mathbb{R}^n)$, 且 $\|\varphi\|_1 = 1$. 若

$$f \in L^p(\mathbb{R}^n) \quad 1 \le p < \infty,$$

则有

$$\lim_{\varepsilon \to 0} \|\varphi_\varepsilon * f - f\|_p = 0. \tag{4.3.22}$$

证明 根据卷积定义

$$\varphi_\varepsilon * f(x) = \int_{\mathbb{R}^n} f(x-y)\varphi_\varepsilon(y)\mathrm{d}y = \int_{\mathbb{R}^n} f(x-\varepsilon y)\varphi(y)\mathrm{d}y.$$

与证明定理 4.3.1 相仿, 令 q 为 p 的共轭指数. 由 Hölder 不等式得

$$\left|\varphi_\varepsilon * f(x) - f(x)\right|$$

$$= \left|\int_{\mathbb{R}^n} \left[f(x - \varepsilon y) - f(x)\right]\varphi(y)\mathrm{d}y\right|$$

$$\leq \int_{\mathbb{R}^n} \left|f(x - \varepsilon y) - f(x)\right|\left|\varphi(y)\right|^{\frac{1}{p}}\left|\varphi(y)\right|^{\frac{1}{q}}\mathrm{d}y$$

$$\leq \left[\int_{\mathbb{R}^n} \left|f(x - \varepsilon y) - f(x)\right|^p \left|\varphi(y)\right|\mathrm{d}y\right]^{\frac{1}{p}}.$$

对上式两端作 p 次乘方再对变量 x 作积分, 运用 Fubini 定理得

$$\int_{\mathbb{R}^n} \left|\varphi_\varepsilon * f(x) - f(x)\right|^p \mathrm{d}x$$

$$\leq \int_{\mathbb{R}^n} \left|\varphi(y)\right|\left\{\int_{\mathbb{R}^n} \left|f(x - \varepsilon y) - f(x)\right|^p \mathrm{d}x\right\}\mathrm{d}y.$$

令 $\varepsilon \to 0$, 因为

$$\int_{\mathbb{R}^n} \left|f(x - \varepsilon y) - f(x)\right|^p \mathrm{d}x \leq 2^p\|f\|_p^p,$$

由控制收敛定理, 上面不等式右端可在积分号下取极限, 再运用积分平均连续性 (引理 4.3.2) 得

$$\lim_{\varepsilon \to 0}\int_{\mathbb{R}^n} \left|\varphi_\varepsilon * f(x) - f(x)\right|^p \mathrm{d}x$$

$$\leq \int_{\mathbb{R}^n} \left|\varphi(y)\right|\left\{\lim_{\varepsilon \to 0}\int_{\mathbb{R}^n} \left|f(x - \varepsilon y) - f(x)\right|^p \mathrm{d}x\right\}\mathrm{d}y = 0.$$

在 $L^1(\mathbb{R}^n)$ 中虽然卷积运算无单位元, 但是 $\varphi_\varepsilon * f \xrightarrow{L^1} f$, 所以 φ_ε 称为卷积运算的渐近单位元.

例 1 考虑函数 $\varphi(x) = \chi_{[-1,1]}$, 则

$$\varphi_\varepsilon(x) = \frac{1}{\varepsilon}\chi_{[-\varepsilon,\varepsilon]}(x).$$

易见对任给 $f \in L^p(\mathbb{R})$, 有

$$\varphi_\varepsilon * f(x) = \frac{1}{\varepsilon}\int_{x-\varepsilon}^{x+\varepsilon} f(y)\mathrm{d}y \xlongequal{\text{def}} f_\varepsilon(x).$$

于是由定理 4.3.1, $\|f_\varepsilon\|_p \leq \|f\|_p$; 且由定理 4.3.6, $f_\varepsilon \xrightarrow{L^p} f$.

例 2 在区间 $(0,1)$ 上定义函数

$$y = \varphi(x) = \left[1 + \exp\left(\frac{1}{1-x} - \frac{1}{x}\right)\right]^{-1},$$

然后令

$$\varphi(0) = 1, \quad \varphi(x) = 0, \quad x \geq 1,$$

$$\varphi(x) = \varphi(-x), \quad x < 0,$$

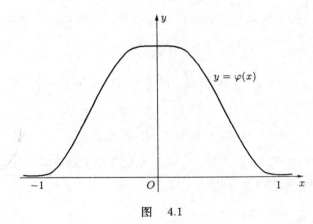

图   4.1

如图 4.1 所示. 可证明 $\varphi \in C_c^\infty(\mathbb{R})$. 记

$$\varphi_n(x) = n\varphi(nx)/\|\varphi\|_1, \quad n = 1, 2, \cdots.$$

任给

$$f \in L^p(\mathbb{R}) \, (1 \leq p < \infty),$$

令 $f_n = \varphi_n * f$, 则由定理 4.3.4, $f_n \in C^\infty(\mathbb{R})$, 及定理 4.3.6, $f_n \xrightarrow{L^p} f$. 这就得到结论：每个函数 $f \in L^p(\mathbb{R})$ 可用无限次可微函数 L^p 逼近. 换句话说，$C^\infty(\mathbb{R})$ 是 $L^p(\mathbb{R})$ 的稠密子空间.

例 3 考虑函数

$$W(x) = \frac{1}{\sqrt{2\pi}} e^{-\frac{1}{2}x^2}.$$

记 $W_n(x) = nW(nx), n = 1, 2, \cdots$. 则 $\forall n, \|W_n\|_1 = 1$, 而且对于任意的常数 $\delta > 0$, 有

$$\lim_{n \to \infty} \int_{-\delta}^{\delta} W_n(x) \mathrm{d}x = \lim_{n \to \infty} \frac{1}{\sqrt{2\pi}} \int_{-n\delta}^{n\delta} \mathrm{e}^{-\frac{1}{2}t^2} \mathrm{d}t = 1.$$

设 $-\infty < a < \alpha < \beta < b < \infty$, 记 $\Delta = (\alpha, \beta)$, $f = \chi_\Delta$, $f_n = W_n * f$. 则

$$\begin{aligned}
f_n(x) &= \frac{n}{\sqrt{2\pi}} \int_\alpha^\beta \mathrm{e}^{-\frac{1}{2}n^2(x-y)^2} \mathrm{d}y \\
&= \frac{n}{\sqrt{2\pi}} \int_\alpha^\beta \sum_{k=0}^\infty \frac{(-1)^k n^{2k}(x-y)^{2k}}{2^k k!} \mathrm{d}y \\
&= \frac{1}{\sqrt{2\pi}} \sum_{k=0}^\infty \frac{(-1)^k n^{2k+1}}{2^k k!} \int_\alpha^\beta (x-y)^{2k} \mathrm{d}y \\
&= \frac{1}{\sqrt{2\pi}} \sum_{k=0}^\infty \frac{(-1)^k n^{2k+1}}{2^k k!(2k+1)} P_{2k}(x),
\end{aligned}$$

其中 $P_{2k}(x) = (x-\alpha)^{2k+1} - (x-\beta)^{2k+1}$ 是 $2k$ 次多项式. 因为 $f_n \xrightarrow{L^p} f$, 而在区间 $[a, b]$ 上, f_n 可用上式右端级数的部分和一致逼近, 故在 $[a, b]$ 上 χ_Δ 可用多项式 L^p 逼近. 结合定理 4.1.15 可知, 每个 $f \in L^p[a, b]$ 可用多项式 L^p 逼近. 因此区间 $[a, b]$ 上的全体多项式是空间 $L^p[a, b]$ 的稠密线性子空间.

§4.3.2 $L^2(\mathbb{R}^n)$ 上的 Fourier 变换

Fourier 变换是函数空间上的一类特别重要的线性变换, 它是通过 Fourier 积分来定义的, 而 Fourier 积分则是周期函数的 Fourier 级数的自然推广. Fourier 变换在常系数微分方程理论中起着重要的作用. 通过这种变换, 将原来自变量空间中的微分运算转化为对偶变量空间中的代数运算, 从而可把原自变量空间中的许多问题转化到对偶变量空间中进行讨论, 所以它能成功地处理常系数微分方程中许多困难问题 (例如基本解存在性问题).

定义 4.3.7 对于任意的 $f \in L(\mathbb{R}^n)$, 令

$$\widehat{f}(t) = \frac{1}{(2\pi)^{n/2}} \int_{\mathbb{R}^n} f(x) \mathrm{e}^{-\mathrm{i}t \cdot x} \mathrm{d}x, \tag{4.3.23}$$

其中 $t \cdot x = \sum_{i=1}^{n} t_i x_i$, 称 $\widehat{f}$ 是 f 的 Fourier 变换. 有时记 $\mathcal{F} : f \to \widehat{f}$, 于是 $\mathcal{F}f = \widehat{f}$. $\mathcal{F}$ 是线性映射, 即 $\mathcal{F}(\alpha f_1 + \beta f_2) = \alpha \mathcal{F} f_1 + \beta \mathcal{F} f_2$.

当 f 是实值函数时, 它的 Fourier 变换是复值函数. 变量 t 称为变量 x 的对偶变量. 引入记号, 对于 $t \in \mathbb{R}^n$,

$$e_t(x) \overset{\text{def}}{=\!=\!=} \mathrm{e}^{\mathrm{i}t \cdot x}. \tag{4.3.24}$$

于是

$$\widehat{f}(t) = \frac{1}{(2\pi)^{n/2}} f * e_t(0) = \frac{1}{(2\pi)^{n/2}} \int_{\mathbb{R}^n} f(x) e_{-t}(x) \mathrm{d}x. \tag{4.3.25}$$

设 $f \in L(\mathbb{R}^n)$. 由于 $|e_t(x)| = 1, |f(x)e_{-t}(x)| \leq |f(x)|$, 显然有

$$\left| \widehat{f}(t) \right| \leq \frac{1}{(2\pi)^{n/2}} \|f\|_1, \tag{4.3.26}$$

并且在积分号下取极限, 可得 $\widehat{f}$ 是 t 的连续函数. 于是它的 Fourier 变换 $\widehat{f}$ 是有界连续函数.

对于多重指标 $\alpha = (\alpha_1, \alpha_2, \cdots, \alpha_n)$, 记

$$\mathrm{D}_\alpha = \mathrm{i}^{-|\alpha|} \mathrm{D}^\alpha = \left(\frac{1}{\mathrm{i}} \frac{\partial}{\partial x_1} \right)^{\alpha_1} \cdots \left(\frac{1}{\mathrm{i}} \frac{\partial}{\partial x_n} \right)^{\alpha_n}. \tag{4.3.27}$$

则

$$\mathrm{D}_\alpha e_t = t^\alpha e_t, \tag{4.3.28}$$

其中 $t^\alpha = t_1^{\alpha_1} t_2^{\alpha_2} \cdots t_n^{\alpha_n}$. 若 P 是复多项式

$$P(\xi) = \sum c_\alpha \xi^\alpha = \sum c_\alpha \xi_1^{\alpha_1} \xi_2^{\alpha_2} \cdots \xi_n^{\alpha_n}. \tag{4.3.29}$$

记

$$P(\mathrm{D}) = \sum c_\alpha \mathrm{D}_\alpha, \quad P(-\mathrm{D}) = \sum (-1)^{|\alpha|} c_\alpha \mathrm{D}_\alpha. \tag{4.3.30}$$

则

$$P(\mathrm{D}) e_t = P(t) e_t. \tag{4.3.31}$$

当 $x, y \in \mathbb{R}^n$, 引入平移算子 τ_x 如下:

$$\tau_x f(y) = f(y - x).\tag{4.3.32}$$

引理 4.3.8 设 $f, g \in L^1(\mathbb{R}^n)$, $x \in \mathbb{R}^n$, 则

(1) $(\tau_x f)^\wedge = e_{-x}\widehat{f}$;

(2) $(e_x f)^\wedge = \tau_x \widehat{f}$;

(3) $(f * g)^\wedge = \widehat{f}\widehat{g}$;

(4) 若 $\lambda > 0$, $h(x) = f(x/\lambda)$, 则 $\widehat{h}(t) = \lambda^n \widehat{f}(\lambda t)$.

证明 (1) 和 (2). 经计算有

$$\begin{aligned}
(\tau_x f)^\wedge(t) &= \frac{1}{(2\pi)^{n/2}} \int_{\mathbb{R}^n} \tau_x f(y) e^{-it\cdot y} dy\\
&= \frac{1}{(2\pi)^{n/2}} \int_{\mathbb{R}^n} f(y-x) e^{-it\cdot y} dy\\
&= \frac{1}{(2\pi)^{n/2}} \int_{\mathbb{R}^n} f(u) e^{-it\cdot(u+x)} du = e^{-it\cdot x}\widehat{f}(t),\\
(e_x f)^\wedge(t) &= \frac{1}{(2\pi)^{n/2}} \int_{\mathbb{R}^n} e^{ix\cdot y} f(y) e^{-it\cdot y} dy\\
&= \frac{1}{(2\pi)^{n/2}} \int_{\mathbb{R}^n} f(y) e^{-i(t-x)\cdot y} dy = \widehat{f}(t-x)\\
&= (\tau_x \widehat{f})(t).
\end{aligned}$$

(3) 由 Fubini 定理得到. 而 (4) 可由变量线性变换得出.

定义 4.3.9(速降函数) 若 $f \in C^\infty(\mathbb{R}^n)$, 满足条件: 对于任意的 $N = 0, 1, 2, \cdots$,

$$\sup_{|\alpha| \leq N} \sup_{x \in \mathbb{R}^n} \left(1 + |x|^2\right)^N |D^\alpha f(x)| < \infty,\tag{4.3.33}$$

称 f 为速降函数. 将由 $\mathbb{R}^n$ 上速降函数全体构成的集合记作 $\mathcal{S}(\mathbb{R}^n)$.

根据定义 $f \in \mathcal{S}(\mathbb{R}^n)$ 当且仅当对于任意的多重指数 α, 任意 $\mathbb{R}^n$ 上的多项式 P, 函数 $P \cdot D^\alpha f$ 是 $\mathbb{R}^n$ 上的有界函数. 因为可用 $(1+|x|^2)^n P$

代替 P, 所以 $f \in \mathcal{S}(\mathbb{R}^n)$ 等价于对一切的多项式 P, 一切的多重指数 α, 有 $P \cdot \mathrm{D}^\alpha f \in L^1(\mathbb{R}^n)$.

定理 4.3.10   具有紧支集的光滑函数全体 $C_c^\infty(\mathbb{R}^n)$ 在 $L^p(\mathbb{R}^n)$ $(1 \le p < \infty)$ 中稠密.

证明   由定理 4.1.14 知, $C_c(\mathbb{R}^n)$ 在 $L^p(\mathbb{R}^n)$ 中稠密. 故只需证明, 对于任意的函数 $f \in C_c(\mathbb{R}^n)$, 可用 $C_c^\infty(\mathbb{R}^n)$ 中的函数 L^p 逼近. 任选 $\varphi \in C_c^\infty(\mathbb{R}^n)$, 不妨设 $\|\varphi\|_1 = 1$. $f * \varphi_\varepsilon$ 具有紧支集. 由定理 4.3.4 知, $f * \varphi_\varepsilon \in C_c^\infty(\mathbb{R}^n)$. 由定理 4.3.6 知, 当 $\varepsilon \to 0$,
$$\|f * \varphi_\varepsilon - f\|_p \to 0.$$

注   由于 $f * \varphi_\varepsilon \subset \mathcal{S}(\mathbb{R}^n)$, 故 $\mathcal{S}(\mathbb{R}^n)$ 在 $L^p(\mathbb{R}^n)(1 \le p < \infty)$ 中稠密.

命题 4.3.11   速降函数空间 $\mathcal{S}(\mathbb{R}^n)$ 具有以下的性质:

(1) 若 $f \in \mathcal{S}(\mathbb{R}^n)$, 则对于任意的多项式 P, 多重指数 α 和 $\forall g \in \mathcal{S}(\mathbb{R}^n)$, 仍有 $P \cdot f, g \cdot f, \mathrm{D}_\alpha f \in \mathcal{S}(\mathbb{R}^n)$;

(2) $(P(\mathrm{D})f)^\wedge = P \cdot \widehat{f},\ (P \cdot f)^\wedge = P(-\mathrm{D})\widehat{f}$;

(3) $\widehat{f} \in \mathcal{S}(\mathbb{R}^n)$.

证明   (1) 显然有 $\mathrm{D}_\alpha f \in \mathcal{S}(\mathbb{R}^n)$. 由莱布尼兹 (Leibniz) 法则可得 $P \cdot f, g \cdot f \in \mathcal{S}(\mathbb{R}^n)$.

(2) 由 (4.3.31) 式,
$$(P(\mathrm{D})f) * e_t = f * (P(\mathrm{D})e_t) = f * (P(t)e_t) = P(t)(f * e_t),$$
等式两边在 $\mathbb{R}^n$ 的原点取值; 再由 (4.3.25) 式即得 (2) 的第一式, 即
$$(P(\mathrm{D})f)^\wedge(t) = P(t)\widehat{f}(t).$$
若 $t = (t_1, t_2, \cdots, t_n)$, $t' = (t_1 + \varepsilon, t_2, \cdots, t_n)$, $\varepsilon \ne 0$, 则
$$\frac{\widehat{f}(t') - \widehat{f}(t)}{\mathrm{i}\varepsilon} = \frac{1}{(2\pi)^{n/2}} \int_{\mathbb{R}^n} x_1 f(x) \frac{\mathrm{e}^{-\mathrm{i}x_1\varepsilon} - 1}{\mathrm{i}x_1\varepsilon} \mathrm{e}^{-\mathrm{i}x \cdot t} \mathrm{d}x.$$

由于 $x_1 f \in L^1(\mathbb{R}^n)$, 运用控制收敛定理,

$$-\frac{1}{\mathrm{i}}\frac{\partial}{\partial t_1}\widehat{f}(t) = \frac{1}{(2\pi)^{n/2}}\int_{\mathbb{R}^n} x_1 f(x)\mathrm{e}^{-\mathrm{i}x\cdot t}\mathrm{d}x\,.$$

这是 (2) 的第二式 $P(x) = x_1$ 的情形. 一般情况时重复运用上面的讨论.

(3) 给定 $f \in \mathcal{S}(\mathbb{R}^n)$. 令 $g(x) = (-1)^{|\alpha|}x^\alpha f(x)$, 则 $g \in \mathcal{S}(\mathbb{R}^n)$. 由 (2) 知, $\widehat{g} = \mathrm{D}_\alpha \widehat{f}$. 因为 $P(\mathrm{D})g \in L^1(\mathbb{R}^n)$, $(P(\mathrm{D})g)^\wedge$ 是有界函数, 故对于任意的多项式 P 和多重指数 α, 函数 $P \cdot \mathrm{D}_\alpha \widehat{f} = P \cdot \widehat{g} = (P(\mathrm{D})g)^\wedge$ 皆是有界的, 由此可得 $\widehat{f} \in \mathcal{S}(\mathbb{R}^n)$.

定理 4.3.12 若 $f \in L^1(\mathbb{R}^n)$, 则 $\widehat{f} \in C_0(\mathbb{R}^n)$[①], 并且

$$\|\widehat{f}\|_\infty \le \|f\|_1/(2\pi)^{n/2}\,.$$

证明 $\forall f \in L^1(\mathbb{R}^n)$, 存在 $f_j \in \mathcal{S}(\mathbb{R}^n)$, $j = 1, 2, \cdots$, 使得

$$\lim_{j\to\infty}\|f - f_j\|_1 = 0.$$

因为 $\widehat{f_j} \in \mathcal{S}(\mathbb{R}^n) \subset C_0(\mathbb{R}^n)$, 又由 (4.3.26) 式可得

$$\left|\widehat{f}(t) - \widehat{f_j}(t)\right| \le \frac{1}{(2\pi)^{n/2}}\|f - f_j\|_1\,.$$

从而可知 $\widehat{f_j}$ 在 $\mathbb{R}^n$ 上一致收敛到 $\widehat{f}$. 证毕.

考虑 $\mathbb{R}^n$ 上的 Gauss 密度函数

$$G(x) = \exp\left(-\frac{1}{2}|x|^2\right). \tag{4.3.34}$$

显然有 $G \in \mathcal{S}(\mathbb{R}^n)$, $\widehat{G} = G$, 且

$$G(0) = \frac{1}{(2\pi)^{n/2}}\int_{\mathbb{R}^n}\widehat{G}(t)\mathrm{d}t\,. \tag{4.3.35}$$

事实上, 若记 $G_j(x_j) = \exp\left(-x_j^2/2\right)$, 则

$$G(x) = \prod_{j=1}^n G_j(x_j), \quad \widehat{G}(t) = \widehat{G}_1(t_1)\widehat{G}_2(t_2)\cdots\widehat{G}_n(t_n).$$

---

① $C_0(\mathbb{R}^n) = \{f \in C(\mathbb{R}^n) | \lim_{x\to\infty} f(x) = 0\}$.

考虑一元函数 $G_1(x_1)$, 它是一阶常微分方程

$$y' + x_1 y = 0$$

的解. 由命题 4.3.11 中的 (2) 可知, $\widehat{G}_1$ 也是这个微分方程的解, 所以 $\widehat{G}_1/G_1$ 是常数. 由于 $G_1(0) = 1$, 又

$$\widehat{G}_1(0) = \frac{1}{\sqrt{2\pi}} \int_{\mathbb{R}^1} G_1(x_1) \mathrm{d}x_1 = \frac{1}{\sqrt{2\pi}} \int_{-\infty}^{\infty} \mathrm{e}^{-\frac{1}{2}x_1^2} \mathrm{d}x_1 = 1,$$

由此可得 $\widehat{G}_1 = G_1$. 同理有 $\widehat{G}_j = G_j$, $j = 2, \cdots, n$. 故 $\widehat{G} = G$. 根据定义

$$\widehat{G}(0) = \frac{1}{(2\pi)^{n/2}} \int_{\mathbb{R}^n} G(x) \mathrm{d}x,$$

将 $\widehat{G} = G$ 代入, 即得等式 (4.3.35).

下面讨论 Fourier 变换的性质.

定理 4.3.13 (逆定理)   (1) 若 $g \in \mathcal{S}(\mathbb{R}^n)$, 则

$$g(x) = \frac{1}{(2\pi)^{n/2}} \int_{\mathbb{R}^n} \widehat{g}(t) \mathrm{e}^{\mathrm{i}x \cdot t} \mathrm{d}t; \tag{4.3.36}$$

(2) Fourier 变换 $\mathcal{F}: \mathcal{S}(\mathbb{R}^n) \to \mathcal{S}(\mathbb{R}^n)$ 是一一在上的线性映射, 而且 $\mathcal{F}^4 = I$;

(3) 若 $f \in L^1(\mathbb{R}^n)$, 且 $\widehat{f} \in L^1(\mathbb{R}^n)$, 令

$$f_0(x) = \frac{1}{(2\pi)^{n/2}} \int_{\mathbb{R}^n} \widehat{f}(t) \mathrm{e}^{\mathrm{i}x \cdot t} \mathrm{d}t,$$

则 $f(x) = f_0(x)$, a.e.$[\mathbb{R}^n]$.

证明   若 $f, g \in L^1(\mathbb{R}^n)$, 考虑双重积分

$$\frac{1}{(2\pi)^{n/2}} \iint_{\mathbb{R}^n \times \mathbb{R}^n} f(t) g(y) \mathrm{e}^{-\mathrm{i}y \cdot t} \mathrm{d}y \mathrm{d}t.$$

由 Fubini 定理得到

$$\int_{\mathbb{R}^n} \widehat{f}(y) g(y) \mathrm{d}y = \int_{\mathbb{R}^n} f(t) \widehat{g}(t) \mathrm{d}t. \tag{4.3.37}$$

(1) 对于 $g \in \mathcal{S}(\mathbb{R}^n)$, 取 $f(t) = G(t/\lambda)$ $(\lambda > 0)$, 代入 (4.3.37) 式得

$$\int_{\mathbb{R}^n} g(y) \lambda^n \widehat{G}(\lambda y) \mathrm{d}y = \int_{\mathbb{R}^n} G(t/\lambda) \widehat{g}(t) \mathrm{d}t,$$

或
$$\int_{\mathbb{R}^n} g(y/\lambda)\widehat{G}(y)\mathrm{d}y = \int_{\mathbb{R}^n} G(t/\lambda)\widehat{g}(t)\mathrm{d}t\,.$$

令 $\lambda \to \infty$ 对上式取极限，由于 $g(y/\lambda) \to g(0)$, $G(t/\lambda) \to G(0) = 1$, 以及控制收敛定理得
$$g(0)\int_{\mathbb{R}^n} \widehat{G}(y)\mathrm{d}y = \int_{\mathbb{R}^n} \widehat{g}(t)dt\,.$$

由 (4.3.35) 式,
$$g(0) = \frac{1}{(2\pi)^{n/2}}\int_{\mathbb{R}^n} \widehat{g}(t)dt\,.$$

应用引理 4.3.8 中的 (1),
$$g(x) = \big(\tau_{-x}g\big)(0) = \frac{1}{(2\pi)^{n/2}}\int_{\mathbb{R}^n} \big(\tau_{-x}g\big)^{\wedge}(t)dt\,.$$
$$= \frac{1}{(2\pi)^{n/2}}\int_{\mathbb{R}^n} \widehat{g}(t)\mathrm{e}^{\mathrm{i}x\cdot t}dt\,.$$

(2) 在 $\mathcal{S}(\mathbb{R}^n)$ 上 $\mathcal{F}: g \to \widehat{g}$. 由 (1) 当 $\widehat{g} = 0$ 得 $g = 0$, 所以 Fourier 变换 $\mathcal{F}$ 在 $\mathcal{S}(\mathbb{R}^n)$ 上是一一映射. 而等式 (4.3.36) 还可写成
$$\mathcal{F}\widehat{g}(x) = g(-x)\,.$$

记 $\check{g}(x) = g(-x)$, 则 $\mathcal{F}^2 g = \check{g}$. 因此 $\mathcal{F}^4 g = g$. 这说明 Fourier 变换 $\mathcal{F}$ 在 $\mathcal{S}(\mathbb{R}^n)$ 上是满映射.

(3) 任取 $g \in \mathcal{S}(\mathbb{R}^n)$,
$$\int_{\mathbb{R}^n} f_0(x)\widehat{g}(x)\mathrm{d}x$$
$$= \int_{\mathbb{R}^n} \left\{ \frac{1}{(2\pi)^{n/2}}\int_{\mathbb{R}^n} \widehat{f}(y)\mathrm{e}^{\mathrm{i}x\cdot y}\mathrm{d}y \right\}\widehat{g}(x)\mathrm{d}x$$
$$= \int_{\mathbb{R}^n} \widehat{f}(y)\left\{ \frac{1}{(2\pi)^{n/2}}\int_{\mathbb{R}^n} \widehat{g}(x)\mathrm{e}^{\mathrm{i}x\cdot y}\mathrm{d}x \right\}\mathrm{d}y$$
$$= \int_{\mathbb{R}^n} \widehat{f}(y)g(y)\mathrm{d}y = \int_{\mathbb{R}^n} f(x)\widehat{g}(x)\mathrm{d}x\,.$$

上式中最后一个等式是由 (4.3.37) 得出. 由 (2) 可知函数 $\widehat{g}$ 可以取遍 $\mathcal{S}(\mathbb{R}^n)$. 故对于任意的 $\phi \in C_c^\infty(\mathbb{R}^1)$, 有

$$\int_{\mathbb{R}^n} \big(f_0(x) - f(x)\big)\phi(x)\mathrm{d}x = 0\,,$$

于是 $f_0(x) = f(x)$, a.e. 成立.

定理 4.3.14   设 $f, g \in \mathcal{S}(\mathbb{R}^n)$, 则

(1) $f * g \in \mathcal{S}(\mathbb{R}^n)$;

(2) $(fg)^\wedge = \widehat{f} * \widehat{g}$.

证明   由引理 4.3.8 中的 (3), 有 $(f * g)^\wedge = \widehat{f}\widehat{g}$, 即 $\mathcal{F}(f * g) = \mathcal{F}(f)\mathcal{F}(g)$. 用 $\widehat{f}$ 与 $\widehat{g}$ 代替 f 和 g,

$$\mathcal{F}(\widehat{f} * \widehat{g}) = \mathcal{F}^2(f) \cdot \mathcal{F}^2(g) = \breve{f}\breve{g} = (fg)^\vee = \mathcal{F}^2(fg)\,.$$

对上式两边作用 $\mathcal{F}^3$, 即得 (2).

由于 $fg \in \mathcal{S}(\mathbb{R}^n)$, 由 (2) 知, $\widehat{f} * \widehat{g} \in \mathcal{S}(\mathbb{R}^n)$. 由于 Fourier 变换 $\mathcal{F}$ 是 $\mathcal{S}(\mathbb{R}^n)$ 上的满映射, 故这给出对于任意的函数 $f, g \in \mathcal{S}(\mathbb{R}^n), f * g \in \mathcal{S}(\mathbb{R}^n)$, (1) 得证.

定理 4.3.15 (Plancherel 定理)   存在 $L^2(\mathbb{R}^n)$ 到自身的一个一一在上线性映射 Ψ, 它满足

$$\Psi f = \widehat{f}, \quad \forall\, f \in \mathcal{S}(\mathbb{R}^n), \tag{4.3.38}$$

且

$$\|\Psi f\|_2 = \|f\|_2\,, \quad \forall\, f \in L^2(\mathbb{R}^n). \tag{4.3.39}$$

证明   若 $f, g \in \mathcal{S}(\mathbb{R}^n)$, 由定理 4.3.13 知,

$$\begin{aligned}
\int_{\mathbb{R}^n} f(x)\overline{g}(x)\mathrm{d}x &= \int_{\mathbb{R}^n} \overline{g}(x)\left\{\frac{1}{(2\pi)^{n/2}}\int_{\mathbb{R}^n} \widehat{f}(t)\mathrm{e}^{\mathrm{i}x\cdot t}\mathrm{d}t\right\}\mathrm{d}x \\
&= \int_{\mathbb{R}^n} \widehat{f}(t)\left\{\frac{1}{(2\pi)^{n/2}}\int_{\mathbb{R}^n} \overline{g}(x)\mathrm{e}^{\mathrm{i}x\cdot t}\mathrm{d}x\right\}\mathrm{d}t\,.
\end{aligned}$$

可得 Parseval 等式

$$\int_{\mathbb{R}^n} f(x)\overline{g}(x)\mathrm{d}x = \int_{\mathbb{R}^n} \widehat{f}(t)\overline{\widehat{g}(t)}\mathrm{d}t. \tag{4.3.40}$$

若取 $g = f$, 即得

$$\|\widehat{f}\|_2 = \|f\|_2, \quad \forall\, f \in \mathcal{S}(\mathbb{R}^n). \tag{4.3.41}$$

于是 Fourier 变换 $\mathcal{F}$ 是 $\mathcal{S}(\mathbb{R}^n)$ 到自身的一个 L^2 模等距映射. 下面将 $\mathcal{S}(\mathbb{R}^n)$ 上的 Fourier 变换延拓到空间 $L^2(\mathbb{R}^n)$ 上. 设 $f \in L^2(\mathbb{R}^n)$, 由于 $\mathcal{S}(\mathbb{R}^n)$ 在 $L^2(\mathbb{R}^n)$ 中稠密. 存在 $g_j \in \mathcal{S}(\mathbb{R}^n)$, $j = 1, 2, \cdots$, $g_j \xrightarrow{L^2} f$. 由等距性质 (4.3.39) 式, $\{\widehat{g}_j\}$ 是 $L^2(\mathbb{R}^n)$ 中的基本列. 记极限为 Ψf, 即

$$\lim_{j \to \infty} \widehat{g}_j = \Psi f,$$

则 $\Psi f \in L^2(\mathbb{R}^n)$. 显然 Ψ 是空间 $L^2(\mathbb{R}^n)$ 上一个线性映射. 若还有函数列 $h_j \in \mathcal{S}(\mathbb{R}^n)$, $j = 1, 2, \cdots$, 则 $h_j \xrightarrow{L^2} f$. 由于 $g_j - h_j \xrightarrow{L^2} 0$, 根据等距性质 $\widehat{g}_j - \widehat{h}_j \xrightarrow{L^2} 0$, 故 Ψf 不依赖於 $\mathcal{S}(\mathbb{R}^n)$ 中逼近列 g_j 的选择. 显然, 当 $f \in \mathcal{S}(\mathbb{R}^n)$ 时, $\Psi f = \widehat{f}$. 又因

$$\|\Psi f\|_2 = \lim_{j \to \infty} \|\widehat{g}_j\|_2 = \lim_{j \to \infty} \|g_j\|_2 = \|f\|_2,$$

于是得到线性变换 Ψ 是 $L^2(\mathbb{R}^n)$ 上的等距线性映射, 且 Ψ 在 $\mathcal{S}(\mathbb{R}^n)$ 上的限制是由 (4.3.23) 式定义的 Fourier 变换所给. 而 $\mathcal{S}(\mathbb{R}^n)$ 在 $L^2(\mathbb{R}^n)$ 中稠密, 故 Ψ 是 $L^2(\mathbb{R}^n)$ 上的一个一一在上映射.

变换 Ψ 称为 $L^2(\mathbb{R}^n)$ 上的 Fourier 变换. 它是 $L^2(\mathbb{R}^n)$ 上一一在上等距映射, 且是周期为 4 的映射, 即 $\forall\, f \in L^2(\mathbb{R}^n)$, 有

$$\Psi^2 f = \check{f}, \tag{4.3.42}$$

$$\Psi^4 f = f. \tag{4.3.43}$$

记 Ψ^{-1} 为 Ψ 的逆映射, 则 $\Psi^3 = \Psi^{-1}$. 而且对于任意的 $f, g \in L^2(\mathbb{R}^n)$, 有

$$(\Psi f, \Psi g) = (f, g) = (\Psi^{-1} f, \Psi^{-1} g), \tag{4.3.44}$$

$$(f, \Psi g) = (\Psi^{-1} f, g), \qquad (4.3.45)$$

以及

$$\int_{\mathbb{R}^n} \big(\Psi f\big)(x) g(x) \mathrm{d}x = \int_{\mathbb{R}^n} f(x) \big(\Psi g\big)(x) \mathrm{d}x. \qquad (4.3.46)$$

习　　题

1. 在空间 $L^1(\mathbb{R}^n)$ 上, 证明卷积满足结合律: $\forall f, g, h \in L^1(\mathbb{R})$,

$$(f * g) * h = f * (g * h).$$

2. 定义函数的平移 $\tau_z f(x) = f(x - z)$, 证明

$$\tau_z(f * g) = (\tau_z f) * g = f * (\tau_z g).$$

3. 设 $f, f_k \in L^2(\mathbb{R}^n)$, $k = 1, 2, \cdots$, 且有 $\lim\limits_{k \to \infty} \|f_k - f\|_2 = 0$. 若 $g \in L(\mathbb{R}^n)$, 证明 $\lim\limits_{k \to \infty} \|f_k * g - f * g\|_2 = 0$.

4. 设 $1 \le p \le \infty$, $\dfrac{1}{p} + \dfrac{1}{q} = 1$, $f \in L^p(\mathbb{R}^n)$, $g \in L^q(\mathbb{R}^n)$, 证明 $f * g(x)$ 有定义且是 $\mathbb{R}^n$ 上的连续函数.

*5. (杨氏不等式) 设 $f \in L^p(\mathbb{R}^n)$, $g \in L^q(\mathbb{R}^n)$, $1 \le p, q < \infty$, $\dfrac{1}{p} + \dfrac{1}{q} - 1 = \dfrac{1}{r} > 0$. 令 $h(x) = f * g(x)$, 证明

$$\|h\|_r \le \|f\|_p \|g\|_q.$$

6. 给定 $[0, \infty)$ 上函数 f 和 g, 设它们在任意有限区间上 Lebesgue 可积. 令

$$f * g(x) = \int_0^x f(x - y) g(y) \mathrm{d}y,$$

证明 $f * g$ 在任意有限区间上 Lebesgue 可积.

7. 设 $f \in \mathfrak{M}(\mathbb{R})$, 而且 $(f * f)(x)$ 几乎处处有定义, 记

$$f_1^*(x) = f(x), \quad f_k^*(x) = (f_{k-1}^* * f)(x) \quad (k = 2, 3, \cdots),$$

则称 $f_k^*(x)$ 为 $f(x)$ 的 n 次迭次卷积. 若 $f \in L^p(\mathbb{R}), 1 \le p < \infty$, 记 q 为 p 的共轭指数, 并令

$$1 - \frac{1}{k} \le \frac{1}{p}, \quad \frac{1}{p_k} = 1 - \frac{k}{q}, \quad k = 1, 2, \cdots,$$

证明 $\|f_k^*\|_{p_k} \le \|f\|_p^k,\ k = 1, 2, \cdots.$

*8. 设 $p \ge 1$, p' 是它的共轭指数, $g \in \mathfrak{M}(E)$. 若存在 $M > 0$, 使得对于一切 E 上简单可积函数 $\varphi(x)$, 都有

$$\left| \int_E g(x)\varphi(x)\mathrm{d}x \right| \le M\|\varphi\|_p,$$

证明 $g \in L^{p'}(E)$, 且 $\|g\|_{p'} \le M$.

9. (广义 Minkowski 不等式) 设 $f \in \mathfrak{M}(\mathbb{R}^n \times \mathbb{R}^n)$. 若对于几乎处处的 $y \in \mathbb{R}^n$, $f(\cdot, y) \in L^p(\mathbb{R}^n)\ (1 \le p < \infty)$, 且有

$$\int_{\mathbb{R}^n} \|f(\cdot, y)\|_p \mathrm{d}y = M < \infty,$$

证明

$$\left[\int_{\mathbb{R}^n} \left| \int_{\mathbb{R}^n} f(x, y)\mathrm{d}y \right|^p \mathrm{d}x \right]^{1/p} \le \int_{\mathbb{R}^n} \left[\int_{\mathbb{R}^n} |f(x, y)|^p \mathrm{d}x \right]^{1/p} \mathrm{d}y.$$

10. 设 $g \in L^1(E)$, 且在可测集 E 上 $g(x) > 0$. 对于可测函数 f, 以及 $1 \le p < \infty$, 定义

$$\|f\|_p = \left(\int_E |f(x)|^p g(x)\mathrm{d}x \right)^{\frac{1}{p}}.$$

并记 $L^p(E, g) = \{f \in \mathfrak{M}(E) | \|f\|_p < \infty\}$. 在此空间上建立 Hölder 不等式, 证明 $\|\cdot\|_p$ 是一个范数. 它是完备的吗?

11. 给定任意 $\mathbb{R}^n$ 上的一个测度 μ. 设 f 是关于 μ 的可测函数, 令

$$\|f\|_p = \left(\int_{\mathbb{R}^n} |f(x)|^p d\mu(x) \right)^{\frac{1}{p}}, \quad (1 \le p < \infty).$$

并记 $L^p(\mathbb{R}^n, \mu) = \{f \in \mathfrak{M}(\mathbb{R}^n, \mu) | \|f\|_p < \infty\}$. 在此空间上建立 Hölder 不等式, 证明 $\|\cdot\|_p$ 是一个范数. 它是完备的吗?

12. 设 μ 是 $(-\infty, \infty)$ 上的全有限 Borel 测度, $f \in L^p(-\infty, \infty)$ $(1 \leq p < \infty)$. 定义卷积如下:

$$\mu * f(x) = \int_{-\infty}^{\infty} f(x - y)\mathrm{d}\mu(y).$$

证明 $\mu * f \in L^p(-\infty, \infty)$, 且有 $\|\mu * f\|_p \leq \mu(\mathbb{R})\|f\|_p$.

13. 设 T 是一个 n 阶可逆矩阵, $f \in L(\mathbb{R}^n)$. 令 $g(x) = f(Tx)$, 试用 $\widehat{f}$ 来表示 $\widehat{g}$.

14. 设 $f \in L(\mathbb{R}^n)$, $f \neq 0$, λ 是一个复数, 且 $\widehat{f} = \lambda f$, 试问 λ 应是什么样的复数.

*15. 不用 Fourier 变换, 直接证明定理 4.3.14 中的 (1).

16. 设 $f(x) \in C_c^\infty(\mathbb{R}^n)$, 具有紧支撑集 $B_r = \{x \in \mathbb{R}^n \mid \|x\| \leq r\}$. 记

$$\widehat{f}(z) = \int_{\mathbb{R}^n} f(x)\mathrm{e}^{-\mathrm{i}x \cdot z}\mathrm{d}x, \quad z \in \mathbb{C}^n. \tag{4.3.47}$$

证明函数 f 是全纯函数, 存在常数 $c_N < \infty$, 使得

$$|\widehat{f}(z)| \leq c_N(1 + |z|)^{-N}\mathrm{e}^{r|\mathrm{Im}z|}, \quad N = 0, 1, 2, \cdots.$$

17. (Poisson 求和公式) 设 $f \in \mathcal{S}(\mathbb{R})$, 证明

$$\frac{1}{\sqrt{2\pi}} \sum_{n \in \mathbb{Z}} f(2\pi n) = \sum_{n \in \mathbb{Z}} \widehat{f}(n). \tag{4.3.48}$$

此公式在高维欧氏空间中也成立, 应如何修改上述公式?

18. (Riemann-Lebesgue 引理) 设 $f \in L^1(\mathbb{R}^n)$, 证明

$$\lim_{|z| \to \infty} \widehat{f}(z) = 0.$$

19. 证明在空间 $L^1(\mathbb{R}^n)$ 上, 卷积运算没有单位元.

第五章　　Hilbert 空间理论

从本章起将介绍泛函分析理论. 泛函分析是起源于古典分析的一个数学分支, 其研究对象是无穷维线性空间以及这些空间上的线性泛函和线性算子. 正如实变函数理论中欧氏空间起着基本的作用一样, 在泛函分析中各种类型的抽象空间也同样起着基本的作用. 所谓抽象空间, 就是在其元素间规定了某种关系的集合, 而这种关系通常是借助于一组公理来刻画的.

本章将要介绍的 Hilbert 空间是有穷维内积空间 (实空间便是欧氏空间, 复空间在线性代数中称为酉空间) 向无穷维线性空间的推广. 早在泛函分析成为一门独立的学科前, 希尔伯特 (Hilbert) 在研究积分方程的求解及特征值理论时, 就首先利用了满足条件

$$\sum_{n=1}^{\infty} |x_n|^2 < \infty$$

的数列 $x = (x_1, x_2, \cdots, x_n \cdots)$ 的集合, 这便是熟知的空间 l^2. 后来出现了抽象的距离空间, 引入了诸如完备性、可分性、列紧性等一系列概念, 结合这些概念来讨论 l^2, 发现了函数类 $L^2(E)$ 与 l^2 具有相同的几何性质, 证明了 $L^2(E)$ 与 l^2 作为距离空间的同构性. 把它们的共性进一步提炼出来, 便形成了抽象的 Hilbert 空间理论.

欧氏空间 (§1.3)、 L^p 空间 (§4.1) 理论中都有拓扑和极限概念, 而它们都是通过距离定义的. 因此距离是一个最基本的概念. 于是将距离这个概念抽象出来, 便得到一般的距离空间. 在一般的距离空间中同样可以引入拓扑, 引入极限. 这是 §5.1 抽象距离空间的内容.

在欧氏空间 (§1.3)、 L^p 空间 (§4.1) 都是线性空间, 都引入了范

数 (或模) 的概念, 而且这些空间上的距离可以通过范数来刻画. 因此范数也是这些线性空间上的一个基本的概念. 于是将范数 (或叫模) 这个概念抽象出来, 在无穷维线性空间中可得到许多有意义的空间, 其中最重要的是 Banach 空间, 这是第六章的内容.

在欧氏空间 (§ 1.3)、L^2 空间 (§ 4.2) 中还有一个共性, 就是具有内积构造. 通过内积可以得到这些空间上的范数, 进而得到距离. 因此具有内积构造是它们的一个十分基本的特征. 于是将内积这个概念抽象出来, 在无穷维线性空间中引入内积空间和 Hilbert 空间. 通过内积, 引入范数, 从而引入拓扑和极限, 得到许多分析性质. 而内积概念还可给出正交概念, 从而可以讨论空间的几何性质. 这是本章主要讨论的内容.

§5.1   距离空间

§5.1.1   距离空间定义和完备化

定义 5.1.1   设 X 是一个非空集. 若存在 X 上一个双变量的实值函数 $\rho(x, y)$, 满足下列三个条件:

(1) 正定性: $\rho(x, y) \geq 0$, 而且 $\rho(x, y) = 0$ 当且仅当 $x = y$;

(2) 对称性: $\rho(x, y) = \rho(y, x)$;

(3) 三角不等式: $\rho(x, z) \leq \rho(x, y) + \rho(y, z)$,

$\forall x, y, z \in X$, 则称 ρ 为 X 上一个距离, X 称为距离空间. 一个以 ρ 为距离的距离空间 X 记作 (X, ρ).

类似于欧氏空间情形, 可以在距离空间中引进一系列重要概念. 首先是拓扑概念, 将 X 中满足不等式 $\rho(x, a) < r$ 的点 x 的全体称为以 a 为中心, r 为半径的球邻域. 于是 §1.3 中欧氏空间 $\mathbb{R}^n$ 中余集、

开集、闭集、聚点、Borel σ 代数, 以及稠密性等一系列概念都可以搬到距离空间中来. 于是, 开集的余集是闭集; 闭集的余集是开集; 空集 $\emptyset$ 与全空间 X 是既开又闭的集合; 有限个闭集的并集仍是闭集; 任意多个开集的并集仍是开集等性质在抽象距离空间中仍成立.

例 1 $(\mathbb{R}^n, \rho)$ 是距离空间, 其中

$$\rho(x, y) = \sqrt{\sum_{i=1}^{n} (x_i - y_i)^2}, \tag{5.1.1}$$

$x = (x_1, \cdots, x_n), y = (y_1, \cdots, y_n)$.

例 2 $[a, b]$ 上全体连续函数空间 $C[a, b]$ 中, 令

$$\rho(x, y) = \max_{a \le t \le b} |x(t) - y(t)|, \tag{5.1.2}$$

则 $(C[a, b], \rho)$ 是距离空间.

例 3 $L^p(E) \, (1 \le p \le \infty)$, 依距离

$$\rho(f, g) = \|f - g\|_p \tag{5.1.3}$$

形成距离空间.

例 4 $l^p \, (1 \le p < \infty)$ 空间, 它是由所有满足条件

$$\sum_{j=1}^{\infty} |x_j|^p < \infty$$

的复数列 $x = (x_1, x_2, \cdots)$ 全体组成. 依距离

$$\rho(x, y) = \left(\sum_{j=1}^{\infty} |x_j - y_j|^p \right)^{1/p} \tag{5.1.4}$$

形成距离空间.

定义 5.1.2 距离空间 (X, ρ) 中的点列 $\{x_n\}$ 称为收敛列, 是指存在 X 中的点 x, 当 $n \to \infty$ 时, $\rho(x_n, x) \to 0$. 此时称 x 是点列 $\{x_n\}$ 的极限, 记作 $x_n \to x$, 也记作

$$\lim_{n \to \infty} x_n = x. \tag{5.1.5}$$

设 $A \subset X$. 若 $\exists \{x_n\} \subset A$, 当 $n \neq m$ 时 $x_n \neq x_m$, 且 $\lim\limits_{n \to \infty} x_n = x$, 则 x 称为 A 的一个聚点, 或称为一个极限点.

注　所谓 $C[a,b]$ 中点列 $\{x_n\}$ 收敛到 x, 是指在 $[a,b]$ 上函数列 $\{x_n(t)\}$ 一致收敛到 $x(t)$.

容易推出极限的唯一性: 若 $x_n \to x, x_n \to y$, 则 $x = y$. 事实上, 对 $\forall \varepsilon > 0$, 存在 N, 当 $n > N$ 时, 有

$$\rho(x_n, x) < \varepsilon/2, \qquad \rho(x_n, y) < \varepsilon/2.$$

由三角不等式得

$$\rho(x, y) \leq \rho(x_n, x) + \rho(x_n, y) < \varepsilon,$$

令 $\varepsilon \to 0$, 即得 $\rho(x, y) = 0$, 即 $x = y$.

定义 5.1.3　距离空间 (X, ρ) 上的点列 $\{x_n\}$ 称为基本列, 是指当 $n, m \to \infty$ 时, $\rho(x_n, x_m) \to 0$.

基本列也称为作柯西列. 显然 (X, ρ) 中任意收敛列必是基本列, 反之基本列不一定在 X 中收敛. 例如有理数基本列在有理数域内就不一定有极限.

定义 5.1.4　距离空间 (X, ρ) 称为完备的, 是指每个基本列都是收敛列.

例如, 由区间 $[a,b]$ 上的多项式全体构成的空间 $P[a,b]$, 在距离 (5.1.2) 下不是完备的. 由区间 $[a,b]$ 上的黎曼可积函数全体构成的空间, 在 $p = 1$ 时的距离 (5.1.3) 下不是完备的. 但是空间 $C[a,b], L^p(E)$ 都是完备距离空间, $l^p (1 \leq p < \infty)$ 也是完备的.

定义 5.1.5　给定距离空间 $(X, \rho), (Y, \rho_1)$, 设 T 是 X 到 Y 的映射. 如果对任意的 $x, y \in X$, 都有 $\rho(x, y) = \rho_1(Tx, Ty)$, 称 T 是等距映

射, X 称为与其像 $TX \subset Y$ 等距同构的.

凡等距同构的距离空间, 它们的一切与距离相联系的性质都是一样的, 因此今后将不再区分它们. 于是在定义 5.1.5 中可认为 (X, ρ) 是 (Y, ρ_1) 的一个子空间, 记作 $(X, \rho) \subset (Y, \rho_1)$.

定义 5.1.6 设 (X, ρ) 是一个距离空间. 集合 $E \subset X$ 满足如下的条件: $\forall x \in X, \forall \varepsilon > 0, \exists y \in E$, 使得 $\rho(x, y) < \varepsilon$, 就称 E 是 X 的稠密子集.

易见 $E \subset X$ 是 X 的稠密子集的充分必要条件是: $\forall x \in X$, 存在 E 中点列 $\{x_n\}$, 使得 $x_n \to x$. 例如根据魏尔斯特拉斯 (Weierstrass) 定理, $[a, b]$ 上的多项式空间 $P[a, b]$ 在 $C[a, b]$ 中稠密. 在上一章中还证明了 $C_c^\infty(E)$ 在 $L^p(E)$ 中的稠密性.

每个距离空间都可以完备化, 这就是下述的完备化定理. 我们将只给出定理的叙述. 定理的证明可参考附录 C.

定理 5.1.7 任给距离空间 (X_0, ρ_0), 则必存在一个完备距离空间 (X, ρ), 使 X_0 等距于 X 中一个稠密子集 X', 且除去等距不计以外, (X, ρ) 是唯一确定的. 这时 (X, ρ) 称为 (X_0, ρ_0) 的完备化空间.

例如在 §4.1 中已证明在 L^1 范数给出的距离下, $[a, b]$ 上黎曼可积函数全体是不完备的, 它的完备化空间是 $[a, b]$ 上 Lebesgue 可积函数全体, 即 $L^1[a, b]$. 换句话说, $[a, b]$ 上黎曼可积函数全体在 Lebesgue 可积函数空间中是稠密的.

§5.1.2 列紧性与可分性

给定距离空间 $(X, \rho), A \subset X$. 如果存在 $x_0 \in X$, 及 $r > 0$, 使得

$A \subset B(x_0, r)$, 其中

$$B(x_0, r) = \{x \in X \mid \rho(x, x_0) < r\}. \tag{5.1.6}$$

则称 A 是有界子集.

在有穷维欧氏空间中, 有界无穷集必含有一个收敛子列, 这个性质不能推广到一般的距离空间.

例如 $L^2(E)$ 中有标准正交基 $\{x_n\}$, 显然 $\{x_n\} \subseteq B(\theta, 1)$, 其中 θ 表示恒为零的函数, 但是 $\{x_n\}$ 不含有 L^2 收敛子列.

定义 5.1.8   给定距离空间 (X, ρ), A 是 X 的子集. 如果 A 中的任意点列在 X 中有一个收敛子列, 称 A 是列紧的. 如果这个收敛子列还收敛到 A 中的点, 则称 A 是自列紧的. 如果空间 X 是列紧的, 那么称 X 是列紧空间.

易见 $\mathbb{R}^n$ 中有界集是列紧集, 任意有界闭集是自列紧集. 列紧空间内任意子集是列紧集, 任意闭子空间是自列紧集. 此外容易证明, 列紧空间必是完备空间.

在距离空间内, 点集有界性保证不了它的列紧性. 为了刻画列紧性, 豪斯多夫 (Hausdorff) 引入了完全有界性概念.

定义 5.1.9   给定距离空间 (X, ρ), $M \subset X$,

(1) 设 $N \subset M$, $\varepsilon > 0$. 若对于任意 $x \in M$, 总存在 $y \in N$, 使得 $x \in B(y, \varepsilon)$, 那么称 N 是 M 的一个 ε 网. 如果 N 还是一个有穷集, 那么称 N 是 M 的一个有穷 ε 网.

(2) 如果对任意 $\varepsilon > 0$, 都存在 M 的一个有穷 ε 网, 则称集合 M 是完全有界的.

定理 5.1.10 (Hausdorff)   设 (X, ρ) 是距离空间, $M \subset X$,

(1) 若 M 在 X 中列紧, 则 M 完全有界;

(2) 若 X 是完备空间, M 完全有界, 则 M 列紧.

证明 (1) 用反证法. 若 $\exists \varepsilon_0 > 0, M$ 中没有有穷 ε_0 网. 任取 $x_1 \in M, \exists x_2 \in M \setminus B(x_1, \varepsilon_0)$; 对 $\{x_1, x_2\}, \exists x_3 \in M \setminus B(x_1, \varepsilon_0) \cup B(x_2, \varepsilon_0)$; $\cdots$; 对 $\{x_1, \cdots, x_n\}, \exists x_{n+1} \in M \setminus \bigcup_{k=1}^{n} B(x_k, \varepsilon_0); \cdots$, 这样产生的点列 $\{x_n\} \subset M$ 显然满足 $\rho(x_n, x_m) \geq \varepsilon_0 (n \neq m)$, 它没有收敛子列. 这与 M 的列紧性矛盾.

(2) 若 $\{x_n\}$ 是 M 中无穷点列, 要找一个收敛子列. 对任给 $\varepsilon > 0$, 有 $\{y_1, \cdots, y_m\} \subset M$, 满足

$$\bigcup_{i=1}^{m} B(y_i, \varepsilon) \supset M \supset \{x_n\},$$

于是必有某个 $B(y_k, \varepsilon)$ 含有 $\{x_n\}$ 的无穷子集. 根据此事实, 依次取 $\varepsilon = 1, 1/2, \cdots, 1/k, \cdots$. 对 $\varepsilon = 1, \exists y_1 \in M$, 以及 $\{x_n\}$ 的子列 $\{x_n^{(1)}\} \subset B(y_1, 1)$; 对 $\varepsilon = 1/2, \exists y_2 \in M$, 以及 $\{x_n^{(1)}\}$ 的子列 $\{x_n^{(2)}\} \subset B(y_2, 1/2)$; $\cdots$; 对 $\varepsilon = 1/k, \exists y_k \in M$, 以及 $\{x_n^{(k-1)}\}$ 的子列 $\{x_n^{(k)}\} \subset B(y_k, 1/k)$; $\cdots$. 最后抽出对角线子列 $\{x_k^{(k)}\}$, 它是一个基本列. 事实上, $\forall \varepsilon > 0$, 当 $n > 2/\varepsilon$ 时, $\forall$ 自然数 p,

$$\rho(x_{n+p}^{(n+p)}, x_n^{(n)}) \leq \rho(x_{n+p}^{(n+p)}, y_n) + \rho(x_n^{(n)}, y_n)$$
$$\leq \frac{2}{n} < \varepsilon.$$

定义 5.1.11 一个距离空间若有可数稠密子集, 就称为是可分的.

定理 5.1.12 完全有界的距离空间是可分的.

证明 取 N_n 为有穷的 $1/n$ 网, 则 $\bigcup_{n=1}^{\infty} N_n$ 是一个可数稠密子集.

定义 5.1.13 设 M 是距离空间 (X, ρ) 的一个子集; $\Sigma = \{G_l\}_{l \in I}$

(I 是指标集) 是 X 的开集族. 若

$$M \subset \bigcup_{l \in I} G_l, \tag{5.1.7}$$

则称 Σ 是 M 的一个开覆盖. 如果 M 的任意开覆盖包含 M 的有限开覆盖, 即 M 的开覆盖 $\Sigma = \{G_l\}_{l \in I}$ 内存在 $G_{l_1}, \cdots, G_{l_m}$, 使得

$$\bigcup_{i=1}^m G_{l_i} \supset M,$$

就称 M 为紧致集, 简称紧集.

定理 5.1.14　设 (X, ρ) 是距离空间, 为了 $M \subset X$ 是紧致集必须且仅须它是自列紧集.

证明　必要性. 设 M 是紧致的, 当 M 为有限集时, 它当然自列紧. 假设 M 是无限集, 如果它不自列紧, 则存在 M 的一个无限子集 A, 使得 $A' \cap M = \emptyset$, 其中 A' 是 A 的所有聚点的集合. 集合 A' 称为 A 的导集. 从而任取 $x \in M$, 存在 $\varepsilon_x > 0$, 使得 $B(x, \varepsilon_x) \cap A$ 是有限集. 开邻域族 $\Sigma = \{B(x, \varepsilon)\}_{x \in M}$ 是 M 的一个开覆盖, 故存在有限个开邻域 $B(x_1, \varepsilon_{x_1}), \cdots, B(x_m, \varepsilon_{x_m})$, 有

$$\bigcup_{j=1}^m B(x_j, \varepsilon_{x_j}) \supset M \supset A.$$

从而

$$A = \bigcup_{j=1}^m A \cap B(x_j, \varepsilon_{x_j}).$$

每一个 $A \cap B(x_j, \varepsilon_{x_j})$ 是有限集, 故 A 亦为有限集, 与所设 A 为无限集矛盾. 必要性得证.

充分性. 设 M 是自列紧集, 要在 M 的任意开覆盖中取出有限覆盖. 用反证法. 如果在某个 M 的开覆盖 $\Sigma = \{G_\lambda\}_{\lambda \in I}$ 中不能取出有限覆盖. 由于 M 是自列紧的, 它是完全有界的, $\forall n \in \mathbb{N}$, 存在有穷

的 $1/n$ 网

$$N_n = \{x_1^{(n)}, x_2^{(n)}, \cdots, x_{k_n}^{(n)}\} \subset M,$$

$$M \subset \bigcup_{y \in N_n} B(y, 1/n).$$

因此，$\forall n \in \mathbb{N}, \exists y_n \in N_n$，使得集合 $M \bigcap B(y_n, 1/n)$ 非空且不能被有限个 G_λ 所覆盖. 由假定 M 是自列紧的, 点列 $\{y_n\}$ 中必存在收敛子列 $\{y_{n_k}\}$ 收敛到一个点 $y_0 \in G_{\lambda_0}$. 由于 G_{λ_0} 是开集, 必 $\exists \delta > 0$, 使得 $B(y_0, \delta) \subset G_{\lambda_0}$. 取 k 足够大, 使得 $n_k > 2/\delta$, 并且 $\rho(y_{n_k}, y_0) < \delta/2$, 则 $\forall x \in M \cap B(y_{n_k}, 1/n_k)$ 有

$$\rho(x, y_0) \leq \rho(x, y_{n_k}) + \rho(y_{n_k}, y_0) \leq \frac{1}{n_k} + \frac{\delta}{2} < \delta,$$

即 $x \in B(y_0, \delta)$, 从而 $M \cap B(y_{n_k}, 1/n_k) \subseteq B(y_0, \delta) \subset G_{\lambda_0}$. 这与每个集合 $M \cap B(y_n, 1/n)$ 不能被有限个 G_λ 所覆盖矛盾. 证毕.

设 M 是一个紧距离空间, 距离为 ρ. 用 $C(M)$ 表示 M 上一切实值或复值连续函数全体, 定义

$$d(f, g) = \max_{x \in M} |f(x) - g(x)|, \tag{5.1.8}$$

$\forall f, g \in C(M)$. 则易证 d 是 $C(M)$ 上一个距离, 且 $(C(M), d)$ 是完备距离空间.

下面给出一些具体空间内集合具有列紧性条件.

定理 5.1.15(Arzela-Ascoli 定理) 集合 $F \subset C(M)$ 是一个列紧集的充分必要条件是

(1) F 一致有界. 即存在常数 K, 对任何 $f \in F$ 都有 $|f(x)| \leq K$.

(2) F 是等度连续的. 即任给 $\varepsilon > 0$, 存在 $\delta = \delta(\varepsilon) > 0$, 使得对任意 $f \in F$, 以及 $x_1, x_2 \in M$, 只要 $\rho(x_1, x_2) < \delta$, 就有 $|f(x_1) - f(x_2)| < \varepsilon$.

定理 5.1.16 设 $M \subset l^2$, M 列紧的充分必要条件是

(1) M 有界. 即存在常数 $K > 0$, 对于任一个 $x = (x_1, x_2, \cdots,$ $x_n, \cdots) \in M$, 有 $\sum_{n=1}^{\infty} |x_n|^2 \leq K$.

(2) 级数集 $\left\{ \sum_{n=1}^{\infty} |x_n|^2 : x = (x_1, x_2, \cdots, x_n, \cdots) \in M \right\}$ 一致收敛. 即 $\forall \varepsilon > 0, \exists n_0 = n_0(\varepsilon) \in \mathbb{N}$, 使得对每一个 $x = (x_1, x_2, \cdots) \in M$, 当 $n > n_0(\varepsilon)$ 时都有

$$\sum_{k=n}^{\infty} |x_k|^2 < \varepsilon.$$

定理 5.1.17 设 $E \in \mathfrak{M}_n$, 集合 $M \subset L^p(E)\,(1 \leq p < \infty)$ 是一个列紧集的充分必要条件是

(1) 存在常数 K, 是对任意 $x \in M$, 有 $\|x\|_p < K$;

(2) 对任意 $\varepsilon > 0$, 存在 $\delta > 0$, 对任意 $x \in M$, 只要 $r < \delta$, 都有 $\rho(x_r, x) < \varepsilon$, 其中

$$x_r(t) = \frac{1}{|B(t,r)|} \int\limits_{B(t,r)} x(s)\mathrm{d}s \qquad (5.1.9)$$

是函数 $x(t)$ 在球邻域 $B(t,r)$ 的平均, 对于 $x(t) \in M$, 当 $t\overline{\in} E$ 时要补充 $x(t) = 0$.

§5.1.3   连续映射与压缩映射原理

给定两个距离空间 (X, ρ) 和 (Y, σ), 考察映射 $T : X \to Y$.

定义 5.1.18 给定 $x_0 \in X$. 设 $\forall \varepsilon > 0, \exists \delta = \delta(x_0, \varepsilon) > 0$, 使得对于 $x \in X$, 有

$$\rho(x, x_0) < \delta \implies \sigma(Tx, Tx_0) < \varepsilon, \qquad (5.1.10)$$

就称 T 在点 x_0 处连续. 若映射在每一点处都是连续的, 就称 T 是 (X, ρ) 上的连续映射.

定理 5.1.19 要使映射 $T : (X, \rho) \to (Y, \sigma)$ 是连续的, 充分必要条件是: $\forall x_0 \in X, \forall \{x_n\} \subset X,$ 有

$$\lim_{n \to \infty} \rho(x_n, x_0) = 0 \Longrightarrow \lim_{n \to \infty} \sigma(Tx_n, Tx_0) = 0. \tag{5.1.11}$$

证明 必要性. 设 (5.1.10) 式成立, 且 $\lim_{n \to \infty} \rho(x_n, x_0) = 0$. 那么 $\forall \varepsilon > 0, \exists N = N(\delta(x_0, \varepsilon)) \in \mathbb{N}$, 使得当 $n > N$ 时, $\rho(x_n, x_0) < \delta$. 从而由 (5.1.10) 式知, $\sigma(Tx_n, Tx_0) < \varepsilon$. 即 $\lim_{n \to \infty} \sigma(Tx_n, Tx_0) = 0$.

充分性. 设 (5.1.11) 成立, 用反证法. 若 (5.1.10) 式在 $x_0 \in X$ 不成立. 于是存在 $\varepsilon > 0$, 使得 $\forall n \in \mathbb{N}, \exists x_n \in X$ 满足 $\rho(x_n, x_0) < 1/n$, 却有 $\sigma(Tx_n, Tx_0) \geq \varepsilon$, 即得

$$\lim_{n \to \infty} \rho(x_n, x_0) = 0,$$

但是极限 $\lim_{n \to \infty} \sigma(Tx_n, Tx_0) \neq 0$, 这与 (5.1.11) 式矛盾.

定义 5.1.20 考虑映射 $T : (X, \rho) \to (X, \rho)$. 如果存在 $0 < a < 1$, 使得 $\forall x, y \in X$ 有

$$\rho(Tx, Ty) \leq a\rho(x, y), \tag{5.1.12}$$

称 T 是 (X, ρ) 到自身的压缩映射.

例 设 $X = [0, 1]$, $f(x)$ 是 $[0, 1]$ 上的一个可微函数. 若 $f(x)$ 满足条件:

$$f(x) \in [0, 1], \qquad \forall x \in [0, 1],$$

$$|f'(x)| \leq a < 1, \quad \forall x \in [0, 1],$$

则映射 $f : X \to X$ 是压缩的.

证明 记 $\rho(x, y) = |x - y|$. 则有

$$\begin{aligned}
\rho(f(x), f(y)) &= |f(x) - f(y)| \\
&= |f'(\theta x + (1 - \theta)y)(x - y)| \\
&\leq a|x - y| = a\rho(x, y).
\end{aligned}$$

定理 5.1.21 (**Banach 不动点定理-压缩映射原理**) 设 (X, ρ) 是一个完备距离空间, T 是 (X, ρ) 到其自身的一个压缩映射, 那么在 X 中存在唯一的 T 的不动点.

证明 任取 $x_0 \in X$, 令 $x_1 = Tx_0$. 用归纳定义 $x_{n+1} = Tx_n$, $n = 1, 2, \cdots$. 考察由此迭代产生的序列 $\{x_n\}$, 它满足

$$\rho(x_{n+1}, x_n) = \rho(Tx_n, Tx_{n-1})$$
$$\leq a\rho(x_n, x_{n-1}) \leq \cdots \leq a^n \rho(x_1, x_0).$$

从而对于任意的 $m \in \mathbb{N}$, 有

$$\rho(x_{n+m}, x_n) \leq \sum_{j=1}^{m} \rho(x_{n+j}, x_{n+j-1})$$
$$\leq \frac{a^n}{1-a} \rho(x_1, x_0) \to 0 \qquad (n \to \infty)$$

(对 $\forall m \in \mathbb{N}$ 一致). 由此可见 $\{x_n\}$ 是一个基本列. 由于 X 是完备的, 从而这个基本列在 X 中有极限, 记极限为 x^*. 对等式 $Tx_n = x_{n+1}$, 两边取极限, 因为 T 是连续的, 得到

$$Tx^* = x^*,$$

即 x^* 是 T 的不动点. 若还有一个不动点 x^{**}, 则

$$\rho(x^*, x^{**}) = \rho(Tx^*, Tx^{**}) \leq a\rho(x^*, x^{**}).$$

由此推出 $x^* = x^{**}$, 所以 T 在 X 中的不动点是唯一的.

作为压缩映射原理的应用, 考虑下列常微分方程的初值问题:

$$\begin{cases} \dfrac{\mathrm{d}x}{\mathrm{d}t} = F(t, x), \\ x(t_0) = x_0 \end{cases} \tag{5.1.13}$$

或它的等价形式, 即求连续函数 $x(t)$ 满足下列积分方程的问题:

$$x(t) = x_0 + \int_{t_0}^{t} F(s, x(s)) \mathrm{d}s. \tag{5.1.14}$$

它可以看成一个不动点问题.

为此, 首先假定二元函数 $F(t, x)$ 在闭矩形 $\{(t, x) \mid |t - t_0| \leq a, |x - x_0| \leq b\}$ 上连续. 记

$$M = \max_{|t-t_0| \leq a, |x-x_0| \leq b} |F(t, x)|.$$

令 $h = \min\{a, b/M\}$. 在以 $t = t_0$ 为中心的区间 $[t_0 - h, t_0 + h]$ 上考虑距离空间 $C[t_0 - h, t_0 + h]$, 并引入映射

$$(Tx)(t) = x_0 + \int_{t_0}^{t} F(s, x(s))\mathrm{d}s. \tag{5.1.15}$$

则上述积分方程 (5.1.14) 等价于求 $C[t_0 - h, t_0 + h]$ 中的一个元素 x, 使得 $x = Tx$, 即求 T 的不动点.

于是要在 $F(t, x)$ 上添加条件, 使得 T 成为压缩映射. 事实上, 一个充分条件是, 假设二元函数 $F(t, x)$ 对变元 x 关于 t 一致地满足局部利普希茨 (Lipschitz) 条件: 存在 $\delta > 0, L > 0$, 使得当 $|t - t_0| \leq h, |x - x_0| \leq \delta, |y - x_0| \leq \delta$, 时有

$$|F(t, x) - F(t, y)| \leq L|x - y|. \tag{5.1.16}$$

取 $h' < \min\{h, 1/L, \delta/M\}$, 考察 $C[t_0 - h', t_0 + h']$ 的子集

$$X \overset{\text{def}}{=} B(x_0, \delta)$$
$$= \Big\{ x(\cdot) \in C[t_0 - h', t_0 + h'] \mid \max_{|t-t_0| \leq h'} |x(t) - x_0| \leq \delta \Big\}.$$

在距离 $\rho(x, y) = \max\limits_{|t-t_0| \leq h'} |x(t) - y(t)|$ 下, $(C[t_0 - h', t_0 + h'], \rho)$ 是完备距离空间. 因为 X 是它的闭子集, 所以 (X, ρ) 也是完备距离空间. $\forall x, y \in X$, 有

$$|Tx(t) - x_0| \leq \left| \int_{t_0}^{t} |F(s, x(s))| \mathrm{d}s \right| \leq h'M \leq \delta,$$

$$|Tx(t) - Ty(t)| \leq \left| \int_{t_0}^{t} |F(s, x(s)) - F(s, y(s))| \mathrm{d}s \right|$$

$$\leq h'L \max_{|s-t_0| \leq h'} |x(s) - y(s)| = h'L\rho(x, y).$$

故 $T: X \to X$ 且 $\rho(Tx, Ty) \leq a\rho(x, y)$, 其中 $a = h'L < 1$. 于是 T 是 X

上的压缩映射, 于是由 Banach 不动点定理, 得到下列定理.

定理 5.1.22 设函数 $F(t,x)$ 在闭矩形 $\{(t,x) \mid |t-t_0| \leq a, |x-x_0| \leq b\}$ 上连续. 记

$$M = \max_{|t-t_0|\leq a, |x-x_0|\leq b} |F(t,x)|, \quad h = \min\{a, b/M\}.$$

并在闭矩形 $\{(t,x) \mid |t-t_0| \leq h, |x-x_0| \leq \delta\}$ 上函数 $F(t,x)$ 满足利普希茨条件 (5.1.16), 则当 $h' < \min\{h, 1/L, \delta/M\}$ 时, 初值问题 (5.1.13) 在 $[t_0 - h', t_0 + h']$ 上存在唯一解.

习 题

1. S 为由一切复数列

$$x = (\xi_1, \xi_2, \cdots, \xi_n \cdots)$$

组成的集合, 在 S 中定义距离为

$$\rho(x,y) = \sum_{k=1}^{\infty} \frac{1}{2^k} \frac{|\xi_k - \eta_k|}{1 + |\xi_k - \eta_k|},$$

其中 $x = (\xi_1, \xi_2, \cdots), y = (\eta_1, \eta_2, \cdots)$. 求证 S 是完备的距离空间.

2. 在一个距离空间 (X, ρ) 中, 求证: 基本列是收敛列当且仅当其中存在一个收敛子列.

3. 求证 $[0,1]$ 上的多项式全体距离

$$\rho(p,q) = \int_0^1 |p(x) - q(x)|\mathrm{d}x \quad (p, q是多项式),$$

是不完备的, 并指出它的完备化空间.

4. 记 F 是只有有限项不为零的实数列全体. 在 F 上引进距离

$$\rho(x,y) = \sup_{k\geq 1} |\xi_k - \eta_k|,$$

其中 $x = \{\xi_k\}, y = \{\eta_k\} \in F$. 求证 (F, ρ) 不完备，并指出它的完备化空间.

5. 设 (X, ρ) 是完备的距离空间；设 $\{x_n\} \subset X$. 如果 $\forall \varepsilon > 0$, 存在基本列 $\{y_n\}$, 使得 $\forall n \in N, \rho(x_n, y_n) < \varepsilon$, 求证 $\{x_n\}$ 收敛.

6. 验证例 4 给出的空间 l^p 是距离空间.

7. 设 (X, ρ) 是距离空间，令
$$d(x, y) = \rho(x, y)/(1 + \rho(x, y)).$$
求证 (X, d) 也是距离空间.

8. 在 $\mathbb{R}^1$ 上定义 $\rho(x, y) = \arctan |x - y|$, 问 $(\mathbb{R}^1, \rho)$ 是不是距离空间？

9. 设 (X, ρ) 是距离空间，$\mathcal{F}$ 表示由 X 的非空有界闭集构成的集合. 对于 $x \in X, C \in \mathcal{F}$, 令
$$\rho(x, C) = \inf_{v \in C} \rho(x, v).$$
任取 $A, B \in \mathcal{F}$, 令
$$r(A, B) = \max \left\{ \sup_{x \in B} \rho(x, A), \sup_{x \in A} \rho(x, B) \right\}.$$
证明 $r(A, B)$ 是 $\mathcal{F}$ 上一个距离函数.

10. 证明完备距离空间的闭子集是一个完备的子空间，而任一距离空间中的完备子空间必是闭子集.

11. 设距离空间 (X, ρ) 是完全有界的，求证 X 的完备化空间是列紧空间.

12. 给定距离空间 (X, ρ), 设 $M \subset X$ 是紧集. 求证 M 上连续函数必有界，亦达到它的上、下确界.

13. 设 $f(x)$ 是 (X, ρ) 上的实值函数，$x_0 \in X$. 若对 X 内收敛到 x_0 的任意点列 $\{x_n\}$, 有 $\varliminf_{n \to \infty} f(x_n) \geq f(x_0)$, 则称 $f(x)$ 在点 x_0 处下半连续. 若有 $\varlimsup_{n \to \infty} f(x_n) \leq f(x_0)$, 则称 $f(x)$ 在点 x_0 处上半连续.

. 设 $f(x)$ 是紧空间 (X,ρ) 上的下半连续函数, 求证:

(1) $f(x)$ 下有界;

(2) $f(x)$ 在 X 上达到其下确界.

对上半连续函数亦有类似结论成立.

14. 设 $S \subset X, S$ 是自列紧集, $x \in X$, 有

$$\rho(x,S) = \inf_{y \in S} \rho(x,y).$$

求证存在一个点 $x_0 \in S$, 使 $\rho(x,S) = \rho(x,x_0)$.

15. 设 (X,ρ) 是完备距离空间. 若 $A \subset X$, 求证: A 是列紧的充分必要条件是, 对 $\forall \varepsilon > 0$, 存在 A 的列紧 ε 网.

16. 设 (X,ρ) 是距离空间, 求证完全有界集合是有界的. 通过考虑 l^2 的子集 $E = \{e_k\}_{k=1}^{\infty}$, 其中

$$e_k = \{\underbrace{0,0,\cdots,0,1}_{k},0,\cdots\},$$

来说明一个集合可以是有界的但不完全有界.

17. 设 M 是 $C[a,b]$ 中的有界集, 求证集合

$$\widetilde{M} = \left\{ F(x) = \int_a^x f(t)\mathrm{d}t \;\middle|\; f \in M \right\}$$

是列紧集.

18. 证明集合 $\{\sin kx\}$ $(k = 1,2,\cdots)$ 在 $C[0,\pi]$ 中不是列紧集.

19. 设 (M,ρ) 是一个紧距离空间, 证明由 (5.1.8) 式给出的二元关系是空间 $C(M)$ 上的一个距离, 并证明 $(C(M),d)$ 是完备距离空间.

20. 设 (M,ρ) 是一个紧距离空间, 又 $E \subset C(M), E$ 中函数一致有界并满足下列不等式:

$$|x(t_1) - x(t_2)| \leq c\rho(t_1,t_2)^{\alpha}, \quad \forall x \in E, t_1, t_2 \in M,$$

其中 $0 < \alpha \leq 1, c > 0$, 求证 E 在 $C(M)$ 中是列紧集.

21. 设 A 是距离空间 (X, ρ) 的子集. 对于 $x \in X$, 令

$$\rho(x, A) = \inf_{y \in A} \rho(x, y).$$

求证映射 $x \longmapsto \rho(x, A)$ 是一个 X 上的连续函数, 并且 $\rho(x, A) = 0$ 当且仅当 $x \in \overline{A}$. 称 $\rho(x, A)$ 是 x 到集合 A 的距离.

22. 设 $g \in L^1([0, 1])$, 考虑映射 $T : C[0, 1] \to C[0, 1]$ 如下: $\forall f \in C[0, 1]$, 有

$$Tf(x) = \int_{[0,1]} g(x - y) f(y) dy.$$

若函数列 $\{f_k\} \subset C[0, 1]$ 一致有界, 证明 Tf_k 有一致收敛的子列. 也就是说, 在一致范数 $\|\cdot\|_\infty$ 下映射 T 将有界集映成列紧集.

23. 设 T 是距离空间上的压缩映射, 求证 T 是连续映射.

24. 设 (X, ρ) 是距离空间, 映射 $T : X \to X$ 满足

$$\rho(Tx, Ty) < \rho(x, y), \quad \forall x \neq y,$$

并已知 T 有不动点, 证明此不动点唯一.

25. 设 T 是距离空间 (X, ρ) 上的压缩映射, 证明 $T^n (n \in \mathbb{N})$ 也是压缩映射, 并说明逆命题不一定成立.

26. 设 C 是 $(\mathbb{R}^n, d)$ 中的有界闭集. 映射 $T : C \to C$ 满足

$$d(Tx, Ty) < d(x, y), \quad \forall x, y \in C, x \neq y,$$

证明 T 在 C 中存在唯一不动点.

27. 给定函数 $y(\cdot) \in C[0, 1]$, 常数 λ, $|\lambda| < 1$. 考虑下列积分方程

$$x(t) - \lambda \int_0^t e^{t-s} x(s) ds = y(t),$$

证明此方程在 $C[0, 1]$ 中有唯一解.

28. 设 (X, ρ) 是距离空间, M 是 X 中的列紧集. 若映射 $T : X \to M$ 满足

$$\rho(Tx, Ty) < \rho(x, y), \quad \forall x, y \in X, x \neq y,$$

证明 T 在 X 上存在唯一的不动点.

§5.2 Hilbert 空间理论

§5.2.1 定义

记 $\mathbb{K}$ 是复数域 $\mathbb{C}$ 或是实数域 $\mathbb{R}$.

定义 5.2.1 (内积空间) 设 X 是域 $\mathbb{K}$ 上的线性空间, X 上的一个二元函数 $a: X \times X \to \mathbb{K}$ 称为是一个内积, 如果:

(1) $a(\alpha x + \beta y, z) = \alpha a(x, z) + \beta a(y, z)$;

(2) $a(x, \alpha y + \beta z) = \overline{\alpha} a(x, y) + \overline{\beta} a(x, z)$;

(3) $a(x, x) \geq 0$, 且 $a(x, x) = 0 \Longleftrightarrow x = 0$;

(4) $a(x, y) = \overline{a(y, x)}$

对所有 $x, y, z \in X, \alpha, \beta \in \mathbb{K}$ 成立, (X, a) 称为内积空间.

(1),(2) 称为共轭双线性性, (3) 称为正定性, (4) 称为对称性. 若在 (3) 中仅保存非负定条件, 即 $a(x, x) \geq 0$, 则称 $a(\cdot, \cdot)$ 为一个半内积, 对应的空间 (X, a) 称为半内积空间. 内积概念是欧氏空间 $\mathbb{R}^n$ 上相应概念的推广.

在本书中内积空间上的内积将简记为

$$(x, y) = a(x, y). \tag{5.2.1}$$

例 1 $\mathbb{R}^n, \mathbb{C}^n$ 是内积空间, 它们的内积分别定义为:

$$(x, y) = \sum_{i=1}^{n} x_i y_i, \quad \forall x, y \in \mathbb{R}^n; \tag{5.2.2}$$

$$(x, y) = \sum_{i=1}^{n} x_i \overline{y_i}, \quad \forall x, y \in \mathbb{C}^n, \tag{5.2.3}$$

其中 $x = (x_1, x_2, \cdots, x_n), y = (y_1, y_2, \cdots, y_n)$.

例 2 l^2 空间 (定义见 §5.1 中例 4) 是内积空间, 规定内积

$$(x, y) = \sum_{i=1}^{\infty} x_i \overline{y_i},$$ (5.2.4)

其中 $x = (x_1, x_2, \cdots), y = (y_1, y_2, \cdots) \in l^2$.

例 3   在空间 $C^k(\overline{\Omega})$ 中规定内积

$$(u, v) = \sum_{|\alpha| \leq k} \int_{\Omega} \partial^{\alpha} u(x) \overline{\partial^{\alpha} v(x)} \mathrm{d}x, \quad \forall u, v \in C^k(\overline{\Omega}),$$ (5.2.5)

那么 $C^k(\overline{\Omega})$ 是一个内积空间.

例 4   设 $(X, \mathcal{F}, \mu)$ 是一个测度空间, 记 $L^2(X, \mathcal{F}, \mu)$ 为 X 上满足条件

$$\|f\|_2 = \left(\int_X |f(x)|^2 \mathrm{d}\mu(x) \right)^{1/2} < \infty$$

的复值函数全体. 对于 $f, g \in L^2(X, \mathcal{F}, \mu)$, 令

$$(f, g) = \int_X f(x) \overline{g(x)} \mathrm{d}\mu(x).$$ (5.2.6)

由下述 Cauchy-Schwarz 不等式知, 上面等式右端的积分有意义, 因此 $(L^2(X, \mathcal{F}, \mu), (\cdot, \cdot))$ 是一个内积空间. 特别地, Lebesgue 平方可积函数空间 $L^2(E)$ 是一个内积空间.

命题 5.2.2(Cauchy-Schwarz 不等式)   在内积空间 $(X, (\cdot, \cdot))$ 上令

$$\|x\| = (x, x)^{1/2},$$ (5.2.7)

称其为 x 的范数, 则有

$$|(x, y)| \leq \|x\| \|y\|, \quad \forall x, y \in X,$$ (5.2.8)

而且其中等号当且仅当 x 与 y 线性相关时成立.

证明   若 $\alpha \in \mathbb{C}, x, y \in X, y \neq 0$, 则有

$$0 \leq (x - \alpha y, x - \alpha y) = (x, x) - \alpha(y, x) - \overline{\alpha}(x, y) + |\alpha|^2 (y, y).$$

设 $(y,x) = b\mathrm{e}^{\mathrm{i}\theta}, b \geq 0$, 取 $\alpha = \mathrm{e}^{-\mathrm{i}\theta}\lambda, \lambda \in R$. 上面的不等式变成

$$0 \leq \|x\|^2 - 2b\lambda + \lambda^2\|y\|^2$$
$$= c - 2b\lambda + a\lambda^2 \overset{\text{def}}{=} p(\lambda),$$

其中 $c = \|x\|^2, a = \|y\|^2, p(\lambda)$ 是二次多项式, 对所有 λ, 有 $p(\lambda) \geq 0$. 故 $p(\lambda)$ 判别式 $4b^2 - 4ac \leq 0$, 因而

$$0 \geq b^2 - ac = |(x,y)|^2 - \|x\|^2\|y\|^2.$$

推论 5.2.3 $x, y \in X, \alpha \in \mathbb{C}$, 有

(1) $\|x + y\| \leq \|x\| + \|y\|$;

(2) $\|\alpha x\| = |\alpha|\|x\|$;

(3) $\|x\| \geq 0$, 且 $\|x\| = 0 \Longleftrightarrow x = 0$.

证明   (2),(3) 是显然的, 只需证明 (1). 因为

$$\|x + y\|^2 = (x + y, x + y)$$
$$= \|x\|^2 + (y,x) + (x,y) + \|y\|^2$$
$$= \|x\|^2 + 2\mathrm{Re}(x,y) + \|y\|^2.$$

由 Cauchy-Schwarz 不等式知, $\mathrm{Re}(x,y) \leq |(x,y)| \leq \|x\|\|y\|$. 因此

$$\|x + y\|^2 \leq \|x\|^2 + 2\|x\|\|y\| + \|y\|^2 = (\|x\| + \|y\|)^2.$$

在内积空间 X 上, 对于任意的 $x, y \in X$, 令 $\rho(x,y) = \|x - y\|$. 由推论 5.2.3, ρ 定义了 X 上的一个距离, 于是 $(X, (\cdot, \cdot), \rho)$ 是一个距离空间.

定义 5.2.4   若内积空间 $(X, (\cdot, \cdot), \rho)$ 是完备距离空间, 就称此空间为一个 Hilbert 空间.

例 1, 例 2, 例 4 是 Hilbert 空间.

命题 5.2.5   给定内积空间 $(X, (\cdot, \cdot), \rho)$. 假定 (X, ρ) 的完备化空间

是 H, 则在 H 上存在内积 $(\cdot,\cdot)_H$, H 上的距离是由内积 $(\cdot,\cdot)_X$ 导出的, 并且当 $x,y \in X$ 时 $(x,y)_X = (x,y)_H$.

命题的证明作为习题留给读者. 上述结果说明一个不完备的内积空间可以经完备化后成为一个 Hilbert 空间. 此外, 实的 Hilbert 空间可以嵌入到一个复的 Hilbert 空间.

例 3 中内积空间 $C^k(\overline{\Omega})$ 不是完备的, 它的完备化空间记作 $H^k(\overline{\Omega})$, 称为索伯列夫 (Sobolev) 空间.

§5.2.2　正交性

在 Hilbert 空间 H 中, 可以引入两个元素之间夹角的概念, 从而可以定义什么叫正交或垂直. 与欧氏空间一样, 对于 $x,y \in H$,

$$\theta \stackrel{\text{def}}{=} \arccos \frac{|(x,y)|}{\|x\|\|y\|} \tag{5.2.9}$$

表示 x 与 y 之间的夹角. 易见 $\theta = \pi/2$ 当且仅当 $(x,y) = 0$.

定义 5.2.6　H 是 Hilbert 空间, $x,y \in H$. 若 $(x,y) = 0$, 就称 x 与 y 正交, 记作 $x \perp y$. 又设 A,B 是 H 的非空子集, 若 $\forall x \in A$ 和 $y \in B$ 均有 $x \perp y$, 称 A 与 B 正交, 记作 $A \perp B$. 此外集合 $\{x \in H \mid x \perp A\}$ 称为 A 的正交补, 记作 $A^\perp$.

易知 $A^\perp$ 是 H 的一个闭线性子空间; 当 $x \perp A$ 时必有

$$x \perp \text{linspan}(A),$$

其中 $\text{linspan}(A)$ 表示由 A 的有穷线性组合组成的集合, 称此集合为 A 的线性包. 由定义可以直接推得:

命题 5.2.7　若 $x_1, x_2, \cdots, x_n$ 在 H 中两两正交, 则

$$\|x_1 + x_2 + \cdots + x_n\|^2 = \|x_1\|^2 + \|x_2\|^2 + \cdots + \|x_n\|^2. \tag{5.2.10}$$

证明 $n = 2$ 时, 由 $x_1 \perp x_2$ 有

$$\|x_1 + x_2\|^2 = (x_1 + x_2, x_1 + x_2)$$
$$= \|x_1\|^2 + 2\mathrm{Re}(x_1, x_2) + \|x_2\|^2$$
$$= \|x_1\|^2 + \|x_2\|^2.$$

其余的情况可用归纳法. 等式 (5.2.10) 是勾股定理的推广.

现在我们将欧氏空间中的直角坐标系概念推广到 Hilbert 空间中去.

定义 5.2.8 $\mathcal{E}$ 是 Hilbert 空间 H 中一个子集合. 若 $\forall e, f \in \mathcal{E}$ 且 $e \neq f$ 时有 $e \perp f$, 则称 $\mathcal{E}$ 是正交集; 若还有对每个 $e \in \mathcal{E}, \|e\| = 1, \mathcal{E}$ 称为标准正交集; 又如果 $\mathcal{E}^\perp = \{\theta\}$, 那么称 $\mathcal{E}$ 是完备的.

下面引用一个与无穷归纳法等价的命题 —— Zorn 引理来证明 Hilbert 空间总有完备正交集. 关于 Zorn 引理可参考附录 A.

引理 5.2.9 (Zorn 引理)   设 X 是一个偏序集合. 如果它的每一个全序子集有上界, 那么 X 有一个极大元.

定理 5.2.10   非零 Hilbert 空间 H 中必存在完备正交集.

证明 H 中的正交集依集合包含关系构成偏序集族. 每个全序子集有上界, 就是这些集之并集. 依 Zorn 引理, 这个偏序集族中有极大元, 记作 $\mathcal{E}$. 它是完备的正交集, 因若不然, 则必存在

$$x_0 \neq \theta, \quad x_0 \in \mathcal{E}^\perp.$$

令 $\mathcal{E}_1 = \{x_0\} \cup \mathcal{E}, \mathcal{E}_1$ 是正交集, $\mathcal{E} \subsetneqq \mathcal{E}_1$. 因而与 $\mathcal{E}$ 的极大性矛盾.

定理 5.2.11 (Bessel 不等式)   令 $\mathcal{E} = \{e_\alpha\}_{\alpha \in \Lambda}$ 是 Hilbert 空间中的一个标准正交集, 则 $\forall x \in H$, 有

$$\sum_{\alpha \in \Lambda} |(x, e_\alpha)|^2 \leq \|x\|^2. \tag{5.2.11}$$

而且 $\sum\limits_{\alpha \in \Lambda} (x, e_\alpha) e_\alpha \in H$,

$$\left\| x - \sum_{\alpha \in \Lambda} (x, e_\alpha) e_\alpha \right\|^2 = \|x\|^2 - \sum_{\alpha \in \Lambda} |(x, e_\alpha)|^2 . \tag{5.2.12}$$

证明 对于 Λ 的任意有限子集, 不妨设它们是 $1, 2, \cdots, n$, 易知

$$\sum_{i=1}^n |(x, e_i)|^2 \le \|x\|^2 . \tag{5.2.13}$$

这是因为

$$0 \le \left\| x - \sum_{i=1}^n (x, e_i) e_i \right\|^2 = \|x\|^2 - \sum_{i=1}^n |(x, e_i)|^2 .$$

对 $\forall n \in \mathbb{N}$, 满足 $|(x, e_\alpha)| > 1/n$ 的指标 $\alpha \in \Lambda$ 至多只有有穷多个. 从而使 $(x, e_\alpha) \ne 0$ 的指标 $\alpha \in \Lambda$ 至多只有可数多个. 于是 (5.2.11) 式的左端实际上是至多可数项求和的级数. 不妨设使 $(x, e_\alpha) \ne 0$ 的可数多个 $\alpha \in \Lambda$ 是 $1, 2, \cdots, n, \cdots$, 那么由 (5.2.13) 式, 令 $n \to \infty$, 即得

$$\sum_{\alpha \in \Lambda} |(x, e_\alpha)|^2 = \sum_{n=1}^\infty |(x, e_n)|^2 \le \|x\|^2 .$$

考虑级数

$$\sum_{\alpha \in \Lambda} (x, e_\alpha) e_\alpha = \sum_{n=1}^\infty (x, e_n) e_n .$$

因为

$$\left\| \sum_{n=m}^{m+p} (x, e_n) e_n \right\|^2 = \sum_{n=m}^{m+p} |(x, e_n)|^2 \to 0 \quad (m \to \infty, \forall p \in \mathbb{N}),$$

故序列 $x_m = \sum\limits_{n=1}^m (x, e_\alpha) e_\alpha$ 是基本列. 从而

$$\sum_{\alpha \in \Lambda} (x, e_\alpha) e_\alpha = \sum_{n=1}^\infty (x, e_n) e_n = \lim_{m \to \infty} x_m \in H .$$

又因为 $x - \sum\limits_{n=1}^\infty (x, e_n) e_n \perp \sum\limits_{n=1}^\infty (x, e_n) e_n$, 由命题 5.2.7,

$$\left\| x - \sum_{n=1}^\infty (x, e_n) e_n \right\|^2 = \|x\|^2 - \sum_{n=1}^\infty |(x, e_n)|^2 .$$

定义 5.2.12   设 $\mathcal{E} = \{e_\alpha | \alpha \in \Lambda\}$ 是 Hilbert 空间 H 中的一个标准正交集. 如果对 $\forall x \in H$, 有

$$x = \sum_{\alpha \in \Lambda}(x, e_\alpha)e_\alpha, \qquad (5.2.14)$$

则称 $\mathcal{E}$ 为 H 的一个基, 其中 $\{(x, e_\alpha)|\alpha \in \Lambda\}$ 称为 x 关于基 $\mathcal{E}$ 的 Fourier 系数.

定理 5.2.13   若 $\mathcal{E} = \{e_\alpha \mid \alpha \in \Lambda\}$ 是 Hilbert 空间 H 的一个标准正交集, 则以下三条命题等价:

(1) $\mathcal{E}$ 是 H 的一个基;

(2) $\mathcal{E}$ 是完备的;

(3) Parseval 等式成立, 即

$$\|x\|^2 = \sum_{\alpha \in \Lambda}|(x, e_\alpha)|^2, \quad \forall x \in H. \qquad (5.2.15)$$

证明   (1) $\Rightarrow$ (2)   任取 $y \in \mathcal{E}^\perp$, 即 $(y, e_\alpha) = 0, \forall \alpha \in \Lambda$. 由于 $\mathcal{E}$ 是一个基, y 有 Fourier 展开

$$y = \sum_{\alpha \in \Lambda}(y, e_\alpha)e_\alpha = 0.$$

故 $\mathcal{E}$ 是完备的.

(2) $\Rightarrow$ (3)   对任意 $x \in H$, 令 $y = x - \sum_{\alpha \in \Lambda}(x, e_\alpha)e_\alpha \in H$. 由于 $(y, e_\alpha) = 0, \forall \alpha \in \Lambda$, 知 $y \in \mathcal{E}^\perp$. 由 $\mathcal{E}$ 的完备性, $y = 0$. 由定理 5.2.11 中等式 (5.2.12) 可知, Parseval 等式成立.

(3) $\Rightarrow$ (1)   由 Parseval 等式及 (5.2.12) 式, 有

$$\left\|x - \sum_{\alpha \in \Lambda}(x, e_\alpha)e_\alpha\right\|^2 = \|x\|^2 - \sum_{\alpha \in \Lambda}|(x, e_\alpha)|^2 = 0.$$

因此有

$$x = \sum_{\alpha \in \Lambda}(x, e_\alpha)e_\alpha.$$

例 5 在 l^2 空间上,

$$e_n = (\underbrace{0, 0, \cdots, 1}_{n}, 0, \cdots), \quad n = 1, 2, 3, \cdots$$

是一族标准正交基.

例 6 在 $L_{\mathbb{C}}^2[0, 2\pi]$ 上,

$$e_n(t) = \frac{1}{\sqrt{2\pi}} e^{int} \qquad (n = 0, \pm 1, \pm 2, \cdots)$$

是一组标准正交基, $\forall f \in L_{\mathbb{C}}^2[0, 2\pi]$,

$$(f, e_n) = \frac{1}{\sqrt{2\pi}} \int_0^{2\pi} f(t) e^{-int} dt, \quad n \in \mathbb{Z}.$$

§4.2 中 L^2 空间的 Gram-Schmidt 正交化过程可以毫无困难的搬到 Hilbert 空间上. 设 $\mathcal{F} = \{f_n : n \in \mathbb{N}\}$ 是 Hilbert 空间 H 中一列线性无关元素, 那么可以构造标准正交集 $\mathcal{E} = \{e_n : n \in \mathbb{N}\}$, 使得对于每个 n,

$$\text{linspan}\{e_1, e_2, \cdots, e_n\} = \text{linspan}\{f_1, f_2, \cdots, f_n\},$$

其构造如下:

设 $g_1 = f_1$, 令 $e_1 = g_1/\|g_1\|$; 设 $g_2 = f_2 - (f_2, e_1)e_1$, 令 $e_2 = g_2/\|g_2\|$; 一般的, 设

$$g_n = f_n - \sum_{i=1}^{n-1}(f_n, e_i)e_i,$$

令 $e_n = g_n/\|g_n\|$ 即可. 以上构造过程称为 Gram-Schmidt 正交化过程.

定理 5.2.14 设 M 是 Hilbert 空间 H 的闭子空间, 对于任意的 $x \in H$, 存在唯一的 $x_0 \in M$, 使得

$$\|x - x_0\| = \rho(x, M), \tag{5.2.16}$$

而且 $x - x_0 \perp M$, 其中

$$\rho(x, M) = \inf_{y \in M} \|x - y\|.$$

反之, 若 $x_0 \in M$, 使得 $x - x_0 \in M^\perp$, 则 $\|x - x_0\| = \rho(x, M)$.

证明   记 $d = \rho(x, M) = \inf_{y \in M} \|x - y\|$. 若 $x \in M$, 取 $x_0 = x$ 即可.
若 $x \notin M, d > 0$, 则存在 $y_n \in M, n = 1, 2, \cdots$, 满足

$$d \leq \|x - y_n\| < d + \frac{1}{n}.$$

对于 $\forall a, b \in H$, 容易证明

$$\|a + b\|^2 + \|a - b\|^2 = 2\|a\|^2 + 2\|b\|^2, \tag{5.2.17}$$

称为平行四边形法则. 将 $a = x - y_n, b = x - y_m$ 代入上式, 由于
$\dfrac{y_n + y_m}{2} \in M$ 可得

$$\begin{aligned}
\|y_n - y_m\|^2 &= 2\|x - y_n\|^2 + 2\|x - y_m\|^2 - 4\left\|x - \frac{y_n + y_m}{2}\right\|^2 \\
&\leq 2\left(d + \frac{1}{n}\right)^2 + 2\left(d + \frac{1}{m}\right)^2 - 4d^2 \\
&= 4d\left(\frac{1}{n} + \frac{1}{m}\right) + 2\left(\frac{1}{n^2} + \frac{1}{m^2}\right) \to 0,
\end{aligned}$$

当 $n, m \to \infty$. 于是 $\{y_n\}$ 是基本列, 故存在极限

$$\lim_{n \to \infty} y_n = x_0 \in M,$$

且 $\|x - x_0\| = d$. 这样的点还是唯一的. 事实上, 若 $x_1 \in M$, 满足
$\|x - x_1\| = d$, 将 $a = x - x_0, b = x - x_1$ 代入 (5.2.17) 式, 仍用上述方
法, 可得

$$\begin{aligned}
\|x_1 - x_0\|^2 &= 2\|x - x_0\|^2 + 2\|x - x_1\|^2 - 4\left\|x - \frac{x_0 + x_1}{2}\right\|^2 \\
&\leq 2d^2 + 2d^2 - 4d^2 = 0.
\end{aligned}$$

故 $x_1 = x_0$.

兹证 $x - x_0 \perp M$. 任取 $y \in M$, 则 $x_0 + y \in M$,

$$\|x - x_0\|^2 \leq \|x - (x_0 + y)\|^2$$
$$= \|x - x_0\|^2 - 2\mathrm{Re}(x - x_0, y) + \|y\|^2.$$

因此对任意 $y \in M$ 有

$$2\mathrm{Re}(x - x_0, y) \leq \|y\|^2.$$

任意固定一个 y, 记 $(x - x_0, y) = re^{i\theta}, r \geq 0$. 用 $te^{i\theta}y$ 代入上述不等式, 得

$$2rt \leq t^2\|y\|^2.$$

令 $t \to 0$, 得 $r = 0$, 从而 $x - x_0 \perp y$.

反之, 设 $x_0 \in M$, 使 $x - x_0 \perp M$. 对任意的 $y \in M$, 有 $x - x_0 \perp x_0 - y$,

$$\|x - y\|^2 = \|x - x_0 + x_0 - y\|^2 = \|x - x_0\|^2 + \|x_0 - y\|^2 \geq \|x - x_0\|^2.$$

故 $\|x - x_0\| = \rho(x, M)$.

对于 $x \in H$, 记定理中的 $x_0 = Px$, 于是 P 是 H 到 M 的一个映射, 称为 H 到 M 的投影算子, 下一节中将会研究投影算子的性质.

推论 5.2.15 (正交分解) 设 M 是 Hilbert 空间 H 的一个闭线性子空间, 那么 $\forall x \in H$, 存在着下列唯一的正交分解

$$x = y + z, \qquad y \in M, z \in M^{\perp}. \tag{5.2.18}$$

证明 取 $y = x_0 \in M$, 则 $z = x - x_0 \in M^{\perp}$. 又若还存在另外一种分解

$$x = y' + z', \quad y' \in M, z' \in M^{\perp},$$

则 $y - y' = z' - z(\in M \cap M^{\perp}) = 0$. 故分解是唯一的.

由 x 的正交分解产生的 y 称为 x 在 M 上的正交投影, 如下页图 5.1 所示.

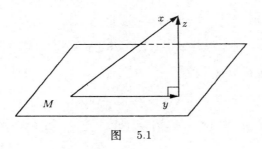

图   5.1

§5.2.3   Riesz 表示定理

Hilbert 空间 H 上的函数 $f: H \to \mathbb{K}$ 称为 H 上的线性泛函,是指 f 满足

$$f(\alpha x + \beta y) = \alpha f(x) + \beta f(y), \quad \forall x, y \in H, \alpha, \beta \in \mathbb{K}. \quad (5.2.19)$$

如果当 $x_n \to x$ 时有 $f(x_n) \to f(x)$, f 称为在点 x 处是连续的. 如果 f 在每点处都连续,就称 f 是连续的线性泛函. H 上连续线性泛函的全体用 H^* 表示. 易知 H^* 是一个线性空间.

命题 5.2.16 令 f 是 H 上一个线性泛函,则以下命题等价:

(1) f 是连续的;

(2) f 在任意某点处连续;

(3) f 在 $x = 0$ 处连续;

(4) 存在常数 $c > 0$, 使得 $\forall x \in H, |f(x)| \leq c\|x\|$.

证明   显然有 $(1) \Rightarrow (2) \Rightarrow (3)$.

现证 $(3) \Rightarrow (1)$. 设 f 在点 0 处连续. 对于任意 $x \in H$, 若 $x_n \to x$, 则 $x_n - x \to 0$,

$$0 = f(0) = \lim_{n \to \infty} f(x_n - x) = \lim_{n \to \infty} [f(x_n) - f(x)] = \lim_{n \to \infty} f(x_n) - f(x).$$

因此 $\lim_{n \to \infty} f(x_n) = f(x)$.

(4) ⇒ (3) 是显然的. 只需证 (3) ⇒ (4). 由 f 在点 0 处连续性, $\exists \delta > 0$, 只要 $\|x\| < \delta$, 就有 $|f(x)| < 1$. 对任意的 $x \in H$ 和 $\varepsilon > 0$,

$$\|\delta(\|x\| + \varepsilon)^{-1}x\| < \delta.$$

因此

$$1 > \left| f\left(\frac{\delta x}{\|x\| + \varepsilon}\right) \right| = \frac{\delta}{\|x\| + \varepsilon}|f(x)|,$$

即

$$|f(x)| < \frac{1}{\delta}(\|x\| + \varepsilon).$$

令 $\varepsilon \to 0$, 于是 (4) 成立, 其中 $c = 1/\delta$.

定义 5.2.17 设 f 是 Hilbert 空间上的线性泛函. 若存在常数 $c > 0$, 使得 $\forall x \in H$, 有

$$|f(x)| \leq c\|x\|, \tag{5.2.20}$$

称 f 是 H 上的有界线性泛函. 当 f 是有界线性泛函时, 令

$$\|f\| = \sup\{|f(x)| \mid \|x\| \leq 1\}, \tag{5.2.21}$$

称 $\|f\|$ 为 f 的模.

由命题 5.2.16 中 (4) 可知, Hilbert 空间 H 上线性泛函的有界性等价于连续性. 因此 H^* 是 H 上全体有界线性泛函的全体.

任取 $x_0 \in H$, 定义线性泛函 $f_{x_0}: H \to \mathbb{K}$ 如下:

$$f_{x_0}(x) = (x, x_0), \quad \forall\, x \in H.$$

于是泛函 f_{x_0} 显然是连续的, 因此是有界的. 由 Cauchy-Schwarz 不等式知

$$|f_{x_0}(x)| \leq \|x_0\|\|x\|,$$

故 $\|f_{x_0}\| \leq \|x_0\|$. 又因为 $f(x_0/\|x_0\|) = (x_0/\|x_0\|, x_0) = \|x_0\|$, 可知 $\|f_{x_0}\| = \|x_0\|$.

定理 5.2.18   若 f 是 H 上有界线性泛函, 则

$$\|f\| = \sup\{|f(x)| \mid \|x\| = 1\}$$
$$= \sup\{|f(x)|/\|x\| \mid x \in H, x \neq 0\}$$
$$= \inf\{c > 0 \mid |f(x)| \leq c\|x\|, x \in H\}. \tag{5.2.22}$$

证明   记 $\alpha = \inf\{c > 0 \mid |f(x)| \leq c\|x\|, x \in H\}$, 并且记

$$\beta = \sup\{|f(x)|/\|x\| \mid x \in H, x \neq 0\}.$$

显然有

$$\|f\| \geq \sup\{|f(x)| \mid \|x\| = 1\}$$
$$= \sup\{|f(x)|/\|x\| \mid x \in H, x \neq 0\} = \beta.$$

当 $x \neq 0$ 时, $|f(x)| \leq \beta\|x\|$, 故 $\alpha \leq \beta$. 只要证明 $\|f\| \leq \alpha$. 若 $|f(x)| \leq c\|x\|, \forall x \in H$ 成立, 则由 $\|f\|$ 的定义 $\|f\| \leq c$, 从而 $\|f\| \leq \alpha$.

定理 5.2.19 (Riesz 表示定理)   设 f 是 Hilbert 空间 H 上的有界线性泛函, 则存在唯一的 $x_f \in H$, 使得对任意的 $x \in H$, 有

$$f(x) = (x, x_f),$$

而且 $\|f\| = \|x_f\|$. 于是由 f 到 x_f 给出了 H^* 到 H 的一个等距同构.

证明   记 $\ker f = M$. 因为 f 是连续的, M 是 H 的闭线性子空间. 当 f 是非零泛函时, $M \neq H$, $M^\perp \neq \{0\}$. 因此存在 $x_0 \in M^\perp$, 使得 $f(x_0) = 1$. 对任意的 $x \in H$, 若记 $f(x) = \alpha$, 则有 $f(x - \alpha x_0) = 0$, 故 $x - \alpha x_0 \in M$. 于是

$$0 = (x - f(x)x_0, x_0) = (x, x_0) - f(x)\|x_0\|^2.$$

取 $x_f = \|x_0\|^{-2}x_0$, 则 $\forall x \in H$, 有 $f(x) = (x, x_f)$.

如果还有 $x_f' \in H$, 满足 $\forall x \in H, (x, x_f) = (x, x_f')$, 则

$$(x, x_f - x_f') = 0, \quad \forall x \in H.$$

取 $x = x_f - x_f'$ 代入上式, 得 $\|x_f - x_f'\|^2 = 0$, 因此 $x_f' = x_f$. 在定理

5.2.18 前面的讨论中已经证明 $\|f\| = \|x_f\|$.

习　题

1. 极化恒等式. 设 a 是复线性空间 X 上的共轭双线性函数, $q(x) = a(x, x)$ 是 a 诱导的二次型, 求证:

(1) 对 $\forall x, y \in X$, 有
$$a(x, y) = \frac{1}{4}\{q(x+y) - q(x-y) + \mathrm{i}q(x+\mathrm{i}y) - \mathrm{i}q(x-\mathrm{i}y)\};$$

(2) q 是实值函数 $\Longleftrightarrow a(x, y) = \overline{a(y, x)}, \quad \forall x, y \in X.$

2. 给定内积空间 $(X, (\cdot, \cdot), \rho)$. 假定 (X, ρ) 的完备化空间是 H, 证明在 H 上存在内积 $(\cdot, \cdot)_H$, H 上的距离是由内积 $(\cdot, \cdot)_X$ 导出的, 并且当 $x, y \in X$ 时, $(x, y)_X = (x, y)_H$. (命题 5.2.5.)

3. 在空间 $L^2(-1, 1)$ 中, 计算由下列三个点:
$$f_1(x) = 0, \quad f_2(x) = 1, \quad f_3(x) = x$$
构成的三角形的三个角.

4. 在 $C[-1, 1] = X$ 中, 令

(1) $M_1 = \{f \in X \mid f(x) = 0, \ \forall x < 0\}$;

(2) $M_2 = \{f \in X \mid f(0) = 0\}$.

计算 M_1, M_2 在 X 中关于内积
$$(f, g) = \int_{-1}^{1} f(x)\overline{g(x)}\mathrm{d}x$$
的正交补.

5. 在空间 $L^2(0, 1)$ 中找出下列集合的正交补:

(1) M_1 是全体关于 x 的多项式;

(2) M_2 是全体关于 x^2 的多项式;

(3) M_3 是常数项为零的全体多项式;

(4) H_4 是各项系数和为零的多项式全体.

6. M, N 是 Hilbert 空间的子集, 求证:

(1) $M \subset N \Rightarrow N^\perp \subset M^\perp$;

(2) $(M^\perp)^\perp = \overline{\mathrm{linspan} M}$.

7. 在 $L^2[a,b]$ 中 $S = \{\mathrm{e}^{2\pi \mathrm{i} n x}\}_{n=-\infty}^{\infty}$.

(1) 若 $|b - a| \leq 1$, 求证 $S^\perp = \{0\}$;

(2) 若 $|b - a| > 1$, 求证 $S^\perp \neq \{0\}$.

8. $\{e_n\}, \{f_n\}$ 是 Hilbert 空间 H 中两个标准正交集, 满足条件

$$\sum_{n=1}^{\infty} \|e_n - f_n\|^2 < \infty .$$

求证: 两者中一个完备蕴含另一个完备.

9. $\forall x, y \in H$, 求证下述平行四边形法则成立:

$$\|x + y\|^2 + \|x - y\|^2 = 2\|x\|^2 + 2\|y\|^2 .$$

10. M 是 H 的闭线性子空间, $\{e_n\}$ 与 $\{f_n\}$ 分别是 M 与 $M^\perp$ 的标准正交基. 求证 $\{e_n\} \bigcup \{f_n\}$ 构成 H 的标准正交基.

11. H 表示闭单位圆上解析函数全体, 定义内积

$$(f, g) = \frac{1}{\mathrm{i}} \oint_{|z|=1} \frac{f(z)\overline{g(z)}}{z} \mathrm{d}z, \quad \forall f, g \in H .$$

证明: $\{z^n / \sqrt{2\pi}\}_{n=0}^{\infty}$ 是 H 的一个标准正交集.

12. H 是 Hilbert 空间, $\{e_n\}$ 是它的标准正交集, 求证:

$$\left| \sum_{n=1}^{\infty} (x, e_n)\overline{(y, e_n)} \right| \leq \|x\|\|y\|, \quad \forall x, y \in H .$$

13. H 是 Hilbert 空间, 设 $x, y \in H$, 满足 $x \neq y, \|x\| = \|y\| = 1$. 证明当 $0 < t < 1$ 时, 有 $\|tx + (1-t)y\| < 1$.

14. 设 M 是 H 的线性子空间, 证明 M 在 H 中稠密当且仅当 $M^\perp = \{0\}$.

15. 设 H 是 Hilbert 空间，$\{x_n\} \subset H$, 满足 $\sum \|x_n\| < \infty$. 证明 $\sum\limits_{n=1}^{\infty} x_n$ 在 H 中收敛.

16. 设 H_i 是 Hilbert 空间. 定义空间

$$H = \left\{ x = \{x_i\} \,\middle|\, x_i \in H_i, \, n = 1, 2, \cdots, \, \sum_{i=1}^{\infty} \|x_i\|^2 < \infty \right\},$$

定义 $(x, y) = \sum\limits_{i=1}^{\infty} (x_i, y_i)_{H_i}$. 证明 H 是一个 Hilbert 空间，称 H 为 H_i 的直和，记作 $H = \oplus_i H_i$.

17. 设 $y(t) \in C[0,1]$. 定义 $C[0,1]$ 上的泛函为

$$f(x) = \int_0^1 x(t)y(t)\mathrm{d}t, \quad \forall\, x \in C[0,1],$$

求 $\|f\|$.

18. 设 f 是 Hilbert 空间 H 上的有界线性泛函，令

$$d = \inf\{\|x\| \,\big|\, f(x) = 1\},$$

证明 $\|f\| = 1/d$.

19. 在 l^2 中，任意固定 $N \geq 1$，定义 l^2 上线性泛函如下：对于 $\xi = \{\alpha_n\}, f(\{\alpha_n\}) = \alpha_N$，求 l^2 中元素 η, 使得 $f(\xi) = (\xi, \eta), \forall \xi \in l^2$.

20. 设 $f \in H^*$, 证明 $\ker f$ 是 H 中的闭线性子空间.

21. 设 f_1, f_2 是 Hilbert 空间 H 上的有界线性泛函，若 $\ker f_1 = \ker f_2$, 证明存在 $\alpha \in \mathbb{C}$, 使得 $f_2 = \alpha f_1$.

22. 设 $f_1, f_2, \cdots, f_n$ 是 H 上的一组有界线性泛函，

$$M \stackrel{\text{def}}{=\!=} \bigcap_{k=1}^{n} \ker f_k,$$

证明：$\exists\, y_1, y_2, \cdots, y_n \in H$, 使得 $\forall\, x_0 \in H$, 当 y_0 为 x_0 在 M 上的正交投影时，$\exists\, a_1, a_2, \cdots, a_n \in \mathbb{C}$, 使得

$$x_0 = y_0 + \sum_{k=1}^{n} a_k y_k.$$

23. 记 $H = L^2(0,1)$, 则 $C^{(1)}_{[0,1]}$ 是 H 中线性子空间. 令 $t \in [0,1]$,

作线性泛函 $F: C^{(1)}[0,1] \to \mathbb{C}$ 如下： $F(f) = f'(t)$. 证明 H 上没有有界线性泛函，它在 $C^{(1)}[0,1]$ 中的限制是 F.

24. 若 $\{x \in H \mid \|x\| \leq 1\}$ 是紧集，试证明 $\dim H < \infty$.

25. 设 D 是复平面中单位圆域，$H^2(D)$ 表示由在 D 内满足

$$\iint_D |u(z)|^2 \mathrm{d}x\mathrm{d}y < \infty \tag{5.2.23}$$

的解析函数全体组成的空间，规定内积为

$$(u,v) = \iint_D u(z)\overline{v(z)}\mathrm{d}x\mathrm{d}y, \quad z = x + \mathrm{i}y. \tag{5.2.24}$$

证明 $\varphi_n(z) = \sqrt{\frac{n}{\pi}}z^{n-1}, n = 1,2,3,\cdots$ 是标准正交基. 设

$$u(z) = \sum_{k=0}^{\infty} b_k z^k \in H^2(D),$$

证明它对应的 Fourier 系数是

$$(u,\varphi_n) = b_{n-1}\sqrt{\frac{\pi}{n}}, \quad n = 1,2,\cdots.$$

§5.3　Hilbert 空间上的算子

设 X 和 Y 是两个 $\mathbb{K}$ 上的线性空间，D 是 X 的一个线性子空间. $A: D \to Y$ 是映射，D 称为 A 的定义域，有时记作 $D(A)$. Y 中集合 $\{Ax \mid x \in D\}$ 称为 A 的值域，记作 $R(A)$. 如果 $\forall x, y \in D, \alpha, \beta \in \mathbb{K}$,

$$A(\alpha x + \beta y) = \alpha Ax + \beta Ay. \tag{5.3.1}$$

那么称 T 是一个线性算子. 当 Y 是数域 $\mathbb{K}$ 时，T 称为 $\mathbb{K}$ 域上的线性泛函. 特别地，取值于实数 (或复数) 的线性算子称为实 (或复) 线性泛函.

例 1　设 $X = \mathbb{R}^n, Y = \mathbb{R}^m, A = (a_{ij})_{m \times n}$. 则 A 是 X 到 Y 的一个线性算子.

例 2 设 $X = Y = C^\infty(\overline{\Omega}), \Omega$ 是 n 维开区域. 又设微分多项式为

$$P(\partial) = \sum_{|\alpha| \leq m} a_\alpha(x)\partial^\alpha, \quad a_\alpha(x) \in C^\infty(\overline{\Omega}). \tag{5.3.2}$$

定义 $A : u(x) \mapsto (P(\partial)u)(x), \forall u \in X$, 那么 A 是 X 到 Y 的一个线性算子.

注 若 $X = Y = L^2(\Omega), D(T) = C^m(\overline{\Omega})$, 则上面定义的算子 A 也称为 X 上的线性算子, 只不过定义域不是满的.

§5.3.1 线性算子的连续性和有界性

定义 5.3.1 设 H, K 是两个 Hilbert 空间, 线性子空间 $D(A) \subset H$. 给定线性算子 $A : D(A) \to K$, 给定 $x_0 \in D(A)$. 如果 $\forall \{x_n\} \subset D(A)$, 若 $x_n \to x_0$ 就有 $Ax_n \to Ax_0$, 则称 A 在 x_0 处连续. 当 A 在 $D(A)$ 中每一点处都连续时, A 称为连续线性算子.

与命题 5.2.16 类似, 易证 A 在 $D(A)$ 上连续当且仅当 A 在点 $x = 0$ 处连续.

定义 5.3.2 设 H 和 K 是 Hilbert 空间, 称线性算子 $A : H \to K$ 是有界的, 如果有常数 $c \geq 0$, 使得

$$\|Ax\|_K \leq c\|x\|_H, \quad \forall x \in H.$$

用 $\mathcal{B}(H, K)$ 表示一切由 H 到 K 的有界线性算子的全体, 并规定

$$\|A\| = \sup\{\|Ax\|/\|x\| \mid x \in H, x \neq 0\}$$
$$= \sup\{\|Ax\| \mid \|x\| = 1\}, \tag{5.3.3}$$

称 $\|A\|$ 为 A 的范数. 当 $K = H$ 时, 简记 $\mathcal{B}(H, K)$ 为 $\mathcal{B}(H)$. 下面的命题表明 $\mathcal{B}(H, K)$ 是一个线性空间.

命题 5.3.3 若 $A, B \in \mathcal{B}(H, K), \alpha \in \mathbb{K}$,

(1) $A + B \in \mathcal{B}(H, K)$, 并且 $\|A + B\| \leq \|A\| + \|B\|$;

(2) $\alpha A \in \mathcal{B}(H, K)$, 并且 $\|\alpha A\| = |\alpha| \|A\|$;

(3) 若还有 $C \in \mathcal{B}(K, J)$, 则 $CA \in \mathcal{B}(H, J)$, 且 $\|CA\| \leq \|C\| \|A\|$.

证明 (1), (2) 显然, 留给读者验证.

兹证 (3). 对于 $k \in K, \|Ck\| \leq \|C\| \|k\|$. 若 $x \in H, k = Ax \in K$, 于是

$$\|CAx\| \leq \|C\| \|Ax\| \leq \|C\| \|A\| \|x\|.$$

令 $\rho(A, B) = \|A - B\|$, 它给出了 $\mathcal{B}(H, K)$ 上一个度量, 因此 $\mathcal{B}(H, K)$ 是一个距离空间. 它还是完备的, 完备性将在下一章定理 6.1.1 给出.

定理 5.3.4 A 是 H 到 K 的线性算子, 则 A 是连续算子的充分必要条件是 A 是有界算子.

证明 已知 $A \in \mathcal{B}(H, K)$. 若 $x_n \to x$, 则

$$\|Ax_n - Ax\| \leq \|A\| \|x_n - x\| \to 0.$$

故 A 是连续算子. 反之, 由 A 在点 0 处连续性知: 存在 $\delta > 0$, 当 $x \in H, \|x\| \leq \delta$ 时, $\|Ax\| < 1$. 于是对 $\forall x \in H, x \neq 0$, 有

$$\left\| A\left(\delta \frac{x}{\|x\|} \right) \right\| < 1.$$

故 $\|Ax\| \leq \|x\|/\delta$, 因此 $A \in \mathcal{B}(H, K)$.

例 3 正交投影算子. 设 M 是 H 的闭线性子空间, 依正交分解性质 (推论 5.2.15), $\forall x \in H$, 存在唯一的 $y \in M, z \in M^\perp$, 使得

$$x = y + z.$$

与上式对应的 $x \mapsto y$ 称作 H 到 M 的正交投影算子, 记作 P_M. 于是 $P_M x = y$, 易见 $(I - P_M)x = z$. 正交投影算子 P_M 的定义域是全空间, 它的值域 $R(P_M)$ 是 M. 在不强调子空间 M 时, 或者不会引起误解时, 往往省略 M 而简记作 P. 我们来证明:

命题 5.3.5 P 是连续线性算子, 而且当 M 非零时, $\|P\| = 1$.

证明   对于任意的 $x_1, x_2 \in H, \alpha_1, \alpha_2 \in \mathbb{K}$, 以及 $\forall y \in M$,

$$(\alpha_1 x_1 + \alpha_2 x_2 - [\alpha_1 P x_1 + \alpha_2 P x_2], y)$$

$$= \alpha_1(x_1 - P x_1, y) + \alpha_2(x_2 - P x_2, y) = 0.$$

上述等式说明, $\alpha_1 x_1 + \alpha_2 x_2 - [\alpha_1 P x_1 + \alpha_2 P x_2] \perp M$. 而

$$\alpha_1 x_1 + \alpha_2 x_2 = P(\alpha_1 x_1 + \alpha_2 x_2) + (I - P)(\alpha_1 x_1 + \alpha_2 x_2),$$

$$(I - P)(\alpha_1 x_1 + \alpha_2 x_2) \perp M,$$

所以 $P(\alpha_1 x_1 + \alpha_2 x_2) - [\alpha_1 P x_1 + \alpha_2 P x_2] \perp M$. 又

$$P(\alpha_1 x_1 + \alpha_2 x_2) - [\alpha_1 P x_1 + \alpha_2 P x_2] \in M,$$

故 $P(\alpha_1 x_1 + \alpha_2 x_2) - [\alpha_1 P x_1 + \alpha_2 P x_2] = 0$. 于是

$$P(\alpha_1 x_1 + \alpha_2 x_2) = \alpha_1 P x_1 + \alpha_2 P x_2,$$

即 P 是线性映射.

兹证连续性. 因为 $\|Px\|^2 = \|x\|^2 - \|z\|^2 \le \|x\|^2$, 因此

$$\|Px\| \le \|x\| \quad \text{或} \quad \|P\| \le 1.$$

当 $M \ne \{0\}$ 时, 任取 $x \in M \backslash \{0\}$, 便有 $Px = x$. 从而 $\|Px\| = \|x\|$, 故 $\|P\| = 1$.

定义 5.3.6(同构与等距算子)   设 H 和 K 是两个 Hilbert 空间, 如果存在线性算子 $U: H \to K$, 保持内积, 即

$$(Ux, Uy)_K = (x, y)_H, \quad \forall x, y \in H. \tag{5.3.4}$$

此时称 U 是 H 到 K 上的保内积算子. 若 U 还是满的, 则称 U 是 H 到 K 上的同构算子. 此时 H 和 K 称为是同构的.

又给定线性算子 $V: H \to K$, 如果

$$\rho_K(Vx, Vy) = \rho_H(x, y), \quad \forall x, y \in H, \tag{5.3.5}$$

则称 V 是 H 到 K 的等距算子. 易见等距条件 (5.3.5) 等价于

$$\|Vx\|_K = \|x\|_H, \tag{5.3.6}$$

也等价于保内积条件 (5.3.4). 从而等距算子就是保内积算子. 因此 H 到 K 上的同构是满的等距算子. 由 (5.3.6) 式知 $\|V\| = 1$.

命题 5.3.7 为了 Hilbert 空间 H 是可分的, 必须且仅需它有至多可数的标准正交基 $\mathcal{E}$. 若 $\mathcal{E}$ 的元素个数 $N < \infty$, 则 H 与 $\mathbb{K}^N$ 同构; 若 $N = \infty$, 则同构于 l^2.

证明 必要性. 设 $\{x_n\}_1^\infty$ 是 H 的可数稠密子集, 那么其中必存在一个极大线性无关子集 $\{y_n\}_{n=1}^N$ ($N < \infty$ 或 $N = \infty$), 使得

$$\mathrm{linspan}\{y_n\}_1^N = \mathrm{linspan}\{x_n\}_1^\infty.$$

对 $\{y_n\}_1^N$ 应用 Gram-Schmidt 正交化过程, 便构造出一个标准正交基 $\{e_n\}_1^N = \mathcal{E}$.

充分性. 设

$$\mathcal{E} = \{e_n\}_1^N \quad (N < \infty \text{ 或 } N = \infty)$$

是 H 的标准正交基, 则集合

$$\left\{ x = \sum_{i=1}^N a_n e_n \in H \,\middle|\, a_n \text{的实部与虚部皆为有理数} \right\}$$

是 H 中稠密可数子集, 从而 H 是可分的.

对于标准正交基 $\{e_n\}_1^N$ ($N < \infty$ 或 $N = \infty$), 作对应

$$U : x \longmapsto \{(x, e_n)\}_{n=1}^N, \quad \forall x \in H. \tag{5.3.7}$$

根据 Parseval 等式, 知

$$\|x\|^2 = \sum_{n=1}^N |(x, e_n)|^2, \quad \forall x \in H.$$

由此可见 U 是

$$H \to \mathbb{K}^N \ (\text{当 } N < \infty) \quad \text{或} \quad H \to l^2 \ (\text{当 } n = \infty)$$

的一一满的线性算子. 此外,

$$(x,y) = \left(\sum_{i=1}^{N}(x,e_i)e_i, \sum_{j=1}^{N}(y,e_j)e_j\right)$$

$$= \sum_{i=1}^{N}(x,e_i)\overline{(y,e_i)}, \qquad \forall x,y \in H, \qquad (5.3.8)$$

因此 U 还保持内积. 于是当 $N < \infty$ 时, H 同构于 $\mathbb{K}^N$; 而当 $N = \infty$ 时, H 同构于 l^2.

§5.3.2　共轭算子

定义 5.3.8 若 H 和 K 是 Hilbert 空间. $u: H \times K \to \mathbb{K}$ 称为共轭双线性形式, 是指: $\forall x,y \in H; w,z \in K, \alpha,\beta \in \mathbb{K}$, 有

$$u(\alpha x + \beta y, z) = \alpha u(x,z) + \beta u(y,z), \qquad (5.3.9)$$

$$u(x, \alpha z + \beta w) = \overline{\alpha} u(x,z) + \overline{\beta} u(x,w). \qquad (5.3.10)$$

若存在常数 c, 使得 $|u(x,z)| \le c\|x\|\|z\|$, $\forall x \in H, z \in K$, 则称 u 是有界的, c 是 u 的一个上界.

共轭双线性形式用来研究算子. 如果 $A \in \mathcal{B}(H,K)$, 则 $u(x,z) = (Ax,z)$ 是有界共轭双线性形式. 相仿的, 若 $B \in \mathcal{B}(K,H)$, 则 $u(x,z) = (x,Bz)$ 也是一个有界共轭双线性形式.

定理 5.3.9 设 $u: H \times K \to \mathbb{K}$ 是共轭双线性形式. 如果存在一个上界 c, 则存在唯一的 $A \in \mathcal{B}(H,K)$ 和 $B \in \mathcal{B}(K,H)$, 满足:

$$u(x,z) = (Ax,z) = (x,Bz) \qquad (5.3.11)$$

对 $\forall x \in H, z \in K$ 成立, 而且 $\|A\| \le c, \|B\| \le c$.

证明 对任意的 $x \in H$ 定义 K 上线性泛函 $f_x(z) = \overline{u(x,z)}$. 由于

$$|f_x(z)| \le c\|x\|\|z\|,$$

所以 $f_x \in K^*$. 由 Riesz 表示定理, 存在唯一 K 中元素 w, 满足

$$(z, w) = f_x(z) = \overline{u(x, z)} \quad \text{且} \quad \|w\| = \|f_x\| \leq c\|x\|.$$

令 $Ax = w$, 由 Riesz 定理唯一性易知 A 是线性的. 又 $\|A\| \leq c$, 且

$$(Ax, z) = \overline{(z, w)} = u(x, z).$$

如果还有 $A_1 \in \mathcal{B}(H, K)$ 使得 $u(x, z) = (A_1 x, z)$, 则

$$(Ax - A_1 x, z) = 0, \quad \forall z \in K.$$

于是 $Ax - A_1 x = 0, \forall x$ 成立. 因此 A 是唯一的. 同理可证存在唯一的算子 $B \in \mathcal{B}(K, H)$, 使得 $u(x, z) = (x, Bz)$, $\|B\| \leq c$ 成立.

定义 5.3.10 若 $A \in \mathcal{B}(H, K)$, 则在 $\mathcal{B}(K, H)$ 中存在唯一的算子 B, 使得

$$(x, Bz) = (Ax, z), \quad \forall x \in H, z \in K \tag{5.3.12}$$

成立, 称算子 B 为 A 的共轭算子, 记作 $B = A^*$.

命题 5.3.11 若 $U \in \mathcal{B}(H, K)$, 则 U 是同构当且仅当 U 可逆且 $U^{-1} = U^*$.

证明 若 U 是同构算子, 则 U 是一一满映射, 故 U^{-1} 存在. 对任意的 $z \in K$, 记 $y = U^{-1}z$, 则

$$z = Uy, \quad (Ux, z) = (Ux, Uy) = (x, y) = (x, U^{-1}z), \quad \forall x \in H.$$

所以 $U^{-1} = U^*$ 成立. 反之, 若 U 可逆且 $U^{-1} = U^*$, 那么 U 是一一满的线性映射. $\forall y \in H$, 记 $z = Uy \in K$, 有

$$(Ux, Uy) = (Ux, z) = (x, U^*z) = (x, U^{-1}z) = (x, y).$$

所以 U 是同构映射.

通常考虑的是 $\mathcal{B}(H)$ 中算子的共轭算子. 当 $A \in \mathcal{B}(H)$ 时, 它的共轭算子 A^* 也在 $\mathcal{B}(H)$ 中. 这样定义了 $\mathcal{B}(H)$ 中的一个映射 $* : A \to A^*$, 称

为对合映射. 下面的命题告诉我们对合映射是共轭线性的周期算子,
周期为 2. 它与取逆运算交换.

命题 5.3.12 若 $A, B \in \mathcal{B}(H), \alpha, \beta \in \mathbb{K}$, 则

(1) $(\alpha A + \beta B)^* = \overline{\alpha} A^* + \overline{\beta} B^*$;

(2) $(AB)^* = B^* A^*$;

(3) $(A^*)^* = A$;

(4) 若 A 在 $\mathcal{B}(H)$ 中可逆, 记 A^{-1} 为它的逆, 则 A^* 也可逆, 且
$(A^*)^{-1} = (A^{-1})^*$.

命题的证明留做作业. 注意 (4) 中的假设, A 在 $\mathcal{B}(H)$ 中可逆,
是指存在 $B \in \mathcal{B}(H)$, 使 $AB = BA = I$, 记 $B = A^{-1}$. 但事实上只要 A
是一一满的, 那么 A 的逆必是有界的, 这是开映射定理的一个结果,
将在下一章定理 6.2.2 中证明.

定理 5.3.13 若 $A \in \mathcal{B}(H)$, 则 $\|A\| = \|A^*\| = \|A^* A\|^{1/2}$.

证明 设 $x \in H, \|x\| \leq 1$, 由于

$$\|Ax\|^2 = (Ax, Ax) = (A^* Ax, x)$$

$$\leq \|A^* Ax\| \|x\| \leq \|A^* A\| \leq \|A^*\| \|A\|.$$

因此由

$$\|A\|^2 \leq \|A^* A\| \leq \|A^*\| \|A\| \tag{5.3.13}$$

得 $\|A\| \leq \|A^*\|$. 但是 $A^{**} = A$, 用 A^* 代替 A, 得 $\|A^*\| \leq \|A^{**}\| = \|A\|$.
故 $\|A\| = \|A^*\|$. 不等式列 (5.3.13) 变成一列等式, 定理得证.

$\mathbb{C}^d$ 上的一个线性算子可以表示成矩阵, 那么它的共轭算子则表示
成该矩阵的共轭转置. 可见 $\mathcal{B}(H)$ 上的对合映射是欧氏空间上矩阵取
共轭转置的推广.

例 4 令 $E \subset \mathbb{R}^n$ 是 Lebesgue 可测集, 定义 $L^2(E)$ 上的线性算子

如下：

$$Kf(x) = \int_E k(x,y)f(y)\mathrm{d}y, \quad f \in L^2(E), \tag{5.3.14}$$

其中 $k(x,y) \in L^2(E \times E)$, K 称为积分算子, k 称为它的积分核. 考虑 $L^2(E) \times L^2(E)$ 上共轭双线性形式

$$u(f,g) = \iint_{E \times E} k(x,y)f(y)\overline{g(x)}\mathrm{d}x\mathrm{d}y.$$

由 Cauchy-Schwarz 不等式知, $\|k\|_2$ 是它的一个上界. 故 $K \in \mathcal{B}(L^2(E))$ 且 $\|K\| \le \|k\|_2$. 此时 K^* 也是积分算子, 积分核是 $k^*(x,y) \overset{\text{def}}{=\!=} \overline{k(y,x)}$.

例 5　设 $S : l^2 \to l^2$, 定义如下：

$$S(a_1, a_2, \cdots) = (0, a_1, a_2, \cdots),$$

称 S 为右推移算子. 显然 S 是等距算子, 此时它的共轭算子 $S^* : l^2 \to l^2$ 是 $S^*(a_1, a_2, \cdots) = (a_2, a_3, \cdots)$. 事实上

$$(S(a_n), S(b_n)) = ((0, a_1, a_2, \cdots,), (0, b_1, b_2, \cdots))$$
$$= \sum_{i=1}^{\infty} a_i \overline{b_i} = ((a_n), (b_n));$$
$$(S^*(a_n), (b_n)) = ((a_2, a_3, \cdots), (b_1, b_2, \cdots))$$
$$= \sum_{i=1}^{\infty} a_{i+1} \overline{b_i} = ((a_n), S(b_n)).$$

S^* 称为左推移算子.

定理 5.3.14　若 $A \in \mathcal{B}(H)$, 则 $\ker A = R(A^*)^{\perp}$.

证明　若 $x \in \ker A, y \in H$, 则 $(x, A^*y) = (Ax, y) = 0$. 故

$$\ker A \subseteq R(A^*)^{\perp}.$$

反之, 设 $x \perp R(A^*), y \in H$, 则 $(Ax, y) = (x, A^*y) = 0$. 故

$$R(A^*)^{\perp} \subseteq \ker A.$$

定义 5.3.15　设 $A \in \mathcal{B}(H)$. 若 $A = A^*$, 则称 A 是自共轭算子 (也

称自伴算子或 Hermite 算子). 若 $AA^* = A^*A$, 则称 A 是正规算子; 若 $AA^* = A^*A = I$, 则称 A 是酉算子.

自共轭算子与酉算子显然都是正规算子. 容易证明, A 是自共轭算子的充分必要条件是: $(Ax, y) = (x, Ay), \forall x, y \in H$ 成立.

因为 $(A^*Ax, y) = (Ax, Ay), \forall x, y \in H$ 成立, 由 (5.3.4) 式易知, A 是等距算子的充分必要条件是: $A^*A = I$. 进而可见, 酉算子是 H 上的等距在上算子, 因此也就是到自身的同构算子.

当 H 是复 Hilbert 空间时, $\forall A \in \mathcal{B}(H)$, $B = (A + A^*)/2, C = (A - A^*)/2\mathrm{i}$ 是自共轭算子, 并且 $A = B + \mathrm{i}C$, B 和 C 分别称为 A 的实部与虚部.

定理 5.3.16 设 H 是复 Hilbert 空间, $A \in \mathcal{B}(H)$, 则

(1) A 是自共轭算子 $\Longleftrightarrow (Ax, x) \in \mathbb{R}^1, \forall x \in H$;

(2) A 是正规算子 $\Longleftrightarrow \|Ax\| = \|A^*x\|, \forall x \in H \Longleftrightarrow A$ 的实部与虚部可交换.

证明 (1) 若 $A = A^*$, 则 $(Ax, x) = (x, Ax) = \overline{(Ax, x)} \in \mathbb{R}^1$. 反之, 设 $(Ax, x) \in \mathbb{R}^1, \forall x \in H$, 则 $\forall \lambda \in \mathbb{C}$, $x, y \in H$, 有
$$\left(A(x + \lambda y), x + \lambda y\right) = (Ax, x) + \overline{\lambda}(Ax, y) + \lambda(Ay, x) + |\lambda|^2(Ay, y) \in \mathbb{R}^1.$$
对上式取复共轭, 因为 $(Ax, x), (Ay, y) \in \mathbb{R}^1$, 故有
$$\lambda(Ay, x) + \overline{\lambda}(Ax, y) = \overline{\lambda}(x, Ay) + \lambda(y, Ax)$$
$$= \overline{\lambda}(A^*x, y) + \lambda(A^*y, x).$$
先取 $\lambda = 1$, 再取 $\lambda = \mathrm{i}$, 得到
$$(Ay, x) + (Ax, y) = (A^*x, y) + (A^*y, x),$$
$$\mathrm{i}(Ay, x) - \mathrm{i}(Ax, y) = -\mathrm{i}(A^*x, y) + \mathrm{i}(A^*y, x).$$
即得 $(Ay, x) = (A^*y, x)$, 故 $A = A^*$.

(2) $\forall\, x \in H$, 有

$$\|Ax\|^2 - \|A^*x\|^2 = (Ax, Ax) - (A^*x, A^*x) = ((A^*A - AA^*)x, x).$$

当 A 正规时, 有 $\|Ax\|^2 - \|A^*x\|^2 = 0$, 即 $\|Ax\| = \|A^*x\|$. 反之, 当 $\|A^*x\| = \|Ax\|$, 有 $((A^*A - AA^*)x, x) = 0, \forall\, x \in H$. 因为 $A^*A - AA^*$ 是自共轭算子, 由下面将证明的推论 5.3.18 知, $A^*A = AA^*$. 又记 B, C 为 A 的实部与虚部, 它们是自伴算子, $A = B + \mathrm{i}C$, 于是

$$A^*A = B^2 - \mathrm{i}CB + \mathrm{i}BC + C^2,$$

$$AA^* = B^2 + \mathrm{i}CB - \mathrm{i}BC + C^2.$$

因此 $A^*A = AA^*$ 成立当且仅当 $BC = CB$.

定理 5.3.17　若 A 是自共轭算子, 则

$$\|A\| = \sup\{|(Ax, x)| \mid \|x\| = 1\} = \max\{|m|, |M|\}.$$

此处

$$M = \sup\{(Ax, x) \mid \|x\| = 1\}; \quad m = \inf\{(Ax, x) \mid \|x\| = 1\}.$$

证明　易见 $\sup\{|(Ax, x)| \mid \|x\| = 1\} = \max\{|m|, |M|\}$. 记

$$c = \sup\{|(Ax, x)| \mid \|x\| = 1\}.$$

若 $\|x\| = 1$, 则 $|(Ax, x)| \le \|A\|$, 故 $c \le \|A\|$. 反之, 当 $\|x\| = 1$ 时 $|(Ax, x)| \le c$ 成立, 从而对任意 $x \in H$, 有 $|(Ax, x)| \le c\|x\|^2$. 对 $\forall\, x, y \in H$, 有

$$\big(A(x \pm y), x \pm y\big) = (Ax, x) \pm (Ax, y) \pm (Ay, x) + (Ay, y)$$

$$= (Ax, x) \pm (Ax, y) \pm (y, A^*x) + (Ay, y).$$

因为 $A = A^*$, 故有

$$\big(A(x \pm y), x \pm y\big) = (Ax, x) \pm 2\mathrm{Re}(Ax, y) + (Ay, y),$$

$$4\mathrm{Re}(Ax, y) = \big(A(x + y), x + y\big) - \big(A(x - y), x - y\big).$$

从而
$$4|\mathrm{Re}(Ax,y)| \le c(\|x+y\|^2 + \|x-y\|^2) = 2c(\|x\|^2 + \|y\|^2).$$
设 $\|x\| = \|y\| = 1$, 有 $|\mathrm{Re}(Ax,y)| \le c$. 作极分解 $(Ax,y) = re^{i\theta}$, 用 $e^{i\theta}y$ 代替 y, 仍有 $|\mathrm{Re}(Ax,e^{i\theta}y)| \le c$. 但是
$$\mathrm{Re}(Ax,e^{i\theta}y) = r = |(Ax,y)|,$$
故 $|(Ax,y)| \le c$ 成立. 然后对一切满足 $\|y\| = 1$ 的 y 取上确界得 $\|Ax\| \le c$. 再对一切满足 $\|x\| = 1$ 的 x 取上确界得 $\|A\| \le c$.

推论 5.3.18 设 $A = A^*, (Ax,x) = 0$ 对一切 $x \in H$ 成立, 则 $A = 0$.

§5.3.3 投影算子

定义 5.3.19 设 E 是 Hilbert 空间 H 上有界线性算子. 若 $E^2 = E$, 则算子 E 称为幂等的. 又如果 $E^2 = E$ 而且 $E^* = E$, 就把 E 称为投影算子. 于是投影算子是自伴的幂等算子.

在 $H = \mathbb{R}^2$ 上满足条件 $a(1-a) = bc$ 的矩阵
$$E = \begin{pmatrix} a & b \\ c & 1-a \end{pmatrix}$$
是幂等的. 而且 E 是投影矩阵当且仅当 $b = c$.

设 E 是幂等算子, $(I-E)^2 = I - 2E + E^2 = I - E$, 因此 $I - E$ 也是幂等算子. 易证
$$R(E) = \ker(I-E), \quad \ker E = R(I-E).$$
因此, 对于幂等算子 E, 它的 $\ker E$ 和 $R(E)$ 都是闭线性子空间. 又若 M 是 H 的闭线性子空间, 则正交投影 P_M 是投影算子.

定理 5.3.20 设 $E \ne 0$ 是 Hilbert 空间 H 上的幂等算子, 则下列

命题等价:

(1) $E = E^*$;

(2) $\ker E = R(E)^\perp$;

(3) E 是 H 到 $R(E)$ 上的正交投影;

(4) $\|E\| = 1$;

(5) 对所有 H 中元素 x, $(Ex, x) \geq 0$.

当上述任何一个条件满足时, E 是投影算子.

证明 (1) $\Rightarrow$ (2). 由定理 5.3.14 知, $\ker E = R(E^*)^\perp = R(E)^\perp$.

(2) $\Rightarrow$ (3). 记 $M = R(E)$, 它是闭线性子空间. 对 $x \in H$,

$$x = Ex + (I - E)x,$$

其中 $Ex \in M, (I - E)x \in \ker E = M^\perp$. 由正交分解的唯一性知,

$$Ex = P_M x.$$

(3) $\Rightarrow$ (4). $\|E\| = \|P_M\| = 1$.

(4) $\Rightarrow$ (5). 首先证明当 $x \in (\ker E)^\perp$ 时, $Ex = x$. 设 $x \in (\ker E)^\perp$, 则因为 $x - Ex \in \ker E$, $0 = (x - Ex, x) = \|x\|^2 - (Ex, x)$. 于是

$$\|x\|^2 = (Ex, x) \leq \|Ex\|\|x\| \leq \|x\|^2,$$

即得 $\|x\|^2 = \|Ex\|^2 = (Ex, x)$. 故

$$\|x - Ex\|^2 = \|x\|^2 - 2(Ex, x) + \|Ex\|^2 = 0.$$

所以 $x = Ex$. 记闭线性子空间 $(\ker E)^\perp = M'$. 对 $\forall x$ 作正交分解 $x = y + z, y \in M', z \in M'^\perp = \ker E$. 于是有

$$(Ex, x) = (Ey, y + z) = (y, y + z) = (y, y) \geq 0.$$

(5) $\Rightarrow$ (1). $\forall x, y \in H$, 有

$$0 \leq \big(E(x + y), x + y\big) = (Ex, x) + (Ey, x) + (Ex, y) + (Ey, y),$$

$$0 \leq \big(E(x + \mathrm{i}y), x + \mathrm{i}y\big) = (Ex, x) + \mathrm{i}(Ey, x) - \mathrm{i}(Ex, y) + (Ey, y),$$

$$\text{Im}(Ey, x) + \text{Im}(Ex, y) = 0,$$
$$\text{Re}(Ey, x) - \text{Re}(Ex, y) = 0.$$

所以 $(Ex, y) = \overline{(Ey, x)} = (x, Ey) = (E^*x, y).$ 因此 $E = E^*.$

习　　题

1. $T \in \mathcal{B}(H, K)$, 求证: $\ker T$ 是 H 的闭线性子空间.

2. 给定 $A \in \mathcal{B}(H, K)$.

(1) 若 M 是 H 中有界集, 证明 $A(M)$ 是 K 中有界集;

(2) 若 M 是 H 中紧集, 证明 $A(M)$ 是 K 中紧集.

3. 设 $\{e_n\}$ 是 H 的标准正交基, $T : H \to K$ 是线性映射, 且 $\forall n, Te_n = 0$, 则 T 是有界的充分必要条件是 $T = \theta$.

4. 在 $\mathcal{B}(H, K)$ 上令 $\rho(A, B) = \|A - B\|$, 验证 $\mathcal{B}(H, K)$ 是一个距离空间, 而且是完备的.

5. 设 $A : H \to H$ 是线性算子, $\ker A = \{0\}$, 则在 $R(A)$ 上有逆算子 A^{-1}. 若 A^{-1} 不连续, 证明: $\exists x_n \in H, \|x_n\| = 1$, 使 $Ax_n \to 0$.

6. 设 $(\alpha_{ij})_{i,j=1}^\infty$ 是无穷矩阵, $\alpha_{ij} \geq 0, \forall i, j$, 且存在 $\beta, \gamma > 0, p_i > 0, i = 1, 2, \cdots$, 使得

$$\sum_{i=1}^\infty \alpha_{ij} p_i \leq \beta p_j, \quad \forall j,$$
$$\sum_{j=1}^\infty \alpha_{ij} p_j \leq \gamma p_i, \quad \forall i.$$

证明存在 $l^2(\mathbb{N})$ 上算子 A, 使 $(Ae_j, e_i) = \alpha_{ij}$, 并且 $\|A\|^2 \leq \beta\gamma$.

*7. 令

$$(Ae_i, e_j) = (i + j + 1)^{-1}, \quad i, j \geq 0.$$

证明 A 是 $l^2(\mathbb{N} \cup \{0\})$ 上有界线性算子, 且 $\|A\| \leq \pi$.

8. 设 H_i 是 Hilbert 空间, $A_i \in \mathcal{B}(H_i)$, 令 $H = \oplus_i H_i$. 证明在 H 上有一个有界线性算子 A, 使得 $A|_{H_i} = A_i (\forall i)$ 的充分必要条件是: $\sup_i \|A_i\| < \infty$. 此时 $\|A\| = \sup_i \|A_i\|$, A 称为 A_i 的直和, 记作 $\oplus_i A_i$.

9. 设 $A, B \in \mathcal{B}(H), \alpha, \beta \in \mathbb{K}$. 证明

(1) $(\alpha A + \beta B)^* = \overline{\alpha} A^* + \overline{\beta} B^*$;

(2) $(AB)^* = B^* A^*$;

(3) $(A^*)^* = A$;

(4) A 在 $\mathcal{B}(H)$ 中可逆, 则 A^* 也可逆, 且 $(A^*)^{-1} = (A^{-1})^*$.

10. $A \in \mathcal{B}(H, K)$, 证明 $\|A^*\| = \|A\|, (A^*)^* = A$.

11. $A \in \mathcal{B}(H)$, 求证算子 $A + A^*, AA^*, A^*A$ 都是自共轭算子, 并且 $\|AA^*\| = \|A^*A\| = \|A\|^2$.

12. 证明 $A \in B(H)$ 是自共轭算子的充分必要条件是: $\forall x, y \in H$, 有 $(Ax, y) = (x, Ay)$ 成立.

13. 设 A, B 是自共轭算子, 求证 AB 是自共轭算子当且仅当 $AB = BA$.

14. 设 $A \in \mathcal{B}(H), \|A\| < R$. 考虑幂级数 $\sum\limits_{n=0}^{\infty} \alpha_n z^n = f(z)$, 设它收敛半径是 R. 证明 $\mathcal{B}(H)$ 上有一个算子 T, 满足

$$(Tx, y) = \sum_{n=0}^{\infty} \alpha_n (A^n x, y).$$

一般地记 $T = f(A)$.

15. 设 A 与 T 如上题, 证明 $\lim\limits_{n \to \infty} \left\| T - \sum\limits_{k=0}^{n} \alpha_k A^k \right\| = 0$ 成立; 且若 $AB = BA$,, 还有 $BT = TB$.

16. 记 $f(z) = \sum\limits_{n=0}^{\infty} \dfrac{1}{n!} z^n$, 若 A 是自共轭算子, 证明 $f(\mathrm{i}A)$ 是酉算子.

17. 令 $A \in \mathcal{B}(H)$, 证明 A 是等距算子等价于 $(Ax, Ay) = (x, y)$, $\forall x, y$; 还等价于 $A^*A = I$.

18. 对于 $A \in \mathcal{B}(H)$, 作分解 $A = B + \mathrm{i}C$, 其中 B, C 为自共轭算子, 证明

(1) A 是正规的, 即 $AA^* = A^*A$ 的充分必要条件是: B, C 可交换;

(2) A 是酉算子的充分必要条件是: 它是正规的且 $B^2 + C^2 = 1$.

19. 设 $A \in \mathcal{B}(H)$, 证明 A 是酉算子, 它既等价于 A 是满等距算子, 还等价于 A 是正规等距算子.

20. 设 E 是 n 维 Lebesgue 可测集, 并设 $\phi \in L^\infty(E)$. 定义映射 $M_\phi : L^2(E) \to L^2(E)$ 如下: $M_\phi f = \phi f$, M_ϕ 称为乘积算子. 证明:

(1) $M_\phi \in \mathcal{B}(L^2(E))$ 且 $\|M_\phi\| = \|\phi\|_\infty$, 请给出 M_ϕ^*;

(2) $\ker M_\phi = \{0\}$ 当且仅当 $\{x | \phi(x) = 0\}$ 是零测集;

(3) 给出 $R(M_\phi)$ 是闭的充分必要条件;

(4) 给出 M_ϕ 是自伴的充分必要条件.

21. 设 P 和 Q 是投影算子, 试证明

(1) $P + Q$ 是投影算子当且仅当 $R(P) \perp R(Q)$; 此外当 $P + Q$ 是投影算子时, 有 $R(P + Q) = R(P) + R(Q)$, $\ker(P + Q) = \ker P \cap \ker Q$.

(2) PQ 是投影算子当且仅当 $PQ = QP$; 此外当 PQ 是投影算子时, 有 $R(PQ) = R(P) \cap R(Q)$, $\ker PQ = \ker P + \ker Q$.

22. 设 P 和 Q 是投影算子, 证明以下各命题等价:

(1) $P - Q$ 是投影算子;

(2) $PQ = QP = Q$;

(3) $R(Q) \subset R(P)$.

又当 $P - Q$ 是投影算子时, 证明

$$R(P - Q) = R(P) \ominus R(Q), \quad \ker(P - Q) = R(Q) + \ker P,$$

其中 $A \ominus B \overset{\text{def}}{=\!=} A \cap B^\perp$.

23. 设 P, Q 是投影算子, 证明 $PQ = QP$ 当且仅当 $P + Q - PQ$ 是投影算子. 此时

$$R(P + Q - PQ) = R(P) + R(Q), \quad \ker(P + Q - PQ) = \ker P \cap \ker Q.$$

24. 令 $A \in \mathcal{B}(H), N = \{h \oplus Ah \mid h \in H\}$ 是 A 的图, 于是 $N \subset H \oplus H$. 由于 A 是连续线性算子, N 是 $H \oplus H$ 的闭线性子空间. 定义闭线性子空间 $M = H \oplus \{0\} \subset H \oplus H$, 证明

(1) $M \cap N = \{0\}$ 当且仅当 $\ker A = \{0\}$;

(2) $M + N$ 在 $H \oplus H$ 中稠密当且仅当 $R(A)$ 在 H 中稠密;

(3) $M + N = H \oplus H$ 当且仅当 A 是满映射.

25. 在无穷维 Hilbert 空间 H 中给出两个闭线性子空间 M 和 N, 使 $M \cap N = \{0\}, M + N$ 在 H 中稠密, 但 $M + N \neq H$.

26. 设 $A \in \mathcal{B}(H), A = A^*$, 证明 $\ker A = R(A)^\perp$. 令

$$m = \inf\{(Ax, x) \mid \|x\| = 1\}, \quad M = \sup\{(Ax, x) \mid \|x\| = 1\},$$

证明 $\|A\| = \max\{|m|, |M|\}$.

27. 设 $A, B \in \mathcal{B}(H), A = A^*, B = B^*$. 证明 $A = B$ 的充分必要条件是 $(Ax, x) = (Bx, x), \forall x \in H$.

28. 在 l^2 中定义线性算子:

$$A : (x_1, x_2, \cdots, x_n, \cdots) \mapsto \left(x_1, \frac{x_2}{2}, \cdots, \frac{x_n}{n}, \cdots \right).$$

证明 $A \in \mathcal{B}(l^2)$, 并求 A^*.

29. 设 H 是 Hilbert 空间, $A \in \mathcal{B}(H)$, 满足

$$(Ax, y) = (x, Ay), \quad \forall x, y \in H.$$

证明

(1) $A^* = A$;

(2) 设 $\overline{R(A)} = H$, 则方程 $Ax = y$ 对于每一个 $y \in R(A)$ 存在唯一解.

30. 设 $A \in \mathcal{B}(H)$, 称其为正算子, 是指

$$(Ax, x) \geq 0, \quad \forall x \in H.$$

试证明:

(1) 正算子必是自共轭的;

(2) 正算子的一切特征值都是非负实数.

31. 设 $A \in \mathcal{B}(H)$ 满足 $(Ax, x) \geq 0, \forall x \in H$, 且

$$(Ax, x) = 0 \iff x = 0,$$

证明 $\|Ax\|^2 \leq \|A\|(Ax, x), \forall x \in H.$

§5.4   Hilbert 空间上的紧算子

在无穷维空间中有一类特殊的线性算子, 它的性质与欧氏空间中的矩阵很类似, 这就是紧算子. 在积分方程理论和各种数学物理问题的研究中起着核心作用.

§5.4.1   紧算子定义

定义 5.4.1   设 H, K 是 Hilbert 空间, 设 A 是 H 到 K 的线性算子, 设 $B_1 = \{x \in H \mid \|x\| \leq 1\}$ 为 H 中单位球. 若 $\overline{A(B_1)}$ 在 K 中是紧集, 称 A 是紧算子. $\mathcal{C}(H, K)$ 表示所有紧算子构成的集合; 当 $K = H$ 时, 简记作 $\mathcal{C}(H)$.

易知,

$A \in \mathcal{C}(H, K) \iff$ 对于 H 中有界集 B, $\overline{A(B)}$ 在 K 中为紧集

$\iff$ 对于 H 中任意有界点列 $\{x_n\}$, $\{Ax_n\}$ 在 K 中列紧.

命题 5.4.2   关于紧算子有以下简单性质:

(1) $\mathcal{C}(H, K)$ 是线性空间;

(2) $\mathcal{C}(H, K) \subset \mathcal{B}(H, K)$;

(3) $\mathcal{C}(H, K)$ 是闭子空间;

(4) 若 $A \in \mathcal{B}(H, K), B \in \mathcal{B}(K, J)$, 且 A, B 中有一个是紧算子, 则 $BA \in \mathcal{C}(H, J)$.

证明 (1) 是显然的.

(2) 若 $A \in \mathcal{C}(H, K), \overline{A(B_1)}$ 是紧集, 必有界, 记

$$M = \sup\{\|Ax\| \mid x \in B_1\} < \infty,$$

则 $\|Ax\| \leqslant M\|x\|, \forall\, x \in H$.

(3) 设 $A_n \in \mathcal{C}(H, K), n = 1, 2, \cdots, A \in \mathcal{B}(H, K), \|A_n - A\| \to 0$, 要证 $A \in \mathcal{C}(H, K)$. $\forall \varepsilon > 0$, 存在自然数 n, 使得

$$\|A_n - A\| < \varepsilon/2.$$

对 $\overline{A_n(B_1)}$ 取有穷的 $\varepsilon/2$ 网, 设它为 $\{y_1, y_2, \cdots, y_m\}$. 则

$$\overline{A(B_1)} \subset \bigcup_{i=1}^{m} B(y_i, \varepsilon),$$

这说明 $\overline{A(B_1)}$ 有有穷 ε 网, 即为紧集.

(4) 这是因为连续线性算子把有界集映为有界集, 把紧集映为紧集.

定义 5.4.3 设 $A \in \mathcal{B}(H, K)$. 若 $\dim R(A) < \infty$, 称 A 是有穷秩算子, 一切有穷秩算子的集合记作 $F(H, K)$.

因为有穷维的有界集是列紧的, 故

$$F(H, K) \subset \mathcal{C}(H, K). \tag{5.4.1}$$

若 $A \in F(H, K)$, 则 $A^* \in F(K, H)$, 且 $\dim R(A) = \dim R(A^*)$. 一个幂等算子是紧算子的充分必要条件是: 它是有穷秩算子.

对于 $x \in H, y \in K$, 用 $x \otimes y$ 表示下列算子:

$$x \otimes y : h \mapsto (h, x)y, \quad \forall\, h \in H, \tag{5.4.2}$$

称它为秩 1 算子. 易知 $x \otimes y \in F(H, K)$.

定理 5.4.4 为了 $A \in F(H, K)$, 必须且仅须: $\exists x_i \in H, y_i \in K$, $i = 1, 2, \cdot, m$, 使得

$$A = \sum_{i=1}^{m} x_i \otimes y_i. \qquad (5.4.3)$$

证 充分性 是因为 $R(A) = \mathrm{linspan}\{y_1, y_2, \cdots, y_m\}$. 下面证 必要性. 在 $R(A)$ 上取基 $\{y_1, y_2, \cdots, y_m\}$, 不妨取作标准正交基, 则 $\forall x \in H$, 存在 $\{l_i(x)\}_{i=1}^{m}$, 使得

$$Ax = \sum_{i=1}^{m} l_i(x) y_i.$$

则 l_i $(i = 1, 2, \cdots, m)$ 是 H 上线性泛函, 且 $l_i(x) = (Ax, y_i)$, 它是有界的. 由 Riesz 表示定理知, 存在 $x_i \in H, l_i(x) = (x, x_i)$. 于是

$$A = \sum_{i=1}^{m} x_i \otimes y_i.$$

事实上, 此时 $x_i = A^* y_i$.

定理 5.4.5 设 $A \in \mathcal{B}(H, K)$, 下列命题等价:

(1) A 是紧算子;

(2) $A \in \overline{F(H, K)}$;

(3) A^* 是紧算子.

注: 由 (1) $\Leftrightarrow$ (2), 可得 $\overline{F(H, K)} = \mathcal{C}(H, K)$.

证明 $\mathcal{C}(H, K)$ 是 $\mathcal{B}(H, K)$ 中闭线性子空间, 因此 $\overline{F(H, K)} \subset \mathcal{C}(H, K)$, 即 (2) $\Rightarrow$ (1) 成立.

兹证 (1) $\Rightarrow$ (2), 即 $\mathcal{C}(H, K) \subset \overline{F(H, K)}$. 设 $A \in \mathcal{C}(H, K)$, $\overline{A(B_1)}$ 是紧的, 它是可分的. 又

$$\overline{R(A)} = \bigcup_{n=1}^{\infty} \overline{A(B_n)},$$

其中 $B_n = \{x \in H \mid \|x\| \leq n\}$ 是可分的. 令 $\{e_1, e_2, \cdots, e_n, \cdots\}$ 是 $\overline{R(A)}$ 的一组基. 设 P_n 是 K 到 $\mathrm{linspan}\{e_1, e_2, \cdots, e_n\}$ 的正交投影. 令 $A_n = P_n A$, 每个 $A_n \in F(H, K)$. 将要证明

$$\lim_{n \to \infty} \|A_n - A\| = 0.$$

$\forall x \in H$, 记 $y = Ax$, 因为 $\|P_n y - y\| \to 0$, 故得 $\|A_n x - Ax\| \to 0$.

由于 A 是紧算子, $\forall \varepsilon > 0$, 存在

$$\{x_1, \cdots, x_m\} \subset H, \quad A(B_1) \subset \bigcup_{j=1}^{m} B(Ax_j, \varepsilon/3).$$

对任意 $x \in B_1$, 选取 x_j, 使得 $\|Ax - Ax_j\| < \varepsilon/3$. 于是对任意自然数 n, 有

$$\|Ax - A_n x\| \leq \|Ax - Ax_j\| + \|Ax_j - A_n x_j\| + \|P_n(Ax_j - Ax)\|$$
$$\leq 2\|Ax - Ax_j\| + \|Ax_j - A_n x_j\|$$
$$\leq 2\varepsilon/3 + \|Ax_j - A_n x_j\|.$$

$\exists N_0$, 使得当 $n \geq N_0$ 时, $\|Ax_j - A_n x_j\| < \varepsilon/3, j = 1, 2, \cdots, m$, 故 $\|Ax - A_n x\| \leq \varepsilon$ 对一切 $x \in B_1$ 成立. 所以当 $n \geq N_0$ 时有

$$\|A - A_n\| \leq \varepsilon.$$

(2) $\Rightarrow$ (3). 设 $A_n \in F(H, K), \|A_n - A\| \to 0$. 于是

$$\|A_n^* - A^*\| = \|A_n - A\| \to 0.$$

由于 $A_n^* \in F(K, H)$, 有 $A^* \in \overline{F(K, H)} = \mathcal{C}(K, H)$.

(3) $\Rightarrow$ (1). 因 A^* 是紧算子, $A^* \in \overline{F(K, H)}$, 故 $A = (A^*)^*$ 也是紧算子.

例 1 上一节例 4 给出的 $L^2(E)$ 上的积分算子

$$Kf(x) = \int_E k(x, y)f(y)\mathrm{d}y \tag{5.4.4}$$

是紧算子, 其中 $k \in L^2(E \times E)$. 事实上, 记 $\{e_j\}_{j=1}^{\infty}$ 为 $L^2(E)$ 上标准正交基. 令 $e_{ij}(x, y) = e_i(x)e_j(y)$, 则 $\{e_{ij}\}$ 是 $L^2(E \times E)$ 上标准正交

基. 于是有 Fourier 展开

$$k = \sum_{i,j=1}^{\infty} \alpha_{ij} e_{ij},$$

其中 $\alpha_{ij} = (k, e_{ij}), i, j = 1, 2, \cdots$. 以 $e_{ij}(x, y)$ 为积分核的积分算子记作 E_{ij}, 则 E_{ij} 是 $L^2(E)$ 上秩一算子, 故 $K = \sum \alpha_{ij} E_{ij}$ 是紧算子.

§5.4.2 Fredholm 理论, 紧算子的谱

矩阵特征值问题的研究是线性代数理论中的一个重点. 在泛函分析理论中, 特征值或更一般的谱的研究也是重要的问题. 一方面算子方程特征值问题来源于物理学和工程中提出的许多微分方程和积分方程特征值问题; 另一方面, 算子谱的研究在于揭示算子和空间本身的结构.

定义 5.4.6 设 H 是 Hilbert 空间, 给定 $A \in \mathcal{B}(H)$. 称集合

$$\rho(A) = \{\lambda \in \mathbb{C} \mid (\lambda I - A)^{-1} \in \mathcal{B}(H)\} \tag{5.4.5}$$

为 A 的预解集, $\rho(A)$ 中的 λ 称为 A 的正则值. 称集合

$$\sigma(A) = \mathbb{C} \backslash \rho(A) \tag{5.4.6}$$

为 A 的谱集, $\sigma(A)$ 中的 λ 称为 A 的谱. 称集合

$$\sigma_p(A) = \{\lambda \in \mathbb{C} \mid \ker(\lambda I - A) \neq \{0\}\} \tag{5.4.7}$$

为 A 的点谱, $\sigma_p(A)$ 中的 λ 称为 A 的特征值或点谱.

当 $\lambda \in \sigma_p(A)$ 时, 有非零元 $x \in H$, 满足方程

$$Ax = \lambda x.$$

此时 x 称为对应于 λ 的特征元. 易知, 当 $\lambda \in \sigma_p(A)$ 时, $\lambda I - A$ 不是一一的, 因此 $\lambda I - A$ 不存在逆, 故 $\lambda \in \rho(A)$. 所以

$$\sigma_p(A) \subset \sigma(A).$$

如果 $\dim H < \infty$ 那么 $\sigma_p(A) = \sigma(A)$. 当 $\dim H = \infty$ 时，$\sigma_p(A)$ 往往是 $\sigma(A)$ 的真子集. 本节将研究紧算子谱的结构.

以下设 $A \in \mathcal{C}(H)$，记 $T = I - A$.

引理 5.4.7 T 是闭值域算子，即 $\overline{R(T)} = R(T)$.

证明 由定理 5.3.14 知，

$$\ker T = R(T^*)^\perp. \tag{5.4.8}$$

H 有如下闭子空间正交分解：

$$H = \ker T \oplus \overline{R(T^*)}. \tag{5.4.9}$$

令 $\widetilde{T} = T|_{\overline{R(T^*)}}$，则 $\widetilde{T}$ 是 1-1 的，$R(\widetilde{T}) = R(T)$. $\widetilde{T}$ 在 $R(T)$ 上可定义逆算子，记作 $\widetilde{T}^{-1}$. 只要证明 $\widetilde{T}^{-1}$ 是连续算子即可.

如若不然，则 $\exists x_n \in \overline{R(T^*)}, \|x_n\| = 1$, 但 $Tx_n \to 0$. 由于 A 是紧算子，必存在子列 $\{x_{n_k}\}$，使得 $Ax_{n_k} \to z$. 于是

$$x_{n_k} = (I - A)x_{n_k} + Ax_{n_k} \to z.$$

由连续性，$\widetilde{T}z = \lim_{k \to \infty}(I - A)x_{n_k} = 0$, 所以 $z = 0$. 于是

$$\|x_{n_k}\| = \|x_{n_k} - z\| \to 0,$$

这与 $\|x_{n_k}\| = 1$ 矛盾.

引理 5.4.8 当 $\ker T = \{0\}$ 时，$R(T) = H$.

证明 用反证法. 倘若不然，作集合列

$$H_0 = H, \quad H_k = T(H_{k-1}), \quad k = 1, 2, \cdots.$$

那么因为 $H_1 \neq H_0$, 且 T 是 1-1 的，可见

$$H_0 \supsetneqq H_1 \supsetneqq H_2 \supsetneqq \cdots.$$

于是 $\exists y_k \in H_k, \|y_k\| = 1, y_k \perp H_{k+1}$, 从而 $\rho(y_k, H_{k+1}) = 1$. $\forall p, n \in \mathbb{N}$, 有

$$\|Ay_n - Ay_{n+p}\| = \|y_n - Ty_n + Ty_{n+p} - y_{n+p}\| \geq 1,$$

这是因为 $Ty_n - Ty_{n+p} - y_{n+p} \in H_{n+1}$. 这与 A 的紧性矛盾.

引理 5.4.9 设 $A \in \mathcal{C}(H), \dim H = \infty$, 则 A 没有有界逆.

证明 用反证法. 倘若不然, 存在 $A^{-1} \in \mathcal{B}(H)$. 于是

$$\|A^{-1}y\| \le \|A^{-1}\|\|y\|, \quad \forall y \in H.$$

即

$$\|Ax\| \ge \|A^{-1}\|^{-1}\|x\|, \quad \forall x \in H.$$

取 $\{x_n\}$ 为标准正交集, 则

$$\|Ax_n - Ax_m\| \ge \|A^{-1}\|^{-1}\|x_n - x_m\| = \sqrt{2}\|A^{-1}\|^{-1}.$$

这与 A 的紧性矛盾.

定理 5.4.10 设 $A \in \mathcal{C}(H), T = I - A$, 则

(1) $\sigma(T^*) = \{\bar{\lambda} \mid \lambda \in \sigma(T)\}$;

(2) $R(T) = (\ker T^*)^\perp$, $\quad R(T^*) = (\ker T)^\perp$;

(3) $\dim \ker T = \dim \ker T^* < \infty$;

(4) $\ker T = \{0\} \Longleftrightarrow R(T) = H$.

证明 (1) $(\lambda - T)^{-1} \in \mathcal{B}(H) \Longleftrightarrow (\bar{\lambda} - T^*)^{-1} \in \mathcal{B}(H)$, 即 $\rho(T^*) = \{\bar{\lambda} \mid \lambda \in \rho(T)\}$. 在复平面上取余集即得 (1). 由引理 5.4.7 及定理 5.3.14 即得 (2).

(3) 在 $\ker T$ 上, $T|_{\ker T} = 0$, 所以 $A|_{\ker T} = I|_{\ker T}$. 由于 A 是紧的, 由引理 5.4.9 知, $\dim \ker T < \infty$. 同理 $\dim \ker T^* < \infty$.

若 $\dim \ker T < \dim \ker T^*$, 则 $\exists$ 真子空间 $\widetilde{M} \subset \ker T^*$, 以及等距同构 $\widetilde{V} : \ker T \to \widetilde{M}$, 于是,

$$\widetilde{V} + T : \ker T \oplus R(T^*) = H \to \widetilde{M} \oplus R(T),$$

其中 $R(\widetilde{V} + T) = \widetilde{M} \oplus R(T) \subset \ker T^* \oplus R(T) = H$. $\widetilde{V} + T$ 是 1-1 的, 也呈 $I-$ 紧算子的形式, 由引理 5.4.8 知, $R(\widetilde{V} + T) = H$. 这与 $\widetilde{M}$

是真子空间矛盾. 因此,　$\dim \ker T \geq \dim \ker T^*$. 进而 $\dim \ker T^* \geq \dim \ker T^{**} = \dim \ker T$.

(4)　当 $R(T) = H$ 时,

$$\ker T^* = R(T)^{\perp} = \{0\},$$

由 (3) 可知,　$\ker T = \{0\}$. 证毕.

考虑算子方程

$$x = Ax + y, \tag{5.4.10}$$

或者

$$Tx = y. \tag{5.4.11}$$

当 A 是 H 上紧算子时, 由定理 5.4.10 的结论 (4) 和 (3) 可知, 只有两种可能:

(1)　或者对每一个 $y \in H$, 方程 (5.4.11) 存在唯一解;

(2)　或者 $y = 0$ 时, 齐次方程 (5.4.11) 有非零解, 且齐次方程的解空间是有穷维的.

这一性质称为 Fredholm 二中择一律.

当 $\dim H < \infty, T$ 是矩阵, 方程 (5.4.11) 是线性代数方程组, 上述二中择一律结论是我们所熟知的.　Fredholm 研究了当算子 A 是积分核算子 (如例 1), 方程 (5.4.11) 为积分方程的问题, 得到了二中择一结论. 定理 5.4.7 是 Fredholm 积分方程理论的抽象和推广.

下面给出 Hilbert 空间上紧算子谱的构造.

引理 5.4.11　设 $A \in \mathcal{C}(H), \lambda \in \mathbb{C}, \lambda \neq 0$. 若

$$\inf \{\|(\lambda I - A)x\| \,\big|\, \|x\| = 1\} = 0,$$

则 $\lambda \in \sigma_p(A)$.

证明　要证 $\ker(\lambda I - A) \neq \{0\}$. 由已知条件,　$\exists x_n \in H, \|x_n\| = 1$, $n = 1, 2, \cdots$, $(\lambda I - A)x_n \to 0$. 由于 A 是紧算子, $\exists$ 子列 $x_{n_k}, Ax_{n_k} \to$

z. 于是 $\lambda x_{n_k} = (\lambda I - A)x_{n_k} + Ax_{n_k} \to z$. 故

$$\|z\| = \lim_{k \to \infty} \|\lambda x_{n_k}\| = |\lambda|, \quad z \neq 0.$$

由连续性,

$$0 = \lim_{k \to \infty} (\lambda I - A)x_{n_k} = (\lambda I - A)(\lambda^{-1}z).$$

所以 $z \in \ker(\lambda I - A)$, 即得 $\lambda \in \sigma_p(A)$.

定理 5.4.12 设 $A \in \mathcal{C}(H)$, 则

(1) $0 \in \sigma(A)$, 除非 $\dim H < \infty$;

(2) $\sigma(A) \setminus \{0\} = \sigma_p(A) \setminus \{0\}$;

(3) $\sigma_p(A)$ 至多以 0 为聚点.

证明 引理 5.4.9 即是 (1).

(2) 只要证当 $\lambda \bar{\in} \sigma_p(A), \lambda \neq 0$ 时 $\lambda \in \rho(A)$, 此时

$$\ker(\lambda I - A) = \{0\}.$$

由定理 5.4.10 知, $R(\lambda I - A) = H$. 故 $\lambda I - A$ 是 1-1 满映射, 在 H 上有逆算子 $(\lambda I - A)^{-1}$, 即只要证 $(\lambda I - A)^{-1} \in \mathcal{B}(H)$. 由引理 5.4.11 知,

$$\inf\{\|(\lambda I - A)x\| \mid \|x\| = 1\} = c > 0.$$

故 $\forall x \in H$,

$$\|(\lambda I - A)x\| \geq c\|x\|.$$

$\forall y \in H$, 令 $x = (\lambda I - A)^{-1}y$, 代入上式, 得

$$\|(\lambda I - A)^{-1}y\| \leq c^{-1}\|y\|.$$

所以 $\|(\lambda I - A)^{-1}\| \leq c^{-1}$.

(3) 用反证法. 如果有 $\lambda_n \in \sigma_p(A) \setminus \{0\}, n = 1, 2, \cdots, \lambda_n \neq \lambda_m (n \neq m)$, 并且 $\lambda_n \to \lambda \neq 0$, 那么任取

$$x_n \in \ker(\lambda_n I - A) \setminus \{0\}, \quad n = 1, 2, \cdots,$$

则有:

(i) $\forall n$, $\{x_1, x_2, \cdots, x_n\}$ 是线性无关的. 事实上, 可用数学归纳法证明, 设此结论对 n 成立. 若有 $x_{n+1} \in \ker(\lambda_{n+1}I - A) \setminus \{0\}$, 使得 $x_{n+1} = \sum\limits_{i=1}^{n} a_i x_i$, 则

$$\lambda_{n+1}x_{n+1} = Ax_{n+1} = \sum_{i=1}^{n} a_i \lambda_i x_i,$$

从而

$$\sum_{i=1}^{n} a_i(\lambda_{n+1} - \lambda_i)x_i = 0.$$

由归纳假设 $\{x_1, x_2, \cdots, x_n\}$ 为线性无关的, 所以 $(\lambda_{n+1} - \lambda_i)a_i = 0$, 即得 $a_i = 0$, $\quad i = 1, 2, \cdots, n$. 这与 $x_{n+1} \neq 0$ 矛盾. 因此 $\{x_1, x_2, \cdots, x_{n+1}\}$ 是线性无关的.

(ii) 记 $E_n = \text{linspan}\{x_1, \cdots, x_n\}$, 则 $E_n \subseteq E_{n+1}$. $\exists y_{n+1} \in E_{n+1}$, 满足 $\|y_{n+1}\| = 1$, 且 $y_{n+1} \perp E_n$. 从而 $\forall n, p \in \mathbb{N}$, 有

$$\|\lambda_{n+p}^{-1}Ay_{n+p} - \lambda_n^{-1}Ay_n\|$$
$$= \left\| y_{n+p} - (y_{n+p} - \frac{1}{\lambda_{n+p}}Ay_{n+p} + \lambda_n^{-1}Ay_n) \right\| \geq 1,$$

这是因为 $y_{n+p} - \lambda_{n+p}^{-1}Ay_{n+p} + \lambda_n^{-1}Ay_n \in E_{n+p-1}$. 这便与 A 的紧性矛盾.

由此定理可知, 对于无穷维 Hilbert 空间上的紧算子 A, 只有三种可能情形:

(1) $\sigma(A) = \{0\}$;

(2) $\sigma(A) = \{0, \lambda_1, \lambda_2, \cdots, \lambda_n\}$;

(3) $\sigma(A) = \{0, \lambda_1, \lambda_2, \cdots, \lambda_n, \cdots, \}$, 其中 $\lambda_n \to 0$.

§5.4.3   Hilbert-Schmidt 理论

在 Hilbert 空间上, 自共轭紧算子的谱和算子结构更为清楚. 考虑

有穷维情形的对称矩阵 A, 它可以通过正交变换对角化, 对角线上的元对应着 A 的特征值, 而这些特征值又是 A 所对应的二次型 (Ax, x) 在单位球面 $\|x\| = 1$ 上的各个临界值. 所有这些性质可推广到无穷维 Hilbert 空间上的自共轭的紧算子.

引理 5.4.13　设 A 是复 Hilbert 空间 H 上的正规算子, $\lambda \in \mathbb{C}$, 则 $\ker(\lambda I - A) = \ker(\overline{\lambda} I - A^*)$, 且 $\ker(\lambda I - A)$ 是 A 的可约化子空间, 即

$$A(\ker(\lambda I - A)) \subset \ker(\lambda I - A), \quad A(\ker(\lambda I - A)^{\perp}) \subset \ker(\lambda I - A)^{\perp}.$$

证明　A 是正规的, $\lambda I - A$ 也是正规的,

$$\|(\lambda I - A)x\| = \|(\overline{\lambda} I - A^*)x\|, \quad \forall x \in H,$$

故 $\ker(\lambda I - A) = \ker(\overline{\lambda} I - A^*)$. 此外, 若 $x \in \ker(\lambda I - A)$, 则 $Ax = \lambda x \in \ker(\lambda I - A)$, 即 $A(\ker(\lambda I - A)) \subset \ker(\lambda I - A)$. 又对于任意的 $y \in \ker(\lambda I - A)^{\perp}, \forall x \in \ker(\lambda I - A)$, 由于

$$(x, Ay) = (A^*x, y) = \overline{\lambda}(x, y) = 0,$$

故得 $Ay \in \ker(\lambda I - A)^{\perp}$.

命题 5.4.14　若 A 是复 Hilbert 空间 H 上的正规算子, λ, μ 是 A 的不同特征值, 那么 $\ker(\lambda I - A) \perp \ker(\mu I - A)$.

证明　任取 $x \in \ker(\lambda I - A), y \in \ker(\mu I - A)$, 由引理 5.4.13 知, $A^*y = \overline{\mu} y$. 于是

$$\lambda(x, y) = (Ax, y) = (x, A^*y) = (x, \overline{\mu} y) = \mu(x, y),$$

因此 $(\lambda - \mu)(x, y) = 0$. 因为 $\lambda \neq \mu$, 故有 $x \perp y$.

设 A 是 H 上紧算子, 又是自共轭算子, 于是 $\forall x \in H, (Ax, x) \in \mathbb{R}^1$, 范数是

$$\|A\| = \sup\{|(Ax, x)| \mid \|x\| = 1\}.$$

又记 A 的谱集为 $\sigma(A) = \{0, \lambda_1, \lambda_2, \cdots\}$, 其中 λ_n 是实特征值, $\lambda_n \to 0$ 且特征空间是有穷维的: $\dim \ker(\lambda_n I - A) < \infty$.

命题 5.4.15 设 A 是 H 上紧自共轭算子, 则 $\|A\|$ 和 $-\|A\|$ 中一个值是特征值.

证明 若 $A = 0$, 显然成立. 设 $A \neq 0$, 由定理 5.3.17 知, $\exists$ 单位元 $x_n \in H$, 使得 $|(Ax_n, x_n)| \to \|A\|$. 不妨设 $(Ax_n, x_n) \to \lambda$, 其中 $|\lambda| = \|A\|$, 如果需要可选收敛子列. 兹证 $\lambda \in \sigma_p(A)$. 因为

$$0 \leq \|(\lambda I - A)x_n\|^2 = \|Ax_n\|^2 - 2\lambda(Ax_n, x_n) + \lambda^2$$
$$\leq 2\lambda^2 - 2\lambda(Ax_n, x_n) \to 0,$$

因此 $\lim_{n \to \infty} \|(\lambda I - A)x_n\| = 0$. 由引理 5.4.11 知, $\lambda \in \sigma_p(A)$.

定理 5.4.16 设 A 是复 Hilbert 空间 H 上的紧自共轭算子, 记 $\{\lambda_1, \lambda_2, \cdots, \lambda_n \cdots\}$ 为 A 的所有不同的非零特征值, 则 λ_n 均为实数; 记 P_n 是 H 到 $\ker(\lambda_n I - A)$ 的正交投影, 则 $P_n P_m = P_m P_n = 0, n \neq m$, 且

$$A = \sum_{n=1}^{\infty} \lambda_n P_n, \tag{5.4.12}$$

其中级数在 $\mathcal{B}(H)$ 的距离下收敛到 A.

证明 由命题 5.4.15 知, 存在实数 $\lambda_1 \in \sigma_p(A)$, $|\lambda_1| = \|A\|$. 令 $E_1 = \ker(\lambda_1 I - A)$, $P_1 = P_{E_1}$. 令 $H_2 = E_1^\perp$. 由引理 5.4.13 知, E_1 是 A 的可约化子空间, 所以 H_2 也是 A 的可约化子空间. 令 $A_2 = A|_{H_2}$, 则 A_2 是 H_2 上的紧自共轭算子.

由命题 5.4.15 知, $\exists$ 实数 $\lambda_2 \in \sigma_p(A_2)$, 使得 $|\lambda_2| = \|A_2\|$. 令 $E_2 = \ker(\lambda_2 I - A_2)$. 易知 $E_2 = \ker(\lambda_2 I - A)$, $\lambda_2 \neq \lambda_1$. 令 $P_2 = P_{E_2}$, 记 $H_3 = (E_1 \oplus E_2)^\perp$. 因为 $\|A_2\| \leq \|A\|$, 故 $|\lambda_2| \leq |\lambda_1|$. 运用归纳法可得一列 A 的特征值满足:

(1) $|\lambda_1| \geq |\lambda_2| \geq \cdots$;

(2) $E_n = \ker(\lambda_n I - A)$, $|\lambda_{n+1}| = \|A|_{(E_1 \oplus \cdots \oplus E_n)^\perp}\|$.

由 (1) 知, 存在 $\alpha \geq 0, |\lambda_n| \to \alpha$. 兹证 $\alpha = 0$. 取 $e_n \in E_n, \|e_n\| = 1$, 因为 A 是紧的, $\exists$ 子列 $\{e_{n_j}\}$, 使得 $Ae_{n_j} \to y$. 当 $n \neq m$ 时 $e_n \perp e_m$, $Ae_{n_j} = \lambda_{n_j} e_{n_j}$, 因此

$$\|Ae_{n_j} - Ae_{n_k}\|^2 = \lambda_{n_j}^2 + \lambda_{n_k}^2 \geq 2\alpha^2.$$

由于 $\{Ae_{n_j}\}$ 是基本列, 故 $\alpha = 0$.

考虑 $A - \sum_{j=1}^n \lambda_j P_j$. 当 $x \in E_k$, $1 \leq k \leq n$ 时,

$$\left(A - \sum_{j=1}^n \lambda_j P_j \right) x = Ax - \lambda_k x = 0,$$

因此 $E_1 \oplus E_2 \oplus \cdots \oplus E_n \subseteqq \ker \left(A - \sum_{j=1}^n \lambda_j P_j \right).$

若 $x \in (E_1 \oplus E_2 \oplus \cdots \oplus E_n)^\perp$, 则 $P_j x = 0$, $1 \leq j \leq n$. 故

$$\left(A - \sum_{j=1}^n \lambda_j P_j \right) x = Ax.$$

又 $(E_1 \oplus \cdots \oplus E_n)^\perp$ 为 A 的可约化子空间, 所以

$$\left\| A - \sum_{j=1}^n \lambda_j P_j \right\| = \|A|_{(E_1 \oplus \cdots \oplus E_n)^\perp}\| = |\lambda_{n+1}| \to 0.$$

证毕.

注 1 $\forall \lambda \in \sigma_p(A) \setminus \{0\}$, 设 $\ker(\lambda I - A)$ 的标准正交基为 $\{e_i^{(\lambda)}\}_{i=1}^{m(\lambda)}$, 其中 $m(\lambda) = \dim \ker(\lambda I - A)$, 称 $m(\lambda)$ 为 λ 的重数. 此外, 若 $0 \in \sigma_p(A)$, 则设 $\ker A$ 的标准正交基为 $\{e_i^{(0)}\}$, 它不一定有限. 令

$$\{e_i\} = \bigcup_{\lambda \in \sigma_p(A) \setminus \{0\}} \{e_i^{(\lambda)}\}_{i=1}^{m(\lambda)} \bigcup \{e_i^{(0)}\}.$$

于是

$$x = \sum (x, e_i) e_i, \quad Ax = \sum \lambda_i (x, e_i) e_i. \tag{5.4.13}$$

注 2 可将特征值按绝对值递减的次序编号，并约定其重数是某数，就把该特征值按此数连续编几数，即排成 $|\lambda_1| \geq |\lambda_2| \geq \cdots$，于是

$$A = \sum_{i=1}^{\infty} \lambda_i e_i \otimes e_i. \tag{5.4.14}$$

还可以按正负值把特征值排列起来，记作

$$\lambda_1^+ \geq \lambda_2^+ \geq \cdots > 0, \quad \lambda_1^- \leq \lambda_2^- \leq \cdots < 0. \tag{5.4.15}$$

定理 5.4.17 设 A 是紧自共轭算子，对应有特征值 (5.4.15) 式，则

$$\lambda_n^+ = \inf_{V_{n-1}} \sup_{\substack{x \in V_{n-1}^{\perp} \\ x \neq 0}} \frac{(Ax, x)}{(x, x)}; \tag{5.4.16}$$

$$\lambda_n^- = \sup_{V_{n-1}} \inf_{\substack{x \in V_{n-1}^{\perp} \\ x \neq 0}} \frac{(Ax, x)}{(x, x)}, \tag{5.4.17}$$

其中 V_{n-1} 是 H 的任意 $n-1$ 维闭线性子空间.

证明 因为用 $-A$ 代 A, 那么等式 (5.4.16) 蕴含了关系式 (5.4.17), 只需证 (5.4.16) 式. $\forall x \in H$, $x = \sum a_j^+ e_j^+ + \sum a_j^- e_j^-$, 有

$$\frac{(Ax, x)}{(x, x)} = \frac{\sum \lambda_j^+ |a_j^+|^2 + \sum \lambda_j^- |a_j^-|^2}{\sum |a_j^+|^2 + \sum |a_j^-|^2}.$$

记 (5.4.16) 式右端为 μ_n.

(1) 兹证 $\lambda_n^+ \leq \mu_n$. $\forall V_{n-1}$ 在 $\mathrm{span}\{e_1^+, \cdots, e_n^+\}$ 中总有 $x_n \neq 0$, 使得 $x_n \perp V_{n-1}$, 于是

$$\sup_{\substack{x \perp V_{n-1} \\ x \neq 0}} \frac{(Ax, x)}{(x, x)} \geq \frac{(Ax_n, x_n)}{(x_n, x_n)} = \frac{\sum\limits_{j=1}^{n} \lambda_j^+ |a_j^+|^2}{\sum\limits_{j=1}^{n} |a_j^+|^2} \geq \lambda_n^+.$$

即得 $\lambda_n^+ \leq \mu_n$.

(2) 兹证 $\lambda_n^+ \geq \mu_n$. 取 $V_{n-1} = \mathrm{span}\{e_1^+, \cdots, e_{n-1}^+\}$, 便有

$$\lambda_n^+ = \sup_{\substack{x \perp V_{n-1} \\ x \neq 0}} \frac{(Ax, x)}{(x, x)} \geq \mu_n.$$

习　题

1. 证明一个幂等算子是紧算子的充分必要条件是: 幂等算子为有限秩算子.

2. 证明 $A \in \mathcal{C}(H,K)$ 与以下两个命题等价:

(1) 对于 H 中有界集 B, 有 $\overline{A(B)}$ 在 K 中紧;

(2) 对于 H 中任意有界点列 $\{x_n\}$, $\{Ax_n\}$ 在 K 中列紧.

3. 设 $\{x_n\} \subset H$, $x \in H$, 满足 $\forall y \in H$, $\lim\limits_{n\to\infty}(x_n,y) = (x,y)$. 证明:

(1) 若 $A \in L(H)$, 则有 $\forall y \in H$, $\lim\limits_{n\to\infty}(Ax_n,y) = (Ax,y)$;

(2) 若 $A \in \mathcal{C}(H)$, 则有 $\lim\limits_{n\to\infty}\|Ax_n - Ax\| = 0$.

4. $A \in \mathcal{C}(H)$, $\{e_n\}$ 是 H 的标准正交集, 证明 $\|Ae_n\| \to 0$.

5. 设 A 是紧算子, M 是闭子空间; 设 $AM \subset M$. 证明 $A|_M$ 也是紧算子.

6. 若 $A \in F(H,K)$, 证明 $A^* \in F(K,H)$, 且有等式

$$\dim R(A) = \dim R(A^*).$$

7. 设 $A \in F(H)$. 证明

(1) 存在标准正交集 $\{e_1, \cdots, e_n\}$ 和向量 $y_1, \cdots, y_n \in H$, 使得 $A = \sum\limits_i e_i \otimes y_i$.

(2) 若存在 $\lambda_1, \cdots, \lambda_n \in \mathbb{C}$, $y_j = \lambda_j e_j$, 则 A 是正规算子, 并求 $\sigma_p(A)$.

*8. 设 $A_n \in L(H_n)$, 满足 $\sup\limits_n \|A_n\| < \infty$. 令 $H = \oplus_{n=1}^{\infty} H_n$, 记 $A = \oplus_{n=1}^{\infty} A_n$. 证明 A 是紧算子的充分必要条件是: 每个 A_n 是紧算子, 而且 $\|A_n\| \to 0$.

9. 证明 §5.4 中例 1 内的积分算子 K 是 $L^2(E)$ 上的紧算子, 即验证等式 $K = \sum \alpha_{ij} E_{ij}$.

10. 设 $A \in \mathcal{B}(H)$, 满足 $\|Ax\| \geq c\|x\|, \forall x \in H$, 其中 $c > 0$. 证明 $A \in \mathcal{C}(H)$ 当且仅当 $\dim H < \infty$.

11. 给定可测集 $\Omega \subset \mathbb{R}^n$, 设 f 是 Ω 上有界实值可测函数. 证明 F: $x(t) \mapsto f(t)x(t)$ 是 $L^2(\Omega)$ 上的紧算子的充分必要条件是: $f = 0$, a.e.Ω.

12. 若 $A \in \mathcal{C}(H)$, $\{e_n\}$ 是 H 的标准正交集, 证明 $(Ae_n, e_n) \to 0$.

13. 设 $A \in \mathcal{C}(H)$, $T = I - A, \forall k \in \mathbb{N}$. 证明

(1) $\ker T^k$ 为有穷维;

(2) $R(T^k)$ 是闭的.

14. 设 A 是紧自共轭算子, $\{e_i\}$ 与 $\{\lambda_i\}$ 如 (5.4.14) 式. 对于 $f \in H$, 证明方程 $Ax = f$ 有解当且仅当 $f \perp \ker A$, 并且 $\sum \lambda_i^{-2}|(f, e_i)|^2 < \infty$; 并求出解 x 的一般形式.

15. 设 A 是紧自共轭算子, $\{e_i\}, \{\lambda_i\}$ 如 (5.4.14) 式. 若 $\lambda \neq 0$, 且 $\lambda \neq \lambda_n, \forall n$, 则 $\forall f \in H$, 方程 $(\lambda I - A)x = f$ 有唯一解, 即
$$x = \lambda^{-1}\left[f + \sum \lambda_n(\lambda - \lambda_n)^{-1}(f, e_n)e_n\right].$$

*16. 设 $A \in \mathcal{C}(H), A = A^*$. 令 $m(A) = \inf\{(Ax, x) \mid \|x\| = 1\}$, $M(A) = \sup\{(Ax, x) \mid \|x\| = 1\}$. 证明

(1) 若 $m(A) \neq 0$, 则 $m(A) \in \sigma_p(A)$;

(2) 若 $M(A) \neq 0$, 则 $M(A) \in \sigma_p(A)$.

17. 设 A 是 H 上自共轭紧算子, 证明

(1) 若 $A \neq 0$, 则 A 至少有一个非零特征值;

(2) 若 M 是 A 的非零不变子空间, 即 $AM \subset M$, 则 M 上必含有 A 的特征元.

18. 给定数列 $\{a_{ij}\}(i, j = 1, 2, \cdots)$, 满足 $\sum\limits_{i,j=1}^{\infty} |a_{ij}|^2 < \infty$. 在 l^2 空间上, 定义映射
$$A: x = (x_1, x_2, \cdots) \mapsto y = (y_1, y_2, \cdots),$$

其中 $y_i = \sum\limits_{j=1}^{\infty} a_{ij}x_j$, $i = 1, 2, \cdots$. 证明

(1) $A \in \mathcal{C}(l^2)$;

(2) 若 $a_{ij} = \overline{a_{ij}}$, $\forall i, j = 1, 2, \cdots$ 成立, 则 A 是紧自共轭算子.

19. 设 A 是 H 上自共轭算子, 并存在一组由 A 的特征元组成的 H 的标准正交基; 又设

(1) $\dim \ker(\lambda I - A) < \infty$ $(\forall \lambda \in \sigma_p(A) \setminus \{0\})$;

(2) $\forall \varepsilon > 0, \sigma_p(A) \setminus [-\varepsilon, \varepsilon]$, 只有有限个值.

证明 A 是 H 上的紧算子.

第六章 Banach 空间

有穷维欧氏空间具有内积构造、平方可积函数空间 $L^2(E)$ 和 Hilbert 空间是有穷维欧氏空间作为内积空间的推广和抽象. 这些空间的拓扑或者说收敛性是由距离给出的, 而距离则是由内积给出的范数所确定的: $\rho(x, y) = \|x - y\|$, 其中范数 $\|x\| = \sqrt{(x, x)}$.

有穷维欧氏空间作为距离空间, 它的拓扑本质上是由长度给出的范数所确定的. 第四章中研究的 Lebesgue 可积函数 $L^1(E)$ 和 p 次可积函数空间 $L^p(E)$ $(1 \leq p \leq \infty)$ 的范数概念是有穷维欧氏空间范数的推广. 为进一步推广和抽象, 保留 $L^p(E)$ 中线性空间结构和范数构造而不考虑 $L^p(E)$ 中元素的函数身份, 将是本章研究的对象, 即线性赋范空间和 Banach 空间.

§6.1 Banach 空间

§6.1.1 Banach 空间定义

定义 6.1.1 设 X 是复 (或实) 线性空间, 对于 X 中每个元素 x, 按照一定法则使其与一非负实数 $\|x\|$ 相对应, 满足

(1) 正定性: $\|x\| \geq 0$, 且 $\|x\| = 0 \Longleftrightarrow x = 0$;

(2) 三角不等式: $\|x + y\| \leq \|x\| + \|y\|$ $(\forall x, y \in X)$;

(3) 齐次性: $\|\alpha x\| = |\alpha| \, \|x\|$ $(\alpha \in \mathbb{K}, x \in X)$,

其中 $\mathbb{K}$ 是复 (或实) 数域, 称 X 是复 (或实) 线性赋范空间, $\|x\|$ 为元素 x 的范数或模.

在以后的讨论中一般均指复线性赋范空间, 并简称为线性赋范空间. 通过上述范数可定义 X 上距离函数. 对于 $x, y \in X$, 定义二元函数

$$\rho(x, y) = \|x - y\|.$$

容易证明, $\rho(x, y)$ 满足第四章中 "距离三公理", 因而 (X, ρ) 是一个距离空间. 以后约定凡讲到线性赋范空间时总认为它是距离空间, 且距离由 $\rho(x, y) = \|x - y\|$ 来定义.

有了距离, 便可以引入收敛性概念. 序列 $\{x_n\} \subset X$ 称为收敛于 x , 是指

$$\lim_{n \to \infty} \|x_n - x\| = 0,$$

这种收敛常称为依范数收敛, 记作 $\lim_{n \to \infty} x_n = x$.

有了距离, 便可引入以 x 为中心, r 为半径的球邻域 $U_r(x) = \{ y \in X \,|\, \|y - x\| < r \}$. 于是 §1.3 中欧氏空间 $\mathbb{R}^n$ 中开集、闭集、聚点、Borel σ 代数, 以及稠密性等概念都可以搬到线性赋范空间中来. 如果 (X, ρ) 的基本列都是收敛列, 称它是完备的.

定义 6.1.2 完备的线性赋范空间叫做 Banach 空间, 简记作 B 空间.

例 1 复欧氏空间 $\mathbb{C}^n$. 设 $x = (x_1, x_2, \cdots, x_n) \in \mathbb{C}^n$, 引进范数

$$\|x\| = \left(\sum_{i=1}^{n} |x_i|^2 \right)^{\frac{1}{2}}, \tag{6.1.1}$$

则 $\mathbb{C}^n$ 是一个 Banach 空间.

例 2 空间 $C(M)$ (M 是一个紧距离空间). 显然

$$\|f\| = \max_{x \in M} |f(x)| \tag{6.1.2}$$

是一个范数. 易证 $C(M)$ 是一个 B 空间.

例 3　$L^p(\Omega,\mu)$ $(1 \le p < \infty)$ 空间. 设 $(\Omega,\mathcal{B},\mu)$ 是一个测度空间,
f 是 Ω 上 μ 可测函数, 而且 $|f(x)|^p$ 在 Ω 上 μ 可积. 这种函数 f 的全
体记作 $L^p(\Omega,\mu)$, 称为 $(\Omega,\mathcal{B},\mu)$ 上的 p 次可积函数空间. $L^p(\Omega,\mu)$ 按
通常的加法与数乘规定运算, 并且把 μ 几乎处处相等的两个函数看成
是同一个向量, 经过这样处理后的空间 $L^p(\Omega,\mu)$ 仍是一个线性空间.
定义

$$\|f\| = \left(\int_\Omega |f(x)|^p \mu(\mathrm{d}x) \right)^{\frac{1}{p}}. \tag{6.1.3}$$

那么 $\|\cdot\|$ 是一个范数. $L^p(\Omega,\mu)$ 是一个 Banach 空间.

它有两个重要特殊情形:

(1)　Ω 是 $\mathbb{R}^n$ 中一个 Lebesgue 可测集, μ 是 Lebesgue 测度时,
就是 $L^p(\Omega)$;

(2)　$\Omega = \mathbb{N}$ 时, μ 是等分布测度: $\mu(\{n\}) = 1$ $(\forall n \in \mathbb{N})$. 这时
$L^p(\Omega,\mu)$ 由满足 $\sum\limits_{n=1}^\infty |f_n|^p < \infty$ 的序列 $f = \{f_n\}_{n=1}^\infty$ 组成, 即 l^p (见 §5.1
中例 4).

例 4　$L^\infty(\Omega,\mu)$ 空间. 设 $(\Omega,\mathcal{B},\mu)$ 是一个测度空间. $f(x)$ 是 Ω 上
μ 可测函数. 如果 $f(x)$ 与在 Ω 上的一个有界函数 μ 几乎处处相等,
则称 $f(x)$ 是 Ω 上一个本性有界可测函数. Ω 上一切本性有界可测函
数 (μ 几乎处处相等的函数视为同一向量) 的全体记作 $L^\infty(\Omega,\mu)$. 这
是一个线性空间, 在其上规定

$$\|f\| = \inf_{\substack{E_0 \subset \Omega \\ \mu(E_0)=0}} \left(\sup_{x \in \Omega \setminus E_0} |f(x)| \right). \tag{6.1.4}$$

此式右端也记作 $\operatorname*{ess\,sup}\limits_{x \in \Omega} |f(x)|$. 则 $\|\cdot\|$ 是一个范数, $L^\infty(\Omega,\mu)$ 是一个
B 空间.

$L^\infty(\Omega,\mu)$ 有两个重要特殊情形:

(1)　当 Ω 是 $\mathbb{R}^n$ 中的 Lebesgue 可测集, μ 是 Lebesgue 测度时,

就是 $L^\infty(\Omega)$；

(2) 当 $\Omega = \mathbb{N}$，μ 是等分布测度时, 它是由一切有界序列 $u = \{u_n\}$ 组成的空间 l^∞，其范数就是 $\|u\| = \sup\limits_{n \geq 1} |u_n|$.

例 5 $C^k(\overline{\Omega})$ 空间. 设 Ω 是 $\mathbb{R}^n$ 中有界开区域，$k \in \mathbb{N}$，$C^k(\overline{\Omega})$ 表示 $\overline{\Omega}$ 上具有直到 k 阶连续偏导函数的函数全体组成的线性空间. 在范数

$$\|f\| = \max_{|\alpha| \leq k} \max_{x \in \overline{\Omega}} |\partial^\alpha f(x)| \tag{6.1.5}$$

下是一个 Banach 空间, 其中 α 是多重指标，∂^α 是多重偏导. 其定义见 (4.3.16) 式

例 6 索伯列夫空间 $H^{m,p}(\Omega)$. 设 Ω 是 $\mathbb{R}^n$ 中有界开区域，$m \in \mathbb{N}, 1 \leq p < \infty$, 对于 $C^m(\overline{\Omega})$ 中的函数 f, 定义

$$\|f\|_{m,p} = \left(\sum_{|\alpha| \leq m} \int_\Omega |\partial^\alpha f(x)|^p \mathrm{d}x \right)^{\frac{1}{p}}. \tag{6.1.6}$$

不难验证, $\| \cdot \|_{m,p}$ 是范数, 但是 $C^m(\overline{\Omega})$ 依 $\| \cdot \|_{m,p}$ 不是完备的.

任意不完备的线性赋范空间 X，可以把它完备化, 即确定一个完备的线性赋范空间 $\widetilde{X}$，X 可以连续地嵌入 $\widetilde{X}$ 成为其稠密的子空间. 将 $C^m(\Omega)$ 的子集

$$S \stackrel{\text{def}}{=\!=} \{ f \in C^m(\Omega) \mid \|f\|_{m,p} < \infty \}$$

按照模 (6.1.6) 完备化, 得到的完备化空间称为索伯列夫空间, 记作 $H^{m,p}(\Omega)$. 它在偏微分方程论中起着非常基本的重要作用. 特别当 $p = 2$ 时，$H^{m,2}(\Omega)$ 简单记成 $H^m(\Omega)$.

§6.1.2   线性赋范空间上的模等价

引进范数后就可以引进距离, 从而可以研究一种收敛性. 不同的

范数有可能导致相同的收敛性. 导致相同收敛性的范数称为互相等价的, 其确切的含义, 见下列定义.

定义 6.1.3　设 $\|\cdot\|_1$ 与 $\|\cdot\|_2$ 是线性空间上两个不同范数. 设当 $n \to \infty$ 时,

$$\|x_n\|_2 \to 0 \Rightarrow \|x_n\|_1 \to 0,$$

称 $\|\cdot\|_2$ 比 $\|\cdot\|_1$ 强. 如果 $\|\cdot\|_2$ 比 $\|\cdot\|_1$ 强而且 $\|\cdot\|_1$ 又比 $\|\cdot\|_2$ 强, 就称 $\|\cdot\|_1$ 与 $\|\cdot\|_2$ 等价.

命题 6.1.4　为了 $\|\cdot\|_2$ 比 $\|\cdot\|_1$ 强, 必须且仅须存在常数 $c > 0$, 使得

$$\|x\|_1 \leq c \, \|x\|_2, \quad \forall \, x \in X. \tag{6.1.7}$$

证明　充分性 是显然的. 兹证 必要性. 用反证法. 若 (6.1.7) 式不成立, 则对 $\forall n \in \mathbb{N}$, $\exists \, x_n \in X$, 使得 $\|x_n\|_1 > n \, \|x_n\|_2$. 令 $e_n = x_n / \|x_n\|_1$, 则 $\|e_n\|_1 = 1$, 又

$$0 \leq \|e_n\|_2 < \frac{1}{n},$$

于是 $\|e_n\|_2 \to 0$. 因为 $\|\cdot\|_2$ 比 $\|\cdot\|_1$ 强, 所以 $\|e_n\|_1 \to 0$, 这显然是矛盾的.

推论 6.1.5　X 上的范数 $\|\cdot\|_1$ 与 $\|\cdot\|_2$ 等价的充分必要条件是, 存在常数 $c_1, c_2 > 0$, 使得

$$c_1 \, \|x\|_1 \leq \|x\|_2 \leq c_2 \, \|x\|_1, \quad \forall \, x \in X. \tag{6.1.8}$$

定理 6.1.6　有穷维线性空间上任意两个范数等价.

证明　设 X 是有穷维线性空间, $\dim X = n$. 设 $\|\cdot\|$ 为 X 上一个范数. 任取一组基 $e_1, e_2, \cdots, e_n$, 对 $\forall x \in X$, 有

$$x = \sum_{j=1}^{n} \xi_j e_j.$$

记 $\xi = (\xi_1, \xi_2, \cdots, \xi_n) \in \mathbb{K}^n$, 于是映射 $T: x \mapsto \xi$ 是 X 到 $\mathbb{K}^n$ 的线性代数同构. 在 $\mathbb{K}^n$ 上

$$\|\xi\|_2 = \left(\sum_{j=1}^n |\xi_j|^2 \right)^{\frac{1}{2}}$$

是一个范数. 记 $\|x\|_T \stackrel{\text{def}}{=\!=} \|Tx\|_2$, 易知 $\|\cdot\|_T$ 是 X 上的一个范数. 兹证 $\|\cdot\|$ 与 $\|\cdot\|_T$ 等价.

记 $C_2 = \left(\sum_{j=1}^n \|e_j\|^2 \right)^{\frac{1}{2}}$, 由 Schwarz 不等式得

$$\|x\| \le \sum_{j=1}^n \|\xi_j e_j\| = \sum_{j=1}^n |\xi_j| \, \|e_j\| \le C_2 \left(\sum_{j=1}^n |\xi_j|^2 \right)^{\frac{1}{2}} = C_2 \|x\|_T.$$

x 可以看成坐标函数 $x = x(\xi_1, \cdots, \xi_n)$, 它是连续函数, 从而范数 $\|x\| = f(\xi_1, \cdots, \xi_n)$ 也是连续函数. 空间 $\mathbb{K}^n$ 中的单位球 $S_1 = \{ \, \xi = (\xi_1, \cdots, \xi_n) \mid \|\xi\|_2 = 1 \, \}$ 是紧集. 在 S_1 上考虑 $f(\xi_1, \cdots, \xi_n)$, f 在 S_1 上任意一点都不为零, 从而在 S_1 上有正的下确界 $c_1 > 0$, 于是

$$f(\xi_1, \cdots, \xi_n) \ge c_1.$$

对 $\forall x \in X$, 令 $\widetilde{x} = x/\|x\|_T$, 则 $\widetilde{x}$ 的坐标在 S_1 上, 故 $\|\widetilde{x}\| \ge c_1$, 从而

$$\|x\| \ge c_1 \|x\|_T.$$

故 $\|\cdot\|$ 与 $\|\cdot\|_T$ 等价. 若 $\|\cdot\|_1$ 是 X 的另一个范数, 于是由于 $\|\cdot\|_1$ 与 $\|\cdot\|_T$ 也等价, 即得 $\|\cdot\|$ 与 $\|\cdot\|_1$ 等价.

本定理表明: 具有相同维数的两个有穷维线性赋范空间在代数上是同构的, 在拓扑上是同胚的. 有穷维线性赋范空间必是 Banach 空间, 线性赋范空间的任意有穷维子空间必是闭子空间.

命题 6.1.7   设 X 是一个线性赋范空间. 若 $e_1, e_2, \cdots, e_n$ 是 X 中

给定的向量组, 则 $\forall x \in X$, 存在 $(\lambda_1, \lambda_2, \cdots, \lambda_n) \in \mathbb{K}^n$, 使得

$$\left\| x - \sum_{i=1}^{n} \lambda_i e_i \right\| = \min\left\{ \left\| x - \sum_{i=1}^{n} \xi_i e_i \right\| \,\middle|\, \xi = (\xi_1, \cdots, \xi_n) \in \mathbb{K}^n \right\}.$$

$$\tag{6.1.9}$$

证明   不妨设 $e_1, \cdots, e_n$ 是线性无关的. 对于 $\xi = (\xi_1, \xi_2, \cdots, \xi_n)$ $\in \mathbb{K}^n$, 令

$$F(\xi) = \left\| x - \sum_{i=1}^{n} \xi_i e_i \right\|.$$

$F(\xi)$ 是 $\mathbb{K}^n$ 上的连续函数, 且

$$F(\xi) \geq \left\| \sum_{i=1}^{n} \xi_i e_i \right\| - \|x\|.$$

令 $P(\xi) = \left\| \sum_{i=1}^{n} \xi_i e_i \right\|$, 显然 $P(\cdot)$ 是 $\mathbb{K}^n$ 上一个范数. 应用定理 6.1.6 , $\exists c_1 > 0$, 使得

$$P(\xi) \geq c_1 \|\xi\|_2.$$

所以当 $\|\xi\|_2 \to \infty$ 时, $F(\xi) \to \infty$. 于是函数 $F(\xi)$ 有最小值存在. 即存在 $\lambda \in \mathbb{K}^n$, 使得 (6.1.9) 式成立.

注   若记 $M = \mathrm{linspan}\{e_1, e_2, \cdots, e_n\}$; $x_0 = \sum_{i=1}^{n} \lambda_i e_i$, 则 (6.1.9) 式可改写为

$$\rho(x, x_0) = \rho(x, M). \tag{6.1.10}$$

适合 (6.1.10) 式的 $x_0 \in M$ 称为 x 在 M 上的最佳逼近元; $\lambda_1, \lambda_2, \cdots, \lambda_n$ 称为最佳逼近系数.

定理 6.1.8   线性赋范空间 X 是有穷维的充分必要条件是, X 的单位球面是列紧的.

证明   **必要性.** 设 X 是有穷维赋范线性空间, 单位球面 $S_1 \overset{\text{def}}{=\!=}$ $\{x \in X \mid \|x\| = 1\}$ 是有界闭集, 因此是列紧集.

充分性. 设 X 的单位球面 S_1 是列紧的. 倘若在 S_1 上给了有穷个线性无关的向量 $\{x_1, x_2, \cdots, x_n\}$, 如果它们的线性包 M_n 张不满 X, 那么 $\exists x_{n+1} \in S_1$, 使得

$$\|x_{n+1} - x_i\| \geq 1, \quad i = 1, 2, \cdots, n.$$

这是因为任取 $y \in M_n$, 按命题 6.1.7, $\exists x \in M_n$, 使得

$$\|y - x\| = \rho(y, M_n) \stackrel{\text{def}}{=} d.$$

令 $x_{n+1} = (y - x)/d$, 显然 $x_{n+1} \in S_1$, 并且

$$\|x_{n+1} - x_i\| = \frac{1}{d}\|y - (x + dx_i)\| \geq \frac{1}{d}\, d = 1, \qquad i = 1, 2, \cdots, n.$$

照此办法, 如果 X 是无穷维的, 便可以逐次在 S_1 上抽选一串点列 $\{x_n\}_{n=1}^{\infty}$, 使其适合 $\|x_n - x_m\| \geq 1$ $(n \neq m)$. 这样 S_1 就不是列紧的, 所得矛盾证明 X 是有穷维的.

推论 6.1.9 线性赋范空间 X 是有穷维的充分必要条件是, X 的任何一个有界闭集是列紧的.

§6.1.3 有界线性算子

定义 6.1.10 设 X 和 Y 是线性赋范空间, T 是 X 到 Y 的线性算子. 如果有常数 $M > 0$, 使得 $\|Tx\|_Y \leq M\, \|x\|_X, \forall x \in X$ 成立, 则称 T 是有界线性算子.

如同 Hilbert 空间上线性算子一样, 可以考虑算子的连续性. 对于 X 到 Y 的线性算子 T, 如果由

$$x_n \to x_0 \Longrightarrow Tx_n \to Tx_0,$$

就称 T 在 x_0 处连续. 则 T 在定义域上处处连续的充分必要条件是, T 在零点处连续. 易知线性算子 T 是连续的当且仅当 T 是有界的.

定义 6.1.11 用 $\mathcal{B}(X, Y)$ 表示一切由 X 到 Y 的有界线性算子的

全体, 并规定

$$\|T\| = \sup_{x \neq 0} \|Tx\|/\|x\| = \sup_{\|x\|=1} \|Tx\|. \qquad (6.1.11)$$

特别用 $\mathcal{B}(X)$ 表示 $\mathcal{B}(X,X)$ 以及用 X^* 表示 $\mathcal{B}(X,\mathbb{K})$, 即 X^* 表示 X 上的有界线性泛函全体.

在 $\mathcal{B}(X,Y)$ 上规定线性运算

$$(a_1 T_1 + a_2 T_2)x = a_1 T_1 x + a_2 T_2 x, \quad \forall\, x \in X, \qquad (6.1.12)$$

其中 $a_1, a_2 \in \mathbb{K}$, $T_1, T_2 \in \mathcal{B}(X,Y)$, 则 $\mathcal{B}(X,Y)$ 是一个线性空间.

定理 6.1.12 设 X 是线性赋范空间, Y 是 Banach 空间时, $\mathcal{B}(X,Y)$ 按 $\|\cdot\|$ 构成一个 Banach 空间.

证明 先证明 $\|T\|$ 是范数. 当 $\|T\| \geq 0$ 时,

$$\|T\| = 0 \Longleftrightarrow Tx = 0, \quad \forall\, x \in X \Longleftrightarrow T = 0;$$

$$\|T_1 + T_2\| = \sup\{\,\|T_1 x + T_2 x\| \,\big|\, \|x\| = 1\,\}$$
$$\leq \sup\{\,\|T_1 x\| \,\big|\, \|x\| = 1\,\} + \sup\{\,\|T_2 x\| \,\big|\, \|x\| = 1\,\}$$
$$= \|T_1\| + \|T_2\|;$$
$$\|aT\| = \sup\{\,\|aTx\| \,\big|\, \|x\| = 1\,\}$$
$$= |a| \sup\{\,\|Tx\| \,\big|\, \|x\| = 1\,\} = |a|\|T\|.$$

再证完备性. 设 $\{T_n\}_1^\infty$ 是一个基本列, 则 $\forall \varepsilon > 0, \exists N = N(\varepsilon)$, 使得 $\forall x \in X$, 下列不等式成立:

$$\|T_{n+p}x - T_n x\| \leq \varepsilon \|x\|, \quad \forall\, p \in \mathbb{N},\, n > N.$$

于是 $T_n x \to y \in Y$. 记此 $y = Tx$, 不难看出, T 线性的. 兹证其有界. 事实上, $\exists\, n \in \mathbb{N}$, 使得

$$\|Tx\| = \|y\| \leq \|T_n x\| + 1$$
$$\leq (\|T_n\| + 1)\|x\|, \quad \forall\, x \in X, \|x\| = 1.$$

即得 $\|T\| \le \|T_n\| + 1$.

下面我们讨论空间 $\mathcal{B}(X, Y)$ 上的三种拓扑，即三种收敛性.

定义 6.1.13 设 X, Y 是线性赋范空间，$T_n, T \in \mathcal{B}(X, Y)$，$n = 1, 2, \cdots$.

(1) 若 $\|T_n - T\| \to 0$，则称 T_n 一致收敛于 T，记作 $T_n \rightrightarrows T$. 这时称 T 为 $\{T_n\}$ 的一致极限;

(2) 若 $\|(T_n - T)x\| \to 0$，$\forall x \in X$ 成立，则称 T_n 强收敛于 T，记作 $T_n \to T$ 或记成 $s\text{-}\lim\limits_{n \to \infty} T_n = T$. 这时称 T 为 $\{T_n\}$ 的强极限.

(3) 若 $f((T_n - T)x) \to 0$，$\forall x \in X, \forall f \in Y^*$ 成立，则称 T_n 弱收敛于 T, 记作 $T_n \rightharpoonup T$. 这时称 T 为 $\{T_n\}$ 的弱极限.

显然，一致收敛 $\Longrightarrow$ 强收敛 $\Longrightarrow$ 弱收敛，且这三种极限若存在必是唯一的. 上述三种收敛性分别给出了连续线性算子空间 $\mathcal{B}(X, Y)$ 上的三种不同的拓扑. 于是一致拓扑比强拓扑强，强拓扑比弱拓扑强.

例 7 （强收敛而不一致收敛）在 l^2 上考虑左推移算子

$$T : x = (x_1, x_2, \cdots, x_n, \cdots) \mapsto Tx = (x_2, x_3, \cdots, x_n, \cdots). \quad (6.1.13)$$

令 $T_n = T^n$，则

$$T_n x = (x_{n+1}, x_{n+2}, \cdots), \quad \forall x = (x_1, x_2, \cdots) \in l^2.$$

当 $n \to \infty$ 时，$\|T_n x\| = \left(\sum\limits_{i=1}^{\infty} |x_{n+i}|^2 \right)^{1/2} \to 0$，所以 $T_n \to 0$. 记 $e_n = (\underbrace{0, 0, \cdots, 0, 1}_{n}, 0, \cdots)$，那么 $T_n e_{n+1} = e_1$; 并且 $\|e_n\| = 1, \forall n$. 因此 $\|T_n\| \ge \|T_n e_{n+1}\| = 1$, 这说明 T_n 不可能一致收敛到零算子.

例 8 （弱收敛而不强收敛）还是取空间 $X = Y = l^2$，考虑右推移算子 $R : l^2 \to l^2$, $\forall x = \{x_1, x_2, \cdots, x_n, \cdots\} \in l^2$

$$R : x \mapsto Rx = \{0, x_1, x_2, \cdots, x_n, \cdots\}.$$

记 $R_n \stackrel{\text{def}}{=\!=} R^n$, 于是有

$$R_n x = (\underbrace{0, 0, \cdots, 0}_{n}, x_1, x_2, \cdots).$$

显然, 对于任意的 $x \in l^2$, $\|R_n x\| = \|x\|$, 从而 $R_n \nrightarrow 0$. 但是对于任意 $f \in (l^2)^* = l^2$, 记 $f = (y_1, y_2, \cdots, y_n \cdots)$, 则有

$$|f(R_n x)| = \left| \sum_{k=1}^{\infty} y_{n+k} x_k \right|$$

$$\leq \left(\sum_{k=1}^{\infty} y_{n+k}^2 \right)^{\frac{1}{2}} \|x\| \to 0, \quad \text{当} \ n \to \infty,$$

即 $R_n \rightharpoonup 0$.

习　题

1. 在 $\mathbb{R}^2$ 中，$\forall z = (a, b)$，令

$$\|z\|_1 = |a| + |b| ; \qquad \|z\|_2 = \sqrt{a^2 + b^2};$$

$$\|z\|_3 = \max(|a|, |b|) ; \qquad \|z\|_4 = (a^4 + b^4)^{1/4}.$$

(1) 证明 $\|\cdot\|_i$, $i = 1, 2, 3, 4$ 都是 $\mathbb{R}^2$ 上范数；

(2) 画出 $(\mathbb{R}^2, \|\cdot\|_i)$ $(i = 1, 2, 3, 4)$ 各空间中的单位球面图形；

(3) 取 $O = (0, 0)$, $A = (1, 0)$, $B = (0, 1)$，试在上述四种不同范数下求出 $\triangle OAB$ 三边的长度.

2. 设 $C(0, 1]$ 表示 $(0, 1]$ 上连续且有界的函数 $x(t)$ 的全体. 令 $\|x\| = \sup\{ |x(t)| \mid 0 < t \leq 1 \}$. 证明：

(1) $\|\cdot\|$ 是 $C(0, 1]$ 空间上的范数；

(2) l^{∞} 与 $C(0, 1]$ 的一个子空间等距同构.

3. 在 $C^1[a, b]$ 中令

$$\|x\|_1 = \left(\int_a^b (|x(t)|^2 + |x'(t)|^2) \mathrm{d}t \right)^{\frac{1}{2}}, \quad \forall x \in C^1[a, b].$$

(1) 求证 $\|\cdot\|_1$ 是 $C^1[a,b]$ 上的范数;

(2) 问 $(C^1[a,b],\|\cdot\|_1)$ 是否完备?

4. 在 $C[0,1]$ 中, 对每个 $x \in C[0,1]$ 令

$$\|x\|_1 = \left(\int_0^1 |x(t)|^2 \mathrm{d}t\right)^{\frac{1}{2}}; \quad \|x\|_2 = \left(\int_0^1 (1+t)|x(t)|^2 \mathrm{d}t\right)^{\frac{1}{2}},$$

证明 $\|\cdot\|_1$ 和 $\|\cdot\|_2$ 是 $C[0,1]$ 中两个等价范数.

5. 证明范数 $\|x\|$ 是变元 x 的连续函数;

6. 在 $\mathbb{C}^n$ 中定义范数 $\|x\| = \max_i |x_i|$, 证明它是 B 空间;

7. 验证例 3 中定义的范数满足定义 6.1.1 的范数三公理.

8. 设 X_1, X_2 是两个线性赋范空间, 定义新的空间 $X = X_1 \times X_2 = \{(x_1, x_2)\,|\,x_1 \in X_1, x_2 \in X_2\}$, 称 X 为 X_1 与 X_2 的笛卡尔乘积空间. 规定线性运算如下:

$$\alpha(x_1, x_2) + \beta(y_1, y_2) = (\alpha x_1 + \beta y_1, \alpha x_2 + \beta y_2),$$

$\alpha, \beta \in \mathbb{K}$, $x_1, y_1 \in X_1$, $x_2, y_2 \in X_2$, 并赋以范数

$$\|(x_1, x_2)\| = \max(\|x_1\|_1, \|x_2\|_2),$$

其中 $\|\cdot\|_1$ 和 $\|\cdot\|_2$ 分别是 X_1 和 X_2 的范数. 证明: 如果 X_1, X_2 是 B 空间, 那么 X 也是 B 空间.

9. 设 X 是线性赋范空间, 证明 X 是 B 空间的充分必要条件是, $\forall \{x_n\} \subset X$, 若 $\sum_{n=1}^{\infty} \|x_n\| < \infty$, 则 $\sum_{n=1}^{\infty} x_n$ 收敛.

10. 在 $\mathbb{R}^2$ 中, $\forall x = (a, b) \in \mathbb{R}^2$, 定义 $\|x\| = \max(|x_1|, |x_2|)$, 这是范数; 并设 $e_1 = (1, 0)$, $x_0 = (0, 1)$. 求 $a \in \mathbb{R}$ 适合

$$\|x_0 - a e_1\| = \min_{\lambda \in \mathbb{R}^1} \|x_0 - \lambda e_1\|;$$

这样的 a 是否唯一? 请对结果作几何解释.

*11. (商空间) 设 X 是线性赋范空间, M 是 X 的闭线性子空间. 对于 $x, y \in M$, 若 $x - y \in M$, 称 x 与 y 等价. 将 X 中向量按等价

分类，把每一个等价类看作一个新的向量，由这种向量的全体组成的集合用 X/M 表示，并称为商空间.

(1) 设 $[x] \in X/M$ ，求证 $x \in [x]$ 的充分必要条件是 $[x] = x + M$.

(2) 在 X/M 中引入加法与数乘运算如下：

$$[x]+[y] \stackrel{\text{def}}{=\!=} x + y + M, \quad [x],\ [y] \in X/M;$$

$$\alpha[x] \stackrel{\text{def}}{=\!=} \alpha x + M, \quad [x] \in X/M,\ \alpha \in \mathbb{K},$$

其中 x 和 y 分别表示等价类 $[x]$ 和 $[y]$ 中的任一元素. 又规定范数

$$\| [x] \| = \inf\{\|x\| \mid x \in [x]\}, \quad \forall\, x \in X/M.$$

证明 $(X/M, \| \cdot \|)$ 是一个线性赋范空间.

(3) 证明 $\forall\, x \in [x]$ 有

$$\| [x] \| = \inf\{\|x - m\| \mid m \in M\}.$$

(4) 定义商映射 $\phi: X \to X/M$ 为 $\phi(x) = [x]$. 证明 ϕ 是线性连续映射.

(5) $\forall\, [x] \in X/M$，求证 $\exists\, y \in X$ 使得 $\phi(y) = [x]$，且 $\|y\| \le 2\, \| [x] \|$.

(6) 设 X 是 Banach 空间，证明 X/M 也是 Banach 空间.

(7) 设 $X = C[0,1]$, $M = \{f \in X \mid f(0) = 0\}$，证明 X/M 与 $\mathbb{K}$ 等距同构.

12. 对于任意的 $A \in \mathcal{B}(X, Y)$ ，证明

(1) $\|A\| = \sup\{\|Ax\| \mid \|x\| \le 1\}$;

(2) $\|A\| = \sup\limits_{\|x\|<1} \|Ax\|$.

13. 证明 $T \in \mathcal{B}(X, Y)$ 充分必要条件是，T 是线性算子，将 X 中有界集映射为 Y 中有界集;

14. 对于任意的 $f \in \mathcal{B}(X, \mathbb{R}^1)$，证明

(1) $\|f\| = \sup\{f(x) \mid \|x\| < 1\}$;

(2) $\sup\{f(x) \mid \|x\| < \delta\} = \delta\|f\|, \quad \forall \delta > 0.$

15. 设 $\phi(t) \in C[0,1]$，在 $C[0,1]$ 上定义泛函

$$\Phi(f) = \int_0^1 \phi(t)f(t)\mathrm{d}t, \quad \forall f \in C[0,1],$$

求 $\|\Phi\|$.

16. 设 $T : X \to Y$ 是线性算子，

(1) 若 $T \in \mathcal{B}(X,Y)$，求证 $\ker T$ 是 X 的闭线性子空间.

(2) 若 f 是 X 上的线性泛函，求证

$$f \in X^* \Longleftrightarrow \ker f \text{ 是闭线性子空间}.$$

17. X, Y 是有穷维线性赋范空间，T 是 X 到 Y 的线性映射，证明 T 是连续的.

18. S_n 是 $L^p(\mathbb{R}^1), 1 \le p < \infty$ 到自身的算子，

$$(S_n u)(x) = \begin{cases} u(x), & |x| \le n, \\ 0, & |x| > n, \end{cases}$$

其中 $u \in L^p(\mathbb{R}^1)$. 证明 S_n 强收敛到恒同算子 I，但不一致收敛到 I.

19. 设 H 是 Hilbert 空间，$\{T_n\} \subset \mathcal{B}(H)$, $T_n \to T$, 且 $\forall x \in H$, 有 $\|T_n x\| \to \|Tx\|$. 证明 T_n 强收敛到 T.

§6.2　Banach 空间上的有界线性算子

上一节已经介绍了 Banach 空间上有界线性算子的概念，并进行了初步讨论. 这一节是比较深入介绍有关 Banach 空间上有界线性算子的理论.

§6.2.1　逆算子定理

设 X 和 Y 是线性赋范空间，T 是 X 到 Y 的线性映射，则 T 是连

续算子的充分必要条件是, 对于像集中任意开集 U, 它的原像 $T^{-1}U = \{x \in X \mid Tx \in U\}$ 是 X 中的开集. 若 T 是一一对应的, 那么在像集 $R(T)$ 上可定义 T 的逆映射 $T^{-1} : R(T) \to X$. 于是为了使 T^{-1} 是连续的, 其充分必要条件是, T 将开集 X 中 U 映成 Y 中开集 TU. 为了不涉及 T^{-1} 的存在性, 称线性映射 $T : X \to Y$ 是开映射, 如果它将开集映射为开集.

定理 6.2.1 (开映射定理)　设 X, Y 是 Banach 空间, $T \in \mathcal{B}(X, Y)$. 若 T 是满射, 即 $TX = Y$, 则 T 是开映射.

开映射定理的证明要用到纲的概念和 Baire 纲定理. 本课程不引进纲的概念和 Baire 纲定理. 开映射定理的证明从略. 有兴趣读者可参考附录 D.

定理 6.2.2 (逆算子定理)　设 X 和 Y 是 Banach 空间, $T \in \mathcal{B}(X, Y)$; 设 T 是一一满的, 则 $T^{-1} \in \mathcal{B}(Y, X)$.

证明　由开映射定理知, $\forall X$ 中开集 W, TW 为 Y 中的开集. 用 $B(x_0, a)$, $U(y_0, b)$ 分别表示 X 和 Y 中的开球. 那么 $\exists \delta > 0$, 使得 $U(0, \delta) \subset TB(0, 1)$, 即

$$U(0, 1) \subset TB\left(0, \frac{1}{\delta}\right),$$

或

$$T^{-1}U(0, 1) \subset B\left(0, \frac{1}{\delta}\right).$$

因此 $\forall y \in Y, \|y\| < 1$, 有

$$\|T^{-1}y\| < 1/\delta.$$

对于 $\forall y \in Y, \varepsilon > 0$, 记 $\tilde{y} = y/(\|y\| + \varepsilon)$, $\|\tilde{y}\| < 1$. 将 $\tilde{y}$ 代入上列不等式, 由模的齐次性得

$$\|T^{-1}y\| < \frac{1}{\delta}(\|y\| + \varepsilon).$$

令 $\varepsilon \to 0$，得

$$\|T^{-1}y\| \le \frac{1}{\delta}\|y\|, \quad \forall\, y \in Y$$

成立. 从而 $T^{-1} \in \mathcal{B}(Y, X)$.

定理 6.2.3（等价范数定理） 设线性空间 X 上有两个范数 $\|\cdot\|_1$ 和 $\|\cdot\|_2$. 如果 X 关于这两个范数都构成 Banach 空间，而且 $\|\cdot\|_2$ 比 $\|\cdot\|_1$ 强，则 $\|\cdot\|_2$ 必与 $\|\cdot\|_1$ 等价.

证明 考虑恒同算子 $I: X \to X$，把它看成由 $(X, \|\cdot\|_2)$ 到 $(X, \|\cdot\|_1)$ 的线性算子. 由假设，$\exists C > 0$，使

$$\|Ix\|_1 \le C\|x\|_2, \quad \forall\, x \in X.$$

因此 I 是有界的，I 是一一满的映射，由逆算子定理，它的逆算子 I^{-1} 也是有界的，即 $\forall\, x \in X$,

$$\|I^{-1}x\|_2 \le \|I^{-1}\|\|x\|_1.$$

亦即

$$\|x\|_2 \le \|I^{-1}\|\|x\|_1.$$

§6.2.2 闭图像定理

定义 6.2.4 设 X 和 Y 是线性赋范空间，考虑笛卡儿乘积空间 $X \times Y = \{(x, y) \mid x \in X, y \in Y\}$. 按运算

$$(x_1, y_1) + (x_2, y_2) = (x_1 + x_2, y_1 + y_2); \tag{6.2.1}$$

$$\alpha(x, y) = (\alpha x, \alpha y), \tag{6.2.2}$$

$X \times Y$ 构成线性空间. 定义范数

$$\|(x, y)\| = \|x\| + \|y\|. \tag{6.2.3}$$

这时 $X \times Y$ 是一个线性赋范空间.

定义 6.2.5 令 T 是定义在 $\mathcal{D}(T) \subset X$ 上到 Y 的线性算子，

$$G_T = \{\, (x, Tx) \mid x \in \mathcal{D}(T) \,\}, \qquad\qquad (6.2.4)$$

称 G_T 为 T 的图像.

显然, G_T 是 $X \times Y$ 中的线性子空间.

定理 6.2.6(闭图像定理) 设 X 和 Y 是 Banach 空间, T 是 $\mathcal{D}(T) \subset X$ 到 Y 的线性算子, $\mathcal{D}(T)$ 是 X 中的闭集. 若 G_T 是 $X \times Y$ 中闭集, 则 T 是连续的.

证明 因为 $\mathcal{D}(T)$ 是闭的, $\mathcal{D}(T)$ 作为 X 的闭线性子空间可以看作为 Banach 空间. 又因为 G_T 是闭集, G_T 在范数 (6.2.3) 下是 Banach 空间. 定义 $P : G_T \to \mathcal{D}(T)$, $(x, Tx) \mapsto x$. 易知 P 是一一满的有界线性算子. 由逆算子定理知, $P^{-1} : \mathcal{D}(T) \to G_T$ 是连续的. 又定义连续线性算子 $Q : G_T \to Y$, $(x, Tx) \mapsto Tx$. 于是由 $T = Q \cdot P^{-1}$ 知 T 是连续的.

定义 6.2.7 设 X 和 Y 是 Banach 空间, T 是 $\mathcal{D}(T) \subset X$ 到 Y 的线性算子. 对于任意的 $\{x_n\} \subset \mathcal{D}(T)$, 若由 $x_n \to x$, $Tx_n \to y$ 可得 $x \in \mathcal{D}(T)$, 及 $y = Tx$, 就称 T 是闭算子.

每个连续线性算子 T 都可以将定义域 $\mathcal{D}(T)$ 延拓到 $\overline{\mathcal{D}(T)}$ 上, 因此每个连续线性算子 T 都可以看成是有闭定义域的, 于是每个连续线性算子必是闭算子. 可是一般的闭线性算子未必是连续算子.

例 考察微分算子 $T = \frac{d}{dt}$, 它是定义在 $\mathcal{D}(T) = C^1[0,1] \subset C[0,1]$ 上, 取值于 $C[0,1]$ 的线性算子. 取函数 $\sin nt$, 则

$$\left\| \frac{\mathrm{d}}{\mathrm{d}t} \sin nt \right\| = n \left\| \cos nt \right\| = n \to \infty,$$

因此 T 是无界算子, 从而不是连续算子. 兹证明 T 是闭算子. 设 $x_n \in C^1[0,1]$, $x_n \to x$, $Tx_n \to y$. 注意, $C[0,1]$ 中的收敛等价于函数一致

收敛. 对于 $\forall t \in [0,1]$, 由

$$x_n(t) - x_n(0) = \int_0^t x_n'(s)\mathrm{d}s,$$

令 $n \to \infty$, 得

$$x(t) - x(0) = \int_0^t y(s)\mathrm{d}s.$$

因此 $x \in C^1[0,1]$, 且 $Tx = y$.

定理 6.2.8 T 是闭算子的充分必要条件是 G_T 是闭集.

证明 必要性. 设 $x_n \in \mathcal{D}(T)$, $(x_n, Tx_n) \to (x, y)$. 因为 T 是闭算子, $x \in \mathcal{D}(T)$ 且 $y = Tx$, 于是 $(x, y) = (x, Tx) \in G_T$, 故 G_T 是闭集.

充分性. 设 G_T 是闭的. 若 $x_n \to x$, $Tx_n \to y$, 那么

$$(x_n, Tx_n) \to (x, y) \in G_T ,$$

这表明 $x \in \mathcal{D}(T)$, $y = Tx$.

由定理 6.2.8 可知, 闭图像定理还可以叙述成: 在定理 6.2.6 条件下, 若 T 是闭算子, 则 T 是连续的. 因此定义域是闭子空间的闭算子是连续算子.

§6.2.3 共鸣定理

定理 6.2.9 (共鸣定理或一致有界定理) 设 X, Y 是 Banach 空间, $W \subset \mathcal{B}(X, Y)$. 如果

$$\sup_{T \in W} \|Tx\| < \infty, \quad \forall\, x \in X, \tag{6.2.5}$$

那么存在常数 M , 使得 $\|T\| \le M, \forall\, T \in W$.

证明 对于 $\forall\, x \in X$, 定义

$$\|x\|_W = \|x\| + \sup_{T \in W} \|Tx\| .$$

易证, $\|\cdot\|_W$ 是 X 上的范数. 显然 $\|\cdot\|_W$ 强于 $\|\cdot\|$. 兹证 $(X, \|\cdot\|_W)$ 也是 Banach 空间. 设关于范数 $\|\cdot\|_W$, $\{x_n\}$ 是基本列, 即当 $n, m \to \infty$ 时,

$$\|x_n - x_m\|_W = \|x_n - x_m\| + \sup_{T \in W} \|Tx_n - Tx_m\| \to 0.$$

于是 $\exists\, x \in X$, 使得 $\|x_n - x\| \to 0$. 对于 $\forall \varepsilon > 0$, $\exists\, N = N(\varepsilon)$, 使得当 $n, m \geq N$ 时,

$$\sup_{T \in W} \|Tx_n - Tx_m\| < \varepsilon.$$

从而对于 $\forall T \in W$, 有 $\|Tx_n - Tx\| \leq \varepsilon$, 当 $n \geq N$ 时成立. 于是, 当 $n \to \infty$ 时有

$$\|x_n - x\|_W = \|x_n - x\| + \sup_{T \in W} \|Tx_n - Tx\| \to 0.$$

根据等价范数定理, $\|\cdot\|_W$ 与 $\|\cdot\|$ 等价. 从而 $\exists$ 常数 M, 使得 $\forall x \in X$ 有

$$\sup_{T \in W} \|Tx\| \leq M \, \|x\|.$$

由此立即推得 $\|T\| \leq M$, $\forall\, T \in W$ 成立.

注 1　由定理 6.2.9 可知

$$\sup_{T \in W} \|T\| = \infty \Longrightarrow \exists\, x_0 \in X, \quad 使得\ \sup_{T \in W} \|Tx_0\| = \infty.$$

故该定理又称为 "共鸣定理". 又定理中条件 (6.2.5) 可改叙述成: $\forall x \in X$, $\exists\, M_x > 0$, 使得

$$\|Tx\| \leq M_x \, \|x\|, \quad \forall\, T \in W,$$

它意味着算子族 W 点点有界. 而定理结论则是: 存在与 x 无关常数, 使得

$$\|Tx\| \leq M \, \|x\|, \quad \forall\, T \in W,$$

它意味着算子族 W 一致有界. 因此本定理给出的条件, 保证点点有界蕴含一致有界, 故定理亦称为 "一致有界定理".

注 2 仔细检查定理 6.2.9 的证明可知，定理中空间 Y 的所设条件可以减弱为线性赋范空间.

推论 6.2.10 设 X 是 Banach 空间, $A \subset X^*$, 则 A 是有界集的充分必要条件是, 对于 $\forall x \in X$, $\sup\limits_{f \in A} |f(x)| < \infty$.

证明 因为 $X^* = \mathcal{B}(X, \mathbb{K})$, 故定理成立.

定理 6.2.11 (Banach-Steinhaus 定理) 设 X, Y 是 Banach 空间, M 是 X 的稠密子集; 设 $T_n, T \in \mathcal{B}(X, Y)$ $(n = 1, 2, \cdots)$. 则 T_n 强收敛于 T 的充分必要条件是

(1) $\|T_n\|$ 有界;

(2) $\lim\limits_{n \to \infty} T_n x = Tx$, $\forall x \in M$.

证明 **必要性**. 若 $T_n \to T$, 则 $\forall x \in X$ 有 $T_n x \to Tx$, 它已蕴含结论 (2). 并且对于 $W = \{T_n\}$, 条件 (6.2.5) 成立, 由共鸣定理得结论 (1).

充分性. 记 $\forall n \in N$, $\|T_n\| \leq c$. 任意取定一个 $x \in X$, 对于 $\forall \varepsilon > 0$, 取 $y \in M$, 使得

$$\|x - y\| < \frac{\varepsilon}{4(c + \|T\|)}.$$

又 $\exists N = N(\varepsilon)$, 使得当 $n > N$ 时,

$$\|T_n y - Ty\| < \frac{\varepsilon}{2}.$$

于是当 $n > N$ 时,

$$\|T_n x - Tx\| \leq \|T_n x - T_n y\| + \|T_n y - Ty\| + \|Ty - Tx\|$$
$$\leq c\|y - x\| + \frac{\varepsilon}{2} + \|T\| \, \|y - x\| < \varepsilon.$$

注 3 定理 6.2.11 中关于空间 Y 的所设条件可以减弱为线性赋范空间.

§6.2.4   应用

定理 6.2.12 (Lax-Milgram 定理)   设 $u(x, y)$ 是 Hilbert 空间 H 上的一个共轭双线性形式, 满足:

(1) $\exists c > 0$, 使得 $|u(x, y)| \leq c \, \|x\| \, \|y\|$, $\forall \, x, y \in H$;

(2) $\exists \delta > 0$, 使得 $|u(x, x)| \geq \delta \, \|x\|^2$, $\forall \, x \in H$,

那么必存在唯一的有连续逆的有界线性算子 $A \in \mathcal{B}(H)$, 满足

$$u(x, y) = (x, Ay), \quad \forall \, x, y \in H, \tag{6.2.6}$$

$$\|A^{-1}\| \leq \frac{1}{\delta} . \tag{6.2.7}$$

证明   依定理 5.3.9 , 存在唯一的算子 $A \in \mathcal{B}(H)$, 使得 $u(x, y) = (x, Ay)$, $\forall \, x, y \in H$. 只要证明 A 是一一满的, 则由 Banach 逆算子定理知, $A^{-1} \in \mathcal{B}(H)$. 而由

$$\delta \, \|A^{-1}x\|^2 \leq |u(A^{-1}x, A^{-1}x)| = |(A^{-1}x, x)| \leq \|x\| \cdot \|A^{-1}x\| ,$$

即得 $\delta \, \|A^{-1}x\| \leq \|x\|$, $\forall \, x \in X$, 故 $\|A^{-1}\| \leq 1/\delta$ 成立.

兹证 $\ker A = \{0\}$. 若 $y \in \ker A$, 则

$$u(x, y) = (x, Ay) = 0 , \qquad \forall \, x \in H.$$

取 $x = y$, 由假设条件 (2), 有

$$\delta \, \|y\|^2 \leq |u(y, y)| = 0,$$

即得 $y = 0$.

再证 A 是满射. 若 $y \in R(A)^{\perp}$, 则 $\forall \, x \in H$,

$$u(y, x) = (y, Ax) = 0 .$$

特别取 $x = y$, 由条件 (2) , 即得 $y = 0$, 因而 $R(A)$ 是 H 的稠集. $\forall \, x \in H$, $\exists v_n \in H$ $(n = 1, 2, \cdots)$, 使得

$$\lim_{n \to \infty} A v_n = x .$$

由条件 (2)，$\forall n, p \in \mathbb{N}$, 有

$$\delta\|v_{n+p} - v_n\|^2 \leq |u(v_{n+p} - v_n, v_{n+p} - v_n)|$$
$$= |(v_{n+p} - v_n, A(v_{n+p} - v_n))|$$
$$\leq \|v_{n+p} - v_n\|\|Av_{n+p} - Av_n\|,$$

即得

$$\|v_{n+p} - v_n\| \leq \frac{1}{\delta}\|Av_{n+p} - Av_n\| \to 0.$$

从而 $\{v_n\}$ 是基本列. 因此 $\exists v^* \in H$，使得 $v_n \to v^*$，再由 A 的连续性，得 $Av^* = x$，故 $R(A) = H$.

习　　题

1. 设 X 是 Banach 空间，X_0 是 X 的闭子空间. 又定义映射 $\phi : X \to X/X_0$ 为 $\phi : x \mapsto [x]$，$\forall x \in X$，其中 $[x]$ 表示含 x 的商类. 证明 ϕ 是开映射.

2. 设 X, Y 是 Banach 空间，$U \in \mathcal{B}(X, Y)$. 设方程 $Ux = y$ 对每一个 $y \in Y$ 有解 $x \in X$，并且 $\exists m > 0$，使得

$$\|Ux\| \geq m\|x\|, \quad \forall x \in X.$$

证明 U 有连续逆 U^{-1}，并且 $\|U^{-1}\| \leq 1/m$.

3. 设 H 是 Hilbert 空间，$A \in \mathcal{B}(H)$, 并且 $\exists m > 0$，使得

$$|(Ax, x)| \geq m\|x\|^2, \quad \forall x \in H.$$

证明 $\exists A^{-1} \in \mathcal{B}(H)$.

4. 设 X, Y 是线性赋范空间，$\mathcal{D}$ 是 X 的线性子空间，$A : \mathcal{D} \to Y$ 是线性映射. 证明

(1) 如果 A 连续，$\mathcal{D}$ 是闭集, 则 A 是闭算子;

(2) 如果 A 连续且是闭算子，则 Y 完备蕴含 $\mathcal{D}$ 闭;

(3) 如果 A 是一一的闭算子，则 A^{-1} 也是闭算子；

(4) 如果 X 完备，A 是一一的闭算子，$R(A)$ 在 Y 中稠密，并且 A^{-1} 连续，那么 $R(A) = Y$.

5. Banach 空间中的一个子集 S 称为弱有界的. 若 $\forall \lambda \in X^*$, 有 $\sup\{|\lambda(x)| \mid x \in S\} < \infty$. 证明 S 是弱有界的充分必要条件为 S 是有界的，即 $\sup\{\|x\| \mid x \in S\} < \infty$.

6. 设 X, Y 是 Banach 空间，$\mathcal{A} \subseteq \mathcal{B}(X, Y)$. 若 $\forall\, x \in X$, $g \in Y^*$, 有

$$\sup\{\ |g(Tx)| \mid T \in \mathcal{A}\ \} < \infty.$$

证明 $\mathcal{A}$ 在 $\mathcal{B}(X, Y)$ 中有界.

7. 设 X, Y 是 Banach 空间，$T, T_n \in \mathcal{B}(X, Y)$, $n = 1, 2, \cdots$. 若 $T_n \rightharpoonup T$, 证明 $\{\|T_n\|\}$ 是有界数列.

*8. 用等价范数定理证明 $(C[0,1], \|\cdot\|_1)$ 不是 Banach 空间，其中

$$\|f\|_1 = \int_0^1 |f(t)|\mathrm{d}t, \quad \forall\, f \in C[0,1].$$

*9. Gelfand 引理. 设 X 是 Banach 空间，泛函 $p : X \to \mathfrak{R}^1$ 满足

(1) $p(x) \geq 0$, $\quad \forall\, x \in X$;

(2) $p(\lambda x) = \lambda p(x)$, $\quad \forall\, \lambda > 0$, $x \in X$;

(3) $p(x_1 + x_2) \leq p(x_1) + p(x_2)$, $\quad \forall\, x_1, x_2 \in X$;

(4) 当 $x_n \to x$ 时，$\varliminf\limits_{n \to \infty} p(x_n) \geq p(x)$.

证明：$\exists\, M > 0$, 使得 $p(x) \leq M\, \|x\|$, $\quad \forall\, x \in X$.

10. 用 Gelfand 引理证明共鸣定理.

11. 设 M 是 Banach 空间 X 的闭子空间，$1 > \varepsilon > 0$. 证明：存在 $x \in X$, 满足条件 $\forall\, y \in M$, $\|x + y\| \geq (1 - \varepsilon)\|x\|$. 此时称 x 是 ε 正交于 M.

*12. 设 X, Y 是 Banach 空间, $A \in \mathcal{B}(X, Y)$ 是满射. 证明: 如果在 Y 中 $y_n \to y_0$, 则 $\exists c > 0$ 与 $x_n \to x_0$, 使得 $Ax_n = y_n$, 且 $\|x_n\| \leq c\|y_n\|$.

13. 设 $A \in \mathcal{B}(H, K)$, $B \in \mathcal{C}(H, K)$. 若 $R(A) \subset R(B)$, 证明 $A \in \mathcal{C}(H, K)$.

*14. 设 $A \in \mathcal{B}(X, Y), R(A)$ 是闭子空间, 且 $\dim R(A) = \infty$. 证明 $A \bar{\in} \mathcal{C}(X, Y)$.

15. 设 X, Y 是 Banach 空间, 又设 T 是 X 到 Y 的闭线性算子, $\mathcal{D}(T) \subset X$, $R(T) \subset Y$. 证明

(1) $\ker T$ 是 X 的闭线性子空间;

(2) $\ker T = \{0\}$, 且 $R(T)$ 是 Y 中闭集的充分必要条件是, $\exists a > 0$, 使得
$$\|x\| \leq a\|Tx\|, \quad \forall x \in \mathcal{D}(T);$$

(3) $R(T)$ 是 Y 中闭集的充分必要条件是, $\exists a > 0$,
$$d(x, \ker T) \leq a\|Tx\|, \quad \forall x \in \mathcal{D}(T),$$
其中 $d(x, C)$ 表示 x 到 X 的子集 C 的距离.

16. 设 $a(x, y)$ 是 Hilbert 空间 H 上的一个共轭双线性形式, 满足

(1) $\exists M > 0$, 使得 $|a(x, y)| \leq M\|x\|\|y\|$;

(2) $\exists \delta > 0$, 使得 $|a(x, y)| \geq \delta\|x\|^2$.

证明: $\forall f \in H^*$, 存在唯一的元素 $y_f \in H$, 使得
$$a(x, y_f) = f(x), \quad \forall x \in H,$$
而且 y_f 连续依赖于 f.

17. 设 X, Y 是 Banach 空间, $A_n \in \mathcal{B}(X, Y)$ $(n = 1, 2, \cdots)$. 又对 $\forall x \in X$, $\{A_n x\}$ 在 Y 中收敛. 证明: $\exists A \in \mathcal{B}(X, Y)$, 使得 A_n 强收敛到 A, 且 $\|A\| \leq \varliminf\|A_n\|$.

18. 设 $1 < p < \infty$, 且 $1/p + 1/q = 1$. 如果序列 $\{a_k\}$, 使得

$\forall x = \{\xi_k\} \in l^p$，保证 $\sum a_k \xi_k$ 收敛，证明 $\{a_k\} \in l^q$. 又若

$$f : x \mapsto \sum a_k \xi_k,$$

证明 f 作为 l^p 上的线性泛函，有

$$\|f\| = \left(\sum_{k=1}^{\infty} |a_k|^q \right)^{\frac{1}{q}}.$$

19. 设 X 是 Banach 空间，E 是 X 到自身的线性算子，$E^2 = E$，且 $R(T)$ 和 $\ker E$ 是闭集. 证明 E 是连续的.

20. 设 $1 \le p \le \infty$，(α_{ij}) 是一个矩阵. 若 $\forall f \in l^p$，

$$(Af)(i) = \sum \alpha_{ij} f_j$$

定义了 l^p 中的 Af，证明 $A \in \mathcal{B}(l^p)$.

21. 设 (X, Ω, μ) 是 σ 有限测度空间，$1 \le p < \infty$. 设

$$\kappa : X \times X \to \mathbb{K}$$

是 $\Omega \times \Omega$ 可测函数. 若 $\forall f \in L^p(\mu)$，有 $\kappa(x, \cdot)f(\cdot) \in L^1(\mu)$，在 μ a.e. 的 x 上成立，并且

$$Kf(x) = \int_{\Omega} \kappa(x, y) f(y) \mathrm{d}\mu(y)$$

定义了 $L^p(\mu)$ 中的 Kf，证明 K 是 $L^p(\mu)$ 上的有界线性算子.

22. (Hellerger-Toeplitz 命题) 设 A 是 Hilbert 空间 H 到自身的线性算子. 若 $(x, Ay) = (Ax, y)$，$\forall x, y \in H$，证明 A 是有界的.

23. 设 H 是可分的 Hilbert 空间，$\{x_n\}_{n=1}^{\infty}$ 是标准正交基. 令 $\{y_n\} \subset H$. 证明以下命题等价：

(1) $(x, y_n) \to 0,\ n \to \infty,\ \forall x \in H$；

(2) $\{\|y_n\|\}$ 有界且 $\forall m = 1, 2, \cdots,\ \lim_{n \to \infty} (x_m, y_n) = 0$.

24. 设 H 是 Hilber 空间，M 是一个闭子空间. 若

$$\pi : H \to H/M, \quad x \mapsto [x],$$

则 π 在 $M^\perp$ 上的限制是 $M^\perp$ 到 H/M 的同构.

§6.3　Banach 空间上的连续线性泛函

§6.3.1　连续线性泛函的存在性

设 X 是线性赋范空间，T 是 X 到实数 (或复数) 域 $\mathbb{K}$ 的线性算子，则 T 称为 X 上实 (或复) 泛函. 本节将要证明线性赋范空间 X 上总存在非零的连续线性泛函. 由于 $\mathbb{K}$ 是一个 Banach 空间，根据定理 6.1.12，全体 X 上的连续线性泛函 $\mathcal{B}(X,\mathbb{K}) = X^*$ 构成一个 Banach 空间. 注意，连续线性泛函就是有界线性泛函. 下面先讨论实的有界线性泛函，然后再讨论复的有界线性泛函.

定理 6.3.1(**Hahn-Banach 定理**)　设 X 是实线性赋范空间，X_0 是 X 的线性子空间. 若 f_0 是定义在 X_0 上实的有界线性泛函，则 f_0 可以延拓到整个空间 X 上且保持范数不变. 就是说，X 上存在有界线性实泛函 f 满足:

(1) $f(x) = f_0(x)$, $\forall\, x \in X_0$ (延拓条件);

(2) $\|f\| = \|f_0\|_0$ (保范条件)，

其中 $\|f_0\|_0$ 表示 f_0 在 X_0 上的范数.

证明　任取 $y_0 \in X \backslash X_0$. 记 $X_1 = \{\, x + \alpha y_0 \mid x \in X_0, \alpha \in \mathbb{R}^1 \,\}$. 首先将 f_0 延拓成 X_1 上的线性实泛函 f_1:

$$f_1(x + \alpha y_0) = f_0(x) + \alpha f_1(y_0), \quad \forall\, x \in X_0,\ \alpha \in \mathbb{R}^1, \quad (6.3.1)$$

可见只要确定 $f_1(y_0)$ 的值. 由保范条件得，$\forall\, x \in X_0,\ \alpha \in \mathbb{R}^1$,

$$|f_1(x + \alpha y_0)| \le \|f_1\|\,\|x + \alpha y_0\| = \|f_0\|_0\,\|x + \alpha y_0\|. \quad (6.3.2)$$

取 $\alpha = 1$, $\forall\, y \in X_0$, 有

$$-\|f_0\|_0\,\|y_0 + y\| \le f_1(y_0 + y) \le \|f_0\|_0\,\|y + y_0\|. \quad (6.3.3)$$

取 $\alpha = -1$, $\forall\, z \in X_0$, 有

$$-\|f_0\|_0\,\|y_0 - z\| \le f_1(-y_0 + z) \le \|f_0\|_0\,\|y_0 - z\|. \tag{6.3.4}$$

而不等式 (6.3.3) 和 (6.3.4) 等价于下列不等式: $\forall\, y,\, z \in X_0$

$$f_0(z) - \|f_0\|_0\,\|y_0 - z\| \le f_1(y_0) \le -f_0(y) + \|f_0\|_0\,\|y_0 + y\|. \tag{6.3.5}$$

为了能取到适合不等式 (6.3.5) 的 $f_1(y_0)$ 必须且仅须

$$\sup_{z \in X_0}\{f_0(z) - \|f_0\|_0\,\|y_0 - z\|\} \le \inf_{y \in X_0}\{-f_0(y) + \|f_0\|_0\,\|y_0 + y\|\}. \tag{6.3.6}$$

然而上式是可以保证成立的. 这是因为, $\forall\, y,\, z \in X_0$, 有

$$f_0(y) + f_0(z) = f_0(y + z) \le \|f_0\|_0\,\|y + z\|$$
$$\le \|f_0\|_0\,\|y + y_0\| + \|f_0\|_0\,\|y_0 - z\|.$$

所以 $\forall\, y,\, z \in X_0$, 有

$$f_0(z) - \|f_0\|_0\,\|y_0 - z\| \le -f_0(y) + \|f_0\|_0\,\|y_0 + y\|. \tag{6.3.7}$$

显然关系式 (6.3.7) 蕴含了关系式 (6.3.6). 于是任意取定 $f_1(y_0)$ 为不等式 (6.3.6) 两端的中间值, 就能由 (6.3.1) 式定义 X_1 上的线性泛函 f_1 , 它是 f_0 的延拓. 现在需要证明 $\|f_1\| = \|f_0\|_0$.

首先, $\|f_1\| \ge \|f_0\|_0$ 显然成立. 根据 $f_1(y_0)$ 的选择, 不等式 (6.3.5) 成立, 故不等式 (6.3.3) 与 (6.3.4) 成立. 当 $\alpha > 0$, 由不等式 (6.3.3) , 及 $x/\alpha \in X_0$, 有

$$|f_1(x + \alpha y_0| = \alpha \left| f_1\left(\frac{x}{\alpha} + y_0\right) \right|$$
$$\le \alpha \|f_0\|_0 \left\| \frac{x}{\alpha} + y_0 \right\| = \|f_0\|_0\,\|x + \alpha y_0\| .$$

当 $\alpha < 0$, 由不等式 (6.3.4) 同理可得 $|f_1(x + \alpha y_0)| \le \|f_0\|_0\,\|x + \alpha y_0\|$. 于是 $\|f_1\| \le \|f_0\|_0$, 故得 $\|f_1\| = \|f_0\|_0$.

其次, 由于 (6.3.6) 式两端未必相等, 其中间值 $f_1(y_0)$ 取法一般不唯一, 因此这种延拓一般也不唯一. 剩下问题是怎样把 f_0 延拓到整个

X 上去. 这需要用 Zorn 引理. 为此定义

$$\mathcal{F} \stackrel{\text{def}}{=} \left\{ (X_\triangle, f) \;\middle|\; \begin{array}{l} X_\triangle \text{是实线性子空间}, X_0 \subset X_\triangle \subset X, \\ \|f\|_{X_\triangle} = \|f_0\|_0, \text{且当 } x \in X_0 \text{ 时}, f(x) = f_0(x) \end{array} \right\}$$

$$(6.3.8)$$

在 $\mathcal{F}$ 中引入序关系: $(X_1, f_1) \prec (X_2, f_2)$ 是指 $X_1 \subset X_2$，并且当 $x \in X_1$ 时 $f_2(x) = f_1(x)$，于是 $\mathcal{F}$ 为半序集. 若 S 是 $\mathcal{F}$ 中任意一个全序子集，考虑集合

$$X_S \stackrel{\text{def}}{=} \bigcup \{ \, X_\triangle \mid (X_\triangle, f) \in S \, \},$$

并且当 $x \in X_\triangle, (X_\triangle, f) \in S$ 时，令 $f_S(x) = f(x)$. 由于 S 是全序子集，容易证明，$X_S \supset X_0, f_S$ 在 X_S 上唯一确定，满足 $\|f_S\| = \|f_0\|_0$. 于是 $(X_S, f_S) \in \mathcal{F}$，并且是 S 的一个上界. 由 Zorn 引理，$\mathcal{F}$ 本身存在极大元，不妨设为 $(X_\wedge, f_\wedge)$.

兹证明 $X_\wedge = X$. 用反证法. 倘若不然，那么根据第一段的证明，可以构造

$$(\widetilde{X_\wedge}, \widetilde{f_\wedge}) \in \mathcal{F}, \quad \text{使得 } X_\wedge \subsetneqq \widetilde{X_\wedge}.$$

从而 $(X_\wedge, f_\wedge) \precneqq (\widetilde{X_\wedge}, \widetilde{f_\wedge})$. 这与 $(X_\wedge, f_\wedge)$ 的极大性矛盾. 因此 $X_\wedge = X$. 于是所求的泛函 f 可取为 $f_\wedge$ 即可.

定理 6.3.2 设 X 是复线性赋范空间，X_0 是 X 的线性子空间. 若 f_0 是 X_0 上的有界线性泛函，那么 f_0 可以延拓到整个空间 X 上且保持范数不变. 就是说，X 上存在有界线性泛函 f 满足

(1) $f(x) = f_0(x)$，$\forall\, x \in X_0$ (延拓条件)；

(2) $\|f\| = \|f_0\|_0$ (保范条件),

其中 $\|f_0\|_0$ 是 f_0 在 X_0 上的范数.

证明 将 X 看成实线性空间, 相应地将 X_0 看成实线性子空间, 令

$$g_0(x) = \mathrm{Re}f_0(x), \quad \forall\, x \in X_0.$$

由于 $|\mathrm{Re}f_0(x)| \le |f_0(x)|$, 故 $\|\mathrm{Re}f_0\|_0 \le \|f_0\|_0$. 由于 f_0 是复线性的, $g_0(\mathrm{i}x) = -\mathrm{Im}f_0(x)$. 由定理 6.3.1, 存在 X 上的实线性泛函 g, 使得

$$g(x) = g_0(x), \quad \forall\, x \in X_0 ; \tag{6.3.9}$$

$$\|g\| = \|\mathrm{Re}f_0\|_0. \tag{6.3.10}$$

现在令 $f(x) = g(x) - \mathrm{i}g(\mathrm{i}x)$, $\forall\, x \in X$. 由等式 (6.3.9), 对于 $\forall\, x \in X_0$,

$$f(x) = g_0(x) - \mathrm{i}g_0(\mathrm{i}x)$$

$$= \mathrm{Re}f_0(x) + \mathrm{i}\mathrm{Im}f_0(x) = f_0(x).$$

又 $\forall\, x \in X$,

$$f(\mathrm{i}x) = g(\mathrm{i}x) - \mathrm{i}g(-x)$$

$$= \mathrm{i}(g(x) - \mathrm{i}g(\mathrm{i}x)) = \mathrm{i}f(x).$$

从而 f 是复齐次的. 剩下需证明 X 上保范条件成立. 显然 $\|f\| \ge \|f_0\|_0$, 只要证明 $\|f\| \le \|f_0\|_0$. 当 $f(x) \ne 0$ 时, 记 $\theta = \arg f(x)$, 那么依关系式 (6.3.9), $\forall\, x \in X$, 有

$$|f(x)| = \mathrm{e}^{-\mathrm{i}\theta}f(x) = f(\mathrm{e}^{-\mathrm{i}\theta}x)$$

$$= g(\mathrm{e}^{-\mathrm{i}\theta}x) \le \|g\|\, \|\mathrm{e}^{-\mathrm{i}\theta}x\| \le \|f_0\|_0\, \|x\|.$$

其中第三个等号成立是因为正数 $f(\mathrm{e}^{-\mathrm{i}\theta}x) = |f(x)|$ 的虚部为零. 所以 $\|f\| \le \|f_0\|_0$.

推论 6.3.3 设 X 是线性赋范空间, 对于任意的非零 $x_0 \in X$, 必存在 $f \in X^*$, 满足

$$\|f\| = 1, \quad f(x_0) = \|x_0\|. \tag{6.3.11}$$

证明   考虑一维线性子空间 $X_0 = \{\lambda x_0 \mid \lambda \in \mathbb{C}\}$. 并在 X_0 上定义线性泛函 f_0 如下:

$$f_0(\lambda x_0) = \lambda \|x_0\| .$$

那么 $f_0(x_0) = \|x_0\|$，并且 $\|f_0\|_0 = 1$. 依定理 6.3.2 可扩张 f_0 到整个空间 X 上而使其范数不变，于是得到一个有界线性泛函 f 具有 (6.3.11) 式所列性质.

推论 6.3.4   线性赋范空间 X 上有足够多的连续线性泛函.

证明   设 $\forall x_1, x_2 \in X, x_1 \neq x_2$，记 $x_0 = x_1 - x_2$. 于是 $\exists f \in X^*, \|f\| = 1$，且 $f(x_0) = \|x_0\| \neq 0$. 因而 $f(x_1) \neq f(x_2)$，故 f 可分辨 x_1, x_2.

推论 6.3.5   设 X 是线性赋范空间，$x \in X$，则

$$\|x\| = \sup\{ |f(x)| \mid f \in X^*, \|f\| \leq 1 \} , \qquad (6.3.12)$$

且上确界能达到.

证明   记 $\alpha = \sup\{ |f(x)| \mid f \in X^*, \|f\| \leq 1 \}$. 于是当 $f \in X^*, \|f\| \leq 1$ 时，$|f(x)| \leq \|f\| \|x\| \leq \|x\|$，因此 $\alpha \leq \|x\|$. 由推论 6.3.3 可知，$\exists f \in X^*$，满足 $\|f\| = 1, f(x) = \|x\|$. 这说明 $\|x\| \leq \alpha$，故 $\|x\| = \alpha = f(x)$.

推论 6.3.6   设 X 是线性赋范空间，$x_0 \in X$. 则 $x_0 = 0$ 的充分必要条件是，$\forall f \in X^*, f(x_0) = 0$.

定理 6.3.7   设 X 是线性赋范空间，M 是 X 的线性子空间. 若 $x_0 \in M$，且

$$d \stackrel{\text{def}}{=\!=} \rho(x_0, M) > 0 , \qquad (6.3.13)$$

则必存在 $f \in X^*$ 适合下列条件:

(1) $f(x) = 0, \quad \forall x \in M$;

(2) $f(x_0) = d$;

(3) $\|f\| = 1$.

证明 考虑 $X_0 = \{ x = y + \lambda x_0 \mid y \in M, \lambda \in \mathbb{K} \}$ ，在 X_0 上定义线性泛函

$$f_0(y + \lambda x_0) = \lambda d . \qquad (6.3.14)$$

显然， f_0 适合条件 (1), (2). 又

$$|f_0(y + \lambda x_0)| = |\lambda|\, d = |\lambda|\, \rho(x_0, M)$$
$$\leq |\lambda|\, \left\| \frac{1}{\lambda}\, y + x_0 \right\|$$
$$= \|y + \lambda x_0\|,$$

因此 $\|f_0\| \leq 1$. 依 Hahn-Banach 定理 (定理 6.3.2)，将 f_0 保范延拓为 $f \in X^*$ ，便有 f 满足条件 (1), (2) 及 $\|f\| \leq 1$.

兹证 $\|f\| \geq 1$. 按下确界定义， $\exists\, x_n \in M$ ，使得

$$\rho(x_0, M) \leq \rho(x_0, x_n) \leq \rho(x_0, M) + \frac{1}{n}.$$

因此

$$|f(x_0)| = |f(x_0 - x_n)| \leq \|f\|\, \|x_n - x_0\|$$
$$\leq \|f\|\, \left(\rho(x_0, M) + \frac{1}{n} \right).$$

令 $n \to \infty$ ，由于 $f(x_0) = d$ ，即得 $\|f\| \geq 1$. 证毕.

由定理可知，若 S 是 X 的一个子集， $x_0 \neq 0$ ，则 $x_0 \in \overline{\mathrm{linspan}\, S}$ 当且仅当 $\forall f \in X^*$ ，只要 $S \subset \ker f$ ，就有 $x_0 \in \ker f$.

§6.3.2 共轭空间以及它的表示

定义 6.3.8 设 X 是一个线性赋范空间， X 上所有连续线性泛函全体在范数

$$\|f\| = \sup\{\, |f(x)| \mid x \in X, \|x\| = 1 \,\} \qquad (6.3.15)$$

下构成一个 Banach 空间, 称为 X 的共轭空间.

例 1 $L^p[0,1]$ 的共轭空间 $(1 \le p < \infty)$. 设 q 是 p 的共轭数, 即

$$\begin{cases} \dfrac{1}{p} + \dfrac{1}{q} = 1, & p > 1, \\ q = \infty, & p = 1. \end{cases} \tag{6.3.16}$$

对于 $\forall g \in L^q[0,1]$, 根据 Hölder 不等式, 若 $p > 1$, 有

$$\left| \int_0^1 f(x)g(x)\mathrm{d}x \right| \le \left(\int_0^1 |f(x)|^p \mathrm{d}x \right)^{\frac{1}{p}} \left(\int_0^1 |g(x)|^q \mathrm{d}x \right)^{\frac{1}{q}};$$

若 $p = 1$, 有

$$\left| \int_0^1 f(x)g(x)\mathrm{d}x \right| \le \operatorname{ess\,sup} |g(x)| \int_0^1 |f(x)|\mathrm{d}x.$$

令

$$F_g(f) = \int_0^1 f(x)g(x)\mathrm{d}x, \quad \forall f \in L^p[0,1]. \tag{6.3.17}$$

于是 $F_g \in (L^p[0,1])^*$, 并且

$$\|F_g\|_{L^p[0,1]^*} \le \|g\|_{L^q[0,1]}. \tag{6.3.18}$$

即映射 $g \mapsto F_g$ 是将 $L^q[0,1]$ 连续地嵌入 $L^p[0,1]^*$.

由关系式 (4.1.11) 和 (4.1.12) 知, $g \mapsto F_g$ 是等距的. 于是关系式 (6.3.18) 实际上是等式. 事实上, 还可证明映射 $g \mapsto F_g$ 是满的. 即对于给定的 $F \in L^p[0,1]^*$, $\exists! g \in L^q[0,1]$, 使得

$$F(f) = \int_0^1 f(x)g(x)\mathrm{d}x,$$

并且

$$\|g\|_{L^q[0,1]} = \|F\|.$$

对此证明感兴趣的读者可以参考张恭庆、林源渠编著的《泛函分析讲义》上册第 128 页. 于是

$$L^p[0,1]^* \cong L^q[0,1]. \tag{6.3.19}$$

更一般地, 当 (X, Ω, μ) 是 σ 有限测度空间时,

$$L^p(X, \Omega, \mu)^* \cong L^q(X, \Omega, \mu), \quad 1 \le p < \infty. \tag{6.3.20}$$

例 2 $C[0,1]$ 共轭空间的表示. 设

$$BV[0,1] = \left\{ g \, \middle| \, \begin{array}{l} g : [0,1] \to \mathbb{C}, \ g(0) = 0; \ \forall \, t \in (0,1) \\ g(t) = g(t+0); \ \mathrm{Var}(g) < \infty \end{array} \right\}, \tag{6.3.21}$$

其中 $\mathrm{Var}(g) = \sup\limits_{\triangle} \sum\limits_{j=0}^{n-1} |g(t_{j+1}) - g(t_j)|$ 称为函数 g 的变差, 这里的上确界是对所有的 $[0,1]$ 分割

$$\triangle : 0 = t_0 < t_1 < t_2 < \cdots < t_n = 1$$

来取的. $BV[0,1]$ 中函数 g 称为有界变差函数. 在 $BV[0,1]$ 上赋以范数

$$\|g\|_v = \mathrm{Var}(g), \tag{6.3.22}$$

那么 $BV[0,1]$ 是一个 Banach 空间.

对于 $\forall \, g \in BV[0,1]$, 令

$$F_g(f) = \int_0^1 f(t) \mathrm{d}g(t). \tag{6.3.23}$$

上式右边积分称为斯蒂尔切斯 (Stieltjes) 积分, 则 $F_g \in C[0,1]^*$, 并且

$$\|F_g\| \le \int_0^1 |\mathrm{d}g(t)| = \mathrm{Var}(g).$$

即映射 $g \mapsto F_g$ 将 $BV[0,1]$ 连续地映入 $C[0,1]^*$.

可以证明, $g \mapsto F_g$ 是等距满映射. 也就是说, 对任意的 $F \in C[0,1]^*$, 必 $\exists! \, g \in BV[0,1]$, 使得

$$F(f) = \int_0^1 f(t) \mathrm{d}g(t), \quad \forall \, f \in C[0,1],$$

并且

$$\|F\| = \|g\|_v.$$

对此证明感兴趣的读者可以参考张恭庆、林源渠编著的《泛函分析讲义》上册第 130 页. 于是

$$C[0,1]^* \cong BV[0,1]. \qquad (6.3.24)$$

更一般地,设 M 是一个 Hausdorff 紧空间,则空间 $C(M)$ 在极大范数 $\|f\| = \max\limits_{x \in M} |f(x)|$ 下是 Banach 空间,见 §6.1 例 2. 考虑其共轭空间,即由有界线性泛函全体组成的空间 $C(M)^*$,有如下 Riesz 表示定理.

定理 6.3.9 设 M 是一个 Hausdorff 紧空间,则对于空间 $C(M)^*$ 中的任何一个元素 f,有唯一的复值 Baire 测度与之对应. 即存在 M 上完全可加的集函数 μ,适合 $|\mu| < \infty$,满足

$$\langle f, \phi \rangle = \int_M \phi(m) \mathrm{d}\mu(m), \quad \forall \phi \in C(M); \qquad (6.3.25)$$

$$\|f\| = |\mu|, \qquad (6.3.26)$$

其中 $|\mu| = \sup \left| \sum\limits_{i=1}^{n} \alpha_i \mu(M_i) \right|$. 这里的上确界的选取范围是对所有 M 的有限分割 $M = \bigcup\limits_{i=1}^{n} M_i$,$\{M_i\}$ 是 M 的互不相交的 Borel 可测子集,以及任意的 $\alpha_i \in \mathbb{K}$,满足条件 $|\alpha_i| \leq 1$.

定义 6.3.10 设 X 是线性赋范空间, X^* 的共轭空间称为 X 的第二共轭空间,记作 X^{**}.

当 $f \in X^*$ 时,有时也记 $f(x) = \langle f, x \rangle$,以突出 f 与 x 地位的对称性. $\forall x \in X$,可以定义

$$F_x(f) = \langle f, x \rangle, \quad \forall f \in X^*. \qquad (6.3.27)$$

易证 F_x 还是 X^* 上的一个线性泛函. 由推论 6.3.5 知,

$$\|F_x\| = \sup\{ |\langle f, x \rangle| \mid f \in X^*, \|f\| \leq 1 \} = \|x\|. \qquad (6.3.28)$$

称映射 $\tau : x \mapsto F_x$ 为自然映射, (6.3.28) 式表明 τ 是 X 到 X^{**} 的连续等距嵌入. 于是有下述定理.

定理 6.3.11   线性赋范空间 X 与它的第二共轭空间 X^{**} 的一个子空间等距同构.

以后, 对 x 与 F_x 不加区别, 简单写成 $X \subset X^{**}$.

定义 6.3.12   如果 X 到 X^{**} 的自然映射 τ 是满射的, 则称 X 是自反空间, 记作 $X = X^{**}$.

显然自反空间必是 Banach 空间, 但反之则不然.

由前面的具体函数空间的共轭空间的例子可见: 当 $1 < p < \infty$ 时, 空间 $L^p(X, \Omega, \mu)$ 是自反的; 但是当 $p = 1$ 或 ∞ 时, 不是自反的. $L^1(X, \Omega, \mu)$ 的共轭空间是 $L^\infty(X, \Omega, \mu)$, 而 $L^\infty(X, \Omega, \mu)$ 的共轭空间比 $L^1(X, \Omega, \mu)$ 大得多.

§6.3.3   共轭算子

共轭算子是有穷维空间中共轭转置矩阵概念的推广. 一个 $n \times m$ 矩阵 $A = (a_{ij})$ 可以看成 $\mathbb{K}^m \to \mathbb{K}^n$ 上的线性算子, 其共轭转置矩阵为 $m \times n$ 矩阵 $A^* = (\overline{a_{ji}})$ 是 $\mathbb{K}^n \to \mathbb{K}^m$ 上的线性算子. 它们满足

$$(Ax, y)_{\mathbb{K}^n} = (x, A^*y)_{\mathbb{K}^m},$$

$\forall y \in \mathbb{K}^n$, $x \in \mathbb{K}^m$.

定义 6.3.13   设 X, Y 是线性赋范空间, $T \in \mathcal{B}(X, Y)$. 则线性算子 $T^* : Y^* \to X^*$ 称为 T 的共轭算子是指, $\forall f \in Y^*$, $x \in X$,

$$T^*f(x) = f(Tx). \tag{6.3.29}$$

对 $\forall T \in \mathcal{B}(X, Y)$, T^* 是唯一存在的, 并且 $T^* \in \mathcal{B}(Y^*, X^*)$. 事实上, $\forall f \in Y^*$, 令

$$g(x) = f(Tx), \quad \forall x \in X.$$

则 $g \in X^*$, 且 $\|g\| \leq \|f\| \, \|T\|$. 对应 $f \mapsto g$ 是线性映射的, 它正是 T^*, 按定义 $T^*f = g$, 有

$$\|T^*f\| = \|g\| \leq \|T\| \, \|f\| \, .$$

因此 $\|T^*\| \leq \|T\|$, $T^* \in \mathcal{B}(Y^*, X^*)$. 事实上, 还有 $\|T^*\| = \|T\|$, 这就是下面的定理.

定理 6.3.14 映射 $* : T \mapsto T^*$ 是 $\mathcal{B}(X,Y)$ 到 $\mathcal{B}(Y^*, X^*)$ 内的等距同构.

证明 映射 $*$ 显然是线性的. 由推论 6.3.5 知,

$$\begin{aligned}
\|T\| &= \sup\left\{ \|Tx\| \mid \|x\| \leq 1, x \in X \right\} \\
&= \sup_{\|x\| \leq 1} \sup_{\|f\| \leq 1} \left\{ |f(Tx)| \big| x \in X, f \in Y^* \right\} \\
&= \sup_{\|f\| \leq 1} \sup_{\|x\| \leq 1} \left\{ |(T^*f)(x)| \big| x \in X, f \in Y^* \right\} \\
&= \sup_{\|f\| \leq 1} \|T^*f\| = \|T^*\|.
\end{aligned}$$

例 3 令 $X = l^1 = Y$, T 是右平移算子

$$T(\alpha_1, \alpha_2, \cdots) = (0, \alpha_1, \alpha_2, \cdots) \, . \qquad (6.3.30)$$

则 $T^* : l^\infty \to l^\infty$ 是左平移算子

$$T^*(\xi_1, \xi_2, \cdots) = (\xi_2, \xi_3, \cdots) \, . \qquad (6.3.31)$$

此时 $\|T\| = \|T^*\| = 1$.

例 4 设 E 是 $\mathbb{R}^n$ 上可测集, $K(x,y)$ 是 $E \times E$ 上二元平方可积函数. 定义算子

$$T : u \mapsto (Tu)(x) = \int_E K(x,y)u(y)\mathrm{d}y, \quad \forall \, u \in L^2(E). \qquad (6.3.32)$$

则 $T \in \mathcal{B}(L^2(E))$, 并且它的共轭算子

$$(T^*v)(x) = \int_E K(y,x)v(y)\mathrm{d}y, \quad \forall \, v \in L^2(E). \qquad (6.3.33)$$

对于 T^* 还可以考察它的共轭算子 $T^{**} = (T^*)^*$. 根据定义 $T^{**} \in$

$\mathcal{B}(X^{**}, Y^{**})$. 因为 $X \subset X^{**}$, $Y \subset Y^{**}$, 若它们的自然映射分别记为 U 和 V，那么

$$\langle T^{**}Ux, f \rangle = \langle Ux, T^*f \rangle = \langle T^*f, x \rangle$$

$$= \langle f, Tx \rangle = \langle VTx, f \rangle, \quad \forall f \in Y^*, \, x \in X.$$

从而有 $T^{**}Ux = VTx$，即 T^{**} 是 T 在 X^{**} 上的扩张. 于是有下述交换图表：

$$
\begin{array}{ccc}
X & \xrightarrow{\ U\ } & X^{**} \\
T \downarrow & & \downarrow T^{**} \\
Y & \xrightarrow{\ V\ } & Y^{**}
\end{array}
\qquad
\begin{array}{ccc}
x & \longrightarrow & Ux \\
\downarrow & & \downarrow \\
Tx & \longrightarrow & VTx
\end{array}
$$

以及下述定理.

定理 6.3.15 设 X, Y 是线性赋范空间，$T \in \mathcal{B}(X, Y)$. 那么 $T^{**} \in \mathcal{B}(X^{**}, Y^{**})$ 是 T 在 X^{**} 上的延拓，并满足 $\|T^{**}\| = \|T\|$.

习　题

1. 设 X 是实线性空间，p 是 X 上的一个实值函数. 若函数 p 满足：$\forall x, y \in X$, 有

次可加性：$p(x + y) \le p(x) + p(y)$;

正齐次性：$p(\lambda x) = \lambda p(x)$, $\quad \forall \lambda > 0$,

就称 p 是 X 上的一个次线性泛函. 证明

(1) $p(0) = 0$;

(2) $p(-x) \ge -p(x)$.

2. 设 X 是由实数列 $x = \{\alpha_n\}$ 全体组成的实线性空间，其元素间相等及线性运算都按坐标定义，并定义

$$p(x) = \varlimsup_{n \to \infty} a_n, \quad \forall \, x = \{a_n\} \in X.$$

证明 $p(x)$ 是 X 上的一个次线性泛函.

*3. 设 X 是实线性空间, p 是 X 上次线性泛函, X_0 是 X 的线性子空间, f_0 是 X_0 上的一个实线性泛函, 满足 $f_0(x) \leq p(x)\,(\forall\, x \in X_0)$. 证明 X 上必有一个实线性泛函 f, 满足

(1) $f(x) = f_0(x)$,　$\forall\, x \in X_0$;

(2) $f(x) \leq p(x)$.

4. 设 p 是实线性空间 X 上的一个次线性泛函, $x_0 \in X$. 证明在 X 上必有实线性泛函 f, 满足 $f(x_0) = p(x_0)$, 并且 $\forall\, x \in X$, 有 $f(x) \leq p(x)$.

5. 设 X 是复线性空间, p 是 X 上函数, 满足

$$p(x) \geq 0;$$
$$p(\lambda x) = |\lambda| p(x), \quad \forall\, \lambda \in \mathbb{C}; \qquad (6.3.34)$$
$$p(x + y) \leq p(x) + p(y).$$

称 p 是 X 上的一个半模. 设 X_0 是 X 的线性子空间, f_0 是 X_0 上的线性泛函, 并且满足 $|f_0(x)| \leq p(x)$, $\forall\, x \in X_0$. 证明在 X 上必有一个线性泛函 f, 满足:

(1) $|f(x)| \leq p(x)$,　$\forall\, x \in X$;

(2) $f(x) = f_0(x)$,　$\forall\, x \in X_0$.

6. 设 X 是复线性空间, p 是 X 上的半模. 对于 $\forall\, x_0 \in X$, 有 $p(x_0) \neq 0$, 证明存在 X 上的线性泛函 f, 满足:

(1) $f(x_0) = 1$;　　　　(2) $|f(x)| \leq p(x)/p(x_0)$,　$\forall\, x \in X$.

7. 设 X 是线性赋范空间, X_0 是 X 的闭子空间. 证明: 对于 $\forall\, x \in X$, 有

$$\rho(x, X_0) = \sup\{\, |f(x)| \mid f \in X^*,\ \|f\| = 1,\ f|_{X_0} = 0 \,\}.$$

8. 设 X 是线性赋范空间. 给定 X 中 n 个线性无关元 $x_1, x_2,$

$\cdots, x_n$ 与 $\mathbb{K}$ 中 n 个数 $c_1, c_2, \cdots, c_n$，以及 $M > 0$. 证明：为了存在 $f \in X^*$，满足 $\|f\| \leq M$，$f(x_j) = c_j$，$j = 1, 2, \cdots, n$，必须且仅须对 $\forall \lambda_1, \lambda_2, \cdots, \lambda_n \in \mathbb{K}$, 有

$$\left| \sum_{j=1}^n \lambda_j c_j \right| \leq M \left\| \sum_{j=1}^n \lambda_j x_j \right\|.$$

9. 设 $x_1, x_2, \cdots, x_n$ 是线性赋范空间 X 中线性无关元，证明：存在 $f_1, f_2, \cdots, f_n \in X^*$，使得

$$f_i(x_j) = \delta_{ij}, \quad i, j = 1, 2, \cdots, n.$$

10. 证明 $l^\infty = (l^1)^*$, 但 $(l^\infty)^* \neq l^1$.

11. 证明例 3 与例 4 中的结论.

12. 证明有限维 Banach 空间必是自反的.

13. 证明 Banach 空间 X 是自反的必须且仅须 X^* 是自反的.

（提示：若 $X \neq X^{**}$, 则存在 X^{**} 上的有界线性泛函，在 X 上为零.）

14. 设 X 是 Banach 空间，M 是 X 的闭子空间. 记

$$M^\perp = \{ f \in X^* \mid f|_M = 0 \}.$$

设 l 是 X/M 上有界线性泛函，定义 $\pi^*(l) \in X^*$ 如下：$\pi^*(l)(x) = l([x])$. 证明 π^* 是 $(X/M)^*$ 到 $M^\perp$ 的等距同构.

*15. 令 c 是全体有极限 $\lim \alpha_n$ 的实数列 $\{\alpha_n\}$，C 的子集 C_0 是所有极限为零的实数列的全体. 证明：

(1) c 是 l^∞ 的闭子空间，因此是 Banach 空间；

(2) $(c_0)^*$ 与 l^1 等距同构.

16. 设 $n \geq 1$. 证明：在 $[0,1]$ 有一个测度 μ，使得对任意 n 阶多项式有

$$\int_0^1 p \, \mathrm{d}\mu = \sum_{k=1}^n p^{(k)} \left(\frac{k}{n} \right).$$

17. 设 X 是自反 Banach 空间, 求证 X 的任意闭子空间也是自反的.

18. 设 M 是 Banach 空间 X 的闭子空间, $\rho : X \to X^{**}$, $\sigma : M \to M^{**}$ 是自然映射, $i : M \to X$ 是嵌入映射. 证明: 存在等距算子 ϕ, 使下列图表交换:

$$
\begin{array}{ccc}
X & \xrightarrow{\ \rho\ } & X^{**} \\
i \uparrow & & \uparrow \phi \\
M & \xrightarrow{\ \sigma\ } & M^{**}
\end{array}
$$

并证明 $\phi(M^{**}) = (M^{\perp})^{\perp} = \{\, f \in X^{**} \mid f|_{M^{\perp}} = 0 \,\}$.

19. 设 $g \in L^p[0,1]$, $p > 1$. 若

$$
\int_0^1 f(x)g(x)\mathrm{d}x = 0, \quad \forall f \in C_0^\infty[0,1],
$$

证明 $g = 0$, a.e. .

20. Hahn-Banach 定理几何形式. 设 X 是实 Banach 空间, $f \in X^*$, 且设 f 非零. 对任意的 $a \in \mathbb{R}$, $\{\, x \in X \mid f(x) = a \,\}$ 称为超平面, 它将 X 分成两个半空间 $\{\, x \in X \mid f(x) \geq a \,\}$ 与 $\{\, x \in X \mid f(x) \leq a \,\}$. 假设 B_1 是 X 的单位球, $x_0 \in \partial B_1$. f 称为与 B_1 相切于点 x_0, 当且仅当 $\forall x \in B_1$ 有 $f(x) \leq f(x_0)$, 此时超平面 $\{\, x \in X \mid f(x) = f(x_0) \}$ 称为点 x_0 处 B_1 的切平面. 证明在每一点 $x_0 \in \partial B_1$ 处都有一个切平面.

21. 设 M 是 Banach 空间 X 的线性子空间. 若 M 不是稠密的, 证明存在非零 $f \in X^*$, 使得 $f(x) = 0$, $\forall x \in M$.

22. 证明当 M 是闭子空间时, $(M^{\perp})^{\perp} = M$.

23. 设 X, Y 是 Banach 空间, $T \in \mathcal{B}(X, Y)$, 又设 T^{-1} 存在, 且 $T^{-1} \in \mathcal{B}(Y, X)$. 证明:

(1) $(T^*)^{-1}$ 存在, 且 $(T^*)^{-1} \in \mathcal{B}(X^*, Y^*)$;

(2) $(T^*)^{-1} = (T^{-1})^*$.

24. 设 X, Y, Z 是 Banach 空间, $T \in \mathcal{B}(X, Y)$, $S \in \mathcal{B}(Y, Z)$. 证明 $(ST)^* = T^* S^*$.

25. 设 X, Y 是 Banach 空间, T 是 X 到 Y 的线性算子; 又设 $\forall f \in Y^*$, $x \mapsto f(Tx)$ 是 X 上的线性有界泛函. 证明 T 是连续的.

26. 设 X 是 Banach 空间, $T \in \mathcal{B}(X)$. 证明:

$$\mathrm{Ran}(T)^{\perp} = \ker(T^*); \quad \mathrm{Ran}(T^*)^{\perp} = \ker(T); \quad \overline{\mathrm{Ran}(T^*)} = (\ker(T))^{\perp}.$$

§6.4   Banach 空间的收敛性和紧致性

在有穷维欧氏空间中, 任意有界点列必有收敛子列. 但在无穷维 Banach 空间中这一性质不再成立, 这是有穷维 Banach 空间与无穷维 Banach 空间的根本区别之一. 但是若在无穷维空间中引入弱收敛与 * 弱收敛概念, 在这种新的收敛意义下, 上述有穷维空间中的性质可以推广到无穷维情形.

§6.4.1   弱收敛与 * 弱收敛

定义 6.4.1 设 X 是一个线性赋范空间, x, $x_n \in X$, $n = 1, 2, \cdots$. 若对于 $\forall f \in X^*$ 都有

$$\lim_{n \to \infty} f(x_n) = f(x),\tag{6.4.1}$$

称 $\{x_n\}$ 弱收敛到 x, 记成 $x_n \rightarrow x$, $x_n \xrightarrow{w} x$ 或 $w\text{-}\lim x_n = x$. 这时 x 称作点列 $\{x_n\}$ 的弱极限.

为区别起见, 今后称 $x_n \to x$ (按范数收敛) 为 $\{x_n\}$ 强收敛到 x, x 称作点列 $\{x_n\}$ 的强极限.

命题 6.4.2 弱极限若存在必唯一. 强收敛蕴含弱收敛.

证明 (1) 设 $x_n \rightharpoonup x$, $x_n \rightharpoonup y$, 即 $\forall f \in X^*$, 有

$$f(x) = \lim_{n \to \infty} f(x_n) = f(y),$$

故 $f(x - y) = 0$. 根据 Hahn-Banach 定理的推论 6.3.6 知, $x = y$.

(2) 设 $x_n \to x$, 则 $\forall f \in X^*$, 有

$$|f(x_n) - f(x)| \le \|f\| \, \|x_n - x\| \to 0 \quad (n \to \infty).$$

即得 $\lim_{n \to \infty} f(x_n) = f(x)$, 故 $x_n \rightharpoonup x$.

注 若 $\dim X < \infty$, 弱收敛与强收敛等价. 由上述命题知, 只要证明在 $\dim X < \infty$ 条件下, 弱收敛蕴含强收敛. 设 $e_1, e_2, \cdots, e_m$ 是 X 的一组基. 取 $f_j \in X^*$, $j = 1, 2, \cdots, m$, 使得 $f_j(e_i) = \delta_{ij}$, $i, j = 1, 2, \cdots, m$ (见上一节习题中第 9 题). 于是对于任意元 $x \in X$, 有

$$x = f_1(x)e_1 + f_2(x)e_2 + \cdots + f_m(x)e_m.$$

定义新范数

$$\|\|x\|\| = \left(\sum_{j=1}^{m} |f_j(x)|^2 \right)^{\frac{1}{2}}.$$

根据定理 6.1.6, $\|\|\cdot\|\|$ 与 X 上原范数等价. 今若 $x_n \rightharpoonup x$, 即 $\forall f \in X^*$, 有 $f(x_n) \to f(x)$. 从而 $\lim_{n \to \infty} f_j(x_n) = f_j(x)$, $j = 1, 2, \cdots, m$ 成立. 这就说明 x_n 按其坐标收敛于 x, 故 $\|\|x_n - x\|\| \to 0$. 由范数等价性, $\|x_n - x\| \to 0 \ (n \to \infty)$.

但是当 $\dim X = \infty$ 时, 弱收敛却未必有强收敛.

例 1 在 $L^2[0,1]$ 中, 设 $x_n = \sin n\pi t$, 根据 Riemann-Lebesgue 定理,

$$\langle f, x_n \rangle = \int_0^1 f(t) \sin n\pi t \, \mathrm{d}t \to 0, \quad \forall f \in L^2[0,1],$$

即 $x_n \rightharpoonup 0$. 但 $\|x_n\| = 1/\sqrt{2}$, 不可能有 $x_n \to 0$.

定理 6.4.3 设 X 是一个 Banach 空间，设 $x, x_n \in X$, $n = 1, 2, \cdots$，则 $\{x_n\}$ 弱收敛到 x 的充分必要条件是

(1) $\|x_n\|$ 有界 ；

(2) 对于 X^* 中的一个稠密子集 M^* 上的一切 f, 都有

$$\lim_{n \to \infty} f(x_n) = f(x) .$$

证明 只须把 x_n 看成 Banach 空间 X^* 上的有界线性泛函：

$$\langle x_n, f \rangle \xlongequal{\text{def}} f(x_n), \quad \forall f \in X^* .$$

应用 Banach-Steinhaus 定理 (定理 6.2.11)，即得结论.

定理 6.4.4 设 X 是一个 Banach 空间. 给定 $x, x_n \in X, n = 1, 2, \cdots$. 若 $\{x_n\}$ 弱收敛到 x，那么

(1) $\{x_n\}$ 是有界的 ；

(2) x 在由 $\{x_n\}$ 生成的线性子空间的闭包中 ；

(3) $\|x\| \le \liminf \|x_n\|$.

证明 (1) 即定理 6.4.3 中的 (1).

(2) 用反证法. 记 $M = \overline{\text{linspan}\{x_n\}}$. 若 $x \bar\in M$, 则

$$d = \rho(x, M) > 0.$$

由定理 6.3.7, $\exists f \in X^*$, 使得 $f(x_n) = 0, n = 1, 2, \cdots, f(x) = d$. 因为 $x_n \rightharpoonup x, f(x) = \lim f(x_n) = 0$. 这与 $d > 0$ 矛盾.

(3) $\forall f \in X^*$, 有

$$|\langle x, f \rangle| = |f(x)| = \lim |f(x_n)| \le \varliminf \|f\| \|x_n\| = \|f\| \varliminf \|x_n\| .$$

由推论 6.3.5，即得 $\|x\| \le \varliminf \|x_n\|$.

注 定理 6.4.3 与定理 6.4.4 中空间 X 的假设条件可以减弱成线性赋范空间.

X^* 是一个 Banach 空间，在 X^* 上自然也有两种收敛性：强收敛

与弱收敛. 所谓 X^* 上的弱收敛 $f_n \rightharpoonup f$, 是指: 对于 $\forall\, x^{**} \in X^{**}$, 都有

$$x^{**}(f_n) \to x^{**}(f).$$

在 X 与 X^* 的配对运算: $X \times X^* \to \mathbb{K}$, $(x, f) \mapsto f(x) = \langle f, x \rangle$ 中可将 x 看作空间 X^* 上的线性泛函, 即 $x \in X^{**}$, 故 X 可以嵌入到 X^{**}, 由推论 6.3.5 可知这个嵌入是等距的. 于是在 X^* 上还可引入比弱收敛更弱的一种收敛性.

定义 6.4.5 设 X 是线性赋范空间, $f,\, f_n \in X^*$, $n = 1, 2, \cdots$. 若对每一个 $x \in X$, 都有 $\lim\limits_{n \to \infty} f_n(x) = f(x)$, 则称 $\{f_n\}$ 弱 $*$ 收敛到 f. 记作 $w^*\text{-}\lim f_n = f$ 或 $f_n \xrightarrow{w^*} f$. 这时 f 称为点列 $\{f_n\}$ 的弱 $*$ 极限.

根据定义可知 X^* 上的弱收敛蕴含弱 $*$ 收敛, 而且当 X 是一个自反 Banach 空间时, 弱 $*$ 收敛与弱收敛等价.

定理 6.4.6 设 X 是一个 Banach 空间; 又设 $f,\, f_n \in X^*$, $n = 1, 2, \cdots$. 则 $w^*\text{-}\lim\limits_{n \to \infty} f_n = f$ 必要充分条件是:

(1) $\|f_n\|$ 有界;

(2) 对 X 的一个稠密子集 M, 有

$$\lim_{n \to \infty} f_n(x) = f(x), \qquad \forall\, x \in M.$$

直接应用定理 6.2.11 于 $Y = \mathbb{K}$ 情形即得.

定理 6.4.7 设 X 是一个 Banach 空间, 则 X 的单位闭球是弱闭的.

证明 设 $x_n \rightharpoonup x_0$, $\|x_n\| \le 1$. 由推论 6.3.3 知, $\exists\, f \in X^*$, 满足 $f(x_0) = \|x_0\|$, 且 $\|f\| = 1$. 于是

$$\|x_0\| = f(x_0) = \lim_{n \to \infty} f(x_n) \le \|f\| \limsup_{n \to \infty} \|x_n\| \le 1.$$

因此 x_0 也在单位闭球中.

定理 6.4.8 设 X 是 Banach 空间, 则 X^* 的单位闭球是弱 $*$ 闭的.

证明 设 f, $f_n \in X^*$, $f_n \xrightarrow{w^*} f$, 而且 $\|f_n\| \leq 1$. 于是对于 $\forall x \in X$, 有

$$|f(x)| = \lim_{n \to \infty} |f_n(x)| \leq \|x\| \limsup_{n \to \infty} \|f_n\| \leq \|x\|,$$

故 $\|f\| \leq 1$. 定理得证.

§6.4.2   弱列紧性与弱 $*$ 列紧性

引进弱收敛性以及弱 $*$ 收敛性的目的之一是可以从有界性导出某种紧性.

定义 6.4.9 设 A 是线性赋范空间 X 的子集, 若 A 中任意点列有一个弱收敛子列, 则称 A 是弱列紧的. 设 $B \subset X^*$, 若 B 中任意点列有一个弱 $*$ 收敛子列, 则称 B 是弱 $*$ 列紧的.

定理 6.4.10 若 X 是可分线性赋范空间, 那么 X^* 中任意有界集是弱 $*$ 列紧的.

证明 设 $\{f_n\}$ 是 X^* 中有界集, 只要证它有弱 $*$ 收敛子列即可. 因为 X 可分, 所以 X 有可数的稠密子集 $\{x_m\}$. 因为 $\{f_n\}$ 有界, 所以数集

$$\{ f_n(x_m) \mid n, m \in \mathbb{N} \}$$

对每一个固定的 m 是有界的. 用对角线法则可以抽出子列 $\{f_{n_k}\}$, 使得对于每个 m,

$$\{f_{n_k}(x_m)\}_{k=1}^{\infty}$$

为收敛数列. 又由 $\{x_m\}$ 在 X 稠密性以及 $\{f_n\}$ 有界, 可得对于 $\forall x \in$

X, $\{f_{n_k}(x)\}_{k=1}^\infty$ 是收敛数列. 记 $\lim\limits_{k\to\infty} f_{n_k}(x) = F(x)$. F 显然是线性的, 并且

$$|F(x)| \le \|x\|\,\limsup_{k\to\infty}\|f_{n_k}\|, \quad \forall\, x \in X.$$

从而 $F \in X^*$. 即得 w^*-$\lim f_{n_k} = F$.

引理 6.4.11 设 X 是线性赋范空间. 若 X^* 是可分的, 则 X 自身也是可分的.

证明 设 $\{f_n\}$ 是 X^* 的稠密子集. 令 $g_n = f_n/\|f_n\|$, 记 $S_1^* = \{ f \in X^* \mid \|f\| = 1 \}$, 易见 $\{g_n\}$ 是 S_1^* 的稠密子集. 因为 $\|g_n\| = 1$, 可以选取 $x_n \in X$, 使得

$$\|x_n\| = 1, \quad g_n(x_n) \ge \frac{1}{2}.$$

记 $X_0 = \overline{\mathrm{linspan}\{x_n\}}$, X_0 是可分的 (x_n 的有理系数的线性组合在 X_0 中稠密). 兹证明 $X = X_0$. 倘若不然, 则必有非零 $x_0 \in X\backslash X_0$. 不妨设 $\|x_0\| = 1$, 则由定理 6.3.7 知, $\exists f_0 \in X^*$, 使得

$$\|f_0\| = 1, \quad f_0(x) = 0, \quad \forall\, x \in X_0.$$

于是 $f_0 \in S_1^*$. 但是

$$\|g_n - f_0\| = \sup_{\|x\|=1} |g_n(x) - f_0(x)|$$
$$\ge |g_n(x_n) - f_0(x_n)| = g_n(x_n) \ge \frac{1}{2},$$

这与 $\{g_n\}$ 在 S_1^* 中稠密矛盾. 从而 X 可分.

推论 6.4.12 设 X 是自反可分 Banach 空间, 则 X 的有界集是弱列紧的.

证明 因为 $X^{**} = X$ 是可分的, 故由上述引理知 X^* 是可分的. 由定理 6.4.10 知, X^{**} 中的有界集是弱 $*$ 列紧的. 而当 $X = X^{**}$ 时, X 上弱收敛就是 X^{**} 上的弱 $*$ 收敛, 故 X 的有界集是弱列紧的.

引理 6.4.13 设 X_0 是自反 Banach 空间 X 的闭子空间, 则 X_0 也是自反的.

证明 考虑嵌入映射 $\wedge : X_0 \to X_0^{**}$. 当 $x \in X_0, \forall f_0 \in X_0^*$, 令 $\hat{x}(f_0) = f_0(x)$. 现在要证: $\forall z_0 \in X_0^{**}$, $\exists x \in X_0$, 使得 $z_0 = \hat{x}$.

对于 $\forall f \in X^*$, 记 $f|_{X_0}$ 为 f 在 X_0 上的限制, 定义映射 $T : f \to f|_{X_0}$. 当 $x \in X_0$ 时, $f(x) = Tf(x)$. 因为 $f|_{X_0} \in X_0^*$, 故有

$$\|f|_{X_0}\| \le \|f\|.$$

所以 $T \in \mathcal{B}(X^*, X_0^*)$, 于是 $z = T^* z_0 \in X^{**}$. 由于 X 自反, $\exists x \in X$, 使得

$$z(f) = f(x), \quad \forall f \in X^*.$$

今证 $x \in X_0$. 如若不然, 由定理 6.3.7, $\exists f \in X^*$, 使得

$$f(X_0) = 0, \quad f(x) = d,$$

其中 $d = \rho(x, X_0) > 0$. 从而 $Tf = 0$. 但是

$$0 = z_0(Tf) = T^* z_0(f) = z(f) = f(x) = d,$$

所得矛盾证明了 $x \in X_0$.

又对于每一个 $f_0 \in X_0^*$, 由 Hahn-Banach 定理, $\exists f \in X^*$, 使得 $f_0 = Tf$. 于是

$$z_0(f_0) = z_0(Tf) = T^* z_0(f) = z(f) = f(x) = f_0(x),$$

这就证明了 $z_0 = \hat{x}$.

定理 6.4.14 自反 Banach 空间 X 的有界集是弱列紧的.

证明 设 $\{x_n\}$ 是 X 中有界点列. 记

$$X_0 = \overline{\operatorname{linspan}\{x_n\}}.$$

引理 6.4.13 已指出, 由 X 自反性可知 X_0 也自反. 又显然 X_0 可分. 又由推论 6.4.12 知, $\{x_n\}$ 是 X_0 中弱列紧点列, 即存在子列 $\{x_{n_k}\}$ 在

X_0 中弱收敛到 $x_0 \in X_0$. 故 $\forall \widetilde{f} \in X_0^*$,

$$\lim_{k \to \infty} \widetilde{f}(x_{n_k}) = \widetilde{f}(x_0).$$

对于任意的 $f \in X^*$, 因为 $x_0, x_{n_k} \in X_0, k = 1, 2, \cdots$, 故有

$$\lim_{k \to \infty} f(x_{n_k}) = \lim_{k \to \infty} f|_{X_0}(x_{n_k}) = f|_{X_0}(x_0) = f(x_0).$$

所以 $x_{n_k} \xrightarrow{w} x$. 定理得证.

推论 6.4.15 自反 Banach 空间 X 的闭单位球是弱自列紧的. 即闭单位球的任意点列有收敛子列, 且极限也在单位球内.

证明 任取单位球内的点列 $\{x_n\}$, 它是有界集. 由定理 6.4.14 知, 存在子列 $x_{n_k} \rightharpoonup x_0$. 再由定理 6.4.4(3) 知,

$$\|x_0\| \leq \varliminf_{k \to \infty} \|x_{n_k}\| \leq 1,$$

即 x_0 在单位球内.

习　题

1. 设 $\{x_n\} \subset C[a,b], x \in C[a,b]$, 且 $x_n \rightharpoonup x$. 证明

$$\lim_{n \to \infty} x_n(t) = x(t), \quad \forall t \in [a,b].$$

(即点点收敛.)

2. 在 Banach 空间 X 中有 $x_n \rightharpoonup x_0$, 证明 $\varliminf \|x_n\| \geq \|x_0\|$.

3. 设 H 是 Hilbert 空间, $\{e_n\}$ 是 H 的正交归一基. 证明在 H 中 $x_n \rightharpoonup x$ 的充分必要条件是:

(1) 数列 $\{\|x_n\|\}$ 有界;

(2) $(x_n, e_k) \to (x_0, e_k), \quad n \to \infty, k = 1, 2, \cdots$.

4. 设 T_n 是 $L^p(\mathbb{R})\ (1 < p < \infty)$ 到自身的平移算子:

$$(T_n f)(x) = f(x+n), \quad \forall f \in L^p(\mathbb{R}), n = 1, 2, \cdots.$$

证明 $T_n \rightharpoonup 0$, 但是 $\|T_n f\|_p = \|f\|_p$, $\forall f \in L^p(\mathbb{R})$.

5. 设 S_n 是 $L^p(\mathbb{R})$ $(1 \le p < \infty)$ 到自身的截断算子:

$$(S_n f)(x) = \begin{cases} f(x), & |x| \le n; \\ 0, & |x| > n, \end{cases}$$

其中 $f \in L^p(\mathbb{R})$ 是任意的. 证明 S_n 强收敛于恒同算子 I, 但是不一致收敛到 I.

6. 设 H 是 Hilbert 空间, 并设在 H 中 $x_n \to x_0$, $y_n \rightharpoonup y_0$, 证明 $(x_n, y_n) \to (x_0, y_0)$.

7. 在 Hilbert 空间 H 中, 证明 $x_n \to x$ 的充分必要条件是:

(1) $\|x_n\| \to \|x\|$;

(2) $x_n \rightharpoonup x$.

8. 证明在自反 Banach 空间中, 集合的弱列紧性与有界性是等价的.

9. 证明 Banach 空间中闭凸集是弱闭的. 即若 M 是闭凸集, $\{x_n\} \subset M$, 且 $x_n \rightharpoonup x_0$, 则有 $x_0 \in M$.

10. 设 X 是自反 Banach 空间, M 是 X 中的有界闭凸集. 对于 $\forall f \in X^*$, 证明 f 在 M 上达到最大值和最小值.

11. 利用 §6.2 习题中第 12 题的结论证明无穷维 Banach 空间的单位球不是紧致的.

*12. 设 $L^\infty[0,1]$ 有它自身的拓扑 ($\|f\|_\infty$, $\forall f \in L^\infty[0,1]$) 以及作为 $L^1[0,1]$ 的对偶空间的 w^* 拓扑. 考虑 $C[0,1]$, 证明 $C[0,1]$ 在 $L^\infty[0,1]$ 中依其中一个拓扑是稠密的而依另一种拓扑不是稠密的.

13. 令 $f_N(t) = \dfrac{1}{n} \displaystyle\sum_{n=1}^{N^2} \mathrm{e}^{int}$, 证明在空间 $L^2(-\pi, \pi)$ 中

$$f_N \xrightarrow{w} 0.$$

14. 设 D 是 $\mathbb{R}^n$ 中的紧集, $\forall x \in D$, 令 $\Lambda_x \in C(D)^*$ 如下:
$$\Lambda_x(f) = f(x), \quad \forall f \in C(D).$$
考虑集合 $\Lambda = \{\Lambda_x \mid x \in D\}$, 以及映射 $T : D \to \Lambda$, $x \mapsto \Lambda_x$, 它是一一的. 在 $C(D)^*$ 上赋予弱 $*$ 拓扑, 证明映射 T 是双方连续的.

*15. 设 X, Y 是 Banach 空间, A 是 $X \to Y$ 的线性算子. 若 A 将 X 中每个强收敛点列映射成 Y 中的弱收敛点列, 证明 A 是有界的.

16. 设 X, Y 是 Banach 空间, A 是 $X \to Y$ 线性算子. 若在 X 和 Y 的弱拓扑下 A 是连续的, 试问在强拓扑意义下 A 还是连续的吗?

(提示: 考虑 §6.2 习题中第 5 题.)

17. 将 l^1 表示成 $S = \{(m,n) \mid m, n \in \mathbb{N}\}$ 上所有实函数 x, 满足条件
$$\|x\|_1 = \sum |x(m,n)| < \infty.$$
令 c_0 是 S 上所有这样的实函数 y, 满足条件: 当 $m + n \to \infty$ 时, $y(m,n) \to 0$, 且 $\|y\|_\infty = \sup |y(m,n)|$. 又令 M 是 l^1 中由所有满足以下等式的元 x 构成的子空间:
$$x(m,1) = \sum_{n=2}^{\infty} x(m,n), \quad m = 1, 2, \cdots.$$

(1) 证明 $l^1 = (c_0)^*$;

(2) 证明 M 是 l^1 中的闭子空间 (关于 l^1 模).

附录 A　Zorn 引理与势的序关系

本节讨论集合上的序结构. 给出 Zorn 公理和 Zorn 引理, 并利用 Zorn 引理讨论势的序关系.

定义 1　设 X 和 Y 是给定的两个集合. 对于 $X \times Y$ 的每一个子集 E, 称为 $X \times Y$ 的一个二元关系. （$X \times X$ 上二元关系简称为 X 上的二元关系.）任给 $x \in X, y \in Y$, 如果 $(x, y) \in E$, 就记为 xEy.

例 1　设 $\mathbb{R}^2 = \mathbb{R} \times \mathbb{R} = \{(x, y) \mid x \in \mathbb{R}, y \in \mathbb{R}\}$. 若 $E = \{(x, y) \mid x \leq y\}$, 则 $\mathbb{R}$ 上的小于等于关系, 就是二元关系 xEy.

例 2　设 X 是给定集合, X 上子集的包含关系是 2^X 上的一个二元关系:
$$E = \{(A, B) \in 2^X \times 2^X \mid A \subset B\}.$$
于是 $AEB \Longleftrightarrow A \subset B$.

例 3　设 X 是集合, 若 $E = \{(A, B) \in 2^X \times 2^X \mid \exists \ \text{一一对应}: A \to B\}$, 则 2^X 上的二元关系 E 是 X 中子集合的对等关系, 即 $A \sim B \Longleftrightarrow AEB$.

对于 $X \times Y$ 上的每个二元关系 E, 都可以看成是一个特征映射:

$$\chi_E : X \times Y \to \{0, 1\},$$

则 $\qquad\qquad \chi_E(x, y) = 1 \Longleftrightarrow (x, y) \in E \Longleftrightarrow xEy.$

显然 E 与 χ_E 之间有着自然的一一对应关系.

把 $\mathbb{R}$ 中不等号 " $\leq$ " 关系中的主要性质抽象出来, 可建立一般集合上的序关系.

定义 2　设 X 是集合, 如果 E 为满足以下序公理的二元关系:

(1) 自反性: $\forall a \in X$, aEa;

(2) 反对称: 若 aEb, bEa, 则 $a = b$;

(3) 传递性：若 aEb, bEc，则 aEc，
就称 E 为 X 上的序关系，并用符号 "$\preceq$" 表示这个序关系．即 $a \preceq b$ 当且仅当 $(a,b) \in E$．称 $\{X, \preceq\}$ 为偏序空间，简称序空间；并且将赋予了序关系的集合 X 称为有序集或偏序集．

注　"$\preceq$" 只是满足序公理的一个二元关系．$a \preceq b$ 也可等价地写成 $b \succeq a$，而且若还有 $a \neq b$ 时，则还可写成 $a \prec b$，或 $b \succ a$.(这就是用符号表示序关系的方便之处．)

定义 3　给定偏序空间 $\{X, \preceq\}$，若 $\forall a, b \in X$，在 $a \preceq b$ 或 $b \preceq a$ 两者中有一个成立，就称 $\{X, \preceq\}$ 是全序空间，X 是全序集合．

给定全序集 X，则 X 中任意两个元素都能比较顺序．即 $\forall a, b \in X$，在 $a \prec b, a = b$，与 $b \prec a$ 三者之中，必有且仅有一个成立．可见全序集合中的序关系恰是 $\mathbb{R}$ 上大小顺序关系的自然推广．

例 4　幂集 2^X 中的包含关系 "$\subseteq$" 满足序公理，故 $\{2^X, \subseteq\}$ 是偏序空间，2^X 是偏序集合．

对于 $X \times X$ 上映射 $f : X \times X \to \{0, 1\}$，若满足
(1) $\forall a \in X, f(a,a) = 1$;
(2) 若 $f(a,b) = 1, f(b,a) = 1$，则 $a = b$;
(3) 若 $f(a,b) = 1, f(b,c) = 1$，则 $f(a,c) = 1$,
就称 f 为序映射，称 $\{X, f\}$ 为序空间．由于 X 上二元关系与 $X \times X$ 上特征函数一一对应，由定义不难看出，序映射与序关系一一对应．

对于序空间 $\{X, \preceq\}$，称 X 的任意子集 B 为 X 的有序子集．如果 $\{B, \preceq\}$ 是全序空间，则称 B 是 X 的全序子集．假设 A 是 X 的全序子集，且 X 中不存在真包含 A 的全序子集，就称 A 是 X 的最大全序子集．

Zorn 公理　每个偏序集有最大全序子集．

在集合论中，有一些与 Zorn 公理等价的公理（如选择公理）．从此公理出发可证明下面重要的定理，一般称为 Zorn 引理．

注意, 偏序集的最大全序子集可以不止一个. 例如考虑正整数集 $\mathbb{N}$. 对于 $\forall a, b \in \mathbb{N}$, 如果 a 是 b 的因子, 就记 $a|b$. $\mathbb{N}$ 上的整除关系 "$|$" 满足序公理, 故 $\{\mathbb{N}, |\}$ 是序空间. 任取一个素数 p, 易知 $\{p^k \mid k = 0, 1, 2, \cdots\}$ 是 $\mathbb{N}$ 的最大全序子集.

给定偏序集 X 和全序子集 $B \subset X$. 若 $a \in X$, 对于 $\forall x \in B$, 有 $x \preceq a$ 成立, 则称 a 为 B 的一个上界; 若 $b \in B$, 对于 $\forall x \in B$, 有 $x \preceq b$ 成立, 则称 b 为 B 的最大元; 若 $\forall a \in X$, 对于所有 X 中能与 a 比较顺序的元 x, 都有 $x \preceq a$, 则称 a 为 X 的一个极大元.

定理 4 (Zorn 引理) 设 X 为非空偏序集, 若 X 的每个全序子集在 X 中有上界, 则 X 必有极大元.

证明 由 Zorn 公理知, X 有最大全序子集 B. 由定理条件, B 有上界 $a \in X$. 兹证明 a 是 X 的一个极大元. 用反证法, 如果 a 不是 X 的极大元, 则 $\exists b \in X$, 使 $a \prec b$. 于是 $\{b\} \cup B$ 是 X 的全序子集, 且 B 是它的真子集, 这与 B 是 X 的最大全序子集相矛盾.

下面将证明由集合的势构成的集合是全序的, 即任何两个集合都能比较其势的大小.

给定集合 X, 设映射 $f : 2^X \to 2^X$ 满足以下条件: 当 $A \subset B \subset X$, 都有 $f(A) \subset f(B)$, 此时称 f 是 2^X 上的单调映射. 例如当 φ 是 X 自身上的一个映射时, 它诱导出 2^X 上的一个单调映射 $f(A) = \{\varphi(x) \mid x \in A\}$.

引理 5 2^X 上的单调映射有不动点.

证明 设 f 是 2^X 上的单调映射. 令
$$\mathcal{F} = \{A \in 2^X \mid A \subset f(A)\}, \quad E = \bigcup_{A \in \mathcal{F}} A.$$
兹证明 E 是 f 的不动点. 由于 $\forall A \in \mathcal{F}$, $A \subset E$, 故 $A \subset f(A) \subset f(E)$, 从而 $E \subset f(E)$; 由单调性 $f(E) \subset f(f(E))$, 这说明 $f(E) \in \mathcal{F}$, 从而 $f(E) \subset E$. 因此 $f(E) = E$.

定理 6 (Bernstein) 设集合 X 和 Y 的势满足 $|X| \leq |Y|$, 且 $|Y| \leq |X|$,

则 $|X| = |Y|$.

证明 由已知条件知, 存在一一映射 $f: X \to Y$ 和一一映射 $g: Y \to X$. 兹证明必存在 X 到 Y 的一一满映射 h. 记 $\psi(A) = X \setminus g(Y \setminus f(A)), \psi$ 是 2^X 到 2^X 的一个映射. 由于

$$A \subset B \Rightarrow f(A) \subset f(B) \Rightarrow Y \setminus f(A) \supset Y \setminus f(B)$$
$$\Rightarrow g(Y \setminus f(A)) \supset g(Y \setminus f(B))$$
$$\Rightarrow \psi(A) \subset \psi(B),$$

故 ψ 是 2^X 上一个单调映射. 由引理 5 知, 存在 $E \in 2^X, \psi(E) = E$, 即

$$E = X \setminus g(Y \setminus f(E)), \quad X \setminus E = g(Y \setminus f(E)).$$

因为 f 是 E 到 $f(E)$ 上一一满映射, 故 g 是 $Y \setminus f(E)$ 到 $g(Y \setminus f(E))$ 的一一满映射. 故令

$$h(x) = \begin{cases} f(x), & x \in E, \\ g^{-1}(x), & x \in X \setminus E, \end{cases}$$

则 h 是 X 到 Y 上的一一满映射.

定理 7 设 $|X| = \alpha, |Y| = \beta$, 则 $\alpha < \beta, \alpha = \beta, \beta < \alpha$ 三者中必有且仅有一个成立. (即第一章定理 1.2.7.)

证明 只要证明 $\alpha \leq \beta$ 与 $\beta \leq \alpha$ 中至少有一个成立. 设 $A \subset B \subset X$, 对于映射 $f: A \to Y$, 以及 $g: B \to Y$, 若 $\forall x \in A$ 有 $g(x) = f(x)$, 则称 g 是 f 在 B 上的延拓, f 是 g 在 A 上的限制. 定义集合

$$\mathcal{F} = \{f: A \to B \mid f \text{是一一满映射}, A \subset X, B \subset Y\}.$$

设 $a \in X, b \in Y$, 令 $f(a) = b$, 取 $A = \{a\}, B = \{b\}$, 则 $f \in \mathcal{F}$. 故 $\mathcal{F}$ 非空.

在 $\mathcal{F}$ 上定义顺序关系 $\preceq$ 如下: 如果 $f, g \in \mathcal{F}, g$ 是 f 的延拓, 则 $f \preceq g$. 易见 $\{\mathcal{F}, \preceq\}$ 是序空间. 对于 $\mathcal{F}$ 中任意全序子集

$$F_I: F_I = \{f_i: A_i \to B_i \mid f_i \text{是一一满映射}, f_i \in \mathcal{F}, i \in I\},$$

定义 $f: \cup A_i \to \cup B_i$ 如下: $\forall x \in \cup A_i, \exists i \in I$, 使得 $x \in A_i$, 令 $f(x) = f_i(x)$. 易见 f 是每个 f_i 在 $\cup A_i$ 上的延拓. 于是 $f \in \mathcal{F}$, 且 f 是 F_I 的上界. 故由 Zorn 引理, $\mathcal{F}$ 有极大元 g.

记 g 为 $M \to N$ 的一一满映射， $M \subset X, N \subset Y$, 则

$$|M| = |N|.$$

下面证明 $M \neq X$, $N \neq Y$ 不能同时成立. 用反证法. 若有 $a \in X \setminus M, b \in Y \setminus N$, 则令

$$h(x) = \begin{cases} g(x), & x \in M, \\ b, & x = a. \end{cases}$$

此时 h 是 $M \cup \{a\}$ 到 $N \cup \{b\}$ 的一一满映射， $h \in \mathcal{F}, h$ 是 g 的延拓. 故 $g \prec h$. 这与 g 是 $\mathcal{F}$ 的极大元矛盾. 因此只有以下两种可能:

$$M = X, |X| = |M| = |N| \leq |Y|;$$

或者

$$N = Y, |Y| = |N| = |M| \leq |X|.$$

附录 B   Tietze 扩张定理

设 F 是 $\mathbb{R}^n$ 中一个非空闭集. $\forall x \in \mathbb{R}^n$, 令

$$d(x, F) = \inf\{\|x - y\| \,|\, y \in F\},$$

称 $d(x, F)$ 为点 x 到闭集 F 的距离. 此时存在唯一的点 $y_0 \in F$, 使得 $d(x, F) = \|x - y_0\|$. 设 F_1, F_2 是 $\mathbb{R}^n$ 中两个非空闭集, 称

$$d(F_1, F_2) = \inf\{\|x - y\| \,|\, x \in F_1, y \in F_2\}$$

为集合 F_1 与 F_2 的距离. 只要 F_1 与 F_2 中有一个是有界的, 则必存在 $x_1 \in F_1, x_2 \in F_2$, 使得 $d(F_1, F_2) = \|x_1 - x_2\|$.

引理 1 设 F_1, F_2 是 $\mathbb{R}^n$ 中两个互不相交的闭集, 则一定存在 $\mathbb{R}^n$ 中开集 G_1, G_2, 满足:

(1) $G_1 \cap G_2 = \emptyset$;

(2) $F_i \subset G_i, \ i = 1, 2$.

证明 对于任意的 $x \in F_1$, 记 $\rho(x) = d(x, F_2)$, 考虑 x 的邻域 $B\left(x, \frac{1}{3}\rho(x)\right)$, 令

$$G_1 = \bigcup B\left(x, \frac{1}{3}\rho(x)\right).$$

对于 $\forall x \in F_2$, 记 $\sigma(x) = d(x, F_1)$, 考虑 x 的邻域 $B\left(x, \frac{1}{3}\sigma(x)\right)$, 令

$$G_2 = \bigcup B\left(x, \frac{1}{3}\sigma(x)\right).$$

易见开集 G_1, G_2 满足引理中条件 (1) 和 (2).

上述引理给出 $\mathbb{R}^n$ 中互不相交的闭集的分离性质. 本节将要讨论空间 $\mathbb{R}^n$ 中闭集的分离性与连续函数的关系.

定理 2 (Urysohn 引理) 设 A, B 是 $\mathbb{R}^n$ 中两个互不相交的闭集, 那末存在 $\mathbb{R}^n$ 上的连续函数 $f(x)$, 满足:

(1) $0 \leq f(x) \leq 1$;

(2) $\forall x \in A$, $f(x) = 0$;

(3) $\forall x \in B$, $f(x) = 1$.

证明 取以下函数即可

$$f(x) = d(x, A)/(d(x, A) + d(x, B)).$$

定理 3 (Tietze 扩张定理) 设 A 是 n 维空间 $\mathbb{R}^n$ 中一个非空闭集, f 是定义在集合 A 上的有界连续函数. 则存在 $\mathbb{R}^n$ 上的连续函数 $F(x)$, 使得 $\forall x \in A$, 有 $F(x) = f(x)$, 而且

$$\sup_{x \in \mathbb{R}^n} |F(x)| = \sup_{x \in A} |f(x)|.$$

此时称 F 是 f 的连续扩张函数. (即第二章引理 2.3.12.)

证明 若 f 是 A 上的常值函数, 则定理显然成立. 故考虑 f 不是常值函数的情形. 记 $f_0(x) = f(x)$, $a_0 = \sup_{x \in A} |f_0(x)|$. 设

$$A_0 = \{x \in A |\, f_0(x) \leq -a_0/3\}, \quad B_0 = \{x \in A |\, f_0(x) \geq a_0/3\}.$$

则 A_0 与 B_0 是互不相交的闭集. 由上述 Urysohn 引理知, 存在 $\mathbb{R}^n$ 上一个连续函数 $F_0(x)$, 满足 $F_0(x)$ 在集合 A_0 上取值 $-a_0/3$, 而在集合 B_0 上取值为 $a_0/3$, 而且 $-a_0/3 \leq F_0(x) \leq a_0/3$.

令 $f_1(x) = f_0(x) - F_0(x)$, 则 $f_1(x)$ 是闭集 A 上的连续函数. 记 $a_1 = \sup_{x \in A} |f_1(x)|$. 易见 $a_1 \leq \frac{2}{3} a_0$. 将上述从 f_0, a_0 出发构造 f_1, a_1 的过程用于 f_1, a_1, 可构造 f_2, a_2. 如此重复, 假设已经构造了函数 $f_n(x)$ 以及 $a_n = \sup_{x \in A} |f_n(x)|$. 令

$$A_n = \left\{x \in A \,\middle|\, f_n(x) \leq -\frac{1}{3} a_n \right\}, \quad B_n = \left\{x \in A \,\middle|\, f_n(x) \geq \frac{1}{3} a_n \right\}.$$

则集合 A_n 与 B_n 是互不相交的闭集. 由上述 Urysohn 引理知, 存在 $\mathbb{R}^n$ 上连续函数 $F_n(x)$, 满足

$$F_n|_{A_n}(x) \equiv -\frac{1}{3} a_n, \quad F_n|_{B_n} \equiv \frac{1}{3} a_n,$$

而且 $-a_n/3 \leq F_n(x) \leq a_n/3$.

令 $f_{n+1}(x) = f_n(x) - F_n(x)$, $a_{n+1} = \sup\limits_{x \in A} |f_{n+1}(x)|$. 由归纳法可得一列函数 $F_n(x)$ 以及相应的 $f_n(x)$ 和相应的数 a_n. 易见

$$a_{n+1} \leq \frac{2}{3}a_n \leq \left(\frac{2}{3}\right)^2 a_{n-1} \leq \cdots \leq \left(\frac{2}{3}\right)^{n+1} a_0,$$

$$f_{n+1}(x) = f_0(x) - (F_0(x) + F_1(x) + \cdots + F_n(x)).$$

此外还有

$$\sup_{x \in \mathbb{R}^n} |F_n(x)| \leq \frac{1}{3}\left(\frac{2}{3}\right)^n a_0, \tag{B.0.1}$$

$$\left| f_0(x) - \sum_{i=0}^n F_i(x) \right| \leq \left(\frac{2}{3}\right)^{n+1} a_0, \quad \forall\, x \in A. \tag{B.0.2}$$

故由 (B.0.1) 式, 级数 $\sum\limits_{i=0}^\infty F_n(x)$ 一致收敛, 记作 $F(x)$, 则 F 是 $\mathbb{R}^n$ 上的连续函数. 由 (B.0.2) 式知, $F|_A = f$.

推论 4 $\mathbb{R}^n$ 的一个闭集上的任意的连续函数都可以扩张成全空间上的连续函数.

证明 只要考虑函数是无界的情况. 设 f 是闭集 A 上的连续函数, 考虑 A 上的连续函数 $\arctan f(x)$, 则由上述扩张定理知, 它在全空间上有一个连续扩张函数, 记作 $h(x)$. 令

$$B = \{x \in \mathbb{R}^n \,|\, h(x) = \pi/2\},$$

则集合 B 是闭集, $A \cap B = \emptyset$. 于是再由 Urysohn 引理, 存在 $\mathbb{R}^n$ 上的连续函数 $\alpha(x)$, 满足 $\alpha|_A = 1$, $\alpha|_B = 0$, 且 $0 \leq \alpha(x) \leq 1$. 于是函数 $F(x) = \tan \alpha(x) h(x)$ 是 f 的一个连续扩张.

以上讨论的闭集分离性与连续函数的关系可以推广到一般的拓扑空间中. 下面作简要的介绍.

定义 5 设 X 是拓扑空间, 若

(1) 每个单点集是闭集;

(2) 对于任意互不相交的闭集 F_1, F_2, 存在开集 G_1, G_2, 满足

$$G_1 \cap G_2 = \emptyset, \quad F_i \subset G_i, \quad i = 1, 2,$$

称 X 是正规的.

定理 6 (Urysohn 定理)　设 X 是拓扑空间. 则 X 是正规的充分必要条件是, 对于任意两个互不相交的闭集 A 和 B, 存在 X 上的连续函数 f, 使得 $0 \leq f(x) \leq 1, f|_A = 0, f|_B = 1$ 成立.

证明　充分性 是显然的. 只要选取开集 $G_1 = \{x \mid f(x) < 1/2\}$ 和 $G_2 = \{x \mid f(x) > 1/2\}$ 即可.

兹证 必要性. 给定互不相交的闭集 A 与 B. 由正规性知, 存在互不相交的开集 $A_{1/2}$ 和 $B_{1/2}$, 分别覆盖 A 和 B. 于是

$$A \subseteq A_{1/2} \subseteq \overline{A}_{1/2} \subseteq B^{\mathrm{c}}_{1/2}, \quad B_{1/2} \supseteq B.$$

易见 A 与 $A^{\mathrm{c}}_{1/2}$ 是互不相交的闭集, $B^{\mathrm{c}}_{1/2}$ 与 B 也是互不相交的闭集. 再由拓扑空间 X 的闭集分离性, 可以构造开集 $A_{1/4}$ 与 $A_{3/4}$, 满足

$$A \subseteq A_{1/4} \subseteq \overline{A}_{1/4} \subseteq A_{1/2} \subseteq \overline{A}_{1/2} \subseteq A_{3/4} \subseteq \overline{A}_{3/4},$$

并且 $\overline{A}_{3/4} \cap B = \emptyset$. 由归纳定义, 对于每一个二进制有理数 $r, 0 < r < 1$, 可以定义一个开集 A_r, 满足

(1) 当 $r < s$, 有 $\overline{A}_r \subseteq A_s$;

(2) $A \subseteq A_r, B \cap \overline{A}_r = \emptyset$.

定义函数 $f(x)$ 如下: 若 x 属於所有的集合 A_r, 则令 $f(x) = 0$, 否则令

$$f(x) = \sup\{r \mid x \overline{\in} A_r\}.$$

根据定义, 有 $f|_A \equiv 0, f|_B \equiv 1$, 且 $0 \leq f(x) \leq 1$, 故只需证明 f 是连续的. 对任给的 $x \in X$, 记 $f(x) = c$. 当 $0 < c < 1$, 对任给的 $\varepsilon > 0$, 存在二进制有理数 r', 和 s', 满足 $r' \leq c \leq s', 0 < s' - r' < \varepsilon$. 则 x 属于开集 $A_{s'} \cap \overline{A}^{\mathrm{c}}_{r'}$. $\forall y \in A_{s'} \cap \overline{A}^{\mathrm{c}}_{r'}$, 都有 $|f(x) - f(y)| < 2\varepsilon$. 当 $c = 0$ 或 $c = 1$ 时, 类似地可证 f 的连续性.

定理 7 (Tietze 扩张定理)　设 X 是拓扑空间, 则 X 是正规的充分必要条件是, 对于任意的闭集 A 和 A 上的连续函数 f, 存在 f 在 X 上的连续扩张.

证明　运用定理6, 及 $\mathbb{R}^n$ 中的 Tietze 扩张定理及其推论中的证明方法即可.

附录 C　距离空间的完备化

定义 1　包含给定的距离空间 (X, ρ) 的最小的完备距离空间 $\widetilde{X}$, 称为空间 (X, ρ) 的完备化空间. 所谓最小是指, 对于任意的包含 (X, ρ) 的完备距离空间 Y, 均有 $Y \supset \widetilde{X}$.

引理 2　设 (X, ρ) 是一个以 (X_0, ρ_0) 为子空间的完备距离空间, $\rho|_{X_0 \times X_0} = \rho_0$, 并且 X_0 在 X 中稠密, 则 X 是 X_0 的完备化空间.

证明　因为 X_0 在 X 中稠密, 对于任意的 $\xi \in X$, $\exists \{x_n\} \subset X_0$, 使得
$$\lim_{n \to \infty} \rho(x_n, \xi) = 0.$$
若还有以 (X_0, ρ_0) 为子空间的完备距离空间 (Y, d), $d|_{X_0 \times X_0} = \rho_0$, 由于 $\{x_n\}$ 在距离 ρ_0 下是基本列, 因而也是在距离 d 意义下的基本列, 从而存在 $\widehat{\xi} \in Y$ 为极限点. 作 X 到 Y 的映射如下:　$T : \xi \mapsto \widehat{\xi}$.

兹证明 T 是等距映射. 对于任意的 $\xi_1, \xi_2 \in X$, 存在点列 $\{x_n^{(1)}\}, \{x_n^{(2)}\} \subset X_0$, 满足
$$x_n^{(1)} \to \xi_1, \quad x_n^{(2)} \mapsto \xi.$$
记 $\widehat{\xi}_j = T\xi_j$, $j = 1, 2$, 则在距离 d 下有 $x_n^{(j)} \to \widehat{\xi}_j$, $j = 1, 2$, 于是有
$$d(\widehat{\xi}_1, \widehat{\xi}_2) = \lim_{n \to \infty} d(x_n^{(1)}, x_n^{(2)}) = \lim_{n \to \infty} \rho(x_n^{(1)}, x_n^{(2)}) = \rho(\xi_1, \xi_2).$$
所以 X 是 Y 的子空间, 故 (X, ρ) 是 (X_0, ρ_0) 的完备化空间.

定理 3　每一个距离空间都有一个完备化空间.　(即第五章定理 5.1.7.)

证明　设 (X_0, ρ_0) 是一个距离空间. 证明分三步. 首先构造一个距离空间 (X, ρ), 然后证明 X_0 在 X 中稠密, 最后证明 (X, ρ) 是完备的.

(1) 设 $\{x_n\}$ 和 $\{y_n\}$ 是 X_0 中的基本列, 若
$$\lim_{n \to \infty} \rho_0(x_n, y_n) = 0,$$

就称这两个基本列等价. 将彼此等价的基本列归成一类, 称其为等价类. 将每一个等价类看成一个元, 并用 X 表示由所有这种元 (等价类) 构成的集合. 在 X 上定义二元关系如下: $\forall \xi, \eta \in X$, 任取 $\{x_n\} \in \xi$, $\{y_n\} \in \eta$, 令

$$\rho(\xi, \eta) = \lim_{n \to \infty} \rho_0(x_n, y_n). \tag{C.0.1}$$

容易验证, (C.0.1) 式中的极限存在, 并且与基本列 $\{x_n\}$ 和 $\{y_n\}$ 的选取无关. 由 ρ_0 的正定性和对称性以及等价类定义易得, ρ 满足正定性和对称性. 对于任意的 $\xi, \eta, \zeta \in X$, 任取 $\{x_n\} \in \xi, \{y_n\} \in \eta, \{z_n\} \in \zeta$, 则由不等式

$$\rho_0(x_n, z_n) \leq \rho_0(x_n, y_n) + \rho_0(y_n, z_n)$$

取极限即得 $\rho(\xi, \zeta) \leq \rho(\xi, \eta) + \rho(\eta, \zeta)$. 故 ρ 满足三角不等式, 从而 (X, ρ) 是一个距离空间.

(2) 对于任意元 $x \in X_0$, 记 X 中包含序列 $\{x, x, \cdots, x, \cdots\}$ 的等价类为 $\xi(x)$, 并记 $\widetilde{X}$ 为由全体这样的元 $\xi(x)$ 构成的集合. 则映射 $T : x \mapsto \xi(x)$ 是 (X_0, ρ_0) 到 $(\widetilde{X}, \rho)$ 的满映射, 且是等距映射. 因此空间 (X_0, ρ_0) 与 $(\widetilde{X}, \rho)$ 等距同构. 给定 $\xi \in X$, 任取基本列 $\{x_n\} \in \xi$, 考虑 $\widetilde{X}$ 中的序列 $\{\xi(x_n)\}$, 则

$$\lim_{m \to \infty} \rho(\xi, \xi(x_m)) = \lim_{m \to \infty} \lim_{k \to \infty} \rho_0(x_k, x_m) = 0.$$

故 $\widetilde{X}$ 是 (X, ρ) 的稠密子集.

(3) 兹证明空间 (X, ρ) 是完备的. 任给 (X, ρ) 中的基本列 $\{\xi^{(n)}\}$, 要找到一个元 $\xi \in X$, 使得当 $n \to \infty$ 时, 有 $\xi^{(n)} \xrightarrow{\rho} \xi$.

(i) 先假定 $\{\xi^{(n)}\}$ 包含在 $\widetilde{X}$ 这一特殊情形. 此时可令 $x_n = T^{-1}\xi^{(n)}$, 则 $\{x_n\}$ 是 (X_0, ρ_0) 中的基本列. 记它的等价类为 ξ, 便有 $\lim\limits_{n \to \infty} \xi^{(n)} = \xi$.

(ii) 考虑一般情形. 由 $\widetilde{X}$ 在 X 中的稠密性, $\forall \xi^{(n)}$, $\exists \overline{\xi}^{(n)} \in \widetilde{X}$, 使得

$$\rho(\xi^{(n)}, \overline{\xi}^{(n)}) < 1/n.$$

由 (i) 可设 $\overline{\xi}^{(n)} \xrightarrow{\rho} \xi$, 即得

$$\xi^{(n)} \xrightarrow{\rho} \xi.$$

由 (1),(2),(3) 及上述引理 2 即得定理结论.

附录 D　第一纲集与开映射定理

令 X, Y 是 Banach 空间, 设 $T \in \mathcal{B}(X, Y)$ 有连续的逆算子 $T^{-1} \in \mathcal{B}(Y, X)$. 算子 T^{-1} 的连续性是指, $\forall y_0 \in Y, \forall \varepsilon > 0, \exists \delta > 0$, 使得只要 $\|y - y_0\| < \delta$, 就有 $\|T^{-1}y - T^{-1}y_0\| < \varepsilon$, 即

$$y \in B(y_0, \delta) \Rightarrow T^{-1}y \in B(T^{-1}y_0, \varepsilon).$$

若记 $x_0 = T^{-1}y_0, x = T^{-1}y$, 则算子 T^{-1} 的连续性是指,

$$Tx \in B(Tx_0, \delta) \Rightarrow x \in B(x_0, \varepsilon).$$

由于

$$x \in B(x_0, \varepsilon) \Rightarrow Tx \in TB(x_0, \varepsilon),$$

故 $TB(x_0, \varepsilon) \supset B(Tx_0, \delta)$. 由此不难看出, 算子 T 将 X 中的开集映射成 Y 中的开集.

定义 1 设 T 是 Banach 空间 X 到 Y 上的线性算子, 若它将 X 中的开集映射成 Y 中的开集, 就称 T 是 X 到 Y 上的开映射.

由定义 1 前面的讨论知, T 为开映射是 T 有连续逆 T^{-1} 的必要条件. 本节将给出, 当 T 是 X 到 Y 上的有界线性算子时, 使得 T 为开映射的一个充分条件. 而在第六章 §6.2 中的逆算子定理的实质是, 在已知有界算子 T 为开映射的条件下再加上单射性, 就能保证 T 在值域上有有界逆 (即连续逆). 要证明开映射定理首先要研究稀疏集的性质, 进而研究完备空间的性质.

§D.1　纲与纲定理

定义 2 设 (X, ρ) 是一个距离空间, 给定集合 $E \subset X$, 若 $\overline{E}$ 的内点集是空

集, 就称 E 是稀疏集, 简称疏集.

例 1 在 $\mathbb{R}^n$ 中有穷点集和 Cantor 集是疏集.

定理 3 设 (X, ρ) 是距离空间, E 是 X 中的子集, 则以下 4 个命题等价:

(1) E 是疏集;

(2) $(\overline{E})^c$ 是稠密集;

(3) 对于 X 中的任一非空开集 G, 存在非空开集 G_1, 满足

$$G_1 \cap \overline{E} = \emptyset;$$

(4) 对于 X 中的任意一个开球 $B(x_0, r_0)$, 总存在 $B(x_1, r_1) \subset B(x_0, r_0)$, 使得

$$\overline{E} \cap \overline{B(x_1, r_1)} = \emptyset.$$

证明 (1) $\Rightarrow$ (2). 设 E 是疏集, 于是闭集 $\overline{E}$ 中不包含任一非空开集, 即对于任一开集 G, 有 $G \cap (\overline{E})^c \neq \emptyset$, 所以 $(\overline{E})^c$ 在 X 中稠密.

(2) $\Rightarrow$ (3). 设 $(\overline{E})^c$ 是稠密集, 则对于 X 中所有非空开集 G, 有 $G \cap (\overline{E})^c \neq \emptyset$. 于是 $\exists x \in G \cap (\overline{E})^c$. 因为 $G \cap (\overline{E})^c$ 是开集, 故存在 $\varepsilon > 0$, 使得 $B(x, \varepsilon) \subset G \cap (\overline{E})^c$, 取 $G_1 = B(x, \varepsilon)$ 即可.

(3) $\Rightarrow$ (4). 令 $G = B(x_0, r_0)$, 从 (3), 存在 $G_1 = B(x_1, \varepsilon) \subset G$, 使得 $B(x_1, \varepsilon) \cap \overline{E} = \emptyset$. 只要取 $r_1 = \varepsilon/2$, 即得

$$\overline{B(x_1, r_1)} \cap \overline{E} = \emptyset.$$

(4) $\Rightarrow$ (1). 用反证法. 若 E 不是疏集, 即 $\overline{E}$ 有内点. 于是存在 $B(x_0, r_0) \subset \overline{E}$. 由假设

$$\exists B(x_1, r_1) \subset B(x_0, r_0), \text{ 满足 } \overline{E} \cap \overline{B(x_1, r_1)} = \emptyset.$$

这与 $B(x_1, r_1) \subset B(x_0, r_0) \subset \overline{E}$ 相矛盾.

推论 4 设 E 是距离空间 X 中的子集, 则

(1) 若 E 为疏集, 则 E^c 为稠密集;

(2) 若 E^c 为稠密集, 且 E 为闭集, 则 E 为疏集.

定义 5 在距离空间 (X, ρ) 中, 如果 $E_n \subset X, (n = 1, 2, \cdots)$ 均为稀疏集,

则称它们的并集 $E = \bigcup\limits_{n=1}^{\infty} E_n$ 是第一纲的集.

例 2 $\mathbb{R}^n$ 中的有理点集是第一纲的. $\mathbb{R}^n$ 中的可数点集总是第一纲的.

定理 6(**Baire 定理**) 非空的完备距离空间 (X, ρ) 一定不是第一纲集.

证明 用反证法. 设 X 是第一纲集, 即 $X = \bigcup\limits_{n=1}^{\infty} E_n$, 式中每个 E_n 是疏集.
由定理 3 (4) 知, 若 E 是疏集, 则对于任意一个开球 $B(x, r)$, 存在开球 $B(y, s) \subset$
$B(x, r)$, 使得 $\overline{B(y, s)} \cap \overline{E} = \emptyset$. 现在任取一个球 $B(x_0, r_0)$, 由于 E_1 是疏集, 于
是 $\exists B_1 = B(x_1, r_1) \subset B(x_0, r_0)$, 使得 $\overline{B}_1 \cap \overline{E} = \emptyset$, 不妨取 $r_0 = 1$, $0 < r_1 < 1$.
由于 E_2 是疏集, 对于开球 B_1, $\exists B_2 = B(x_2, r_2) \subset B_1$, 使得 $\overline{B}_2 \cap \overline{E} = \emptyset$, 不妨
取 $0 < r_2 < 1/2$. 一般地, 对于开球 $B_{n-1} = B(x_{n-1}, r_{n-1})$, 由于 E_n 是疏集,
$\exists B_n = B(x_n, r_n) \subset B_{n-1}$, 使得 $\overline{B}_n \cap \overline{E}_n = \emptyset$, $0 < r_n < 1/n$, $n = 1, 2, \cdots$. 而

$$\rho(x_{n+p}, x_n) \leq r_n < \frac{1}{n}, \quad \forall n, p \in \mathbb{N}. \tag{D.1.1}$$

由此可见 $\{x_n\}$ 是基本列, 从而 $\exists y \in X$, 使得

$$\lim_{n \to \infty} x_n = y.$$

另一方面, 在 (D.1.1) 中令 $p \to \infty$, 得 $\rho(y, x_n) \leq 1/n$, 从而

$$y \in \overline{B}_n \quad \forall n \in \mathbb{N}.$$

由于 $\overline{B}_n \cap \overline{E} = \emptyset$ $(\forall n)$, 所以 $y \overline{\in} \overline{E}_n$ $(\forall n)$, 从而

$$y \overline{\in} \bigcup_{n=1}^{\infty} \overline{E}_n = \overline{\bigcup_{n=1}^{\infty} E_n} = \overline{X} = X.$$

但这与 $y \in X$ 相矛盾, 所以 X 不可能是第一纲的.

Baire 纲定理有很多应用, 下面举两个例子.

例 3 设闭区间 $C = [a, b]$ 是不可数的, C 是 $\mathbb{R}$ 的完备子空间. 对任意的
点 $x \in [a, b]$, 单点集 $\{x\}$ 是疏集, 由定理 6,

$$C = \bigcup_{x \in C} \{x\}$$

不可能是可数并, 即 C 是不可数集.

例 4 考虑有极大模给出的完备空间 $(C[0,1], \rho)$, 记 $E = \{f \in C[0,1] \mid f$ 处处不可微 $\}$, 则 E 在 $C[0,1]$ 中的余集是第一纲的. 由此可见, E 是非空的而且不是第一纲的.

证明 记 $X = C[0,1]$, 令

$$A_n = \left\{ f \in X \,\middle|\, \exists\, x \in [0,1], \text{使得} \left| \frac{f(x+h) - f(x)}{h} \right| \le n, \, \forall |h| \le \frac{1}{n} \right\},$$

式中 $0 < x + h < 1$. 若 f 在 x 可微, 则 $\exists n$, 使得 $f \in A_n$, 所以

$$E^c = X - E \subset \bigcup_{n=1}^{\infty} A_n. \tag{D.1.2}$$

下面证明 $\forall A_n$ 都是疏集. 即要证明 $(\overline{A_n})^{\circ} = \emptyset$. 若能证 A_n 为闭集, 则只要证 $(A_n)^{\circ} = \emptyset$.

先证 A_n 是闭集. 对任意的 $f_0 \in \overline{A_n}$, $\exists f_k \in A_n$, 使得 f_k 一致收敛到 f_0. 因为 $f_k \in A_n$, $\exists x_k \in [0,1]$, 使得

$$|f_k(x_k + h) - f_k(x_k)| \le n|h|. \tag{D.1.3}$$

因为 $\forall x_k \in [0,1]$, 即 $\{x_k\}$ 是有界点列, 所以有收敛子列, 不妨设 $x_k \to x_0 \ (k \to \infty)$, 则 $x_0 \in [0,1]$. 利用 $\{f_k\}$ 的一致收敛性和不等式

$$\begin{aligned} &\left| f_k(x_k + h) - f_0(x_0 + h) \right| \\ &\qquad \le \left| f_k(x_k + h) - f_0(x_k + h) \right| + \left| f_0(x_k + h) - f_0(x_0 + h) \right|, \end{aligned}$$

在 (D.1.3) 式中令 $k \to \infty$, 即得

$$|f_0(x_0 + h) - f(x_0)| \le n|h|.$$

即 $f_0 \in A_n$, 所以 A_n 为闭集.

其次证 A_n 是疏集. 用反证法. 若 $(A_n)^{\circ} \ne \emptyset$, 则存在 $f_0 \in A_n$. 由于 $(A_n)^{\circ}$ 是开集, 所以 $\exists \varepsilon > 0$, 使得 $B_{\varepsilon}(f_0) \subset A_n$. 于是存在一个折线函数 $g(x)$, 使得 $\rho(g, f_0) < \varepsilon$, 而且 g 的每段斜率的绝对值都大于 n, 因而 $g \in B_{\varepsilon}(f_0)$, 但是 $g \overline{\in} A_n$, 得到矛盾. 所以

$$(E)^c \subset \bigcup_{n=1}^{\infty} A_n$$

是第一纲集. 证毕.

在微积分理论中, 要购造一个处处不可微的连续函数比较复杂, 但是例 4 表明, E^c 是第一纲的, 所以 E 不可能是空集, 否则 $X = E^c$ 将是第一纲集, 与 Baire 定理矛盾. 这就证明了处处不可微的连续函数的存在性. 上述例子表明 "大多数" 连续函数都具有这种性质.

§D.2 开映射定理

引理 7 设 X, Y 都是 Banach 空间, T 是 X 到 Y 上的线性映射, 则 T 是开映射的充分必要条件是, $\exists \delta > 0$, 使得

$$TB(0,1) \supset U(0,\delta). \tag{D.2.1}$$

证明 必要性 是显然的. 下面证明 充分性. 假设条件 (D.2.1) 成立, 任取 X 中的开集 W, 需证 TW 是 Y 中的开集. 由算子 T 的线性性质知, 条件 (D.2.1) 等价于

$$TB(x,r) \supset U(Tx, r\delta), \ \forall x \in X, \forall r > 0.$$

$\forall y_0 \in TW$, 按定义 $\exists x_0 \in W$, 使得

$$y_0 = Tx_0.$$

因为 W 是开集, $\exists B(x_0, r) \subset W$, 于是取 $\varepsilon = r\delta$, 便有

$$U(Tx_0, \varepsilon) \subset TB(x_0, r) \subset TW.$$

即 $y_0 = Tx_0$ 是 TW 的内点 (参看下页图 D.1).

定理 7 (开映射定理) 设 X, Y 都是 Banach 空间, 若 $T \in \mathcal{B}(X,Y)$ 是满映射, 则 T 是开映射. (即第六章定理 6.2.1.)

证明 用 $B(x,a), U(y,b)$ 分别表示 X, Y 中的开球.

(1) 证明 $\exists \delta > 0$, 使得 $\overline{TB(0,1)} \supset U(0, 3\delta)$. 这因为

$$Y = TX = \bigcup_{n=1}^{\infty} TB(0,n),$$

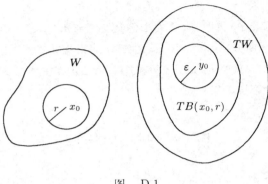

图   D.1

而 Y 是完备的, 所以至少有一个 $n \in \mathbb{N}$, 使得集合 $TB(0,n)$ 是非疏的. 于是 $\overline{TB(0,n)}$ 存在内点, 故 $\exists U(y_0, r) \in \overline{TB(0,n)}$. 考虑到 $TB(0,n)$ 是一个对称凸集, 便有 $U(-y_0, r) \subset \overline{TB(0,r)}$, 从而

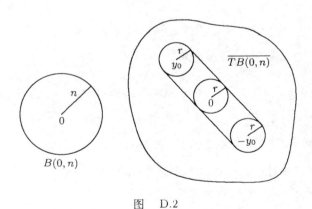

图   D.2

$$U(0,r) \subset \frac{1}{2}U(y_0, r) + \frac{1}{2}U(-y_0, r) \subset \overline{TB(0,n)} \quad \text{(参看图 D.2)}.$$

由 T 的齐次性, 取 $\delta = r/3n$, 就有 $\overline{TB(0,1)} \supset U(0, 3\delta)$.

(2) 证明 $TB(0,1) \supset U(0,\delta)$. 相当于证: 对于 $\forall y_0 \in U(0,\delta)$, 要在 $B(0,1)$ 中找到一个 x_0, 使得 $y_0 = Tx_0$. 这即是在 $B(0,1)$ 中求方程 $Tx = y_0$ 的解. 用逐次逼近法求解. 由 (1), $y_0 \in U(0,\delta) \subset \overline{TB(0,1/3)}$, 故 $\exists x_1 \in B(0,1/3)$, 使得

$$\|y_0 - Tx_1\| \leq \frac{\delta}{3}.$$

令 $y_1 = y_0 - Tx_1$, 再按 (1), $y_1 \in U(0,\delta/3) \subset \overline{TB(0,1/9)}$, 故 $\exists x_2 \in B(0,1/3^2)$, 使得

$$\|y_1 - Tx_2\| \leq \frac{\delta}{3^2}.$$

一般地, 对于 $y_n = y_{n-1} - Tx_n \in U(0,\delta/3^n) \subset \overline{TB(0,1/3^{n+1})}$, $\exists x_{n+1} \in B(0,1/3^{n+1})$, 使得

$$\|y_n - Tx_{n+1}\| \leq \frac{\delta}{3^{n+1}}, \quad n = 1,2,\cdots.$$

于是 $\sum\limits_{n=1}^{\infty} \|x_n\| \leq 1/2$. 记 $x_0 = \sum_{n=1}^{\infty} x_n$, 则有 $x_0 \in B(0,1)$, 而且

$$\|y_n\| = \|y_{n-1} - Tx_n\| = \cdots$$
$$= \|y_0 - T(x_1 + x_2 + \cdots + x_n)\| \leq \frac{\delta}{3^n}, \quad n = 1,2,\cdots.$$

记 $S_n = \sum\limits_{k=1}^{n} x_k$, 则 $S_n \to x_0$, $TS_n \to y_0$ $(n \to \infty)$. 又因为 T 是连续的, 所以 $Tx_0 = y_0$. 故 $U(0,\delta) \subset TB(0,1)$ 成立. 再由引理 7 即得 T 是开映射.

附录 E 部分习题的参考解答或提示

第 一 章

§1.1

3. 取 $E = A \triangle B$ 即可.

6. $A = \bigcup\limits_{m=1}^{\infty} \bigcap\limits_{k=1}^{\infty} \bigcup\limits_{n=k}^{\infty} A_{mn}$.

7. 当 $f_n(x) > a$, 由单调性, $\lim\limits_{n \to \infty} f_n(x) > a$. 故

$$A_n = \{x | f_n(x) > a\} \subset A = \left\{x \Big| \lim\limits_{n \to \infty} f_n(x) > a\right\} \Rightarrow \bigcup\limits_{n=1}^{\infty} A_n \subset A.$$

反之, 若 $x \in A$, $\exists n_0 \in \mathbb{N}$, 使得 $f_{n_0}(x) > a$, 即 $x \in A_{n_0}$, 有 $A \subset \bigcup\limits_{n=1}^{\infty} A_n$.

9. $\varliminf\limits_{n \to \infty} A_n = \varlimsup\limits_{n \to \infty} A_n = [-1, 1]$.

10. 证明 $E \subset \varliminf\limits_{n \to \infty} E_n$, 以及 $\varlimsup\limits_{n \to \infty} E_n \subset E$. 从而有 $\lim\limits_{n \to \infty} E_n = E$.

12. 只要证明 $(0, 1] \subset \varliminf\limits_{n \to \infty} A_n$, 以及 $\varlimsup\limits_{n \to \infty} A_n \subset (0, 1]$ 即可. $\forall x \in (0, 1]$, $\exists n \in \mathbb{N}$, 当 $k \geq n$, $a_k < x$ 时, 于是 $x \in [a_k, b_k] = A_k$, 从而有

$$(0, 1] \subset \bigcup\limits_{n=1}^{\infty} \bigcap\limits_{k \geq n} A_k = \varliminf\limits_{n \to \infty} A_n.$$

由集合列上极限的定义,

$$\forall\, x \in \varlimsup\limits_{n \to \infty} A_n = \bigcap\limits_{n=1}^{\infty} \bigcup\limits_{k \geq n} A_n$$

$$\Longleftrightarrow \forall\, n \in \mathbb{N},\ \exists\, k \geq n,\ \text{使得}\ x \in A_k$$

$$\Longleftrightarrow \forall\, n \in \mathbb{N},\ \exists\, k \geq n,\ \text{使得}\ 0 < a_k \leq x \leq b_k.$$

由于 $b_k \uparrow 1$, $a_k \downarrow 0$, 所以 $0 < x \leq 1$. 故 $\varlimsup\limits_{n \to \infty} A_n \subset (0, 1]$.

§1.2

1. (1) 成立; (2) 不成立, 例如可取 $X = [0, 2\pi]$, $A = [0, \pi/2]$, $f(x) = \sin x$.

6. $\varliminf\limits_{n \to \infty} A_n = A \cap B$, $\varlimsup\limits_{n \to \infty} A_n = A \cup B$.

8. **必要性.** 由 $f(X) = Y$, 因而 $f(A \cap B) \subset f(A) \cap f(B)$ 是显然的; 由 f 的一一性, 证明 $f(A) \cap f(B) \subset f(A \cap B)$. **充分性.** 只需要证明 f 是一一的, 用反证法.

9. $A \xlongequal{\text{def}} \{(a, b) | a, b \in \mathbb{Q}\}$. $\forall (a, b) \in A$ 对应于 $(a, b) \in \mathbb{Q}^2$, 于是 $|A| \leq |\mathbb{Q}^2| = \aleph_0^2 = \aleph_0$; 显然有 $\mathbb{Q} \subset A$, 故 $\aleph_0 \leq |A|$.

10. 利用第 9 题, 在任意开区间中找一个以有理点为端点的区间即可.

11. 记 A 为可数集, A_n 为子集的势为 n 的全体. 则

$$A_n = \underbrace{A \times A \times \cdots \times A}_{n}, \quad |A_n| = \aleph_0^n = \aleph_0.$$

又设 $B = \bigcup\limits_{n=1}^{\infty} A_n$ 为 A 的有限子集全体. 于是有 $|B| = \sum\limits_{n=0}^{\infty} \aleph_0 = \aleph_0$.

12. $|B| = 2^\alpha$. 事实上, 对于 $\forall f$, 定义图集 $G_f = \{(x, f(x)) | x \in X\}$. 则 $G_f \subset X \times X$. 故 $|B| \leq 2^{|X \times X|} = 2^\alpha$.

可证对于任意子集 $A \subset X$, 总存在无不动点的一一满映射 $g: A \to A$. 事实上, $A \cup A \subseteq \{(x, 0), (0, x) | x \in A\}$ 是 $A \times A$ 中子集, 所以 $|A| \leq |A \cup A| \leq |A \times A| = |A|$. 故 $A \sim A \cup A$, 即存在子集 $A_1, A_2 \subset A$, 满足 $A = A_1 \cup A_2$, $A_1 \cap A_2 = \emptyset$, 且 $A_1 \sim A$, $A_2 \sim A$. 记 $A_1 \overset{\varphi}{\sim} A_2$. 在 $A = A_1 \cup A_2$ 上定义 g 如下:

$$g|_{A_1} = \varphi, \quad g|_{A_2} = \varphi^{-1}.$$

$\forall X' \in 2^X$, 在余集 $A = X \backslash X'$ 上构造无不动点的一一满映射 $g: A \to A$. 定义 $f: X \to X$ 如下: $f|_{X'} = \text{id}$, $f|_A = g$, 则 $f \in B$, 且 $X' \mapsto f$ 是 2^X 到 B 的一一映射. 所以 $|B| \geq 2^\alpha$.

13. 用反证法. 对于 $r > 0$, 记 $S_r = \{(x, y) \in \mathbb{R}^2 | \sqrt{x^2 + y^2} = r\}$, 若 $\forall r > 0$, $S_r \cap \mathbb{Q} \times \mathbb{Q} \neq \emptyset$, 则 $|(0, \infty)| \leq |\mathbb{Q} \times \mathbb{Q}| = \aleph_0$. 矛盾.

14. 设 C 是平面中任意一个圆. $A \in C$, 先证明 C 中至多有可数个点与 A 的距离为有理数.

在 E 中取定点 A, 记 $M = \{r \in \mathbb{Q} \,|\, \exists B \in E, \text{使得} \, d(A,B) = r\}$, M 是可数集, 不妨记作 $\{r_n\}$. 以 A 为圆心, r_n 为半径作圆 C_n, 则 $E \subset \bigcup\limits_{n=1}^{\infty} C_n \bigcup \{A\}$, 于是 $E = \{A\} \bigcup \bigcup\limits_{n=1}^{\infty} (C_n \cap E)$, 而 $C_n \cap E$ 至多可数, 故 $|E| = \aleph_0$.

16. 用反证法.

17. $\mathbb{P}_n$ 表示 n 阶有理系数多项式全体, 则 $|\mathbb{P}_n| = \aleph_0$. 每个 $p(x) \in \mathbb{P}_n$ 的根的个数不超过 n 个. 记 $A_n = \{x \in \mathbb{R} \,|\, \exists p \in \mathbb{P}_n, p(x) = 0\}$, 则全体代数数 $A = \cup_n A_n$. 因而 $|A| = \sum_n \aleph_0 = \aleph_0$.

20. 任取 $a \in X$, 不妨设 $a \neq f(a)$, 令
$$E = \{a, f(a), f(f(a)), f(f(f(a))), \cdots\},$$
则 $f(E) \subset E$. 若 $E = X$, 则可取 $E = X \backslash \{a\}$.

21. 如第 12 题那样作分解: $A = A_1 \cup A_2$, $A \sim A_1 \sim A_2$, 且 $A_1 \cap A_2 = \emptyset$.

22. 实际上要证 $c = 2^{\aleph_0} = 3^{\aleph_0} = \cdots$, 从而 $c^{\aleph_0} = (2^{\aleph_0})^{\aleph_0} = 2^{\aleph_0} = c$.

23. 用反证法.

24. 记 $\mathcal{F} = \{A \in 2^X \,|\, f(A) \subset A, A \neq X\}$. 令 $E = \bigcap \{A \in 2^X \,|\, f(A) \subset A, A \neq X\}$. 证明 $f(E) = \bigcup \{f(A) \,|\, A \in \mathcal{F}\}$; 证明 E 是 $\mathcal{F}$ 中的最大元; 用反证法证明 $f(E) = E$.

25. $\forall f \in C[0,1]$, 令 $a_f = \{f(r) \,|\, r \in [0,1] \cap \mathbb{Q}\} \in \mathbb{R}^{\mathbb{Q} \cap [0,1]}$. 而 $f \to a_f$ 是一一的, 所以 $|C[0,1]| \leq c^{\aleph_0} = c$.

26. 因为 $\Psi = \{f : \mathbb{R} \to \mathbb{R}\} \supset \{g : \mathbb{R} \to \{0,1\}\} = 2^{\mathbb{R}}$, 所以 $|\Psi| \geq 2^c$. 又每一个 f 的图像都是 $\mathbb{R}^2$ 的一个子集, 故 $|\Psi| \leq 2^{|\mathbb{R}^2|} = 2^c$.

§1.3

1. 注意到 $\overline{A \cup B} = \overline{A} \cup \overline{B}$, 以及 $x \in A' \iff x \in \overline{A \backslash \{x\}}$, 于是有
$$\begin{aligned} x \in (A \cup B)' &\iff x \in \overline{A \cup B \backslash \{x\}} \\ &\iff x \in \overline{A \backslash \{x\}} \cup \overline{B \backslash \{x\}} \\ &\iff x \in A' \cup B'. \end{aligned}$$

3. $\forall x \in (A')'$, 有 $\{x_n\} \subset A'$, $x_n \to x$. 于是 $\forall n \in \mathbb{N}$, $\exists \{y_{n_j}\} \subset A$, $\lim\limits_{j \to \infty} y_{n_j} = x_n$. 抽取对角线序列 $y_{nn} \to x$, 所以 $x \in A'$, 从而 $(A')' \subset A'$, 故 A' 是闭

因 $(\overline{A})' = (A \cup A')' = A' \cup (A')' = A' \subset \overline{A}$, 故 $\overline{A}$ 是闭集. 又 $\partial A = \overline{A} \backslash A^{\circ}$, 故 ∂A 是闭集.

4. $\forall x \in A$, 存在以有理点为原点、有理数为半径的开球 B_x, 使得 $A \cap B_x = \{x\}$.

5. 利用 2 题或用反证法.

8. 利用 $x \in A' \Longleftrightarrow x \in \overline{A \backslash \{x\}}$.

9. 证明 $\mathbb{R} \backslash F$ 是开集.

10. 只要证明 $E \cap E' = \emptyset$, 可用反证法.

11. 对于任意开集 G, 令 $F_n = \{x \in \mathbb{R}^n | d(x, G) \le 1/n\}$, 则 $G = \cap F_n$. 对于任意闭集, 考虑它的余集即可.

12. 事实上 $\left\{ x \,\Big|\, \varlimsup\limits_{k \to \infty} f_k(x) < \lambda \right\} = \bigcup\limits_{m,n=1}^{\infty} \bigcap\limits_{k \ge n} \left\{ x \,\Big|\, f_k(x) \le \lambda - \dfrac{1}{m} \right\}$, 并且
$$\left\{ x \,\Big|\, \varlimsup\limits_{k \to \infty} f_k(x) \ge \lambda \right\} = \bigcap\limits_{m,n=1}^{\infty} \bigcup\limits_{k \ge n} \left\{ x \,\Big|\, f_k(x) > \lambda - \dfrac{1}{m} \right\}.$$

13. 定义连续函数 $\omega(x) = \varlimsup\limits_{y \to x} f(y) - \varliminf\limits_{y \to x} f(y)$, 则
$$f \text{ 在点 } x \text{ 连续} \Longleftrightarrow \omega(x) = 0.$$
记 $A_n = \{x | \omega(x) \ge 1/n\}$, 则 A_n 是闭集, 且 $\{x | f(x) \text{在} x \text{连续}\} = \bigcap\limits_{n=1}^{\infty} A_n^{\mathrm{c}}$.

14. 设 $A = \bigcup\limits_{n=1}^{\infty} F_n = \bigcap\limits_{n=1}^{\infty} G_n$, 则 $F_n \subset G_n$. 可以构造 $f_n \in C(\mathbb{R}^n)$, 使得 $f_n |_{F_n} = 1$, $f_n |_{G_n^{\mathrm{c}}} = 0$, $0 \le f_n \le 1$, 则 $\lim\limits_{n \to \infty} f_n(x) = \chi_A(x)$.

15. 用开覆盖定理.

17. 用反证法. 若 F 无孤立点, 不妨设 $F \subset [0,1]$, 将 $[0,1]$ 两等分. 若每个区间都含有无穷多个 F 的点, 选取其中一个记作 I_1, 使得 $x_1 \bar{\in} I_1$(注: 若 x_1 恰好是两分点, 则将分点稍移动一点), 此时 $|I_1| \le 1/2$. 若有一个区间是空的, 就用包含 F 的那个区间代替 $[0,1]$, 再两等分后取出 I_1. 于是 $F_1 = I_1 \cap F$ 是无穷集, 且 $x_1 \bar{\in} F_1$.

再从 I_1 出发, 选取 I_2, 使得 $x_2 \bar{\in} I_2$, $|I_2| \le 1/2^2$, 而 $F_2 = I_2 \cap F$ 是无穷集, $\cdots$. 这样可选出区间套 $I_1 \supset I_2 \supset \cdots \supset I_n \supset \cdots$, $|I_n| \to 0$, $x_n \bar{\in} I_n$, $F_n = I_n \cap F$ 是无穷集. 于是存在唯一的 $\eta \in \cap I_n$, 易见 $\eta \in \cap F_n$, 从而有 $\eta \in F$. 但是 $\eta \ne x_n$, $\forall n$,

矛盾.

18. 用反证法. 利用开复盖定理.

19. 利用中心是有理点, 半径是有理数的球作覆盖.

20. 利用有界闭集上的连续函数达到最小值定理.

21. 势是 c.

22. 证明 E^c 是开集.

23. 取 $G_1 = \{x | d(x, F_1) < d(x, F_2)\}$, $G_2 = \{x | d(x, F_2) < d(x, F_1)\}$.

24. 可取 $f_k(x) = 1/(1 + kd(x, F))$.

26. 因为 $E \subset F \subset \overline{F}$, 所以 $E' \subset F' = F$, $E' \cap F = E' \neq \emptyset$.

反之, 首先证明有界. 若不然, $\exists \{x_n\} = E \subset F$,

$$\|x_n\| \leq \|x_{n+1}\|, \text{ 且 } \lim \|x_n\| = \infty.$$

于是 $E' = \emptyset$, 所得矛盾说明 F 有界. 不妨设 $F \subset B_1(0)$. 若 F 不是闭集, 则 $\exists x \in F' \backslash F$, 令 $E = \{x_n\} \subset F$, 使得 $x_n \to x$, 且 $E' = \{x\}$. 于是 $E' \cap F = \emptyset$, 与已知条件矛盾. 故 F 是有界闭集.

27. 利用直线上开集的构造.

第 二 章

§2.1

1. 对于 $\forall \varepsilon > 0$, 通过构造开矩体覆盖, 证明 $m^*(A \cup B) \leq m^*(B) + 2\varepsilon$.

4. $m^*(E) = 0$.

5. 考虑连续函数 $f(x) = m^*(E \cap (-\infty, x))$.

6. 否.

7. 证明 $m^*(B \backslash A) = 0$.

8. $\forall k \in \mathbb{N}$, 存在开集 $G_k \supset E$, 满足 $m(G_k) \leq m^*(E) + 1/k$, 取 $H = \cap G_k \supset E$ 即可.

9. 利用等测包证明 $\lim\limits_{k \to \infty} m^*(E_k) \geq m^*(\lim\limits_{k \to \infty} E_k)$. 反向不等式的证明是容易的.

10. 作 A, B 的等测包, 分别记为 G 和 H. 证明 $m(G \cup H) = m(A \cup B)$, $m(G \cap H) = 0$, $m^*(G \backslash A) = 0, m^*(H \backslash B) = 0$.

12. 仿照 §2.1 中例 4. 对于 E 中的点 x, y, 当 $x - y \in \mathbb{Q}^n$ 时, 记作 $x \sim y$. 根据这一等价关系 " $\sim$ ", 将 E 中一切点分类, 凡有等价关系者属于同一类. 从每一类中取出一元构成点集 W, 则 $W \subset E$. 兹证 W 不可测. 若不然, 设 W 可测. 若 $m(W) > 0$, 因为 $W - W = \{x - y | x, y \in W\}$ 含有球 $B(0, \delta)$, 所以存在 $x \in (W - W) \cap \mathbb{Q}^n, x \neq 0$. 于是 $\exists y, z \in W, x = y - z$, 显然 $y \neq z$, 这与集 W 的定义矛盾, 于是只能 $m(W) = 0$. 但是记 $\mathbb{Q}^n = \{r_k\}, E \subset \bigcup\limits_{k=1}^{\infty} (W + \{r_k\})$. 从而有 $m(E) = 0$, 这与 $m(E) > 0$ 矛盾.

13. 利用第 12 题的结果, 用反证法.

15. 否. 由一维开集的构造, 对于任意非空开集 $G, m(G) > 0$. 考虑闭集 $F \subset [a, b], m(F) = b - a$, 令 $G = [a, b] \backslash (F \cup \{a\} \cup \{b\})$, G 是开集, $m(G) = 0$. 所以 $G = \emptyset$. 故 $[a, b] = F \cup \{a\} \cup \{b\}$, 因而 F 是闭集, 所以 $F = [a, b]$.

16. 否.

20. 利用第 18 和 19 题的结果.

21. 在正方闭矩体 $I = [0, 1] \times [0, 1] \times \cdots \times [0, 1]$ 中构造类 Cantor 集 F, 使得 $m(F) > 0$, 取其余集 $G = I \backslash F$ 即可, 此时 $\overline{G} = I$.

22. 证明 $m^*(E) = 0$.

23. 证明 $m^*(\mathbb{Q}) = 0$.

24. 不妨设 $E \subset [a, b], m(E) > 0$. 用反证法. 若不存在 $x_1, x_2 \in E$, 使得 $x_1 - x_2 \in \mathbb{Q}$. 记 $\{r_n\} = \mathbb{Q} \cap (0, b - a)$. 构造 $E_n = E + r_n$, 则 $E_n \subset [a, 2b - a]$, 且 $m(E_n) = m(E)$. 当 $n \neq m$ 时, $E_n \cap E_m = \emptyset$. 于是

$$m(\cup E_n) = \sum_{n=1}^{\infty} m(E_n) \leq 2b - 2a.$$

由此得到 $m(E_n) = 0$, 与 $m(E_n) = m(E) > 0$ 矛盾.

25. 构造开集 $G_1 \supset E, G_2 \supseteq E^c$, 满足 $m(G_1 \backslash E) < \varepsilon/2, m(G_2 \backslash E^c) < \varepsilon/2$ 即可.

26. 利用 §1.3 习题中第 19 题.

28. 是的. 可以考虑等测包.

29. 它就是等测包. 可取 H 为 E 的 G_δ 型等测包. 对于任意可测集 A, 有 $H \cap A \supset E \cap A$, $H \cap A^c \supset E \cap A^c$. 由于

$$m^*(E) = m^*(E \cap A) + m^*(E \cap A^c) = m(H) = m(H \cap A) + m(H \cap A^c),$$

即得 $m(H \cap A) = m^*(E \cap A)$.

31. 考虑 $F_n = [0,1] \backslash E_n$.

32. 用归纳法证明:

$$m\left(\left(\bigcup_{j=1}^k I_j\right) \cap E\right) \geq \frac{2}{3} m\left(\bigcup_{j=1}^k I_j\right) - \frac{1}{3} \sum_{\substack{i,j=1 \\ i \neq j}}^k m(I_i \cap I_j) \geq \frac{1}{3} m\left(\bigcup_{j=1}^k I_j\right).$$

33. 与第 19 和 20 题相仿.

34. $m(E) = \pi/6$.

35. 记 $\mathcal{G} = \{$全体开集$\}$, $|\mathcal{G}| = c$, 且 Borel 集族 $\mathfrak{B} = \sigma(\mathcal{G})$. 记 $\mathcal{G}_0 = \mathcal{G}$, 归纳定义

$$\mathcal{G}_n = \left(\bigcup\{\mathcal{G}_k : k < n\}\right)^*,$$

其中 $\mathbb{C}^*$ 表示由 $\mathbb{C}$ 中之集的差集的一切有限并组成的类. 则若 $0 < k < j$, 就有 $\mathcal{G} \subset \mathcal{G}_k \subset \mathcal{G}_j \subset \sigma(\mathcal{G})$, 以及

$$\sigma(\mathcal{G}) = \bigcup_{k \geq 0} \mathcal{G}_k.$$

由此有 $|\sigma(\mathcal{G})| \leq c$, 故 $|\mathfrak{B}| = c$.

36. 对于任意开矩体 I, 有 $|\alpha I| = \alpha^n |I|$. 对于任意开矩体列 $I_1, I_2, \cdots, I_k$, 有 $|\alpha_1 I_1 \cap \alpha_2 I_2 \cap \cdots \cap \alpha I_k| = \alpha^n |I_1 \cap I_2 \cap \cdots \cap I_k|$. 故

$$\sum_{j=1}^k |I_j| - m\left(\bigcup_{j=1}^k \alpha I_j\right) = \alpha^n \sum_{j=1}^k |I_j| - \alpha^n m\left(\bigcup_{j=1}^k I_j\right).$$

对于一般的有界可测集用开矩体覆盖列逼近.

§2.2

2. 只要证明 充分性. $\forall t$, $\exists \{r_n\} \subset \mathbb{Q}$, r_n 单调下降到 t, 则

$$E\{f > t\} = \bigcup_{n=1}^{\infty} E\{f > r_n\}.$$

3. 首先证明对于任意开区间 (α, β), $f^{-1}(\alpha, \beta)$ 可测, 再利用一维开集的构造, 证明对于开集 G, 集合 $f^{-1}(G)$ 是可测的.

7. 考虑变换 $T: \mathbb{R}_+ \to \mathbb{R}_+$, $Tx = \sqrt{x}$, 则 T 将区间变成区间, 从而将 $\mathbb{R}_+$ 上开集映射成开集, 将 $\mathbb{R}_+$ 上的闭集映射成闭集. 证明 T 将 F_σ 集映射成 F_σ 集, 从而将 G_δ 集映射成 G_δ 集. 证明当 $m^*(E) = 0$ 时, 有 $m^*(TE) = 0$. 对于一般可测集 $E \subset \mathbb{R}_+$, 利用等测包来证明 $T(E)$ 可测. 记 $E_t = \{x | f(x) > t\}$, 则

$$\{x | f(x^2) > t\} = T(E_t) \cup (-T(E_t)).$$

对于函数 $f(1/x)$, 则考虑变换 $T: x \mapsto 1/x$.

10. $f'(x) = \lim\limits_{n \to \infty} n(f(x + \frac{1}{n}) - f(x))$. 记

$$A_{km} = \left\{ x \in (a, b) \,\middle|\, k\left[f\left(x + \frac{1}{k}\right) - f(x)\right] \geq t - \frac{1}{m} \right\}.$$

则当 $f \in C(a, b)$ 时, A_{km} 是可测集. 那么

$$x \in \{a < x < b | f'(x) > t\}$$

$$\Longleftrightarrow \forall m \,\exists N, \forall k \geq N, 使得 \, k(f(x + 1/k) - f(x)) \geq t - 1/m$$

$$\Longleftrightarrow x \in \bigcap_{m=1}^{\infty} \bigcup_{n=1}^{\infty} \bigcap_{k \geq n}^{\infty} A_{km}.$$

14. 设 $f_1(x), f_2(x)$ 是两个函数, 称 $f(x) = (f_1(x), f_2(x))$ 为 $\mathbb{R}^2$ 值函数. $\mathbb{R}^2$ 值可测函数的定义是, 对于 $\forall s, t \in \mathbb{R}$,

$$\{x | f(x) \in (t, \infty) \times (s, \infty)\} = \{x | f_1(x) > t\} \bigcap \{x | f_2(x) > s\}$$

是可测集. 于是

(1) f 是可测函数 $\Longleftrightarrow f_1(x), f_2(x)$ 是可测函数;

(2) f 是可测函数 $\Longleftrightarrow \forall \mathbb{R}^2$ 的开集 G 的原像集 $f^{-1}(G)$ 是可测集.

15. 对于 $\forall y \in [0, 1]$, 记 $E_t(y) = \{x | f(x, y) > t\}$, 则 $E_t(y)$ 是可测集. 记 $E_t = \left\{ x \,\middle|\, \max\limits_{0 \leq y \leq 1} f(x, y) > t \right\}$. 先证明 $E_t = \bigcup\limits_{0 \leq y \leq 1} E_t(y)$. 然后再证明 $E_t =$

$\bigcup\limits_{y\in[0,1]\cap\mathbb{Q}} E_t(y)$ 即可.

16. 先证明 $E(\varphi \leq t) = \bigcap\limits_{f\in F} E(f \leq t)$.

17. 记 $E_T = \{x \in E | f(x) \leq T\} \subset E$, 则 $E_T \uparrow$. 记 $\lim\limits_{T\to\infty} E_T = \widetilde{E} \subset E$, 则 $m(E\backslash\widetilde{E}) = 0$. 从某个适当的 E_T 出发找它的某个闭子集 F.

18. 利用第 17 题的结果.

19. 可用反证法. 或证明 $\{0 < x < 1 | f(x) - g(x) < 0\} = \emptyset$ 以及 $\{0 < x < 1 | f(x) - g(x) > 0\} = \emptyset$.

22. 作类 Cantor 集 $F \subset [0,1]$, 使 $m(F) = 1/2$, F 是完备集. 作严格增函数 $f : [0,1] \to [0,1]$, 使 $f(F) = P$, 其中 P 是 Cantor 集. 取不可测集 $A \subset F$, 记 $B = f(A)$. 易知 $m^*(B) = 0$, B 可测, 但是 $A = f^{-1}(B)$ 不可测.

23. 利用上题的结果.

<h2 style="text-align:center">§2.3</h2>

1. 利用定理 2.2.5 证明中的构造.

2. 记 $E_k = E(k < |f(x)| \leq k+1)$, $f^{(k)}(x) = f(x)\chi_{E_k}(x)$, 于是 $f^{(k)}(x)$ 有界可测, $f(x) = \sum\limits_{k=1}^{\infty} f^{(k)}(x)$. 在每个 E_k 上用简单函数列逼近每个 $f^{(k)}(x)$, 再将它们整合起来.

3. 取 $\{h_n\}$ 使得 $m(E_n^c) = 1/2^n$, 其中 $E_n = \{a \leq x \leq b | |f_n(x)| \leq h_n\}$. 令 $a_n = 1/nh_n$, 则在 E_n 上, $|a_n f_n(x)| \leq 1/n$. 因而 $m(\overline{\lim} E_n^c) = 0$, 故 $\lim a_n f_n(x) = 0$, a.e 成立.

4. 令 $E_j^m = \left\{x \in E \left| \sup\limits_{k\geq j} |f_k(x)| \geq \dfrac{1}{m}\right.\right\}$, $D = E\left(\lim\limits_{k\to\infty} f_k = 0\right)$. 则 $D^c = \bigcup\limits_{m=1}^{\infty} \bigcap\limits_{j=1}^{\infty} E_j^m$, 且 $\lim\limits_{j\to\infty} m(E_j^m) \leq m(D^c)$.

5. 对于 $\forall j$, $\exists E_j \subset E$, 使得 $m(E\backslash E_j) < 1/2^j$, 且在 E_j 上 $f_k \Longrightarrow f$, 则在 $\lim\limits_{j\to\infty} E_j$ 上 $f_k \to f$. 所以 $m\left(E\backslash \lim\limits_{j\to\infty} E_j\right) = m\left(\overline{\lim\limits_{j\to\infty}}(E\backslash E_j)\right) = 0$.

6. 用叶戈罗夫定理.

7. 若题中的收敛是在 $E \subset [0,1]$ 上一致收敛, 则存在 i_j, k_j, 使得

$$|f_{k_j,i_j}(x) - f_{k_j}(x)| < 1/j, \quad |f_{k_j}(x) - f(x)| < 1/j, \quad x \in E.$$

从而有 $|f_{k_j,i_j}(x) - f(x)| < 2/j$, $x \in E$. 对于非一致收敛情形, 考虑用叶戈罗夫定理, 并用对角线法.

8. 可令 $E_{nk} = E(|f_n| < k)$, $A_k = \bigcap\limits_{n=1}^{\infty} E_{nk}$.

9. 考虑用反证法.

13. 记 $b_k = \inf\limits_{\alpha > 0}(\alpha + m(E(|f_k - f| \geq \alpha)))$, 则 $b_k \leq \alpha + m(E(|f_k - f| \geq \alpha))$.

必要性. 因为 $f_k \xrightarrow{m} f$, 对于 $\forall \alpha > 0$, 有 $0 \leq \overline{\lim} b_k \leq \alpha$, 故 $\lim b_k = 0$.

充分性. 已知 $\lim b_k = 0$, $\exists \alpha_k > 0$, 使得

$$b_k \leq \alpha_k + m(E(|f_k - f| \geq \alpha_k)) \leq b_k + 1/k.$$

于是 $\alpha_k \to 0$, $m(E(|f_k - f| \geq \alpha_k)) \to 0$. 对于 $\forall \varepsilon > 0$, $\exists k_0$, 当 $k > k_0$ 时有 $\alpha_k < \varepsilon$, 从而 $m(E(|f_k - f| \geq \varepsilon)) \to 0$.

14. 对于 $\forall j$, $\exists E_j \subset E$, 使得 $m(E \backslash E_j) < 1/j$, 且在 E_j 上 $f_k \Longrightarrow f$. 于是 $\forall \varepsilon > 0$, 只要 k 充分大, 就有 $E(|f_k - f| > \varepsilon) \subset E \backslash E_j$, 所以

$$m(E(|f_k - f| > \varepsilon)) < 1/j.$$

由 j 的任意性得 $f_k \xrightarrow{m} f$.

15. 由于 $m(E(|f_{ki} - f| \geq \sigma)) \leq m(E(|f_k - f| \geq \sigma/2)) + m(E(|f_{ki} - f_k| \geq \sigma/2))$. 取正数列 $a_k = 1/2^k$. 由 $f_k \xrightarrow{m} f$ 以及 $\forall k$, $f_{ki} \xrightarrow{m} f_k$, 知

$$\exists k_1, \quad 使 \ m(E(|f_{k_1} - f| \geq \sigma/2)) \leq a_1/2,$$

$$\exists i_1, \quad 使 \ m(E(|f_{k_1 i_1} - f_{k_1}| \geq \sigma/2)) \leq a_1/2.$$

于是 $m(E(|f_{k_1 i_1} - f| \geq \sigma)) \leq a_1$. 用归纳法取第 $k_j > k_{j-1}$, 使得 $m(E(|f_{k_j} - f| \geq \sigma/2)) \leq a_j/2$. $\exists i_j$, 使得 $m(E(|f_{k_j i_j} - f_{k_j}| \geq \sigma/2)) \leq a_j/2$. 因而 $m(E(|f_{k_j i_j} - f| \geq \sigma)) \leq a_j$. 令 $j \to \infty$ 即得 $f_{k_j i_j} \xrightarrow{m} f$.

16. 利用第 9 题的结果.

17. $E_\delta = [\delta/3, \pi - \delta/3]$.

18. $\forall n \in \mathbb{N}, \exists F_n \subset E$, 使得 F_n 为闭集, $m(F_n^c) < 1/n$, 且 f 在 F_n 上连续. 令

$$g_n = f\chi_{F_n^c}, \quad f_n = f\chi_{F_n} = \begin{cases} f(x), & x \in F_n \\ 0, & x \,\overline{\in}\, F_n. \end{cases}$$

则 $f = f_n + g_n$, f_n 是可测函数, $\varlimsup\limits_{n\to\infty} g_n = f - \varliminf\limits_{n\to\infty} f_n$. 证明 $m(\varlimsup\limits_{n\to\infty} g_n) = 0$ 即可.

19. 在 $(0, \infty)$ 上考虑函数 $g(x) = x^\alpha$, 利用第 16 题的结果.

21. 因为 $f_n \xrightarrow{m} f$, 有子列 $f_{n_j} \xrightarrow{\text{a.e.}} f$. 由于 $f_n \leq f_{n+1}$ 几乎处处成立, 因而 $f_n \xrightarrow{\text{a.e.}} f$.

23. 若 $\{f_n\}$ 有几乎处处收敛的子列 f_{n_j}, 因为 $m(E)$ 有限, 所以 $\{f_{n_j}\}$ 是依测度收敛的子列; 反之, 若 f_{n_j} 是依测度收敛的子列, 则它有几乎处处收敛的子列 $f_{n_{j_k}}$.

24. 由推论 2.3.11 可得, 或直接证明. $\forall k \in \mathbb{N}, \exists$ 闭集 $F_k \subset E$, 使得 $m(E\backslash F_k) < 1/k$, 则 $f|_{F_k}$ 是 F_k 上的连续函数. $\exists g_k \subset C(\mathbb{R}^n)$, 使得 $g_k|_{F_k} = f|_{F_k}$. 对于 $\forall \sigma > 0$, 有 $E(|g_k - f| > \sigma) \subset E\backslash F_k$, 因而 $mE(|g_k - f| > \sigma) < 1/k \to 0$.

25. 记 $A_{nk} = \{0 \leq x \leq 1 \,|\, |f_n(x)| < 1/k\}$, 取 $k_1 < k_2 < \cdots$, 使得 $E(A_{nk_j}^c) < 1/2^n$. 取 $n_1 < n_2 < \cdots$, 使得 $k_{n_i} > 2^i$, 令

$$t_n = \begin{cases} 0, & \text{当 } n \neq n_1, n_2, \cdots, \\ 1, & \text{其他.} \end{cases}$$

则 $\sum\limits_{n=1}^{\infty} t_n = \infty$, $\sum\limits_{n=1}^{\infty} |t_n f_n(x)| = \sum\limits_{i=1}^{\infty} |f_{n_i}(x)|$. 令

$$K = \varlimsup_{i\to\infty} A_{n_i k_{n_i}}^c = \lim_{i\to\infty} \bigcup_{j\geq i} A_{n_j k_{n_j}}^c,$$

则

$$m(K) = \lim_{i\to\infty} m\Big(\bigcup_{j\geq i} A_{n_j k_{n_j}}^c\Big) \leq \lim_{i\to\infty} \sum_{j=i}^{\infty} m(A_{n_j k_{n_j}}^c) \leq \lim_{i\to\infty} \frac{1}{2^{n_i - 1}} = 0.$$

当 $x \in [0, 1]\backslash K = \lim\limits_{i\to\infty} \bigcap\limits_{j\geq i} A_{n_j k_{n_j}}$ 时, $\exists i$, 使得对于 $\forall j \geq i$, 有 $x \in A_{n_j k_{n_j}}$, 此时 $|f_{n_j}(x)| \leq 1/k_{n_j} < 1/2^j$. 由此得 $\sum\limits_{j=i}^{\infty} |f_{n_j}(x)| < \sum\limits_{j=i}^{\infty} \frac{1}{2^j} < \infty$.

26. 对于 $0 < \varepsilon < 1$, 有 $I_k = \{x | f_k(x) > \varepsilon\}$, I_k 为区间, 并且 $|I_k| = 2\sqrt{\ln \varepsilon^{-1}}/q_k \to 0$, 所以 $f_k \xrightarrow{m} 0$.

对于任一固定的 $x \in [0,1]$, 考虑子列 r_{k_j}, 满足极限 $\lim r_{k_j}$ 存在但不等于 x. 于是 $(p_{k_j} - xq_{k_j})^2 \to \infty$, 因此 $f_{k_j} \to 0$. 但是存在一个子列 $r_{k'_j}$, 使得 $|p_{k'_j}/q_{k'_j} - x| \le 1/q_{k'_j}$. 对于这个子列 $f_{k'_j} \ge \mathrm{e}^{-1}$, 因此极限 $\lim f_k(x)$ 不存在.

第 三 章

§3.1

4. $\lim E_k = E \iff \lim \chi_{E_k}(x) = \chi_E(x)$, $k = 1, 2, \cdots$. 由于函数列 $\{\chi_{E_k}(x)\}$ 单调上升收敛到 $\chi_E(x)$, $\displaystyle\int_{E_k} f(x)dx = \int_E f(x)\chi_{E_k}(x)dx$. 由 Levi 定理知,

$$\lim_{k\to\infty} \int_{E_k} f(x)\mathrm{d}x = \lim_{k\to\infty} \int_E f(x)\chi_{E_k}(x)\mathrm{d}x = \int_E f(x)\mathrm{d}x.$$

5. 记 $S_m(x) = \displaystyle\sum_{k=1}^m f_k(x)$, 则 $S_m(x) \ge 0$ 且单调上升收敛到 $\displaystyle\sum_{k=1}^\infty f_k(x)$. 于是有

$$\int_E \sum_{k=1}^\infty f_k(x)\mathrm{d}x = \int_E \lim_{m\to\infty} S_m(x)\mathrm{d}x = \lim_{m\to\infty} \int_E S_m(x)\mathrm{d}x$$
$$= \lim_{m\to\infty} \sum_{k=1}^m \int_E f_k(x)\mathrm{d}x = \sum_{k=1}^\infty \int_E f_k(x)\mathrm{d}x.$$

6. $\displaystyle\sum_{k=1}^\infty \int_{E_k} f(x)\mathrm{d}x = \sum_{k=1}^\infty \int_E f(x)\chi_{E_k}(x)\mathrm{d}x = \int_E \sum_{k=1}^\infty f(x)\chi_{E_k}(x)\mathrm{d}x$
$$= \int_E f(x)\mathrm{d}x.$$

8. 记 $E_k = E(2^k \le f \le 2^{k+1})$, 则 $\displaystyle\bigcup_{j=k}^\infty E_j = E(f \ge 2^k)$. 计算级数:

$$S = \sum_{k=0}^\infty 2^k m(E(f \ge 2^k)) = \sum_{k=0}^\infty 2^k \sum_{j=k}^\infty m(E_j) = \sum_{j=0}^\infty \sum_{k=0}^j 2^k m(E_j)$$
$$= \sum_{j=0}^\infty (2^{j+1} - 1)m(E_j) = \sum_{j=0}^\infty 2^{j+1} m(E_j) - m(E).$$

因此 S 收敛 $\iff \sum\limits_{j=0}^{\infty} 2^j m(E_j)$ 收敛. 与第 6 题相同,

$$\sum_{j=0}^{\infty} 2^j m(E_j) \text{ 收敛} \iff f \in L(E).$$

9. 用 Levi 定理.

10. 用定理 3.1.8.

11. 对于任意 $\varepsilon > 0$, 记 $E_k = E(f_k > \varepsilon)$. 则当 $x \in E_k$ 时, 有 $1 \geq \dfrac{f_k(x)}{1 + f_k(x)}$

$= \dfrac{1}{1 + 1/f_k(x)} > \dfrac{1}{1 + 1/\varepsilon} = \dfrac{\varepsilon}{1 + \varepsilon}$. 又 $\forall x \in E_k^c$, 有 $\varepsilon \geq f_k(x) \geq \dfrac{f_k(x)}{1 + f_k(x)}$, 故

$$\frac{\varepsilon}{1 + \varepsilon} m(E_k) < \int_E \frac{f_k(x)}{1 + f_k(x)} \mathrm{d}x \leq \varepsilon + m(E_k).$$

因而有 $$\lim_{k \to \infty} m(E_k) = 0 \iff \lim_{k \to \infty} \int_E \frac{f_k(x)}{1 + f_k(x)} \mathrm{d}x = 0.$$

12. 定义函数 $H(r) = \displaystyle\int_{E \cap B_0(r)} f(x)\mathrm{d}x$, 那么 $H(r)$ 是单调上升函数, 且 $H(0) = 0$, $H(\infty) = \displaystyle\int_E f(x)\mathrm{d}x$. 因为 $m(B_0(r))$ 是连续函数, 所以 $H(r)$ 也是连续函数.

13. 对于 $\forall k \in \mathbb{N}$, 构造

$$E_{k,j} = E\left(\frac{j}{2^k} \leq f \leq \frac{j+1}{2^k}\right), \quad j = 0, 1 \cdots, k2^k - 1,$$

$$E_{k,2^k} = E(f \geq k),$$

$$\widetilde{E}_{k,j} = E\left(\frac{j}{2^k} \leq f \leq \frac{j+1}{2^k}\right), \quad j = 0, 1 \cdots, k2^k - 1.$$

$$\widehat{E}_{k,2^k} = E(g \geq k),$$

$$\psi_k(x) = \sum_{j=0}^{k2^k} \frac{j}{2^k} \chi_{E_{k,j}}(x), \quad \varphi_k(x) = \sum_{j=0}^{k2^k} \frac{j}{2^k} \chi_{\widetilde{E}_{k,j}}(x).$$

则 $\lim\limits_{k \to \infty} \psi_k = f$, $\lim\limits_{k \to \infty} \varphi_k = g$. 于是由 $\displaystyle\int_E \psi_k(x)\mathrm{d}x = \int_E \varphi_k(x)\mathrm{d}x$, 得 $\displaystyle\int_E f(x)\mathrm{d}x = \int_E g(x)\mathrm{d}x$.

17. 用定理 3.1.8.

19. 将 f 分解成正部与负部讨论.

21. **必要性** 显然，**充分性** 用反证法.

22. 只要证明 $m(E(f \le 0)) = 0$. 可用反证法.

24. $\forall \varepsilon > 0, \exists \delta > 0$, 使得当 $|x| < \delta$ 时，有

$$\left| \frac{f(x)}{x} - f'(0) \right| = \left| \frac{f(x) - f(0)}{x} - f'(0) \right| < \varepsilon.$$

于是 $|f(x)/x|$ 有界可测，因而 $f(x)/x \in L[-\delta, \delta]$. 记 $E = \mathbb{R} \backslash [-\delta, \delta]$, 显然有 $f(x)/x \in L(E)$.

25. 将 $[0, t]$ 作 n 等分：$0 = t_0 < t_1 < \cdots < t_n = t$, 令

$$\varphi_n(x) = \sum_{j=0}^{n-1} f(t_j) \chi_{[t_j, t_{j+1})}(x).$$

在 $[0, t]$ 上 $\varphi_n(x)$ 单调上升收敛到 $f(x)$，因此有

$$\int_0^t f(x) \mathrm{d}x = \lim_{n \to \infty} \int_0^t \varphi_n(x) \mathrm{d}x = \lim_{n \to \infty} \sum_{j=0}^{n-1} \frac{1}{n} f(t_j).$$

考虑函数 $h(a) = m(E \cap [0, a]), h(0) = 0, h(1) = m(E); h(a)$ 是连续增函数. $\exists 0 = a_0 < a_1 < \cdots < a_n = 1$, 使得 $m(E \cap [0, a_j]) = jt/n$. 记 $E_j = E \cap [0, a_j], \psi_n(x) = \sum_{j=0}^{n-1} f(a_j) \chi_{E_{j+1} \backslash E_j}(x) \le f(x), \psi_n$ 单调上升收敛到 f. 因而

$$\int_E f(x) \mathrm{d}x = \lim_{n \to \infty} \psi_n(x) \mathrm{d}x = \lim_{n \to \infty} \sum_{j=0}^{n-1} \frac{1}{n} f(a_j).$$

易见一般地有 $a_j \ge t_j, f(a_j) \ge f(t_j)$. 由

$$\int_E \psi_n(x) \mathrm{d}x \ge \int_0^t \varphi_n(x) \mathrm{d}x \Longrightarrow \int_E f(x) \mathrm{d}x \ge \int_0^t f(x) \mathrm{d}x.$$

28. 令 $f(x) = \sum_{j=1}^{n} \chi_{E_j}(x) \ge q, \sum_{j=1}^{n} m(E_j) = \int_0^1 f(x) \mathrm{d}x \ge q$. 至少有一个 $m(E_j) > q/n$.

31. 首先证明对于 $\forall k$, 有 $f_k(x) \le f_{k+1}(x)$, a.e.. 记 $\lim_{k \to \infty} f_k(x) = g(x)$, 再证明 $f = g$, a.e. 成立.

32. 记 $E_0 = E(f = 0), E_n = E(n < |f(x)| \le n+1)$, 则

$$E = \bigcup_{n=0}^{\infty} E_n, \quad \int_E |f(x)| \mathrm{d}x = \sum_{n=0}^{\infty} \int_{E_n} |f(x)| \mathrm{d}x < \infty.$$

对于 $\forall \varepsilon > 0, \exists N$, 使得

$$\sum_{n=N+1}^{\infty} \int_{E_n} |f(x)| \mathrm{d}x < \varepsilon.$$

记 $A = \bigcup_{n=0}^{N} E_n$, 则 $\int_{A^c} |f(x)| \mathrm{d}x < \varepsilon$, 以及 $m(A) = \sum_{n=0}^{N} m(E_n) \le m(E_0) +$
$\sum_{n=1}^{N} n m(E_n) \le m(E_0) + \sum_{n=1}^{N} \int_{E_n} |f(x)| \mathrm{d}x \le \int_E |f(x)| \mathrm{d}x.$

33. 在 Cantor 集的余集上长为 3^{-n} 的区间有 2^{n-1} 个. 因而有

$$\int_{[0,1]} f(x)\mathrm{d}x = \sum_{n=1}^{\infty} n 2^{n-1} 3^{-n} = \frac{1}{2} \sum_{n=1}^{\infty} n \left(\frac{2}{3}\right)^n = 3.$$

34. 由 f 的一致连续性, 对于任给的 $\varepsilon > 0$, 存在 $\delta > 0$, 使得当 $|x - y| < \delta$, 就有 $|f(x) - f(y)| < \varepsilon$. 因而有

$$\int_0^{\delta} \sum_{n=1}^{\infty} |f(x+n\delta)| \mathrm{d}x = \sum_{n=1}^{\infty} \int_{n\delta}^{(n+1)\delta} |f(x)| \mathrm{d}x = \int_{\delta}^{\infty} |f(x)| \mathrm{d}x < \infty.$$

所以 $\sum_{n=1}^{\infty} |f(x+n\delta)| < \infty$, a.e.$([0,\delta])$, 从而 $\lim_{n\to\infty} f(x+n\delta) = 0$ 在 $x \in [0,\delta]$ 上几乎处处成立. 选取其中一个 $x_0 \in (0,\delta)$, $\exists N$, 使得当 $n \ge N$, 有 $|f(x_0 + n\delta)| < \varepsilon$, 于是当 $y > x_0 + N\delta$, 就有 $|f(y)| < 2\varepsilon$.

§3.2

1. 当 $f_n \ge g$ 时, $f_n - g \ge 0$; 当 $f_n \le g$ 时, $g - f_n \ge 0$, 用 Fatou 引理.

2. 当 $f_n \xrightarrow{\text{a.e.}} f$, 有 $|f_n| \xrightarrow{\text{a.e.}} |f|$. 用 Fatou 引理可证明 $|f| \in L(E)$, 再由定理 3.1.8 得 $f \in L(E)$. 当 $f_n \xrightarrow{m} f$, 取几乎处处的收敛子列.

3. 直接计算得 $\int_0^{\infty} f_n(x)\mathrm{d}x = 0$, 所以 $\sum_{n=1}^{\infty} \int_0^{\infty} f_n(x)\mathrm{d}x = 0$; 又 $\sum_{n=1}^{\infty} f_n(x)$
$= \dfrac{a\mathrm{e}^{-ax}}{1 - \mathrm{e}^{-ax}} - \dfrac{b\mathrm{e}^{-bx}}{1 - \mathrm{e}^{-bx}}$, 所以 $\int_0^{\infty} \sum_{n=1}^{\infty} f_n(x)\mathrm{d}x = \ln \dfrac{b}{a}$.

考虑方程 $a\mathrm{e}^{-nax} = b\mathrm{e}^{-nbx}$ 的解 $x_n = \dfrac{1}{n(b-a)} \ln \dfrac{b}{a}$, 则

$$\int_0^{\infty} |f_n(x)| \mathrm{d}x = \int_0^{x_n} |f_n(x)| \mathrm{d}x + \int_{x_n}^{\infty} |f_n(x)| \mathrm{d}x = \frac{c}{n},$$

所以 $\int_0^{\infty} \sum_{n=1}^{\infty} |f_n(x)| \mathrm{d}x = \infty$, 其中常数 $c = 2\left(\left(\dfrac{b}{a}\right)^{-\frac{a}{b-a}} - \left(\dfrac{b}{a}\right)^{-\frac{b}{b-a}}\right)$.

4.5.6.7.8. 均用控制收敛定理. 第 4,5,6,8 题极限是 0, 第 7 题极限是 $\sqrt{\pi}/2$.

9. 交换积分与求和次序即得，但需验证运算次序可交换的条件.

10. 首先证明 $m(E(f > 1)) = 0$. 于是

$$c = m(E(f = 1)) + \int_{E(f<1)} f^n(x)\mathrm{d}x.$$

由控制收敛定理 $\lim\limits_{n \to \infty} \int_{E(f<1)} f^n(x)\mathrm{d}x = 0$, 即得 $c = m(E(f = 1))$. 所以 $\forall n$,

$\int_{E(f<1)} f^n(x)\mathrm{d}x = 0$, 故 $f(x) = 0$, a.e,$[E(f<1)]$. 从而 $f = \chi_A$, a.e.$[E]$, 其中

$A = E(f = 1)$.

11. f_n 在 $[a,b]$ 上黎曼可积，故 $\int_{[a,b]} \omega_{f_n}(x)\mathrm{d}x = 0$, 于是 $f_n(x)$ 有界，几

乎处处连续. 因为 $f_n \Rightarrow f$, 函数 f 也是有界且几乎处处连续，故 $\int_{[a,b]} \omega_f(x)\mathrm{d}x$

$= 0$, 即 f 在 $[a,b]$ 上黎曼可积.

12. 证明函数 f 几乎处处连续即可.

13. 用 Fatou 引理.

14. 已知 $|f_n(x)| \leq g_n(x)$. 令 $n \to \infty$, 得 $|f(x)| \leq g(x)$, a.e. 由 $g_n, g \in$

$L(E)$ 得 $f_n, f \in L(E)$. 记 $h_n = g_n + g - |f_n - f|$, $h_n \xrightarrow{\text{a.e.}} 2g$, 用 Fatou 引理得

$$\int_E 2g(x)\mathrm{d}x = \int_E \lim_{n \to \infty} \big(g_n(x) + g(x) - |f_n(x) - f(x)|\big)\mathrm{d}x$$

$$\leq \varliminf_{n \to \infty} \left(\int_E g_n(x)\mathrm{d}x + \int_E g(x)\mathrm{d}x - \int_E |f_n(x) - f(x)|\mathrm{d}x \right)$$

$$= 2\int_E g(x)\mathrm{d}x - \varlimsup_{n \infty} \int_E |f_n(x) - f(x)|\mathrm{d}x.$$

由此得

$$\varlimsup_{n \to \infty} \int_E |f_n(x) - f(x)|\mathrm{d}x \leq 0.$$

15. 直接证明或利用第 14 题的结论.

16. 对于 $\forall \varepsilon > 0$, 记 $E_\varepsilon = E(|f_n| > \varepsilon)$, 证明不等式:

$$\frac{\varepsilon}{1 + \varepsilon} m(E(|f_n| > \varepsilon)) \leq \int_E \frac{|f_n(x)|}{1 + |f_n(x)|}\mathrm{d}x \leq m(E_\varepsilon) + \varepsilon m(E \backslash E_\varepsilon).$$

17. 由积分绝对连续性，$\forall \varepsilon > 0$, 存在 $\delta > 0$, 对于任意可测集 $A \subset E$, 只要

$m(A) < \delta$, 就有 $\displaystyle\int_A f(x)\mathrm{d}x < \varepsilon$. 记 $E_n = E(|f_n - f| \geq \varepsilon/m(E))$. 因为 $f_n \xrightarrow{m}$ f, $\exists N \in \mathbb{N}$, 当 $n \geq N$, 有 $m(E_n) < \delta$. 在 $E\backslash E_n$ 上, $f(x) \leq f_n(x) + \varepsilon/m(E)$, 从而有

$$\int_E f(x)\mathrm{d}x = \int_{E_n} f(x)\mathrm{d}x + \int_{E\backslash E_n} f(x)\mathrm{d}x$$

$$< \varepsilon + \int_{E\backslash E_n} f_n(x)\mathrm{d}x + \varepsilon \leq 2\varepsilon + \int_E f_n(x)\mathrm{d}x.$$

$\Rightarrow \qquad \displaystyle\int_E f(x)\mathrm{d}x \leq 2\varepsilon + \varliminf_{n\to\infty} \int_E f_n(x)\mathrm{d}x.$

19. 由题设有 $0 \leq f(x) - g(x) \leq h(x) - g(x)$. 若 f 可测, 则由

$$\int_E (h(x) - g(x))\mathrm{d}x < \varepsilon$$

推得 $f - g \in L(E)$, 所以 $f = [f - g] + g \in L(E)$. 因此只要证明 $f \in \mathfrak{M}(E)$. 事实上, $f(x) = \varlimsup_{n\to\infty} g_n(x) = \varliminf_{n\to\infty} h_n(x)$.

20. 取 $E = \varliminf_{n\to\infty} E_n$ 即可.

21. 用反证法.

22. 验证 $\displaystyle\int_{\mathbb{R}} \sum_{n=1}^{\infty} |n^{-a} f(nx)| \mathrm{d}x < \infty$.

23. 由题设知, $x^s|f(x)|, x^t|f(x)| \in L(0, \infty)$. 于是当 $u \in (s, t)$ 时,

$$|x^u f(x)| \leq F(x) = \begin{cases} x^s|f(x)|, & 0 < x < 1, \\ x^t|f(x)|, & 1 \leq x < \infty. \end{cases}$$

因为 $F \in L(0, \infty)$, 由定理 3.2.7 知, $I(u)$ 存在, 且连续.

25. 记 $E_+ = \mathbb{R}(f > 0), E_- = \mathbb{R}(f < 0)$, 证明 $m(E_+) = 0, m(E_-) = 0$.

26. 记 $f(x) = \displaystyle\sum_{k=1}^{\infty} |a_k|\chi_{E_k}(x)$, $A_m = \{a \leq x \leq b | f(x) > m\}$. 选取 m_0 使得 $m(A_{m_0}) < \delta/2$, 于是 $m(E_k\backslash A_{m_0}) \geq \delta/2$ 成立. 从而

$$\frac{\delta}{2} \sum_{k=1}^{\infty} |a_k| \leq \sum_{k=1}^{\infty} |a_k| m(E_k\backslash A_{m_0})$$

$$= \int_{[a,b]\backslash A_{m_0}} f(x)\mathrm{d}x \leq m_0 \int_{[a,b]} \mathrm{d}x = m_0(b-a).$$

27. 已知 $\forall x$, $\lim\limits_{h\to 0} f(x+h) = f(x+0) = f(x-0)$ 存在. 记 $E = \{x | f(x) \neq \lim\limits_{h\to 0} f(x+h)\}$, 则 E 是间断点集. 要证 $E \backslash E' = E$, 即 E 是孤立点集. 考虑平面点集 $\widetilde{E} = \{(x, f(x)) | x \in E\}$, 它应是孤立点集. 若不然, $\exists (y, f(y)) \in \widetilde{E} \cap \widetilde{E}'$, $\exists (x_n, f(x_n))$, 使得 $x_n \to x$, $f(x_n) \to f(y)$, 这与 $f(y) \neq \lim\limits_{h\to 0} f(y+h)$ 矛盾. 因此 $\widetilde{E}$ 至多可数, 从而 E 至多可数, 所以函数 f 是黎曼可积的.

28. 不妨设 $|f(x)| \leq 1$, 令

$$E_0 = E(|f| = 0), \quad E_j = E\left(\frac{1}{j+1} \leq |f| \leq \frac{1}{j}\right), \quad j = 1, 2, \cdots.$$

则 $E_i \cap E_j = \emptyset$, $i \neq j$, $E = \cup E_j$, $m(E_j) < \infty$, 函数 f 在 E_j 上可积, 且

$$\int_{E_j} |f(x)| \mathrm{d}x \leq \frac{1}{j} m(E_j).$$

只要证明级数 $\sum\limits_{j=1}^{\infty} \frac{1}{j} m(E_j)$ 收敛即可.

30. 因为 $\int_0^{\infty} |f(x)\mathrm{d}x| < \infty$, 对于 $\forall \varepsilon > 0$, $\exists N > 0$, 使得 $\int_N^{\infty} |f(x)| \mathrm{d}x < \varepsilon/M$. 当 $x > N$ 时有

$$\frac{1}{x} \int_0^x f(t)g(t)\mathrm{d}t = \frac{1}{x} \int_0^N f(t)g(t)\mathrm{d}t + \frac{1}{x} \int_N^x f(t)g(t)\mathrm{d}t,$$

$$\left| \frac{1}{x} \int_N^x f(t)g(t)\mathrm{d}t \right| = \left| \int_N^x \frac{t}{x} f(t) \frac{g(t)}{t} \mathrm{d}t \right| \leq M \int_N^x |f(t)| \mathrm{d}t < \varepsilon.$$

$\exists X_0 > 0$, 使得当 $x > X_0$ 时有 $\frac{NM}{x} \int_0^N |f(t)| \mathrm{d}t < \varepsilon$. 从而有

$$\left| \frac{1}{x} \int_0^N f(t)g(t)\mathrm{d}t \right| \leq \frac{1}{x} \int_0^N t|f(t)| \left| \frac{g(t)}{t} \right| \mathrm{d}t < \varepsilon.$$

故当 $x > X_0$ 时, 有 $\left| \frac{1}{x} \int_0^{\infty} f(t)g(t)\mathrm{d}t \right| < 2\varepsilon.$

§3.3

1. 积分值为 $(\ln b - \ln a)/2$. 注意用 Tonelli 定理.

2. $\arctan b - \arctan a$.

4. 利用第 3 题的结果.

5. 利用第 3 题的结果.

6. 记 $f(x,y) = \int_x^y f(t)\mathrm{d}t$, 则 $f(x,y) = -f(y,x)$. 交换积分变元 x, y, 再用 Fubini 定理, 可得

$$\int_a^b \mathrm{d}x \int_a^b f(x,y)\mathrm{d}y = \int_a^b \mathrm{d}y \int_a^b f(y,x)\mathrm{d}x$$
$$= -\int_a^b \mathrm{d}y \int_a^b f(x,y)\mathrm{d}x = -\int_a^b \mathrm{d}x \int_a^b f(x,y)\mathrm{d}y.$$

另一证法:

$$\int_a^b \mathrm{d}x \int_a^b \mathrm{d}y \int_a^b f(t)\mathrm{d}t = (b-a)^2 \int_a^b f(t)\mathrm{d}t;$$
$$\int_a^b \mathrm{d}x \int_a^b \mathrm{d}y \int_y^b f(t)\mathrm{d}t = (b-a) \int_a^b (t-a)f(t)\mathrm{d}t;$$
$$\int_a^b \mathrm{d}x \int_a^b \mathrm{d}y \int_a^x f(t)\mathrm{d}t = (b-a) \int_a^b (b-t)f(t)\mathrm{d}t;$$

所以

$$\int_a^b \mathrm{d}x \int_a^b \mathrm{d}y \int_x^y f(t)\mathrm{d}t$$
$$= \int_a^b \mathrm{d}x \int_a^b \mathrm{d}y \left(\int_a^b f(t)\mathrm{d}t - \int_a^x f(t)\mathrm{d}t - \int_y^b f(t)\mathrm{d}t \right)$$
$$= \int_a^b f(t)[(b-a)^2 - (b-a)(t-a) - (b-a)(b-t)]\mathrm{d}t = 0.$$

8. $\int_0^1 \int_0^1 f(x,y)\mathrm{d}x\mathrm{d}y = 1$.

9. 用反证法.

10. 第 10 题是第 11 题的特例. 用 Tonelli 定理直接证明或用第 11 题的结论.

11. $\varphi(x) = \int_{E(g \ge y)} f(x)\mathrm{d}x = \int_E f(x)\chi_{E(g \ge y)}(x)\mathrm{d}x$, $\varphi(y)$ 是非负可测函数的积分, 所以存在, 且有

$$\int_0^\infty \varphi(y)\mathrm{d}y = \int_0^\infty \mathrm{d}y \int_E f(x)\chi_{E(g\geq y)}(x)\mathrm{d}x$$
$$= \int_E \mathrm{d}x \int_0^\infty f(x)\chi_{E(g\geq y)}(x)\mathrm{d}y$$
$$= \int_E \mathrm{d}x \int_0^{g(x)} f(x)\mathrm{d}y = \int_E f(x)g(x)\mathrm{d}x.$$

13. 因为 $\int_{E\times E}(f(x)+g(y))\mathrm{d}x\mathrm{d}y = \int_E \mathrm{d}x \int_E (f(x)+g(y))\mathrm{d}y$, 所以对于几乎处处 $x\in E$, 有 $f(x)+g(y)\in L(E)$. 又 $m(E)<\infty$, 因而 $g(y)\in L(E)$. 同理 $f(x)\in L(E)$.

14. (1) $\pi^2/2$; (2) 0.

15. 用反证法.

16. 因为 $c\leq f(x)\leq d$, $y_0 = \int_E f(x)g(x)\mathrm{d}x \in [c,d]$, 所以有

(1) 设 $y_0\in(c,d)$. 由函数 φ 的凸性, $\exists k$, 使得
$$\varphi(y)\geq \varphi(y_0)+k(y-y_0); \quad \varphi(f(x))\geq \varphi(y_0)+k(f(x)-y_0);$$
$$\int_E \varphi(f(x))g(x)\mathrm{d}x \geq \varphi(y_0)+k\left(\int_E f(x)g(x)\mathrm{d}x - y_0\right) = \varphi(y_0).$$

(2) 设 $y_0=d$(或 c), 则有
$$\int_E (d-f(x))g(x)\mathrm{d}x = 0,$$
$$\Rightarrow \qquad f(x)=d, \text{ a.e.},$$
$$\Rightarrow \qquad \int_E \varphi(f(x))g(x)\mathrm{d}x = \varphi(d)\int_E g(x)\mathrm{d}x = \varphi\left(\int_E f(x)g(x)\mathrm{d}x\right).$$

17. $\sqrt{fg}\geq 1$, 考虑
$$0\leq I(\lambda) \stackrel{\mathrm{def}}{=\!=} \int_E (\sqrt{f(x)}+\lambda\sqrt{g(x)})^2\mathrm{d}x = a\lambda^2+2b\lambda+c,$$
其中 $a=\int_E g\mathrm{d}x, \quad b=\int_E \sqrt{fg}\mathrm{d}x, \quad c=\int_E f\mathrm{d}x.$
判别式小于等于零,
$$1\leq \left(\int_E \sqrt{f(x)g(x)}\mathrm{d}x\right)^2 \leq \int_E f(x)\mathrm{d}x \int_E g(x)\mathrm{d}x.$$

19. (1) 两个累次积分发散:

$\displaystyle\int_0^1 f(x,y)\mathrm{d}y = \frac{x}{2x^2(x^2+1)}$, 它在 $(0,1)$ 上的积分发散.

$\displaystyle\int_0^1 f(x,y)\mathrm{d}x = \frac{y}{2y^2(y^2+1)}$, 它在 $(0,1)$ 上的积分发散.

(2) $f(x,y)$ 在 $[0,1] \times [0,1]$ 上不可积, 否则由 Fubini 定理, 两个累次积分存在且相等.

第 四 章

§4.1

1. 用 Hölder 不等式.

2. 利用 Lebesgue 控制收敛定理及幂函数连续性.

3. 显然有 $\displaystyle\varlimsup_{p\to\infty}\left(\int_E |f(x)|^p g(x)\mathrm{d}x\right)^{1/p} \leq \|f\|_\infty$, 只要证

$$\lim_{p\to\infty}\left(\int_E |f(x)|^p g(x)\mathrm{d}x\right)^{1/p} \geq \|f\|_\infty$$

即可.

4. 因为 $\displaystyle\|f\|_{n+1}^{n+1} = \int_E |f(x)||f(x)|^n\mathrm{d}x \leq \|f\|_\infty\|f\|_n^n$, 因此有

$$\varlimsup_{n\to\infty}\frac{\|f\|_{n+1}^{n+1}}{\|f\|_n^n} \leq \|f\|_\infty.$$

用 Hölder 不等式有

$$\|f\|_n^n \leq \left(\int_E |f(x)|^{n+1}\mathrm{d}x\right)^{\frac{n}{n+1}}m(E)^{\frac{1}{n+1}} = \|f\|_{n+1}^n m(E)^{\frac{1}{n+1}},$$

$$\frac{\|f\|_{n+1}^{n+1}}{\|f\|_n^n} \geq \|f\|_{n+1}m(E)^{-\frac{1}{n+1}}.$$

$\Rightarrow$
$$\lim_{n\to\infty}\frac{\|f\|_{n+1}^{n+1}}{\|f\|_n^n} \geq \|f\|_\infty.$$

5. 和 6. 用 Hölder 不等式.

7. 令 s, s' 为待定共轭指数, $0 < l < 1$ 为待定正数, 则有

$$\int_E f(x)g(x)\mathrm{d}x = \int_E f^l(x)f^{1-l}(x)g(x)\mathrm{d}x$$

$$\le \left(\int_E f^{ls}(x)\mathrm{d}x\right)^{1/s} \left(f^{(1-l)s'}(x)g^{s'}(x)\right)^{1/s'}.$$

令 $ls = p, \dfrac{1}{s} = \dfrac{1}{p} - \dfrac{1}{r} = 1 - \dfrac{1}{q}$, 因而有 $s' = q$, 于是

$$\int_E f(x)g(x)\mathrm{d}x \le \|f\|_p^{1-p/r} \left(\int_E f^{pq/r}(x)g^q(x)\mathrm{d}x\right)^{1/q},$$

$$\left(\int_E f^{pq/r}(x)g^q(x)\mathrm{d}x\right)^{1/q} = \left(\int_E f^{pq/r}(x)g^{q-l}(x)g^l(x)\mathrm{d}x\right)^{1/q}$$

$$\le \left(\int_E g^{ls}(x)\mathrm{d}x\right)^{1/sq} \left(\int_E f^{pqs'/r}(x)g^{(q-l)s'}(x)\mathrm{d}x\right)^{1/s'q}.$$

令 $ls = q, \dfrac{1}{sq} = \dfrac{1}{q} - \dfrac{1}{r}$, 因而有 $\dfrac{1}{s} = 1 - \dfrac{q}{r}, s' = r/q/, l = q/s = q - q^2/r.$ 于是

有 $\displaystyle\int_E f(x)g(x)\mathrm{d}x \le \|f\|_p^{1-p/r}\|g\|^{1-q/r}\left(\int_E f^p(x)g^q(x)\mathrm{d}x\right)^{1/r}.$

10. 由叶戈罗夫定理, $\forall \delta > 0, \exists E_\delta \subset E = [a,b]$, 使得 $m(E_\delta) < \delta$, 在 $E \backslash E_\delta$ 上 $f_k \Longrightarrow f$. 因为

$$f_k \in L^r(E) \subset L^p(E), \quad \int_E |f|^r \mathrm{d}x \le \varliminf_{k\to\infty} \int_E |f_k|^r \mathrm{d}x \le M,$$

所以 $f \in L^r(E) \subset L^p(E)$. 又

$$\int_E |f_k - f|^p \mathrm{d}x = \int_{E_\delta} |f_k - f|^p \mathrm{d}x + \int_{E\backslash E_\delta} |f_k - f|^p \mathrm{d}x$$

$$\le 2^p \int_{E_\delta} (|f_k|^p + |f|^p)\mathrm{d}x + \int_{E\backslash E_\delta} |f_k - f|^p \mathrm{d}x$$

$$\le 2^p \left[\left(\int_{E_\delta} |f_k|^r \mathrm{d}x\right)^{p/r} + \left(\int_{E_\delta} |f|^r \mathrm{d}x\right)^{p/r}\right] m(E_\delta)^{1-p/r}$$

$$+ \int_{E\backslash E_\delta} |f_k - f|^p \mathrm{d}x,$$

$$\varlimsup_{k\to\infty} \int_E |f_k - f|^p \mathrm{d}x \le 2^p M m(E_\delta)^{1-p/r} < 2^p M \delta^{1-p/r}.$$

令 $\delta \to 0$ 即得.

注： $p = r$ 时命题不真. 如取 $E = [0, 1]$,

$$f_n(x) = \begin{cases} \sqrt[r]{n}, & 0 < x < 1/n, \\ 1, & 1/n \le x \le 1, \end{cases}$$

则在 $(0, 1]$ 上, $f_n \xrightarrow{\text{a.e.}} f(x) = 1$, 且有

$$\int_0^1 |f_n|^r \mathrm{d}x = \int_0^{1/n} n\mathrm{d}x + \int_{1/n}^1 \mathrm{d}x = 2 - \frac{1}{n} < 2,$$

$$\int_0^1 |f_n - f|^r \mathrm{d}x = \int_0^{1/n} (\sqrt[r]{n} - 1)^r \mathrm{d}x = (1 - 1/\sqrt[r]{n})^r \to 1.$$

11. 引入辅助函数 $h_k(x) = 2^{p-1}(|f_k(x)|^p + |f(x)|^p) - |f_k(x) - f(x)|^p$, 则 $h_k(x) \xrightarrow{\text{a.e.}} 2^p |f(x)|^p$. 利用 Fatou 引理证明

$$\varlimsup_{k \to \infty} \int_E |f_k(x) - f(x)|^p \mathrm{d}x \le 0.$$

12. 已知 $f_k \xrightarrow{\text{a.e.}} f$, $\sup \|f_k\|_p \le M$. 由 Fatou 引理知, $\|f\|_p \le M$, 所以 $f \in L^p(E)$. 不妨设 $f = 0$. 于是要证 $\forall g \in L^q(E)$,

$$\lim_{k \to \infty} \int_E f_k(x)g(x)\mathrm{d}x = 0.$$

(1) 若 $m(E) < \infty$. 由叶戈罗夫定理知, $\forall \delta > 0, \exists E_\delta \subset E$, 使得 $m(E_\delta) < \delta$, 在 $E \backslash E_\delta$ 上 $f_k \Longrightarrow 0$. 易见

$$\lim_{k \to \infty} \int_{E \backslash E_\delta} f_k(x)g(x)\mathrm{d}x = 0.$$

又由 Hölder 不等式, 有

$$\left| \int_{E_\delta} f_k(x)g(x)\mathrm{d}x \right| \le \left(\int_{E_\delta} |f_k(x)|^p \mathrm{d}x \right)^{1/p} \left(\int_{E_\delta} |g(x)|^q \mathrm{d}x \right)^{1/q}$$
$$\le M \left(\int_{E_\delta} |g(x)|^q \mathrm{d}x \right)^{1/q}.$$

由 $|g(x)|^q$ 的积分绝对连续性, $\forall \varepsilon > 0, \exists \delta > 0$, 使得

$$M\left(\int_{E_\delta}|g(x)|^q\mathrm{d}x\right)^{1/q}<\varepsilon \ \Rightarrow \ \varlimsup_{k\to\infty}\left|\int_{E_\delta}f_k(x)g(x)\right|\leq\varepsilon.$$

所以 $\displaystyle\lim_{k\to\infty}\int_E f_k(x)g(x)\mathrm{d}x=0$.

(2) 若 $m(E)=\infty$, 令 $B_R=\{x\in\mathbb{R}^n\,|\,\|x\|\leq R\}$, $E_R=B_R\cap E$, 则 $m(E_R)<\infty$, 并有

$$\int_E|g(x)|^q\mathrm{d}x=\lim_{R\to\infty}\int_{E_R}|g(x)|^q\mathrm{d}x.$$

对于 $\forall\varepsilon>0,\exists R_0>0$, 当 $R>R_0$ 时, 有

$$M\left(\int_{E\backslash E_R}|g(x)|^q\mathrm{d}x\right)^{1/q}<\varepsilon,$$

$$\left|\int_E f_k(x)g(x)\mathrm{d}x\right|\leq\left|\int_{E_R}f_k(x)g(x)\mathrm{d}x\right|+\int_{E\backslash E_R}|f_k(x)g(x)|\mathrm{d}x$$

$$\leq\left|\int_{E_R}f_k(x)g(x)\mathrm{d}x\right|+\varepsilon.$$

令 $k\to\infty$, 即得结论.

13. $\forall A\in\mathfrak{M}_n$, 证明 $\displaystyle\int_A f(x)\mathrm{d}x=0$.

16, 记 $M=\sup\limits_k\|f_k\|_\infty$, 于是对于 $\forall k$, $E(|f_k|>M)$ 是零测集. 因为 $f_k\xrightarrow{L^1}f$, 存在几乎处处收敛子列, 故 $|f(x)|\leq M$, a.e., 所以 $\|f\|_\infty\leq M$. 又 $\forall p>1$, 有

$$\int_E|f(x)|^p\mathrm{d}x=\int_E|f(x)||f(x)|^{p-1}\mathrm{d}x\leq M^{p-1}\int_E|f(x)|\mathrm{d}x=M^{p-1}\|f\|_1.$$

$\Rightarrow$ 　　　　　　　　$f\in L^p(E)\cap L^\infty(E).$

又

$$\int_E|f_k(x)-f(x)|^p\mathrm{d}x\leq\int_E|f_k(x)-f(x)|(|f_k(x)|+|f(x)|)^{p-1}\mathrm{d}x$$

$$\leq(2M)^{p-1}\|f_k-f\|_1\to0.$$

18. 用 Schwarz 不等式.

20. 因为 $p\lambda/r + p(1-\lambda)/s = 1$, 记 $p_1 = p\lambda, p_2 = p(1-\lambda)$, 则 $p_1 + p_2 = p$, 且 r/p_1 与 s/p_2 是共轭指数. 再用 Hölder 不等式.

21. 无必然包含关系. 请构造例子.

23. 根据定义 $\|f_n - f\|_\infty = \inf\limits_{\substack{\triangle \subset E \\ m(\triangle)=0}} \sup\limits_{x \in E \backslash \triangle} |f_n(x) - f(x)|$, 对于任意的 $\varepsilon > 0$, 总存在 $\triangle_n \subset E$, $m(\triangle_n) = 0$, 使得

$$\|f_n - f\|_\infty \leq \sup_{x \in E \backslash \triangle_n} |f_n(x) - f(x)| \leq \|f_n - f\|_\infty + \frac{\varepsilon}{2^n}.$$

令 $Z = \bigcup \triangle_n$ 则 $m(Z) = 0$, $E \backslash Z \subset E \backslash \triangle_n$,

$$\sup_{x \in E \backslash Z} |f_n(x) - f(x)| \leq \|f_n - f\|_\infty + \frac{\varepsilon}{2^n}.$$

令 $n \to \infty$, 即得在 $E \backslash Z$ 上 $f_n \Longrightarrow f$.

26. 此即引理 4.3.2.

27. 利用 L^p 空间的可分性.

28. 函数 $\varphi(\lambda) = \lambda^\beta \|f\|_p + (1-\lambda)^\beta \|g\|_p$ 是凸的.

§4.2

1. 用反证法. $\exists \beta > c$, 记 $E_\beta = E(|f| > \beta)$, 使得 $m(E_\beta) > 0$. 构造特殊的函数 g, 以便得出矛盾.

4. 对于 $\forall f, g \in E_\alpha$, 有 $0 \leq \lambda \leq 1, \lambda f(0) + (1-\lambda)g(0) = \alpha$, 又 $\lambda f + (1-\lambda)g \in C[-1,1]$, 由此得 $\lambda f + (1-\lambda)g \in E_\alpha$. 所以 E_α 是凸集. 因为 $C[-1,1]$ 在 $L^2[-1,1]$ 中稠密, 只要证明 E_α 在 $C[-1,1]$ 中依 L^2 范数稠密即可.

6. 显然有 $\|f\|_{2,1} \geq 0$. 若 $\|f\|_{2,1} = 0$, 则

$$\|f\| = 0, \quad f = 0, \quad \text{a.e.}.$$

又 $\|\alpha f\|_{2,1} = |\alpha| \|f\|_{2,1}$ 显然成立. 兹证三角不等式:

$$\|f + g\|_{2,1}^2 = \int_0^1 (f^2 + 2|fg| + g^2 + f'^2 + 2|f'g'| + g'^2) \mathrm{d}x$$

$$\leq \|f\|^2 + 2\|f\|\|g\| + \|g\|^2 + \|f'\|^2 + 2\|f'\|\|g'\| + \|g'\|^2$$

$$= (\|f\| + \|g\|)^2 + (\|f'\| + \|g'\|)^2.$$

因为 $2\|f\|\|g\|\|f'\|\|g'\| \leq \|f'\|^2\|g\|^2+\|f\|^2\|g'\|^2$, 将此不等式两边加上 $\|f\|^2\|g\|^2$ $+\|f'\|^2\|g'\|^2$, 则有

$$2(\|f\|\|g\| + \|f'\|\|g'\|) \leq 2\sqrt{\|f\|^2 + \|f'\|^2}\sqrt{\|g\|^2 + \|g'\|^2},$$

再将上式两边加上 $\|f\|^2 + \|g\|^2 + \|f'\|^2 + \|g'\|^2$, 则有

$$(\|f\| + \|g\|)^2 + (\|f'\| + \|g'\|)^2 \leq (\|f\|_{2,1} + \|g\|_{2,1})^2,$$

代入前边的不等式右边, 得

$$\|f + g\|_{2,1} \leq \|f\|_{2,1} + \|g\|_{2,1}.$$

当 $\|g_n - g_m\|_{2,1} \to 0$ 时, 有 $\|g_n - g_m\|_2 \to 0$, 所以 $\{g_n\}$ 是 $L^2[0,1]$ 中的柯西列.

8. $\|f\|_{2,1} = \lim\limits_{n\to\infty} \|\varphi_n\|_{2,1}$.

9. 用 Schwarz 不等式.

10. 若函数 $g \in L^2[0,\pi]$ 与所有 $\sin kx$ 正交, 构造 $L^2[-\pi,\pi]$ 中函数 $\widetilde{g}$, 证明在空间 $L^2[-\pi,\pi]$ 中函数 $\widetilde{g} = 0$, a.e..

11. 利用范数的三角不等式反证.

12. **充分性** 根据定义直接证明, **必要性** 用定理 4.2.11 证明.

13. 归一性正交性可直接验证, 用 Parseval 等式证明完全性.

14. 设 $f \in L^2[a,b]$, $(f, \psi_n) = 0$, $\forall n$. 证明 $f = 0$.

16. 由 $\|\varphi_k\|^2 = \sum\limits_{j=1}^{\infty} |(\varphi_k, \psi_j)|^2$, $\forall k$ 成立, 知

$$\varphi_k = \sum_{j=1}^{\infty} (\varphi_k, \psi_j)\psi_j, \quad \forall k$$

成立. 对于 $\forall f \in L^2(E)$, 有 $(f, \varphi_k) = \sum\limits_{j=1}^{\infty}(\varphi_k, \psi_j)(f, \psi_j)$, 因而有

$$\|f\|^2 = \sum_{k=1}^{\infty} |(f, \varphi_k)|^2 \leq \sum_{k=1}^{\infty}\sum_{j=1}^{\infty} |(\varphi_k, \psi_j)|^2|(f, \psi_j)|^2 = \sum_{j=1}^{\infty} |(f, \psi_j)|^2.$$

由 Bessel 不等式推得 Parseval 等式 $\|f\|^2 = \sum\limits_{j=1}^{\infty} |(f, \psi_j)|^2$ 成立.

17. 不妨设 $\mathcal{F}$ 中无零元. 记 $\widehat{f} = f/\|f\|$, 它是单位元. 定义 $U_{\widehat{f}} = \{f \in L^2(E) \mid \|\widehat{f} - f\| < 1\}$, 证明 $\{U_{\widehat{f}} \mid f \in \mathcal{F}\}$ 是互不相交的开集族. 由于 $L^2(E)$ 可

分，$\{U_{\hat{f}}\}$ 只能是可数的.

18. 由叶戈罗夫定理知，$\forall \delta > 0, \exists E_\delta \subset [a,b], m(E_\delta) < \delta$, 在 $[a,b] \backslash E_\delta$ 上 $\varphi_k \Longrightarrow \varphi$. $\forall A \subset [a,b] \backslash E_\delta$, 由

$$\int_A \varphi_k(x) \mathrm{d}x = (\chi_A, \varphi_k) \to 0,$$

推得

$$\int_A \varphi(x) \mathrm{d}x = 0.$$

所以在 $[a,b] \backslash E_\delta$ 上 $\varphi(x) = 0$ 几乎处处成立. 由 δ 的任意性知 $\varphi = 0$, a.e.($[a,b]$).

19. 利用叶戈罗夫定理证.

21. 利用 Hölder 不等式证明

$$\int_{-\infty}^{\infty} \left| \int_{-\infty}^{\infty} f(x-y)g(y)\mathrm{d}y \right|^2 \mathrm{d}x \leq \|f\|_2^2 \|g\|_1^2.$$

22. $p(x) = 30(7e - 19)x^2 + 12(49 - 18e)x + 39e - 105 \approx 0.8329x^2 + 0.8511x + 1$.

23. 设 $\{e_1(x), e_2(x), \cdots, e_N(x)\}$ 是 M 的正交归一基. 令

$$E = \left\{ x \in [0,1] \,\middle|\, \sum_{j=1}^{N} |e_j(x)|^2 \neq 0 \right\}.$$

$\forall x_0 \in E$, 记 $c_j = \bar{e}_j(x) \Big/ \sqrt{\sum_{j=1}^{N} |e_j(x)|^2}$, 则有

$$\sum_{j=1}^{N} c_j e_j(x) = \sqrt{\sum_{j=1}^{N} |e_j(x)|^2} \leq a \left\| \sum_{j=1}^{N} c_j e_j \right\| = a \sum_{j=1}^{N} |c_j|^2 = a.$$

$$\Rightarrow \qquad \sum_{j=1}^{N} |e_j(x)|^2 \leq a^2, \quad \forall x \in E.$$

$$\Rightarrow \qquad \sum_{j=1}^{N} |e_j(x)|^2 \leq a^2, \quad \forall x \in [0,1].$$

$$\Rightarrow \qquad N = \int_{[0,1]} \sum_{j=1}^{N} |e_j(x)|^2 \mathrm{d}x \leq a^2.$$

24. 用反证法. 若 $(f,f)^{\frac{1}{2}} = \max\limits_{a \le x \le b} |f(x)|$ 是 $C([a,b])$ 中的内积, 不妨设 $a = 0, b = 1$, 则 $\forall \lambda$, 有

$$(\lambda f, g) = \frac{1}{4}\Big(\max_{0 \le x \le 1} |\lambda f + g|^2 - \max_{0 \le x \le 1} |\lambda f - g|^2 \Big).$$

上式左端关于 λ 是线性的; 若取 $f(x) = x^2, g(x) = x$, 设 $\lambda > 0$, 则上式右端等于

$$\frac{1}{4}\Big[(\lambda + 1)^2 - \Big(\frac{1}{4\lambda} - \frac{1}{2\lambda} \Big)^2 \Big] = \frac{1}{4}\Big[(\lambda + 1)^2 - \frac{1}{16\lambda^2} \Big],$$

这不是 λ 的线性函数, 矛盾.

25. 取 $f_0(x) = \mathrm{e}^{-(T-x)} \big/ \sqrt{(1 - \mathrm{e}^{-2T})/2}$ 即可.

26. $\mathcal{D}^\perp = \{g \in L^2[-1,1] | g(-x) = -g(x)\}$.

28. 记 $S_m = \sum\limits_{j=1}^{m} \varphi_j/j$, $f = \sum\limits_{j=1}^{\infty} \varphi_j/j$, 则 $S_m \xrightarrow{L^2} f \in L^2(E)$, $\|f\|^2 = \sum\limits_{j \ge 1} \dfrac{1}{j^2}$. 又

$$\|S_{(m+1)^2} - S_{m^2}\|^2 = \sum_{j=m^2+1}^{(m+1)^2} \int_E \frac{\varphi_j^2(x)}{j^2} \mathrm{d}x$$

$$= \sum_{j=m^2+1}^{(m+1)^2} \frac{1}{j^2} \le \int_{m^2}^{(m+1)^2} \frac{\mathrm{d}x}{x^2} = \frac{2m+1}{m^2(m+1)^2} \le \frac{C}{m^3},$$

其中 C 是常数. 记 $g_m(x) = \sum\limits_{j=1}^{m} |S_{(j+1)^2}(x) - S_{j^2}(x)|$. 由 Minkowski 不等式, 当 $m_1 < m_2$, 有

$$\|g_{m_1} - g_{m_2}\| \le \sum_{j=m_1+1}^{m_2} \|S_{(j+1)^2} - S_{j^2}\| \le C \sum_{j=m_1+1}^{m_2} \frac{1}{j^{3/2}} < \int_{m_1}^{m_2} \frac{\mathrm{d}x}{x^{3/2}}$$

$$\le C_1 (m_1^{-1/2} - m_2^{-1/2}) \to 0.$$

所以 $\exists g \in L^2(E)$, 使得 $g_m \xrightarrow{L^2} g$. 又 $g_m \le g_{m+1}$, 所以 $g_m \xrightarrow{\text{a.e.}} g$. 于是

$$\lim_{m \to \infty} S_{m^2}(x) = f(x), \quad \text{a.e.}.$$

若 $m^2 < p < (m+1)^2$, 则当 $m \to \infty$,

$$|S_p - S_{m^2}| \leq M^2 \sum_{j=m^2+1}^{p} \frac{1}{j^2} \leq M^2 \sum_{j=m^2+1}^{p} \frac{1}{j^2} \leq M^2 \frac{p-m^2}{(m^2+1)^2} \to 0.$$

所以 $|f(x) - S_p(x)| \leq |f(x) - S_{m^2}(x)| + |S_{m^2}(x) - S_p(x)| \to 0$, a.e..

29. 考虑函数 $\chi_A = \sum\limits_{k=1}^{\infty} (\chi_A, \varphi_k)\varphi_k$ 的范数, 利用 Schwarz 不等式证明.

30. 利用第 29 题的结论反证.

§4.3

4. 利用函数 f 的积分平均连续性证明.

5. 令 $s, l \in [0,1]$ 待定, 令 λ, λ' 和 σ, σ' 分别为待定共轭指数. 直接计算:

$$|f * g(x)| \leq \int_{\mathbf{R}} |f(x-y)| |g(y)|^l |g(y)|^{1-l} \mathrm{d}y$$

$$\leq \left(\int_{\mathbf{R}} |f(x-y)|^{\lambda} |g(y)|^{l\lambda} \mathrm{d}y \right)^{1/\lambda} \left(\int_{\mathbf{R}} |g(y)|^{(1-l)\lambda'} \mathrm{d}y \right)^{1/\lambda'}$$

$$= \left(\int_{\mathbf{R}} |f(x-y)|^{s\lambda} |f(x-y)|^{(1-s)\lambda} |g(y)|^{l\lambda} \mathrm{d}y \right)^{1/\lambda} \left(\int_{\mathbf{R}} |g|^{(1-l)\lambda'} \mathrm{d}y \right)^{1/\lambda'}$$

$$\leq \left(\int_{\mathbf{R}} |f(x-y)|^{s\lambda\sigma} \mathrm{d}y \right)^{1/\sigma\lambda} \left(\int_{\mathbf{R}} |f(x-y)|^{(1-s)\lambda\sigma'} |g(y)|^{l\lambda\sigma'} \mathrm{d}y \right)^{1/\sigma'\lambda}$$

$$\cdot \left(\int_{\mathbf{R}} |g|^{(1-l)\lambda'} \mathrm{d}y \right)^{1/\lambda'}.$$

设 $\begin{cases} p = s\lambda\sigma, \\ q = (1-l)\lambda', \\ r = \sigma'\lambda, \\ p = (1-s)\lambda\sigma'. \end{cases}$ 解得

$$\lambda = p, \quad \sigma\lambda = rp/(r-p), \quad l\lambda\sigma' = q, \quad 1/\lambda' = 1/q - 1/r.$$

所以

$$|f * g(x)| \leq \|f\|_p^{(r-p)/r} \left(\int_{\mathbf{R}} |f(x-y)|^p |g(y)|^q \mathrm{d}y \right)^{1/r} \left(\int_{\mathbf{R}} |g|^q \mathrm{d}y \right)^{1/q - 1/r},$$

于是

$$\int_{\mathbb{R}} |f*g(x)|^r dx \le \|f\|_p^{r-p} \|f\|_p^p \|g\|_q^q \|g\|^{r-q}.$$

故 $\|f*g\|_r \le \|f\|_p \|g\|_q$.

6. 用 Fubini 定理证明.

7. 用归纳法.

8. (1) 设 $p > 1$. 对于 $|g(x)|^{p'}$, 作具有紧支集的非负简单可测函数的升列 $\{\varphi_k(x)\}$, 满足

$$\lim_{k\to\infty} \varphi_k(x) = |g(x)|^{p'}, \quad x \in E.$$

令 $\psi_k(x) = [\varphi_k(x)]^{1/p} \mathrm{sign} g(x)$, 则 $\|\psi_k\|_p = \left(\int_E \varphi_k(x) dx \right)^{1/p}$. 显然

$$0 \le \varphi_k(x) = [\varphi_k(x)]^{1/p} [\varphi_k(x)]^{1/p'} \le [\varphi_k(x)]^{1/p} |g(x)| = \psi_k(x) g(x).$$

由题设, $\int_E \varphi_k(x) dx \le \int_E \psi_k(x) g(x) dx \le M \|\psi_k\|_p$, 故 $\int_E \varphi_k(x) dx \le M^{p'}$. 令 $k \to \infty$, 即得

$$\int_E |g(x)|^{p'} dx \le M^{p'}.$$

(2) 设 $p = 1$. 不妨设 $g(x) \ge 0$. 用反证法. 若 $g \overline{\in} L^\infty(E)$, 则存在 E 中的可测集列 $\{A_k\}, 0 < m(A_k) < \infty, k = 1, 2, \cdots$, 使得在 A_k 上 $g(x) \ge k$. 令 $\varphi_k(x) = \chi_{A_k}(x)$, 则有

$$\int_E \varphi_k(x) g(x) dx \Big/ \|\varphi_k\|_1 \ge \frac{k m(A_k)}{m(A_k)} = k, \quad k = 1, 2, \cdots.$$

这与命题所设矛盾.

9. 不妨设 $p > 1, p'$ 为 p 的共轭指数. 记

$$F(x) = \int_{\mathbb{R}^n} |f(x, y)| dy.$$

要证 $\|F\|_p \le M$. 对于任意的简单可积函数 $\varphi(x)$, 估计积分

$$\int_{\mathbb{R}^n} F(x) \varphi(x) dx,$$

利用第 8 题的结论证明.

10. 对于 $\forall f \in L^p(E,g), h \in L^q(E,g)$, 有 $fg^{1/p} \in L^p(E), hg^{1/q} \in L^q(E)$, 由 Hölder 不等式得

$$\left| \int_E f(x)h(x)g(x)\mathrm{d}x \right| = \left| \int_E f(x)g^{1/p}(x)h(x)g^{1/q}(x)\mathrm{d}x \right|$$
$$\leq \left(\int_E |f^p(x)|g(x)\mathrm{d}x \right)^{1/p} \left(\int_E |h^q(x)|g(x)\mathrm{d}x \right)^{1/q}.$$

按定义有: (1) $\|f\|_p \geq 0$. 若 $\|f\|_p = 0$, 则 $|f(x)|^g(x) = 0$, a.e., 从而有 $f(x) = 0$, a.e.. (2) $\|\alpha f\|_p = |\alpha| \|f\|_p$. 兹证三角不等式: 当 $1 < p < \infty$ 时, 由已证的 Hölder 不等式,

$$\|f+h\|_p^p = \int_E |f(x)+h(x)|^p g(x)\mathrm{d}x$$
$$\leq \int_E |f(x)+h(x)|^{p-1}|f(x)|g(x)\mathrm{d}x$$
$$+ \int_E |f(x)+h(x)|^{p-1}|h(x)|g(x)\mathrm{d}x$$
$$\leq \|f+h\|_p^{p-1}\|f\|_p + \|f+h\|_p^{p-1}\|h\|_p,$$

所以 $\|f * g\|_r \leq \|f\|_p \|g\|_q$. $p=1$ 情形显然, 这是个完备空间. 事实上 $\{f_n\}$ 是 $L^2(E,g)$ 的柯西列当且仅当 $fg^{1/p}$ 是 $L^2(E)$ 的柯西列, 由此可得 $L^2(E,g)$ 是完备空间.

12. 利用第 11 题的 Hölder 不等式.

13. $\widehat{g}(t) = \dfrac{1}{|\det(T)|}\widehat{f}((T^{-1})^{\mathrm{t}}t)$, 其中 A^{t} 表示矩阵 A 的转置.

14. $\lambda = \pm 1, \pm \mathrm{i}$.

15. $\forall f, g \in \mathcal{S}(\mathbb{R}^n)$, 只要证对于任意的多项式 P, 多重指标 α, 有

$$P \cdot \mathrm{D}^\alpha(f * g) \in L^1(\mathbb{R}^n).$$

因为 $\forall f, g \in \mathcal{S}(\mathbb{R}^n)$, 有 $\mathrm{D}^\alpha f \in \mathcal{S}(\mathbb{R}^n)$, $f * g \in L^1(\mathbb{R}^n)$. 从而

$$\mathrm{D}^\alpha(f * g) = (\mathrm{D}^\alpha f) * g \in L^1(\mathbb{R}^n).$$

故只要证明 $P \cdot f * g \in L^1(\mathbb{R}^n)$. 不妨考虑单项式 $P(x) = x^k$ 的情形:

$$P(x)f * g(x) = \int_{\mathbb{R}^k} x^k f(x-y)g(y)\mathrm{d}y$$

$$= \int_{\mathbb{R}^n} (x-y+y)^k f(x-y)g(y)\mathrm{d}y$$

$$= \int_{\mathbb{R}^n} \sum_{i=0}^k \binom{k}{i} (x-y)^i y^{(k-i)} f(x-y)g(y)\mathrm{d}y$$

$$= \sum_{i=0}^k \binom{k}{i} \int_{\mathbb{R}^n} (x-y)^i f(x-y) y^{(k-i)} g(y)\mathrm{d}y.$$

而 $x^i f(x), y^{k-i} g(y) \in \mathcal{S}(\mathbb{R}^n)$, 因而有 $P(x)f * g(x) \in L^1(\mathbb{R}^n)$.

18. 若 $g \in C_c(\mathbb{R}^n)$, 则有

$$\mathrm{i} z_j \widehat{g}(z) = \int_{\mathbb{R}} \frac{\partial g}{\partial x_j}(x)\mathrm{e}^{-\mathrm{i}xz}\mathrm{d}x, \quad \|z_j \widehat{g}(z)\| \leq \|g_j'\|.$$

因而有 $\lim\limits_{|z| \to \infty} \widehat{g}(z) = 0$. $\forall f \in L^1(\mathbb{R}^n)$, $\varepsilon > 0$, $\exists g \in C_c(\mathbb{R}^n)$, 使得 $\|f-g\|_{L^1} < \varepsilon$.
于是 $|\widehat{f}(z) - \widehat{g}(z)| < \varepsilon$, 由此得 $\varlimsup\limits_{|z| \to \infty} |\widehat{f}(z)| \leq \varepsilon$. 所以 $\lim\limits_{|z| \to \infty} |\widehat{f}(z)| = 0$.

19. 用反证法. 若存在单位元 $f \in L^1(\mathbb{R}^n)$, 于是 $f * f = f$, $\widehat{f}^2 = \widehat{f}$, 所以 $\widehat{f} = 1$ 或 $\widehat{f} = 0$. 由 Riemann-Lebesgue 引理, $\widehat{f}(x) \to 0$, 得到 $\widehat{f} = 0$. 因为 $\|f\| = \|\widehat{f}\|$, 故 $f = 0$, a.e.. 这与所设矛盾.

第 五 章

§5.1

3. $L^1[0,1]$ 是完备化空间. 见 §4.3 中例 3.

4. 令 $x_n = (1, 1/2, 1/3, \cdots, 1/n, 0, \cdots, 0, \cdots)$, 则

$$\rho(x_n, x_m) = \max(1/n, 1/m) \to 0.$$

所以 $\{x_n\}$ 是基本列, 它的极限不在 F 中. F 的完备化空间是

$$\overline{F} = \Big\{ x = (\xi_1, \xi_2, \cdots) \,\Big|\, \xi_j \in \mathbb{R}, \ \sup_j |\xi_j| < \infty \Big\}.$$

5. 只要证明 $\{x_n\}$ 是基本列即可.

8. 只需验证三角不等式. 因为 $|x - z| \geq \dfrac{|x - y| - |y - z|}{1 + |x - y||y - z|}$, 即

$$\tan(\arctan|x - z|) \geq \tan(\arctan|x - y| - \arctan|y - z|).$$

由正切函数的单调性得到

$$\arctan|x - z| \geq \arctan|x - y| - \arctan|y - z|.$$

所以 $(\mathbb{R}^1, \rho)$ 是距离空间.

11. 记 (X, ρ) 的完备化空间为 $(\widetilde{X}, \rho)$, $X \subset \widetilde{X}$. 只要证明 $\widetilde{X}$ 也是完全有界的

12. M 是紧集, $f \in C(M)$. 对于 $\forall x \in M, \exists \delta_x > 0$, 使得当 $y \in B_{\delta_x}(x)$ 时 $|f(y) - f(x)| < 1$. 集合族 $\{B_{\delta_x}(x)|x \in M\}$ 是 M 的开覆盖, $\exists x_1, x_2, \cdots, x_m$, 使得

$$M \subset \bigcup_{j=1}^{m} B_{\delta_{x_j}}(x_j).$$

于是 $|f(y)| \leq \max\limits_{1 \leq j \leq m}\{1 + |f(x_j)|\} = M, \quad \forall y \in X$. 若记 $L = \sup\limits_{x \in X} f(x), \exists x_n \in X$, 使得

$$L \geq f(x_n) \geq L - \frac{1}{n}.$$

选取收敛子列 $x_{n_j} \to x_0$, 于是

$$L \geq f(x_0) = \lim_{j \to \infty} f(x_{n_j}) \geq \lim_{j \to \infty}\left(L - \frac{1}{n_j}\right) = L.$$

所以 $f(x_0) = \sup\limits_{x \in X} f(x)$. 考虑函数 $-f(x)$, $\exists x_1 \in X$, 使得

$$-f(x_1) = \sup_{x \in X}(-f(x)) = -\inf_{x \in X} f(x),$$

即 $f(x_1) = \inf\limits_{x \in X} f(x)$.

15. 充分性. 设 A 列紧. $\forall \varepsilon > 0$, 取 A 自身, 则 A 是 A 的 ε 列紧网.

必要性. 设 $A \subset (X, \rho)$. $\forall \varepsilon > 0$, A 有 ε 列紧网 A_ε, 要证明 A 列紧. 若 M 是 A 的 ε 网, N 是 M 的 ε 网, 则 N 是 A 的 2ε 网. 由于 A 的 ε 网 A_ε 是列紧的, A_ε 有有穷 ε 网, 故 A 有有穷 2ε 网. 所以 A 是列紧集.

16. l^2 中的归一正交基是有界集但不是完全有界的.

17. 利用 Arzela-Ascoli 定理 (定理 5.1.15).

18. 考虑 $\{\sin kx\}$ 的子集 $E = \{\sin 2^k x \mid k = 1, 2, \cdots\} \subset C[0, \pi]$, 证明它不紧致.

20. 利用用 Arzela-Ascoli 定理.

22. 利用 Arzela-Ascoli 定理.

24. 设 $Tx_0 = x_0, Tx_1 = x_1$, 需证明 $x_0 = x_1$. 如若不然, 则

$$\rho(x_0, x_1) = \rho(Tx_0, Tx_1) < \rho(x_0, x_1).$$

得出矛盾.

26. $f(x) \overset{\text{def}}{=\!=} d(x, Tx)$, 证明 $f(x)$ 是 C 上的连续函数, 最小值是零, 最小值点是不动点.

27. 利用 Banach 不动点定理证明.

§5.2

3. 三个角分别是 $\pi/2, \pi/6, \pi/3$.

4. (1) $M_1^\perp = \{g \in C[-1, 1] \mid g(x) = 0, \, 当 x > 0\}$; (2) $M_2^\perp = \{g = 0\}$.

5. $M_1^\perp = M_2^\perp = M_3^\perp = H_4^\perp = \{0\}$.

8. 设 $\{e_i\}$ 是标准正交基. 注意到 $(e_j - f_j, e_i) = (f_j, e_i - f_i)$, 利用 Parseval 等式及 Bessel 不等式, 有

$$\sum_{j=1}^{\infty} \|e_j - f_j\|^2 = \sum_{j=1}^{\infty} \sum_{i=1}^{\infty} |(e_j - f_j, e_i)|^2$$
$$= \sum_{j=1}^{\infty} \sum_{i=1}^{\infty} |(e_i - f_i, f_j)|^2 \le \sum_{i=1}^{\infty} \|e_i - f_i\|^2 < \infty.$$

故 $\sum_{j=1}^{\infty} |(e_i - f_i, f_j)|^2 = \|e_i - f_i\|^2$, 由此得

$$e_i - f_i = \sum_{j=1}^{\infty} (e_i - f_i, f_j) f_j, \quad e_i = \sum_{j=1}^{\infty} (e_i, f_j) f_j.$$

即 $e_i \in \overline{\text{linspan}\{f_n\}}$, 所以 $\{f_n\}$ 是完备的.

10. $\forall h \in H$, 证明等式

$$h = \sum_{n=1}^{\infty} (h, e_n) e_n + \sum_{m=1}^{\infty} (h, f_m) f_m.$$

17. $\|f\| = \int_0^1 |y(t)| dt.$

21. 由 Riesz 表示定理知, 存在 $y_1, y_2 \in H$, 使得 $\forall x \in H$, 有

$$f_j(x) = (x, y_j), \quad j = 1, 2,$$

且 $y_j \perp \ker f_j$. 对于 $\forall x \in H$, 记 x_j 为 x 在 $\ker f_j$ 上的正交投影. 于是

$$x = x_1 + \lambda_1 y_1, \quad x = x_2 + \lambda_2 y_2.$$

当 $\ker f_1 = \ker f_2$ 时, $x_1 = x_2$, 因而 $\lambda_1 y_1 = \lambda_2 y_2$. 所以存在 $\alpha \in \mathbb{C}$, 使得 $f_2 = \alpha f_1$.

22. 利用 Riesz 表示定理.

23. 不妨设 $t \neq 0$, 令 $f_n(t) = \sqrt{2n+1} t^n$, 则 $\|f_n\| = 1$. 若 $\widetilde{F}$ 是 $L^2[0,1]$ 上的有界线性泛函, 它在 $C^{(1)}[0,1]$ 上的限制是 F. 于是

$$\|\widetilde{F}\| = \sup\{|\widetilde{F}(f)| \,\big|\, \|f\| = 1\}$$
$$\geq F(f_n) = f_n'(t) = n\sqrt{2n+1} t^{n-1} \to \infty, \quad n \to \infty.$$

得出矛盾.

24. 用反证法.

§5.3

5. 若 $A^{-1}: R(A) \to H$ 不是有界的, $\exists\, 0 \neq y_n \in R(A)$, 使得 $\|A^{-1}y_n\| > n\|y_n\|$. 令 $Az_n = y_n$, 则 $z_n \in H, \|z_n\| > n\|Az_n\|$. 记 $x_n = z_n/\|z_n\|$, 则 $\|Ax_n\| < 1/n \to 0$, 但是 $\|x_n\| = 1$, 与 A 是连续算子矛盾.

6. 利用 Schwarz 不等式估计.

7. 取 $p_i = 1/\sqrt{i+1/2}$, $\alpha_{ij} = 1/(i+j+1)$, 则

$$\sum_{i=0}^{\infty} \alpha_{ij} p_i = \sum_{i=0}^{\infty} \frac{1}{(i+1/2)+(j+1/2)} \frac{1}{\sqrt{i+1/2}}$$
$$< \int_0^{\infty} \frac{\mathrm{d}x}{(x+j+1/2)\sqrt{x}}$$
$$= 2 \int_0^{\infty} \frac{\mathrm{d}u}{u^2+j+1/2} = \frac{2}{\sqrt{j+1/2}} \int_0^{\infty} \frac{\mathrm{d}u}{u^2+1} = \frac{\pi}{\sqrt{j+1/2}} = \pi p_j.$$

由第 6 题即得 $\|A\|^2 \le \pi^2$.

14. 因为 $|(A^n x, y)| \le \|A\|^n \|x\| \|y\| \le R^n \|x\| \|y\|$, 故级数 $\sum\limits_{n=1}^{\infty} \alpha_n (A^n x, y)$ 收敛, 因此算子 T 有定义. 又

$$|(Tx, y)| \le \sum_{n=0}^{\infty} |\alpha_n| |(A^n x, y)| \le \sum_{n=0}^{\infty} |\alpha_n| \|A\|^n \|x\| \|y\|,$$

因此 $\|T\| \le \sum\limits_{n=0}^{\infty} |\alpha_n| \|A\|^n$.

16. 证明 $TT^* = T^*T = I$.

20. (1) $M_\phi^* = M_{\overline{\phi}}$.

(3) $R(M_\phi)$ 是闭的充分必要条件是 ϕ a.e. 有正的下界.

(4) 因为 $M_\phi^* = M_{\overline{\phi}}$, 所以 $M_\phi^* = M_\phi \iff \phi = \overline{\phi}$, 即 ϕ 是实函数.

21. (1) 已知 P, Q 是投影算子, $(P+Q)^2 = P + PQ + QP + Q$. 而

$$P+Q \text{ 是投影算子} \iff (P+Q)^2 = P + Q \iff PQ + QP = 0.$$

将右端式两边右乘 P, 左乘 P, 得

$$PQP + QP = 0, \quad PQ + PQP = 0.$$

两式相减, 可得

$$P+Q \text{ 是投影算子} \iff PQ = QP = 0 \iff (Px, Qy) = 0, \quad \forall x, y,$$

即 $R(P) \perp R(Q)$.

当 $P+Q$ 是投影算子时, $\forall x$, 有 $(P+Q)x = Px + Qx$, 所以 $R(P+Q) \subset R(P) + R(Q)$; 又 $\forall x, y$, 有 $(P+Q)(Px+Qy) = Px + Qy$, 所以 $R(P) + R(Q) \subset R(P+Q)$. 故 $R(P+Q) = R(P) + R(Q)$.

当 $(P+Q)x = 0$ 时, 因为 $Px \perp Qx$ 所以 $Px = Qx = 0$, 故 $\ker(P+Q) \subset \ker P \cap \ker Q$; 反之, 若 $Px = Qx = 0$, 显然有 $(P+Q)x = 0$, 故 $\ker P \cap \ker Q \subset \ker(P+Q)$, 因此 $\ker(P+Q) = \ker P \cap \ker Q$.

(2) PQ 是投影算子 $\iff (PQ)^2 = PQ$, $(PQ)^* = PQ \iff QP = PQ$.

当 PQ 是投影算子时, $\forall x$, 有 $PQx = QPx \in R(P) \cap R(Q)$, 因此 $R(PQ) \subset R(P) \cap R(Q)$; 反之, 若 $y \in R(P) \cap R(Q), y = Px = Qz$, 则 $y = P^2 x = Py, y =$

$Q^2z = Qy$. 所以 $y = PQy \in R(PQ)$, 故 $R(P) \cap R(Q) \subset R(PQ)$, 因此
$$R(PQ) = R(P) \cap R(Q).$$

任取 $x = x_1 + x_2 \in \ker P + \ker Q$, 则 $Px_1 = 0, Qx_2 = 0, PQx = PQx_1 + PQx_2 = QPx_1 = 0$. 故 $x \in \ker PQ$, 所以 $\ker PQ \supset \ker P + \ker Q$. 反之, $\forall x \in \ker PQ$, 有 $PQx = QPx = 0$, 记 $x_1 = Qx \in \ker P, x_2 = (I - Q)x \in \ker Q$, 则 $x = x_1 + x_2 \in \ker P + \ker Q$. 所以 $\ker PQ \subset \ker P + \ker Q$, 因此
$$\ker PQ = \ker P + \ker Q.$$

22. (1) $\Rightarrow$ (2). 由 $P - Q = (P - Q)^2 = P - PQ - QP + Q$, 得到 $2Q = PQ + QP$. 将此式左乘 Q, 右乘 Q, 得到 $2Q = QPQ + QP = PQ + QPQ$, 所以 $QP = PQ = Q$.

(2) $\Rightarrow$ (1). $(P - Q)^2 = P - PQ - QP + Q = P - Q$.

(2) $\Rightarrow$ (3). $\forall Qx \in R(Q)$, 有 $Qx = PQx \in R(P)$. 所以 $R(Q) \subset R(P)$.

(3) $\Rightarrow$ (2). $\forall x, \exists y$, 使得 $Qx = Py, PQx = P^2y = Py = Qx$, 于是 $PQ = Q$; 又 $R(I - P) = R(P)^{\perp} \subset R(Q)^{\perp} = R(I - Q)$, 因此 $I - P, I - Q$ 是投影算子. 同理, 有 $(I - Q)(I - P) = I - P$, 即 $QP = Q$.

当 $P - Q$ 是投影算子时, $\forall y = (P - Q)x \in R(P - Q)$, 有 $Py = P(P - Q)x = (P - Q)x = y \in R(P)$; 又 $Qy = Q(P - Q)x = 0$, 所以 $y \in \ker Q = R(Q)^{\perp}$, 于是 $R(P - Q) \subset R(P) \ominus R(Q)$. 反之, 若 $x \in R(P) \ominus R(Q)$, 即 $\exists y \in H$, 使得 $x = Py, x \in R(Q)^{\perp} = \ker Q$, 于是 $(P - Q)x = Px = Py = x \in R(P - Q)$, 所以 $R(P) \ominus R(Q) \subset R(P - Q)$, 因此 $R(P - Q) = R(P) \ominus R(Q)$.

对于 $\forall x \in R(Q) + \ker P$, 设 $x = Qy + z$, 其中 $Pz = 0$, 有

$$(P - Q)x = (P - Q)(Qy + z) = PQy - Qy + Pz - Qz = -Qz = -QPz = 0.$$

所以 $R(Q) + \ker P \subset \ker(P - Q)$. 反之, 设 $x \in \ker(P - Q), x = Qx + (I - Q)x \overset{\text{def}}{=\!=\!=} x_1 + x_2$. 于是 $x_1 = Qx \in R(Q), Px_2 = P(I - Q)x = (P - Q)x = 0, x_2 \in \ker P$, 所以 $\ker(P - Q) \subset R(Q) + \ker P$, 因此 $\ker(P - Q) = R(Q) + \ker P$.

23. $P + Q - PQ$ 是投影算子 $\Longleftrightarrow I - (P + Q - PQ) = (I - P)(I - Q)$ 是投影算子 $\Longleftrightarrow (I - P)(I - Q) = (I - Q)(I - P) \Longleftrightarrow PQ = QP$.

当 $P + Q - PQ$ 是投影算子时, 由第 21 题知, $R((I - P)(I - Q)) = R(I - P) \cap R(I - Q)$. 于是

$$\ker(P + Q - PQ) = \ker P \cap \ker Q,$$

$$\ker((I - P)(I - Q)) = \ker(I - P) + \ker(I - Q).$$

推得 $R(P + Q - PQ) = R(P) + R(Q)$.

28. $A^* x = (x_1, x_2/2, \cdots, x_n/n, \cdots)$.

§5.4

3. (1) $(Ax_n, y) = (x_n, A^* y) \to (x, A^* y) = (Ax, y)$.

(2) 用反证法. 若 $Ax_n \nrightarrow Ax$. 则存在 $\varepsilon > 0$, 子列 $\{x_{n_k}\}$ 满足 $\|Ax_{n_k} - Ax\| > \varepsilon$. 但 T 是紧的, $\{x_{n_k}\}$ 有界, 于是从 $\{Ax_{n_k}\}$ 中可抽出收敛子列收敛到 $y \neq Ax$, 这个子列仍弱收敛到 y, 与 (1) 矛盾.

7. $A \in F(H)$, $\exists x_i, z_i \in H$, $i = 1, 2, \cdots, m$, 使得

$$A = \sum_{i=1}^{m} x_i \otimes z_i.$$

由 Schmidt 正交化, 可从 $\{x_1, x_2, \cdots, x_m\}$ 构造正交归一集 $\{e_1, e_2, \cdots, e_m\}$ 即得.

8. 由题设知, $H = \bigoplus_{n=1}^{\infty} H_n = \left\{ x = \bigoplus_{n=1}^{\infty} x_n \Big| \|x\|^2 = \sum_{n=1}^{\infty} \|x_n\|^2 \right\}$, $A = \bigoplus_{n=1}^{\infty} A_n$. 首先证明

$$\|A\| = \sup_{n \geq 1} \|A_n\|.$$

$\forall x \in H$, 有

$$\|Ax\|^2 = \left\| \bigoplus_{n=1}^{\infty} A_n x_n \right\|^2 = \sum_{n=1}^{\infty} \|A_n x_n\|^2 \leq \sup_{n \geq 1} \|A_n\|^2 \|x\|^2.$$

所以 $\|A\| \leq \sup_{n \geq 1} \|A_n\|$.

$\forall \varepsilon > 0, \exists n_0 \in \mathbb{N}$, 使得 $\|A\| \geq \sup_{n \geq 1} \|A_n\| - \varepsilon/2$, 并且存在 $y_{n_0} \in H_{n_0}$, 满足

$$\|A_{n_0} y_{n_0}\| \geq \left(\sup_{n \geq 1} \|A_n\| - \varepsilon \right) \|y_{n_0}\|.$$

记 $\widetilde{x} = \oplus x_j$, 其中 $x_{n_0} = y_{n_0}, x_j = 0, \forall j \neq n_0$. 于是 $\|x\| = \|y_{n_0}\|$, 以及

$$\|A\widetilde{x}\|^2 = \|A_{n_0} y_{n_0}\|^2 \geq \Big(\sup_{n \geq 1} \|A_n\| - \varepsilon \Big)^2 \|y_{n_0}\|^2 = \Big(\sup_{n \geq 1} \|A_n\| - \varepsilon \Big)^2 \|\widetilde{x}\|^2.$$

所以 $\|A\| \geq \sup\limits_{n \geq 1} \|A_n\| - \varepsilon$, 故 $\|A\| = \sup\limits_{n \geq 1} \|A_n\|$. 得证.

若 A_n 是紧算子, $\|A_n\| \to 0$, 则 $\lim\limits_{N \to \infty} \sup\limits_{n \geq N} \|A_n\| = 0$. 故 $\bigoplus\limits_{n=1}^{N} A_n \to \bigoplus\limits_{n=1}^{\infty} A_n$. 因为 $\bigoplus\limits_{n=1}^{N} A_n$ 也是紧算子, 所以 $\bigoplus\limits_{n=1}^{\infty} A_n = A$ 也是紧算子. 反之, 设 $A = \bigoplus\limits_{n=1}^{\infty} A_n$ 是紧算子. 对于任意的 H_n 中的有界集 M, 可看作 H 中的有界集

$$\widetilde{M} = \Big\{ x = \bigoplus_{j=1}^{\infty} x_j \,\Big|\, x_n \in H_n, \text{且} \, x_j = 0, \forall j \neq n \Big\},$$

则

$$A\widetilde{M} = \Big\{ x = \bigoplus_{j=1}^{\infty} x_j \,\Big|\, x_n \in A_n M, \text{且} \, x_j = 0, \forall j \neq n \Big\}.$$

$A\widetilde{M}$ 是 H 中的列紧集, 即也是 H_n 中的列紧集, 所以 A_n 是紧算子.

兹证 $\|A_n\| \to 0$. 用反证法. 如若不然, 则存在子列 $\{n_j\}$ 及 $\varepsilon > 0$, 使得 $\|A_{n_j}\| > \varepsilon$. 于是存在 $y_{n_j} \in H_{n_j}, \|y_{n_j}\| = 1, \|A_{n_j} y_{n_j}\| \geq \varepsilon/2$. 令 $\widetilde{x}_j = \bigoplus\limits_{n=1}^{\infty} x_n \in H$, 其中 $x_{n_j} = y_{n_j}, x_n = 0, \forall n \neq n_j$, 则 $\widetilde{x}_j \rightharpoonup 0$. 由第 4 题知 $\|A\widetilde{x}_j\| \to 0$. 而 $\Big\{ A\widetilde{x}_j = \bigoplus\limits_{n=1}^{\infty} A_n x_n \Big\}$ 是互相正交的点集, 且 $\|A\widetilde{x}_j\| = \|A_{n_j} y_{n_j}\| \geq \varepsilon/2$, 得出矛盾.

9. 记 $\{e_j\}$ 为 $L^2(E)$ 中的标准正交基, 令 $e_{ij}(x,y) = e_i(x)e_j(y)$, 则 $\{e_{ij}\}$ 是 $L^2(E \times E)$ 的标准正交基. 记 $k = \sum\limits_{i,j=1}^{\infty} \alpha_{ij} e_{ij}, \|k\|^2 = \sum\limits_{i,j=1}^{\infty} |\alpha_{ij}|^2$. 令

$$E_{ij} f(x) = \int_E e_{ij}(x,y) f(y) \mathrm{d}y = (f, e_j) e_i(x),$$

所以 $E_{ij} = e_j \otimes e_i$ 是秩一算子. $\forall m, \sum\limits_{i,j=1}^{m} \alpha_{ij} E_{ij}$ 是有限秩算子. 因为

$$\Big(K - \sum_{i,j=1}^{m} \alpha_{ij} E_{ij} \Big) f(x) = \Big(\sum_{i=m+1}^{\infty} \sum_{j=1}^{\infty} + \sum_{i=1}^{m} \sum_{j=m+1}^{\infty} \Big) \alpha_{ij} e_i(x)(f, e_j),$$

$$\Big\| \Big(K - \sum_{i,j=1}^{m} \alpha_{ij} E_{ij} \Big) f \Big\|^2 \leq \Big(\sum_{i=1}^{m} \sum_{j=m+1}^{\infty} + \sum_{i=m+1}^{\infty} \sum_{j=1}^{\infty} \Big) \alpha_{ij}^2 \|f\|^2,$$

$$\left\| K - \sum_{i,j=1}^{m} \alpha_{ij} E_{ij} \right\|^2 \leq \left(\sum_{i=1}^{m} \sum_{j=m+1}^{\infty} + \sum_{i=m+1}^{\infty} \sum_{j=1}^{\infty} \right) \alpha_{ij}^2 = \|k\|^2 - \sum_{i,j=1}^{m} |\alpha_{ij}|^2 \to 0.$$

所以 K 是紧算子.

11. 易见 $F : x(t) \mapsto f(t)x(t)$ 是 $L^2(\Omega)$ 上对称算子, 若 F 还是紧算子, 证明 $\sigma(F) = \{0\}$, 从而有 $F = 0$.

12. 利用第 4 题的结果.

16. 因为 $A \in \mathcal{C}(H), A = A^*$, 故有 $\sigma(A) \backslash \{0\} = \sigma_p(A) \backslash \{0\} \subset \mathbb{R}$. $\forall \lambda \in \sigma_p(A)$, $\exists x_\lambda$, 使得 $A x_\lambda = \lambda x_\lambda, \|x_\lambda\| = 1$. 由 $(A x_\lambda, x_\lambda) = \lambda$ 即可得 $m = m(A) \leq \lambda \leq M(A) = M$.

设 $M > m \geq 0$, 则有 $\|A\| = M$. 事实上, 显然有 $M \leq \|A\|$, 兹证相反的不等式. $\forall \lambda > 0$, 有

$$\|Ax\|^2 = \frac{1}{4} \left[\left(A \left(\lambda x + \frac{1}{\lambda} Ax \right), \lambda x + \frac{1}{\lambda} Ax \right) - \left(A \left(\lambda x - \frac{1}{\lambda} Ax \right), \lambda x - \frac{1}{\lambda} Ax \right) \right]$$

$$\leq \frac{1}{4} M \left(\left\| \lambda x + \frac{1}{\lambda} Ax \right\|^2 + \left\| \lambda x - \frac{1}{\lambda} Ax \right\|^2 \right)$$

$$= \frac{1}{2} \left(\lambda^2 \|x\|^2 + \frac{1}{\lambda^2} \|Ax\|^2 \right).$$

取 $\lambda = (\|Ax\|/\|x\|)^{1/2}$, 则有

$$\|Ax\|^2 \leq \frac{1}{2} M \left(\frac{\|Ax\|}{\|x\|} \|x\|^2 + \frac{\|x\|}{\|Ax\|} \|Ax\|^2 \right) = M \|x\| \|Ax\|,$$

由此得 $\|Ax\| \leq M \|x\|$. 所以 $\|A\| \leq M$. 因此 $\|A\| = M$. 由 M 的定义, $\exists x_n$, 使得 $\|x_n\| = 1, (A x_n, x_n) \to M$. 于是

$$0 \leq \|A x_n - M x_n\|^2 = \|A x_n\|^2 - 2M(A x_n, x_n) + M^2 \|x_n\|^2$$

$$\leq \|A\|^2 - 2M(A x_n, x_n) + M^2 \to 0.$$

从而有 $\lim_{n \to \infty} (A x_n - M x_n) = 0$. 又 A 是紧算子, $\{A x_n\}$ 必有收敛子序列 $\{A x_{n_k}\}$, 此时 $\{x_{n_k}\}$ 也收敛. 记 $x_{n_k} \to x_0$, 则 $\|x_0\| = 1, A x_{n_k} \to A x_0 = M x_0$, 所以 $M \in \sigma_p(A)$.

对于一般情形. 将 A 换成 $A_\lambda = A - \lambda I$, 取 λ 为绝对值足够大的负数, 使 A_λ 的上下界满足 $M_\lambda > m_\lambda > 0$, 则 $M_\lambda \in \sigma_p(A_\lambda)$, 因而 $M \in \sigma_p(A)$.

由于 $-m(A) = M(-A) \in \sigma_p(-A)$, 所以 $m(A) \in \sigma_p(A)$.

第 六 章

§6.1

3. (1) 显然有 $\|x\|_1 \geq 0$; $\|x\|_1 = 0 \Leftrightarrow x(t) = 0$, a.e.; $\|\alpha x\|_1 = |\alpha| \|x\|_1$; 兹证三角不等式: 由下述不等式

$$|x(t)y(t)| + |x'(t)y'(t)| \leq \sqrt{|x(t)|^2 + |x'(t)|^2} \sqrt{|y(t)|^2 + |y'(t)|^2},$$

得

$$2\int_a^b (|x(t)y(t)| + |x'(t)y'(t)|)\mathrm{d}t$$
$$\leq 2\sqrt{\int_a^b (|x(t)|^2 + |x'(t)|^2)\mathrm{d}t} \sqrt{\int_a^b (|y(t)|^2 + |y'(t)|^2)\mathrm{d}t}.$$

最后的不等式两边加上 $\displaystyle\int_a^b (|x(t)|^2 + |x'(t)|^2 + |y(t)|^2 + |y'(t)|^2)\mathrm{d}t$, 得到

$$\int_a^b (|x(t) + y(t)|^2 + |x'(t) + y'(t)|^2)\mathrm{d}t \leq (\|x\|_1 + \|y\|_1)^2,$$

$$\Rightarrow \qquad \|x + y\|_1 \leq \|x\|_1 + \|y\|_1.$$

(2) $(C^1[a,b], \|\cdot\|_1)$ 不是完备的.

9. **必要性.** 若 X 是 B 空间, $\forall \{x_n\} \subset X$, $\displaystyle\sum_{n=1}^\infty \|x_n\| < \infty$. 又 $\forall \varepsilon > 0$, $\exists N \in \mathbb{N}$, 当 $m > N$, $\forall p \in \mathbb{N}$, 使得 $\left\| \displaystyle\sum_{n=m}^{m+p} x_n \right\| \leq \displaystyle\sum_{n=m}^{m+p} \|x_n\| < \varepsilon$. 故 $\displaystyle\sum_{n=1}^\infty x_n$ 收敛.

反之, 设 $\forall \{x_n\} \subset X$, $\displaystyle\sum_{n=1}^\infty \|x_n\| < \infty$, 由此得 $\displaystyle\sum_{n=1}^\infty x_n$ 收敛. 任取 X 中柯西列 $\{y_n\}$, $\forall i \in \mathbb{N}$, $\exists N_i \in \mathbb{N}$, 对于 $\forall p \in \mathbb{N}$, 有

$$\|y_{N_i} - y_{N_i+p}\| < 1/2^i.$$

令 $x_i = y_{N_i} - y_{N_{i-1}}$, $x_1 = y_{N_1}$. 于是 $\displaystyle\sum_{i=1}^n x_i = y_{N_n}$, 则

$$\sum_{i=1}^{\infty} \|x_i\| \leq \sum_{i=1}^{\infty} 1/2^{i-1} < \infty, \quad y = \sum_{i=1}^{\infty} x_i \ \text{收敛}.$$

故子列 y_{N_n} 收敛到 y, 从而 y_n 也收敛到 y. 因此 X 是 B 空间.

10. a 可取 $[-1,1]$ 中的任何数. $\min\limits_{\lambda \in \mathbb{R}} \|x_0 - \lambda e_1\| = 1 = \|x_0 - ae_1\|$.

11. (1) $x \in [x], \forall y \in [x], y \sim x, y \in x + M$, 所以 $[x] \subset x + M$. 又 $\forall y \in x + M$, 必有 $y \sim x$, 从而 $x + M \subset [x] \implies [x] = x + M$; 反之, 若 $[x] = x + M$, 则 $x = x + 0 \in [x]$.

(2) X/M 是一个线性空间. 只要证明 $\|[\cdot]\|$ 是一个范数. 显然 $\|[x]\| \geq 0$; 又 $\|[x]\| = 0$ 时, 即

$$\inf\{\|y\| \big| y \in x + M\} = 0 \iff x \in M,$$

亦即 $[x] = 0$. 兹证三角不等式和齐次性:

$$\|[x] + [y]\| \leq \|x' + y'\| \leq \|x'\| + \|y'\|, \quad \forall x' \in [x], y' \in [y],$$

所以

$$\|[x] + [y]\| \leq \inf\{\|x'\| \big| x \in [x]\} + \inf\{\|y'\| \big| y' \in [y]\} = \|[x]\| + \|[y]\|.$$

又因为

$$\|\alpha[x]\| \leq |\alpha| \|x'\|, \quad \forall x' \in [x],$$

于是

$$\|\alpha[x]\| \leq |\alpha| \inf\{\|x'\| \big| x' \in [x]\} = |\alpha| \|[x]\|.$$

所以 $(X/M, \|[\cdot]\|)$ 是一个线性赋范空间.

(3) $\inf\{\|x\| \big| x \in [x]\} = \inf\{\|x'\| \big| x' = x + y, y \in M\} = \inf\{\|x+y\| \big| y \in M\}$.

(4) 因为映射 ϕ 满足下列运算:

$$\phi(x+y) = [x+y] = [x] + [y] = \phi(x) + \phi(y);$$

$$\phi(\alpha x) = [\alpha x] = \alpha x + M = \alpha(x+M) = \alpha[x] = \alpha\phi(x),$$

所以 ϕ 是 $X \to X/M$ 的线性映射. 又 $\forall x \in X$, 有 $\|\phi(x)\| = \|[x]\| \leq \|x\|$, 所以 ϕ 是有界映射, 从而是连续映射.

(5) $\forall [x] \in X/M$, $\forall y \in [x]$, 均有 $\phi(y) = [x]$. 因为 $\|[x]\| = \inf\{\|y\| \mid y \in x + M\}$, $\exists y \in x + M$ 使得, $\|y\| < 2\|[x]\|$.

(6) 设 X 是 B 空间. 任取 X/M 中的柯西列 $\{[x_n]\}$, 则存在子列 $\{[x_{n_j}]\}$, 使得 $\|[x_{n_j}] - [x_{n_{j+1}}]\| < 2^{-i}$, 于是

$$\|[x_{n_j} - x_{n_{j+1}}]\| = \inf\{\|x_{n_j} - x_{n_{j+1}} + m\| \mid m \in M\} < 2^{-i}.$$

用归纳法选取 $y_{n_j} \in x_{n_j} + M$, 使得 $\|y_{n_j} - y_{n_{j+1}}\| < 2^{-i}$. 于是 $\{y_{n_j}\}$ 是 X 中的柯西列, 存在极限 $x_0 = \lim\limits_{j \to \infty} y_{n_j}$, 因而 $\lim\limits_{j \to \infty} [y_{n_j}] = \lim\limits_{j \to \infty} [x_{n_j}] = [x_0]$, 故

$$\lim_{j \to \infty} [x_n] = [x_0].$$

(7) $\forall f \in X$, 则 $f(x) - f(0) \in M$, 所以 $f = f(0) + f - f(0)$. 于是映射 $T : [f] \mapsto f(0)$ 是 $X = C[0,1]$ 到 $\mathbb{K}$ 的一一满映射. 又

$$\|[f]\| = \inf\{\|f(0) + g\| \mid g \in M\} = |f(0)|,$$

所以 T 是等距同构.

15. $\|\Phi\| = \displaystyle\int_0^1 |\phi(t)| \mathrm{d}t$.

17. 设 $g_1, g_2, \cdots, g_m$ 是 Y 的基, $\forall x \in X$,

$$T(x) = \sum_{j=1}^m f_j(x) g_j,$$

其中 f_j 是 X 上的线性泛函. 先证明任意 X 上的线性泛函是连续的.

18. $S_n : L^p(\mathbb{R}) \to L^p(\mathbb{R})$ 称为截断算子. 显然有

$$\|S_n u - u\| = \left(\int_{-\infty}^{\infty} |S_n u(x) - u(x)|^p \mathrm{d}x \right)^{1/p}$$

$$= \left(\int_{-\infty}^{-n} |u(x)|^p \mathrm{d}x + \int_n^{\infty} |u(x)|^p \mathrm{d}x \right)^{1/p} \to 0.$$

所以 $S_n \to I$. 又 $\forall n \in \mathbb{N}$, 令

$$u_n(x) = \begin{cases} 1, & n \leq x \leq n+1, \\ 0, & \text{其他}. \end{cases}$$

则 $\|u_n\| = 1$, $(S_n - I)u_n = -u_n$, $\|(S_n - I)u_n\| = \|u_n\|$, 所以 $\|S_n - I\| \geq 1$, 故 S_n 不一致收敛到 I.

§6.2

1. 利用开映射定理.

2. 利用逆算子定理.

5. 设 S 弱有界. $S \subset X^{**}$ 可看成 X^* 上的线性泛函族, 利用共鸣定理.

6. 利用第 5 题的结论及共鸣定理.

7. 利用第 6 题的结论.

8. 构造函数 g, 满足 $\|g\| = n, \|g\|_1 = 1$, 用来证明 $\| \cdot \|_1$ 不可能比 $\| \cdot \|$ 强.

9. 定义 $\|x\|_1 = \|x\| + \sup\limits_{\alpha \in S^1} p(\alpha x)$, 其中 $S^1 = \{e^{i\theta} \mid \theta \in [0, 2\pi]\}$. 证明 $\| \cdot \|_1$ 是 X 上的范数, 再证明 $(X, \| \cdot \|_1)$ 是 Banach 空间. 用范数等价定理即可.

10. 设 $W \subset \mathcal{B}(X, Y)$, 定义 $p(x) = \sup\limits_{T \in W} \|Tx\|$. 验证 $p(x)$ 满足 Gelfand 引理的条件.

12. 记 $X_0 = \ker A$. 定义商映射 $\widetilde{A} : X/X_0 \to Y$ 如下: $\widetilde{A}([x]) = Ax$. 则 $\widetilde{A} \in \mathcal{B}(X/X_0, Y)$, $\widetilde{A}$ 是一一满映射, 存在逆映射 $\widetilde{A}^{-1}$. 由逆算子定理, $\widetilde{A}^{-1} \in \mathcal{B}(Y, X/X_0)$. 记 $[z_n] = \widetilde{A}^{-1} y_n$, 由于

$$\|[z_n] - [z_0]\| \leq \|\widetilde{A}^{-1}\| \|y_n - y_0\| \to 0,$$

所以 $[z_n] \to [z_0]$.

(1) 若 $y_0 = 0$, 则 $[z_0] = 0$. 取 $x_n \in [z_n]$ 满足

$$\|x_n\| \leq 2\|[z_n]\| \leq 2\|\widetilde{A}^{-1}\| \|y_n\|,$$

则 $Ax_n = y_n$, 因为 $y_n \to 0$, 所以 $x_n \to 0$.

(2) 若 $y_0 \neq 0$, 取 $x_0 \in [z_0]$, 使 $\|x_0\| \leq 2\|[z_0]\|$. 记 $d = 2\|\widetilde{A}^{-1}\|$, 则

$$Ax_0 = \widetilde{A}[z_0] = Az_0 = y_0, \quad \|x_0\| \leq d\|y_0\|.$$

选取 $u_n \in [z_n - z_0]$, 使得 $\|u_n\| \leq 2\|[z_n] - [z_0]\|$. 令 $x_n = u_n + x_0 \in [z_n]$, 所以 $Ax_n = \widetilde{A}[z_n] = y_n$, $\|x_n - x_0\| = \|u_n\| \leq 2\|\widetilde{A}^{-1}\| \|y_n - y_0\| \to 0$. 因而 $x_n \to x$. 又

$$\|x_n\| \leq \|x_0\| + \|u_n\| \leq 2\|[z_0]\| + 2\|[z_n] - [z_0]\|$$

$$\leq d\|y_0\| + d\|y_n - y_0\| \leq 2d\|y_n\| + \|y_0\|.$$

因为 $y_n \to y_0$, $\exists N \in \mathbb{N}$, 当 $n \geq N$ 时有

$$\|y_0\| - \|y_n\| \leq \|y_n - y_0\| \leq \frac{1}{2}\|y_0\|, \quad \|y_0\| \leq 2\|y_n\|.$$

因此 $\|x_n\| \leq 5d\|y_n\|$. 当 $n = 1, 2, \cdots, N-1$ 时, 另选 $x_n' \in [z_n]$, 使得

$$\|x_n'\| \leq 2\|[z_n]\| \leq d\|y_n\|.$$

用 $x_1', x_2', \cdots, x_{N-1}'$ 代替 $x_1, x_2, \cdots, x_{N-1}$ 即可.

13. 将 A 分解成紧算子与有界算子的乘积.

14. 题设 $A \in \mathcal{B}(X,Y)$, $R(A)$ 是闭子空间. 因为 Y 是完备的, 所以 $R(A)$ 是完备的, 于是 $A : X \to R(A)$ 是开映射. 若 $A \in \mathcal{C}(X,Y)$, 则 $R(A)$ 是局紧的. 而局紧的线性空间是有穷维的, 这与所设 $\dim R(A) = \infty$ 矛盾.

注: 局部紧线性空间是有穷维的.

证明 (1) 对于任意的零点邻域 V, $\overline{V}$ 是紧集. 若 $0 < r_1 < r_2 < \cdots$, 并且 $r_n \to \infty$, 则

$$X = \bigcup_{n=1}^{\infty} r_n V.$$

(2) 任意紧集 K 有界.

(3) 若 $\delta_1 > \delta_2 > \cdots$, $\delta_n \to 0$, 则 $\{\delta_n V\}$ 是 X 的局部基. $\forall X$ 的零点邻域 U, $\exists s > 0$, 当 $t \geq s$, 就有 $tU \supset V$. 只要取 $s\delta_n < 1$, 就有 $V \subset U/\delta_n$, 即 $U \supset \delta_n V$. 故 $\{2^{-n}V\}$ 构成 X 的一组局部基. $\exists x_1, \cdots, x_m \in X$, 使得

$$\overline{V} \subset \left(x_1 + \frac{1}{2}V\right) \cup \cdots \cup \left(x_m + \frac{1}{2}V\right).$$

令 $Y = \mathrm{linspan}\{x_1, \cdots, x_m\}$, $\dim Y \leq m$, Y 是 X 的闭子空间. 则有 $\lambda Y = Y$, $\forall \lambda \neq 0$; 且

$$V \subset Y + \frac{1}{2}V, \quad \frac{1}{2}V \subset Y + \frac{1}{4}V.$$

所以

$$V \subset Y + \frac{1}{2}V \subset Y + Y + \frac{1}{4}V = Y + \frac{1}{4}V.$$

因此 $V \subset \bigcap_{n=1}^{\infty} (Y + 2^{-n}V) = \overline{Y} = Y$, $kV \subset Y$, 故 $X \subset Y$.

16. 利用 Lax-Milgram 定理和 Riesz 表示定理.

17. 利用共鸣定理证明 $\{\|A_n\|\}$ 有界.

18. 记 $a = \{a_k\}$. 作截断如下: $\forall n \in \mathbb{N}$, 令 $a^{(n)} = \{a_k^{(n)}\}$,

$$a_k^{(n)} = \begin{cases} a_k, & k \leq n, \\ 0, & k > n. \end{cases}$$

则 $a_k^{(n)} \in l^q$, $\|a^{(n)}\|_q = \left(\sum\limits_{k=1}^{n} |a_k|^q \right)^{1/q}$. 对于任意的 $x = \{\xi_k\} \in l^p$, 令

$$f(x) = \sum_{k=1}^{\infty} a_k \xi_k, \quad f_n(x) = \sum_{k=1}^{n} a_k \xi_k.$$

由 Hölder 不等式,

$$|f_n(x)| \leq \left(\sum_{k=1}^{n} |a_k|^q \right)^{1/q} \left(\sum_{k=1}^{n} |\xi_k|^p \right)^{1/p} \leq \|a^{(n)}\|_q \|x\|_p,$$

因而

$$f_n \in \mathcal{B}(l^p, \mathbb{R}) = (l^p)^*, \quad \|f_n\| \leq \|a^{(n)}\|_q.$$

取 $x^{(n)}$ 如下:

$$\xi_k^{(n)} = \begin{cases} |a_k|^{q-1} \operatorname{sgn} a_k \Big/ \left(\sum\limits_{k=1}^{n} |a_k|^q \right)^{1/p}, & k = 1, 2, \cdots, n, \\ 0, & k > n. \end{cases}$$

则 $x^{(n)} \in l^p$, $\|x^{(n)}\|_p = 1$, $f_n(x^{(n)}) = \left(\sum\limits_{k=1}^{n} |a_k|^q \right)^{1/q}$, 所以 $\|f_n\| = \|a^{(n)}\|_q$. 因 为 $\sum\limits_{k=1}^{\infty} a_k \xi_k$ 收敛, 因此 $\forall x \in l^p$, 有 $\sup_n |f_n(x)| < \infty$. 由共鸣定理知

$$\sup_n \|f_n\| = \left(\sum_{k=1}^{\infty} |a_k|^q \right)^{1/q} = \|a\|_q < \infty.$$

故 f 是 l^p 上的线性泛函, $f = s\text{-}\lim\limits_{n \to \infty} f_n \in (l^p)^*$, $\|f\| \leq \|a\|_q$. 取 $y = \{\eta_k\}$,

$$\eta_k = \frac{|a_k|^{q-1}}{\|a\|_q^{q-1}} \operatorname{sgn} a_k.$$

则 $\|y\|_p = 1$, $|f(x)| = \|a\|_q$, 因而 $\|f\| = \|a\|_q$.

19. 记 $X_0 = \ker E$, $X_1 = R(E)$, 它们是闭子空间. 构造张量和

$$Y = X_0 \oplus X_1 = \{(u, v) \mid u \in X_0, v \in X_1\}.$$

令 $\|(u, v)\| = \|u\| + \|v\|$, 则 $(Y, \|\cdot\|)$ 是 Banach 空间.

(1) $X_0 \cap X_1 = \{0\}$. 事实上, 若 $x \in X_0 \cap X_1$, 则 $Ex = 0$. $\exists y$, 使得 $x = Ey$, 于是 $0 = Ex = E^2 y = Ey = x$.

(2) 定义算子 $A : Y \to X$, $A(u, v) = u + v$. $\forall x \in X$, 有 $A(x - Ex, Ex) = x$, 所以 A 是满的; 若 $u + v = 0, u = -v \in X_0 \cap X_1 = \{0\}$, 则有 $u = v = 0$, 所以 A 是一一的. 又

$$\|A(u, v)\| = \|u + v\| \le \|u\| + \|v\| = \|(u, v)\|.$$

所以 $A \in \mathcal{B}(Y, X)$, 存在逆算子, 且

$$A^{-1} \in \mathcal{B}(X, Y), \qquad A^{-1} : x \mapsto (x - Ex, EX).$$

(3) 在 X 上定义新的范数 $\|\|x\|\| = \|x - Ex\| + \|Ex\|$, 则 $\|x\| \le \|\|x\|\|$, 且

$$\|\|x\|\| = \|x_E x\| + \|Ex\| = \|(x - Ex, Ex)\| = \|A^{-1}x\| \le \|A^{-1}\| \|x\|.$$

所以 $\|\| \cdot \|\|$ 与 $\| \cdot \|$ 是 X 上的等价范数.

(4) 定义 $P_2 : Y \to X$, $P_2 : (u, v) \mapsto v$. 则

$$\|v\| = \|P_2(u, v)\| \le \|u\| + \|v\| = \|(u, v)\|,$$

所以 $P_2 \in \mathcal{B}(Y, X)$, 易知 $E = P_2 A^{-1} \in \mathcal{B}(X, X)$.

20. $f \in l^p, Af \in l^p$, 即 $\sum\limits_{i=1}^{\infty} \left| \sum\limits_{j=1}^{\infty} \alpha_{ij} f_j \right|^p < \infty$. 故 $\forall i \in \mathbb{N}$, 级数 $\sum\limits_{j=1}^{\infty} \alpha_{ij} f_j$ 收敛. 由第 18 题结果, 当 $1 < p < \infty$ 时, $\forall i \in \mathbb{N}$, 有

$$\{\alpha_{ij}\}_{j=1}^{\infty} \in l^q, \quad \text{且} \quad \left| \sum_{j=1}^{\infty} \alpha_{ij} f_j \right| \le \left(\sum_{j=1}^{\infty} |\alpha_{ij}|^q \right)^{1/q} \|f\|_p.$$

又 $\forall n \in \mathbb{N}$, 定义算子 $A^{(n)}$ 如下: $\forall f \in l^p$,

$$A^{(n)} f(i) = \begin{cases} Af(i), & 1 \le i \le n, \\ 0, & i > n. \end{cases}$$

则 $A^{(n)} f \in l^p$, $\|A^{(n)} f\|_p \le \left(\sum\limits_{i=1}^{n} \left(\sum\limits_{j=1}^{\infty} |\alpha_{ij}|^q \right)^{p/q} \right)^{1/p} \|f\|_p$. 故 $A^{(n)} \in \mathcal{B}(l^p)$. 又

$$\|A^{(n)} f - Af\|_p^p = \sum_{i=n+1}^{\infty} \left| \sum_{j=1}^{\infty} \alpha_{ij} f_j \right|^p \to 0.$$

故由第 17 题结果，$\exists \widetilde{A} \in \mathcal{B}(l^p)$，使得

$$A^{(n)} \xrightarrow{s} \widetilde{A}, \quad \|\widetilde{A}\| \leq \varliminf_{n \to \infty} \|A^{(n)}\|.$$

易见 $A = \widetilde{A}$. 当 $p = 1, \infty$ 时类似可证.

21. 当 $\mu(\Omega) < \infty$, $\kappa(x, y)$ 是有界函数时显然成立. 对于 κ 无界, (X, Ω, μ) 是 σ 有限测度空间时用截断逼近.

22. 首先证 A 是闭算子，然后用闭图定理.

§6.3

3. $\forall y_0 \in X \setminus X_0$, 记 $X_1 \xlongequal{\text{def}} \{x + \alpha y_0 \mid x \in X, \alpha \in \mathbb{R}\}$.

首先将 f_0 延拓到 X_1，记延拓后的线性泛函为 f_1，那么

$$f_1(x + \alpha y_0) = f_0(x) + \alpha f_1(y_0), \tag{a}$$

其中 $f_1(y_0)$ 待定. 由已知条件知，$\forall x \in X, \alpha \in \mathbb{R}$, 有

$$f_1(x + \alpha y_0) \leq p(x + \alpha y_0). \tag{b}$$

将上面不等式两边同除以 $|\alpha|$, 不等式 (b) 等价于

$$\begin{cases} f_1(y_0 - z) \leq p(y_0 - z), & \forall z \in X_0, \\ f_1(-y_0 + y) \leq p(-y_0 + y), & \forall y \in X_0, \end{cases}$$

或

$$f_0(y) - p(-y_0 + y) \leq f_1(y_0) \leq f_0(z) + p(y_0 - z).$$

于是为了能取到适合 (b) 式的 $f_1(y_0)$ 必须且仅须

$$\sup_{y \in X_0} \left(f_0(y) - p(-y_0 + y) \right) \leq \inf_{z \in X_0} \left(f_0(z) + p(y_0 - z) \right). \tag{c}$$

然而 (c) 式是可以保证成立的. 这是因为 $\forall y, z \in X_0$,

$$f_0(y) - f_0(z) = f_0(y - z) \leq p(y - z) \leq p(y - y_0) + p(y_0 - z).$$

所以

$$f_0(y) - p(-y_0 + y) \leq f_0(z) + p(y_0 - z). \tag{d}$$

显然 (d) 式蕴含 (c) 式，今任意取定 $f_1(y_0)$ 为 (c) 式两端的中间值，就能根据 (a) 式得到 f_0 在 X_1 上的延拓 f_1. 注意，由于 $f_1(y_0)$ 的取值不唯一，这种延拓也不唯一.

其次将 f_0 逐步延拓到整个 X 上, 这要用 Zorn 引理. 记 I 为指标集, 令

$$\mathcal{F} \stackrel{\text{def}}{=\!=} \left\{ (X_i, f_i)\, i \in I \,\middle|\, \begin{array}{l} X_0 \subset X_i \subset X; \\ \forall x \in X_0 \text{ 有 } f_i(x) = f_0(x); \\ \forall x \in X_i \text{ 有 } f_i(x) \le p(x) \end{array} \right\}.$$

在 $\mathcal{F}$ 中引入如下序关系: $(X_i, f_i) \prec (X_j, f_j)$ 是指

$$X_i \subset X_j, \quad f_i(x) = f_j(x), \quad \forall x \in X_i.$$

于是 $\mathcal{F}$ 是半序集. 设 $\mathcal{M}$ 是 $\mathcal{F}$ 中的任意一个全序子集, 令

$$X_{\mathcal{M}} \stackrel{\text{def}}{=\!=} \bigcup \{X_i \,|\, (X_i, f_i) \in \mathcal{M}\},$$

$$f_{\mathcal{M}}(x) = f_i(x), \quad \forall x \in X_i, \ (X_i, f_i) \in \mathcal{M}.$$

由于 $\mathcal{M}$ 是全序集, 容易验证 $X_{\mathcal{M}}$ 是包含 X_0 的子空间, $f_{\mathcal{M}}$ 在 $\mathcal{M}$ 上唯一确定, 且满足 $f_{\mathcal{M}}(x) \le p(x)$. 于是 $(X_{\mathcal{M}}, f_{\mathcal{M}}) \in \mathcal{F}$ 并且是 $\mathcal{M}$ 的一个上界. 由 Zorn 引理, $\mathcal{F}$ 本身有极大元, 记作 $(X_{\Lambda}, f_{\Lambda})$.

兹证明 $X_{\Lambda} = X$. 用反证法. 如若不然, 可以构造出

$$(\widetilde{X}_{\Lambda}, \widetilde{f}_{\Lambda}) \in \mathcal{F}, \quad \text{满足} X_{\Lambda} \subsetneqq \widetilde{X}_{\Lambda}.$$

从而 $(X_{\Lambda}, f_{\Lambda}) \prec (\widetilde{X}_{\Lambda}, \widetilde{f}_{\Lambda})$, 但是 $(X_{\Lambda}, f_{\Lambda}) \ne (\widetilde{X}_{\Lambda}, \widetilde{f}_{\Lambda})$. 这与 $(\widetilde{X}_{\Lambda}, \widetilde{f}_{\Lambda})$ 是极大元矛盾. 因此 $X_{\Lambda} = X$. 于是所求的 f 取为 f_{Λ} 即可.

6. 注意到 $p_1(x) = p(x)/p(x_0)$ 是 X 上一个半模.

8. **必要性** 显然可直接验证; 现证 **充分性**. 在由 $\{x_1, x_2, \cdots, x_n\}$ 生成的线性子空间上定义线性泛函

$$f_0 \left(\sum_{j=1}^{n} \lambda_j x_j \right) = \sum_{j=1}^{n} \lambda_j c_j.$$

再用延拓定理 (定理 6.3.2), 将其延拓到全空间上.

10. 设 $f \in (l^1)^*$, 定义 $a_k = f(u_k)$, $\forall k \in \mathbb{N}$, 其中

$$u_k = \{\xi_n^{(k)}\} \in l^1, \quad \xi_n^{(k)} = \begin{cases} 1, & n = k, \\ 0, & n \ne k, \end{cases}$$

$\{u_k\}$ 是 l^1 的一组基. 于是 $\forall x = \{\xi_k\} \in l^1$,

$$f(x) = \sum_{k=1}^{\infty} a_k \xi_k.$$

$\forall\, n \in \mathbb{N}$, 定义 $y^{(n)} = \{\eta_k^{(n)}\} \in l^1$, $\eta_n^{(n)} = e^{-i\arg(a_n)}$, $\eta_k^{(n)} = 0$, 当 $k \neq n$ 时. 于是 $f(y^{(n)}) = |a_n|$, $\|y^{(n)}\| = 1$. 记 $a = \{a_n\}$, 则

$$\|a\| = \sup_{n \in \mathbb{N}} |a_n| \leq \|f\|.$$

因此映射 $\Phi : f \mapsto a$ 是 $(l^1)^*$ 到 l^∞ 的连续映射, 它显然是一一的. 反之, $\forall\, a = \{a_n\} \in l^\infty$, 定义 l^1 上的线性泛函 f 为

$$f(x) = \sum_{k=1}^{\infty} a_k \xi_k, \qquad \forall\, x = \{\xi_k\} \in l^1.$$

则 $f \in (l^1)^*$, 且 $\|f\| \leq \|a\|$, $\Phi : f \mapsto a$. 结合上述证明, 所以 $\|a\| = \|f\|$. 因而 Φ 是一一满的等距映射, 故 $l^\infty = (l^1)^*$. 注意 $(l^\infty)^* \neq l^1$. 若不然, 设 $(l^\infty)^* = l^1$. 由 l^1 可分知 $(l^\infty)^*$ 可分, 于是 l^∞ 可分. 但是 l^∞ 是不可分空间, 得到矛盾.

15. 显然 c 为 l^∞ 的子空间.

(1) 证明 c 是闭子空间. 设 $\{x_n\}$ 为 c 中的柯西列, 则存在极限 $\lim\limits_{n \to \infty} x_n = x \in l^\infty$. 要证 $x \in c$. 记 $x_n = \{\xi_k^{(n)}\}_{k=1}^\infty$, $x = \{\xi_k\}$, 对于每个 k,

$$|\xi_k^{(n)} - \xi_k^{(m)}| \leq \|x_n - x_m\| \to 0, \quad n, m \to \infty.$$

$\{\xi_k^{(n)}\}_{n=1}^\infty$ 为柯西列. 易见 $\lim\limits_{n \to \infty} \xi_k^{(n)} = \xi_k$. 任给 $\varepsilon > 0$, $\exists\, N \in \mathbb{N}$, 当 $n, m \geq N$ 时, $\|x_n - x_m\| < \varepsilon/3$, 因而 $\|x_n - x\| \leq \varepsilon/3$. 又 $\exists\, K \in \mathbb{N}$, 当 $k, l \geq K$ 时, $|\xi_k^{(N)} - \xi_l^{(N)}| < \varepsilon/3$. 于是

$$|x_k - x_l| \leq |\xi_k - \xi_k^{(N)}| + |\xi_k^{(N)} - \xi_l^{(N)}| + |\xi_l^{(N)} - \xi_l|$$
$$\leq \|x - x_N\| + |\xi_k^{(N)} - \xi_l^{(N)}| + \|x_N - x\| < \varepsilon.$$

所以 $x \in c$.

(2) 证明 $(c_0)^*$ 与 l^1 等距同构. 令 $u_i = \{\underbrace{0, \cdots, 0, 1}_{n}, 0, \cdots\}$, 则 $\forall\, x = \{\xi_k\} \in c_0$, $\lim\limits_{k \to \infty} \xi_k = 0$, 有 $x = \sum\limits_{k=1}^\infty \xi_k u_k$. $\forall f \in c^*$, 设 $f(u_k) = a_k$. 记 $a_f = (a_1, a_2, \cdots)$. $\forall\, n \in \mathbb{N}$, 取 $x_n = \{\xi_k^{(n)}\}$ 如下:

$$\xi_k^{(n)} = \begin{cases} e^{-i\arg(a_k)}, & 1 \le k \le n, \\ 0, & k > n. \end{cases}$$

则 $x_n \in c$, $\|x_n\| = 1$, 且 $f(x_n) = \sum\limits_{k=1}^{n} |a_k| \le \|f\|$, 因而 $\sum\limits_{k=1}^{\infty} |a_k| < \infty$, 即 $\{a_k\} \in l^1$. 考虑线性映射 $\Pi : c_0^* \to l^1$, $f \mapsto a_f = \{a_k\}$, 则 Π 是连续的. 反之. $\forall a = \{a_k\} \in l^1$, $\forall x = \{\xi_k\} \in c_0$, 定义 f 如下:

$$f(x) = \sum_{n=1}^{\infty} a_n \xi_n.$$

则 $|f(x)| \le \|x\| \sum\limits_{n=1}^{\infty} |a_n| = \|x\|\|a\|$, 所以 $f \in c_0^*$, $\|f\| \le \|a\|$. 易见 $\Pi(f) = a$. 结合上述所证, 有 $\|\Pi(f)\| = \|f\|$, 故 Π 是等距映射.

16. 任意 n 阶多项式的全体 $\mathcal{P}_n$ 是 $n+1$ 维线性空间, 在这个空间上定义线性泛函如下: $\forall p \in \mathcal{P}_n$,

$$f(p) = \sum_{k=1}^{n} p^{(k)}\left(\frac{k}{n}\right).$$

则 f 是 $(\mathcal{P}_n, \|\cdot\|_\infty)$ 上的连续线性泛函.

17. 设 M 是自反 Banach 空间的闭子空间. $\forall f \in X^*$, 令 $f_M = f|_M$. 取 $\phi \in M^{**}$, 定义 Φ 如下: $\forall f \in X^*$,

$$\Phi(f) = \phi(f_M).$$

则 $|\Phi(f)| \le \|\phi\|\|f_M\| \le \|\phi\|\|f\|$. 故 $\Phi \in X^{**}$. 由于 X 自反, $\exists x_0 \in X$, 使得 $Jx_0 = \Phi$. 当 $f_M = 0$ 时, $f(x_0) = \Phi(f) = \phi(f_M) = 0$, 于是由定理 6.3.7 知, $x_0 \in M$. $\forall m \in M^*$, 设 f 为 m 在 X^* 中的延拓, 则 $f_M = m$. 于是

$$\langle m, \phi \rangle = \langle f, \Phi \rangle = \langle x_0, f \rangle = \langle x_0, m \rangle.$$

记 J_M 为 $M \to M^{**}$ 的典则映射, 则 $J_M x_0 = \phi$. 所以 M 是自反的.

18. $\forall \lambda \in M^{**}$, 定义 Λ 如下: $\forall f \in X^*$,

$$\Lambda(f) = \lambda(f|_M).$$

则 $\Lambda \in X^{**}$. 令 $\phi(\lambda) = \Lambda$. $\forall f \in M^\perp$, 有 $\langle \phi(\lambda), f \rangle = \langle \lambda, f|_M \rangle = 0$, 所以 $\phi(\lambda)|_{M^\perp} = 0$, 即 $\phi(M^{**}) \subset \{ f \in X^{**} \mid f|_{M^\perp} = 0 \}$. 反之, 若 $\Lambda \in X^{**}$, $\Lambda|_{M^\perp} = 0$. 令 $\lambda = \Lambda|_{M^*}$, 注意到, $\forall f \in X^*$, $f - f|_M \in M^\perp$, 有

$$\langle\,\Lambda, f\,\rangle = \langle\,\Lambda, f|_M\,\rangle = \langle\,\Lambda|_{M^*}, f|_M\,\rangle = \langle\,\lambda, f|_M\,\rangle = \langle\,\phi(\lambda), f\,\rangle.$$

故 $\Lambda = \phi(\lambda)$, 从而 $\{\,f \in X^{**} \mid f|_{M^\perp} = 0\,\} \subset \phi(M^{**})$.

20. 由推论 6.3.3 知, $\exists f \in X^*$, 使得 $\|f\| = 1$, $f(x_0) = \|x_0\| = 1$, 则超平面

$$\{\,x \in X \mid f(x) = f(x_0) = \|x_0\| = 1\,\}$$

即为所求的切平面. 事实上, $\forall x \in B_1$, 有 $f(x) \leq \|f\|\|x\| \leq 1 = f(x_0)$.

23. $T^* \in \mathcal{B}(Y^*, X^*), (T^{-1})^* \in \mathcal{B}(X^*, Y^*)$, 只需证 $T^*(T^{-1})^* = (T^{-1})^*T^* = I$ 即可.

25. T 在全空间 X 上定义, 因此只需证明 T 为闭算子即可.

§6.4

5. $\forall f \in L^p(\mathbb{R})$, 有

$$\|S_n f - f\| = \left(\int_{\{x|\,|x|>n\}} |f(x)|^p \mathrm{d}x\right)^{1/p} \to 0, \quad \text{当 } n \to \infty.$$

所以 $S_n \to I$; 对于 $n \in \mathbb{N}$, 构造函数

$$f_n(x) = \begin{cases} 1/n^{1/p}, & n \leq x \leq 2n, \\ 0, & \text{其他}. \end{cases}$$

则 $f \in L^p(\mathbb{R})$, $\|f_n\| = 1$. 由于 $\|S_n - I\| \geq \|S_n f_n - f_n\| = 1$, 所以 S_n 不一致收敛到 I.

8. 设 $A \subseteq X$. 若 A 有界, 由定理 6.4.14 知, 集合 A 弱列紧. 反之, 设 A 弱列紧. 若 A 无界, 则存在序列 $\{x_n\} \subset A$, 使得 $\|x_n\| \to \infty$. 由弱列紧性知, 存在子列 $\{x_{n_k}\} \subset \{x_n\}$, 使 $\{x_{n_k}\}$ 弱收敛. 于是 $\{\|x_{n_k}\|\}$ 有界, 这与 $\|x_n\| \to \infty$ 矛盾.

9. 用反证法. 若 $x_n \rightharpoonup x_0$, 但是 $x_0 \bar{\in} M$. 由定理 6.3.7 知, $\exists f \in X^*$, $a \in \mathbb{R}$, 使得

$$f(x) < a < f(x_0), \quad \forall x \in M.$$

从而 $f(x_n) < a < f(x_0)$, 这与 $x_n \rightharpoonup x_0$ 矛盾.

12. 首先证明 $C[0,1]$ 依 $L^\infty[0,1]$ 自身拓扑是闭集. 若 $\{f_n\} \subset C[0,1]$, $f \in L^\infty[0,1]$, $\|f_n - f\|_\infty \to 0$, 则存在零测集 E, 使得在 $[0,1] \backslash E$ 上 $f_n \Longrightarrow f$. 所以 $f \in C[0,1]$. 由此可知 $C[0,1]$ 是闭集. 因此在 $L^\infty[0,1]$ 自身的拓扑下, $C[0,1]$ 不是稠密的.

若依 $L^\infty[0,1] = (L^1[0,1])^*$, 作为 $L^1[0,1]$ 的对偶空间, 可证明 $C[0,1]$ 依照 w^* 拓扑在 $L^\infty[0,1]$ 中稠密. $\forall f \in L^\infty[0,1]$, 当 $x > 1$ 或 $x < 0$ 时令 $f(x) = 0$, 将 f 看成 $\mathbb{R}$ 上的函数. 取 $\varphi \in C_c[0,1]$, 令

$$\varphi_\varepsilon(x) = \frac{1}{\varepsilon}\varphi\left(\frac{x}{\varepsilon}\right),$$

则卷积 $\varphi_\varepsilon * f \in C(\mathbb{R})$. 于是它在 $[0,1]$ 上的限制 $f_\varepsilon = \varphi_\varepsilon * f|_{[0,1]} \in C[0,1]$. 记 $\overset{\vee}{\varphi}(x) = \varphi(-x)$. 于是 $\forall g \in L^1[0,1]$, 同样将 g 的定义延拓到 $\mathbb{R}$ 上, 当 $x \overline{\in} [0,1]$ 时, $g(x) = 0$. 于是

$$\int_0^1 (f_\varepsilon(x) - f(x))g(x)\mathrm{d}x$$
$$= \int_\mathbb{R} f(x)\left(\int_\mathbb{R} g(y)\varphi_\varepsilon(y-x)\mathrm{d}y - g(x)\right)\mathrm{d}x$$
$$= \int_\mathbb{R} f(x)(g * \overset{\vee}{\varphi}_\varepsilon(x) - g(x))\mathrm{d}x,$$

因而

$$\left|\int_0^1 (f_\varepsilon(x) - f(x))g(x)\mathrm{d}x\right| \le \|f\|_\infty \|g * \overset{\vee}{\varphi}_\varepsilon - g\|_1 \to 0, \quad \varepsilon \to 0.$$

13. $f_N(t) = \dfrac{1}{N}\displaystyle\sum_{n=1}^{N^2} \mathrm{e}^{int} \in L^2(-\pi, \pi)$, $\|f_N\| = 1$, $\{f_N\}$ 一致有界. $\forall g \in L^2(-\pi, \pi)$, 有 Fourier 展式:

$$g(t) = \sum_{n=-\infty}^{\infty} c_n \mathrm{e}^{int}, \quad \|g\|^2 = \sum_{n=-\infty}^{\infty} |c_n|^2.$$

于是 $\forall \varepsilon > 0$, $\exists N_0 > 0$, 使得

$$\left(\sum_{|n|>N_0} |c_n|^2\right)^{1/2} < \varepsilon.$$

从而, 对于充分大的 N,

$$|(g, f_N)| = \frac{1}{2\pi N}\left|\int_\pi^\pi g(t)\sum_{n=1}^{N^2} e^{-int}dt\right| \le \frac{1}{N}\sum_{n=1}^{N^2}|c_n|$$

$$\le \frac{1}{N}\sum_{n=1}^{N_0}|c_n| + \frac{1}{N}\sum_{n=N_0+1}^{N^2}|c_n|$$

$$\le \frac{1}{N}\sum_{n=1}^{N_0}|c_n| + \left(\sum_{n=N_0+1}^{N^2}|c_n|^2\right)^{1/2}.$$

因而 $\overline{\lim}_{N\to\infty}|(g, f_N)| \le \varepsilon$. 故 $f_N \xrightarrow{w} 0$.

14. 设 $\Lambda_x = \Lambda_y$, 则 $f(x) = f(y)$, $\forall f \in C(D)$. 由此得到 $x = y$. 所以映射 T 是一一的. 由于

$$\lim_{x\to y}|\Lambda_x(f) - \Lambda_y(f)| = \lim_{x\to y}|f(x) - f(y)| = 0,$$

所以映射 T 是连续的. 兹证 T^{-1} 也是连续的. 假设 $\Lambda_{x_n} \xrightarrow{w*} \Lambda_x$, 即 $\forall f \in C(D)$, $\Lambda_{x_n}(f) \to \Lambda_x(f)$ 或 $f(x_n) \to f(x)$. 于是 $x_n \rightharpoonup x$. 由于有穷维空间上的弱收敛等价于强收敛, 故 $x_n \to x$, 所以 T^{-1} 是连续的映射.

15. 用反证法. 若 A 不是有界的, 则存在 $\{x_n\} \subset X$, 满足 $\|x_n\| \to 0$, 但是 $\|Ax_n\| \nrightarrow 0$. 于是存在 $\varepsilon > 0$, 以及子列 $\{x_{n_k}\}$, 满足 $\|Ax_{n_k}\| \ge \varepsilon$. 因为 $\|x_{n_k}\| \to 0$, 所以存在 $\alpha_k \to \infty$, 使得 $\alpha_k x_{n_k} \to 0$. 但是 $\|A\alpha_k x_{n_k}\| \to \infty$ 表明, $A\alpha_k x_{n_k}$ 不可能弱收敛. 得出矛盾.

16. Banach 空间中弱有界等价于强有界, 算子的连续性等价于有界性.

17. (1) 对于每个 (m, n), 选取 $e_{m,n} = \{\delta_{m,n}(k, l)\} \in c_0$. 则 $\{e_{m,n}\}$ 组成 c_0 的一组基,

$$y = \{y(m, n)\} \in c_0 \iff y = \sum_{n,m=1}^\infty y(m, n)e_{m,n}.$$

$\forall x = \{x(m, n)\} \in l^1$, 定义 c_0 上的线性泛函如下: $\forall y = \{y(m, n)\} \in c_0$,

$$f_x(y) = \sum_{n,m=1}^\infty y(m, n)x(m, n).$$

则 $|f_x(y)| \le \|y\|_\infty \|x\|_1$, 因而 $\|f_x\| \le \|x\|_1$. 当 $f_x = 0$ 时, $x(m, n) = f_x(e_{m,n}) = 0$, 所以 $x = 0$. 定义映射 $\Gamma: l^1 \to (c_0)^*$, $\Gamma: x \mapsto f_x$, 则 Γ 是一一的连续映射.

反之, $\forall f \in (c_0)^*$, 令 $x(m,n) = f(e_{m,n})$, 于是 $\forall y = \{y(m,n)\} \in c_0$, $f(y) = \sum x(m,n)y(m,n)$. 选取 $y_N = \{y_N(m,n)\} \in c_0$ 如下:

$$y_N(m,n) = \begin{cases} e^{-i\arg x(m,n)}, & 1 \le m,n \le N, \\ 0, & \text{其他}. \end{cases}$$

于是

$$\sum_{n,m=1}^{N} |x(m,n)| = f(y_N) \le \|f\|\|y_N\|_\infty = \|f\|.$$

因而 $\sum\limits_{n,m=1}^{\infty} |x(m,n)| \le \|f\|$. 所以 $x = \{x(m,n)\} \in l^1$, 且 $f = f_x$, $\|f_x\| = \|x\|_1$. 由此可得 $l^1 = (c_0)^*$.

(2) 设 $x_N \in M$, $x_N \to x_0$, 即当 $N \to \infty$ 时,

$$\|x_N - x_0\|_1 = \sum_{n,m=1}^{\infty} |x_N(m,n) - x_0(m,n)| \to 0.$$

于是

$$\lim_{N \to \infty} |x_N(m,1) - x_0(m,1)| = 0,$$

$$\lim_{N \to \infty} \left| \sum_{n=2}^{\infty} x_n(m,n) - \sum_{n=2}^{\infty} x_0(m,n) \right| \le \|x_n - x_0\|_1 \to 0.$$

所以

$$\lim_{N \to \infty} m x_N(m,1) = \lim_{N \to \infty} \sum_{n=2}^{\infty} x_N(m,n) = \sum_{n=2}^{\infty} x_0(m,n) = m x_0(m,1).$$

因此 $x_0 \in M$, M 是 l^1 的闭子集.

参考文献

[1] 周民强编著. 实变函数论. 北京：北京大学出版社， 2001

[2] 曹广福编. 实变函数论. 北京：高等教育出版社，施普林格出版室社， 2000

[3] 胡适耕编著. 实变函数. 北京：高等教育出版社，施普林格出版室社， 1999

[4] 张恭庆，林源渠编著. 泛函分析讲义 (上册). 北京：北京大学出版社， 1987

[5] 孙永生编著. 泛函分析讲义. 北京：北京师范大学出版社， 1986

[6] 关肇直，张恭庆，冯德兴编著. 线性泛函分析入门. 上海：上海科学技术出版社， 1979

[7] 黎茨，纳吉著. 泛函分析讲义. 第一卷，第二卷. 梁文骐，庄万等译. 北京：科学出版社， 1963,1980

[8] 匡继昌编著. 实分析与泛函分析. 北京：高等教育出版社， 2002

[9] Rudin W. Functional Analysis. 2nd edition. New York: McGraw-Hill, 1991

[10] Yosida K. Functional Analysis. 5th edition. New York: Springer-Verlag 1978(有中译本)

[11] Reed M , Simon B. Methods of Modern Mathematical Physics I. London: Academic Press, 1972

[12] Larsen R. Functional Analysis an introduction. New York: Marcel Dekker, 1973

[13] Lang S. Real Analysis. 2nd edition. London: Addison-Wesley, 1983

[14] Conway J B. A Course in Functional Analysis. GTM 96. New York: Springer-Verlag, 1985

[15] Dunfold N, Schwartz N. Linear Operators. I,II. New York: John Wiley & Sons, 1958,1964

符 号 集

索　引

北京大学出版社数学重点教材书目

1. 北京大学数学教学系列丛书

书　　名	编著者	定价（元）
高等代数简明教程（上、下）（北京市精品教材）（教育部"十五"规划教材）	蓝以中	32.00
实变函数与泛函分析（北京市精品教材）	郭懋正	20.00
复分析导引（北京市精品教材）	李　忠	20.00
黎曼几何引论（上下册）	陈维桓 李兴校	42.00
金融数学引论	吴　岚	20.00
寿险精算基础	杨静平	17.00
二阶抛物型偏微分方程	陈亚浙	16.00
普通统计学（北京市精品教材）	谢衷洁	25.00
数字信号处理（北京市精品教材）	程乾生	20.00
抽样调查（北京市精品教材）	孙山泽	13.50
测度论与概率论基础（北京市精品教材）	程士宏	15.00
应用时间序列分析（北京市精品教材）	何书元	16.00
应用多元统计分析	高惠璇	21.00

2. 大学生基础课教材

书　　名	编著者	定价（元）
数学分析新讲（第一册）（第二册）（第三册）	张筑生	44.50
数学分析解题指南	林源渠 方企勤	20.00
高等数学（上下册）（教育部"十五"国家级规划教材，教育部 2002 优秀教材一等奖）	李　忠 周建莹	52.00
高等数学（物理类）（修订版）（第一、二、三册）	文　丽等	57.00
高等数学（生化医农类）上册（修订版）	周建莹 张锦炎	13.50
高等数学（生化医农类）下册（修订版）	张锦炎 周建莹	13.50
高等数学解题指南	周建莹 李正元	25.00

书　　名	编著者	定价（元）
高等数学解题指导(上下册)(工科类)	李静主编	38.00
大学文科基础数学(第一册)(第二册)	姚孟臣	27.50
大学文科数学简明教程(上下册)	姚孟臣	30.00
数学的思想、方法和应用(修订版)(北京市精品教材)(教育部"九五"重点教材)	张顺燕	24.00
数学的美与理(教育部"十五"国家级规划教材)	张顺燕	26.00
简明线性代数(理工、师范、财经类)	丘维声	16.00
线性代数解题指南(理工、师范、财经类)	丘维声	15.00
线性代数解题指导(工科类)	王中良	16.50
解析几何(第二版)	丘维声	15.00
解析几何(教育部"九五"重点教材)	尤承业	15.00
微分几何初步(95教育部优秀教材一等奖)	陈维桓	12.00
基础拓扑学讲义	尤承业	13.50
初等数论(第二版)(95教育部优秀教材二等奖)	潘承洞 潘承彪	25.00
简明数论	潘承洞 潘承彪	14.50
实变函数论(教育部"九五"重点教材)	周民强	16.00
复变函数教程	方企勤	13.50
傅里叶分析及其应用	潘文杰	13.00
泛函分析讲义(上册)(91国优教材)	张恭庆 林源渠	11.00
泛函分析讲义(下册)(91国优教材)	张恭庆 郭懋正	12.00
数值线性代数(教育部2002优秀教材二等奖)	徐树方等	13.00
现代数值计算方法	肖筱南等	15.00
数值计算方法与上机实习指导	肖筱南等	15.00
数学模型讲义(教育部"九五"重点教材,获二等奖)	雷功炎	15.00
普通统计学简明教程(附TI电脑指令与程序)	谢衷洁	25.00
新编概率论与数理统计(获省部级优秀教材奖)	肖筱南等	19.00
概率论与数理统计解题指导(工科类)	李寿梅等	13.00

邮购说明　读者如购买北京大学出版社出版的数学重点教材,请将书款(另加15％邮挂费)汇至：北京大学出版社北大书店邢丽华同志收,邮政编码：100871,联系电话：(010)62752015,(010)62757515。款到立即用挂号邮书。

北京大学出版社
2004年10月